HERZLICHEN GLÜCKWUNSCH

Und Dankeschön für den Kauf
dieses Buches. Als besonderes
Schmankerl* finden Sie unten
Ihren persönliche Code, mit dem
Sie das Buch exklusiv und
kostenlos als eBook erhalten.

Beachten Sie bitte die Systemvoraussetzungen
auf der letzten Umschlagseite!

65018-dhv6p-
56r01-i32og

Registrieren Sie sich einfach
in nur zwei Schritten unter
www.hanser.de/ciando und
laden Sie Ihr eBook direkt auf
Ihren Rechner.

KOMPETENZ · GEWINNT · HANSER

* Bayrisch für eine leckere Kleinigkeit; ein Leckerbissen

Aden

Google Analytics

Timo Aden

Google Analytics

**Implementieren.
Interpretieren.
Profitieren.**

HANSER

Dipl.-Kfm. (FH) Timo Aden, www.timoaden.de
Geschäftsführer der Trakken GmbH, Hamburg
Kontakt: analyticsbuch@googlemail.com

Alle in diesem Buch enthaltenen Informationen, Verfahren und Darstellungen wurden nach bestem Wissen zusammengestellt und mit Sorgfalt getestet. Dennoch sind Fehler nicht ganz auszuschließen. Aus diesem Grund sind die im vorliegenden Buch enthaltenen Informationen mit keiner Verpflichtung oder Garantie irgendeiner Art verbunden. Autor und Verlag übernehmen infolgedessen keine juristische Verantwortung und werden keine daraus folgende oder sonstige Haftung übernehmen, die auf irgendeine Art aus der Benutzung dieser Informationen – oder Teilen davon – entsteht.

Ebenso übernehmen Autor und Verlag keine Gewähr dafür, dass beschriebene Verfahren usw. frei von Schutzrechten Dritter sind. Die Wiedergabe von Gebrauchsnamen, Handelsnamen, Warenbezeichnungen usw. in diesem Buch berechtigt deshalb auch ohne besondere Kennzeichnung nicht zu der Annahme, dass solche Namen im Sinne der Warenzeichen- und Markenschutz-Gesetzgebung als frei zu betrachten wären und daher von jedermann benutzt werden dürften.

Bibliografische Information der Deutschen Nationalbibliothek:

Die Deutsche Nationalbibliothek verzeichnet diese Publikation in der Deutschen Nationalbibliografie; detaillierte bibliografische Daten sind im Internet über http://dnb.d-nb.de abrufbar.

© 2009 Carl Hanser Verlag München, www.hanser.de
Lektorat: Margarete Metzger
Copy editing: Manfred Sommer, München
Herstellung: Irene Weilhart
Umschlagdesign: Marc Müller-Bremer, www.rebranding.de, München
Umschlagrealisation: Stephan Rönigk
Datenbelichtung, Druck und Bindung: Kösel, Krugzell
Ausstattung patentrechtlich geschützt. Kösel FD 351, Patent-Nr. 0748702
Printed in Germany

ISBN 978-3-446-41905-6

Inhalt

Geleitwort

Web Analytics ist für jeden Betreiber einer Website – unabhängig von deren Größe und Ziel – eine der besten Analyse-Lösungen, die es derzeit auf dem Markt gibt. Ich meine jetzt kein spezielles Tool wie Google Analytics, sondern Web Analytics als Disziplin des Online-Marketings. Mithilfe der heute zur Verfügung stehenden Anwendungen und Technologien erhält man einen umfassenden Eindruck von dem, was die Besucher einer Website tun und potenziell erwarten. Aus Sicht des Werbetreibenden gibt es keine andere Plattform, die ähnlich detaillierte Zahlen zum Benutzerverhalten liefert, wie das World Wide Web. Zwar werden momentan noch deutlich größere Summen für Print- und TV-Werbung ausgegeben, doch lässt sich der Erfolg auf diesen Medien nicht annähernd so gut messen. Könnte man dem Fernsehen mithilfe von Analytics ähnliche Zahlen zur Verfügung stellen, würden die Sender mit Sicherheit Summen in Millionenhöhe bezahlen.

Besonders erfreulich finde ich die Tatsache, dass durch viele kostenlose Angebote heute technisch jeder in der Lage ist, seine eigenen Ideen im Web umzusetzen und ohne großen finanziellen Aufwand erfolgreich zu sein. Eines dieser kostenlosen Angebote ist Google Analytics. Oftmals erfordern Konzeption, Design und Programmierung einer Website bereits viele Ressourcen, und kaum ein Unternehmer hat Web Analytics auf seiner Rechnung. Spätestens einige Wochen nach dem Launch der neuen Webseite tauchen die ersten Fragen auf. Wie viele Besucher habe ich überhaupt? Wo kommen die Besucher her? Wie erfolgreich ist mein Shop? Bei der letzten Frage muss man tiefer eintauchen und sich fragen: erfolgreich in Bezug worauf? Man stellt fest, dass die Umsätze zu wünschen übrig lassen, obwohl man aufgrund der geschalteten AdWords-Anzeigen ganz gute Besucherzahlen hat. Spätestens jetzt taucht die Frage auf, was man verbessern kann und wie man auf die Wünsche der vorhandenen Besucher besser eingeht. Web Analytics ist dafür genau die richtige Lösung, und wer schnell Antworten auf die wichtigsten Fragen benötigt und sich nicht mit einem langen Auswahlprozess herumschlagen möchte, der sollte Google Analytics in Erwägung ziehen.

Ein Web Analytics Tool wie Analytics ist ein hervorragendes Werkzeug, um die angesprochenen Fragen zu beantworten, doch lauern hier auch die größten Fallen, denn wer nicht die richtigen oder überhaupt keine Fragen stellt, der wird auch mit dem ausgefeiltesten

Werkzeug keine Antworten erhalten. Beginnt man jedoch Fragen zu stellen, wird man von Analytics viele Antworten erhalten, die alle dazu beitragen, das Besuchererlebnis auf der eigenen Webseite zu verbessern. Genau darum geht es heute bei Web Analytics, den Besucher verstehen und ihm den Aufenthalt auf der Webseite angenehmer gestalten, die Bedienung zu vereinfachen und alle gewünschten Informationen so schnell wie möglich zur Verfügung zu stellen. Fühlt sich der Besucher wohl, kommt er wieder und wird über kurz oder lang eine Aktion ausführen, die einer Zielerfüllung gleichkommt.

Wenn Unternehmen sich heute auf die Suche nach einem Web Analytics Tool machen, dann stelle ich fest, dass oft der Blick für das Wesentliche – die Ziele der Webseite und die damit verbundenen Bedürfnisse der User – fehlt. Meistens stehen Diskussionen über spezielle Features im Mittelpunkt, die nichts mit der Webseite und den Besuchern zu tun haben, wie z.B. die Integration mit anderen Systemen oder die Userverwaltung des Tools. Diese oft als Enterprise Features bezeichneten Funktionen sind bei Analytics nicht besonders gut ausgeprägt bzw. teilweise gar nicht vorhanden, was meiner Meinung nach aber gar nicht so schlimm ist, weil Google bei der Weiterentwicklung von Analytics primär nicht den Bedürfnissen weniger großer, gut zahlender Kunden entsprach, sondern sich auf die Features konzentriert, die allen Website-Betreibern Vorteile bringen und vor allem die Optimierung der Webseite im Fokus haben. Diese Entwicklung kommt speziell vielen kleinen Webseiten zugute, die über keine riesigen Budgets für Marketing und Entwicklung verfügen. Mit Google Analytics erhalten sie ein kostenloses Tool, das bei richtiger Anwendung mit den richtigen Fragen beinahe eine Erfolgsgarantie für die Verbesserung des Online-Erlebnisses der Besucher darstellt.

Ich bin der Überzeugung, dass jeder, der die Funktionen von Analytics ausreizt und dabei an die Grenzen geht, mit seinem Webangebot zwangsläufig erfolgreich ist, egal ob es sich um eine E-Commerce-Site, einen Content-Dienst, eine Self-Support-Site oder eine reine Marketing- und Branding-Site handelt. Außerdem macht es viel mehr Spaß, eine Website zu betreiben, bei der man genau weiß, was die Besucher wollen, und zu sehen, wie die wichtigsten Kennzahlen einen positiven Trend anzeigen.

Beim Lesen dieses Buches machte ich viele Entdeckungen und erhielt Anregungen, wie man Analytics noch effektiver einsetzen könnte. Ich bin mir sicher, dass für die meisten Leser nach der Lektüre ein neues Bild von Google Analytics entsteht.

Viel Spaß beim Lesen!

Patrick Ludolph
Solution Consultat, Coremetrics GmbH
und webanalyse-news.de

Vorwort

Als ehemaliger Google-Mitarbeiter und Verantwortlicher für Google Analytics in Deutschland, Österreich, Schweiz und Skandinavien habe ich die Entwicklung von Analytics von Anfang an mitvollzogen. In vielen Gesprächen mit Kunden, auf Konferenzen, Messen und anderen Veranstaltungen machte ich die Erfahrung, dass viele Fragen und Probleme ständig wiederkehren. Mit dem Ziel, einen jedermann zugänglichen neutralen Ort anzubieten, um häufige Fragen, Erkenntnisse und Produkt-Updates zu präsentieren, startete ich 2007 einen Blog – Web Analytics Inside (www.timoaden.de). Die Rückmeldungen waren bisher durchweg positiv, und die Zahl der Besucher und RSS-Abonennten hat sich in der Folgezeit regelmäßig erhöht. Des Öfteren wurde ich darauf angesprochen, ob ich die Inhalte des Blogs und meine Analytics-Kenntnisse nicht in einem Buch zusammenfassen wolle. Meine Antwort auf diese Anfrage halten Sie in den Händen.

Ziel war es, dem User einen Begleiter und ein regelmäßiges Nachschlagewerk bei seiner täglichen Arbeit mit Analytics anzubieten. In einfacher Sprache gefasst, werden hier alle wichtigen Informationen zur Web-Analyse und insbesondere Google Analytics gegeben sowie Informationen und Innenansichten für jedermann – vom Anfänger bis zum fortgeschrittenen Web-Analytiker – verständlich dargestellt. Aufgeteilt ist das Buch in sechs Teile:

- *Teil I*
  Hier werden die Grundlagen gelegt, die als Basiswissen für das weitere Verständnis hilfreich sind: die bisherige Entwicklung bzw. Historie von Google Analytics; Abgrenzung der Web-Analyse vom Online-Marketing mit seinen unterschiedlichen Disziplinen; Erläuterung der wichtigsten technischen Grundlagen und einige Begriffserklärungen.

- *Teil II*
  In diesem Teil dreht sich alles um die Anmeldung und die Individualisierungs- und Einstellungsmöglichkeiten von Analytics. Wir besprechen die Durchführung der Verknüpfung mit anderen Google-Produkten ebenso wie sämtliche Anpassungsmöglichkeiten des Tracking Codes. Das Konzept der Profile und Filter wird detailliert erläutert und

anhand vieler Beispiele anschaulich dargestellt. Nachdem Sie diesen Teil durchgearbeitet haben, sollte Ihr Analytics-Konto individuell eingestellt sein.

■ *Teil III*

Hier werden die Grundlagen für ein effektives Arbeiten mit Google Analytics gelegt, sämtliche Möglichkeiten der Nutzung innerhalb der Benutzeroberfläche beschrieben und mit Hilfe von Screenshots veranschaulicht.

■ *Teil IV*

Dieser Teil ist am informationsintensivsten. Jeder verfügbare Analytics-Bericht wird hier einzeln dargestellt und erklärt. Wertvolle Hintergrundinformationen und Anwendungsbeispiele geben jedem Analytics-Nutzer die Möglichkeit, mehr aus seinem Tool und den einzelnen Berichten herauszuholen.

■ *Teil V*

Beschreibt den Umgang mit einem Web Analyse-Tool wie Analytics innerhalb von Unternehmen. Das effektive Arbeiten mit Analytics und die Gestaltung der internen Prozesse werden hier dargestellt. Ziel ist es, das Unternehmen durch transparentere zahlenbasierte Entscheidungen und Verbesserungen erfolgreicher zu machen.

■ *Teil VI*

Viele innerhalb des Buches beantwortete Fragen werden hier nochmals aufgelistet und in aller Kürze beantwortet.

Zu guter Letzt möchte ich mich bei allen bedanken, die mich in der Zeit des Schreibens begleitet haben. Ich habe sicher viele und vieles vernachlässigt.

Insbesondere Alex und Julia, aber auch die vielen Menschen, mit denen ich in den vergangenen Jahren über das Thema Web Analyse und Google Analytics gesprochen und diskutiert habe, haben zu diesem Buch beigetragen. Einen großen Anteil trägt auch das gesamte Google Team. Brian, Alan, René, Philip und Estela danke ich hier ausdrücklich. Auch Patrick und nicht zuletzt Lennart, sowie das gesamte Trakken-Team haben mich motiviert dieses Buch zu schreiben.

Ein besonderer Dank geht an meine Familie.

Wie in meinen Blog Posts und innerhalb der Podcast-Sendungen fordere ich Sie auch dieses Mal wieder auf, mir Ihre Kommentare, Feedbacks, Anmerkungen und Ideen zukommen zu lassen. Sie können mich jederzeit über die bekannten Web 2.0 Portale oder per E-Mail (analyticsbuch@googlemail.com) kontaktieren. Ich freue mich auf anregende weiterführende Gespräche und wünsche ihnen nun viel Spaß beim Lesen.

Timo Aden

Teil I
Google Analytics

Der erste Teil dieses Buches beschäftigt sich mit den Grundlagen von Google Analytics. Wie ist Analytics im Marktumfeld positioniert? Warum wird es kostenlos angeboten?

Zudem vermittele ich Basiswissen zum Thema Online-Marketing. Die unterschiedlichen Disziplinen werden kurz erläutert, weil sämtliche Online-Marketing-Maßnahmen direkten Einfluss auf die Daten innerhalb von Analytics haben können.

Ich stelle auch die technischen Hintergründe dar, sofern von Belang, und definiere einige wichtige Begriffe.

Dieser Teil bietet die Grundlage für ein tieferes Verständnis der Web-Analyse. Hier erweitert der Leser sein Wissen hinsichtlich der Auswertung und Interpretation der Daten in den diversen Berichten, das als Voraussetzung für die weitere Arbeit mit Analytics dient.

1 Google Analytics

1.1 Google Analytics im Marktumfeld

Der Web-Analytics-Markt hat sich in den letzten Jahren dramatisch verändert. Bewegten sich die vielen unterschiedlichen Anbieter von Web-Analytics-Produkten vor wenigen Jahren eher in einem Nischenmarkt, hat die Einführung von Google Analytics Ende 2005 das Umfeld erheblich aufgewühlt. Insbesondere in den USA gab und gibt es eine Vielzahl verschiedener (meist kostenpflichtiger) Anbieter, die sich um Marktanteile streiten.

Der Name Google rückte die Web-Analytics-Branche aus einer Nische in den Interessensfokus vieler Marketer und Entscheider. Das Bewusstsein für die Notwendigkeit der Anwendung einer Web-Analytics-Software in Unternehmen wurde geschaffen.

Natürlich gab es Zweifler, insbesondere Wettbewerber, die sich ob der offensichtlichen Ausbreitung von Google Analytics bedroht sahen. Dies hatte Folgen für die Marktstruktur. Unternehmen wurden übernommen oder fusionierten, die Programme in noch kürzerer Zeit weiterentwickelt, neue Features erstellt und die Navigation vereinfacht. Kurzum: der Markt stellte sich den Herausforderungen.

Aus zahlreichen Gesprächen mit Marktteilnehmern erfuhr ich, dass letztendlich viele von der Einführung von Google Analytics profitierten. „The flood lifts all boats" ist eine der Aussagen, die das Marktumfeld aus meiner Sicht gut beschreibt. Durch das mediale Interesse an Google Analytics profitierten auch die meisten anderen Produktanbieter. Google Analytics sorgte dafür, dass der Web-Analytics-Markt seine Nische verließ und in der Welt des Online-Marketings ankam. Das kommt sowohl den Unternehmen, die Web Analytics bereits professionell einsetzen, zugute als auch jenen, die mit der Web-Analyse beginnen wollen.

Mehr Wettbewerb unter den Toolanbietern sorgt für bessere Qualität und vor allem für mehr Innovation. Einfachere Bedienbarkeit, schnelleres Erkennen von Trends und damit verbundenes Ableiten von Aktionen sowie vereinfachte Distribution von Berichten und Kennzahlen innerhalb des Unternehmens sind nur einige der Vorteile, von denen Unternehmen profitieren können.

Letztlich profitieren aber vor allem die Kunden, User und Internetnutzer in Form einfacher zu bedienender Webseiten, besser ausgesteuerter Kampagnen und optimierter, passender Angebote. Der Komfort bei der Nutzung von Webangeboten steigt also.

Web Analytics hat mit der Einführung von Google Analytics einen großen Sprung nach vorn gemacht.

In der Zwischenzeit sind die anderen großen Suchmaschinen Yahoo! und Microsoft Live nachgezogen, haben den Web-Analytics-Markt betreten und der Öffentlichkeit kostenlose Programme angeboten. Microsoft Analytics (auch bekannt unter dem Codenamen Gatineau) ist eine Eigenentwicklung von Microsoft. Sie steht allen Interessenten gratis zur Verfügung. Allerdings konnte sich Microsoft Analytics bislang nicht durchsetzen und fristet eher ein Schattendasein. Yahoo! vollzog mit der Übernahme des ungarischen Web-Analytics-Unternehmens Indextools hingegen einen interessanten Schritt und veröffentlichte im Herbst 2008 „Yahoo! Web Analytics", das aus der Integration von Indextools mit Yahoo! hervorging. Bislang war die Nutzung dieses Tools Yahoo!-Kunden vorbehalten – bleibt abzuwarten, welche Strategie Yahoo! verfolgt.

Diese Entwicklungen zeigen das Potenzial und die Wichtigkeit von Web-Analytics-Lösungen, deren Pionier bei den kostenlosen Angeboten Google Analytics ist. Der zeitliche Vorsprung sowie die weitere Verbreitung und der stetige Innovationsstrom machen es anderen Gratis-Anbietern nicht leicht, Marktanteile zu gewinnen.

Doch lässt sich Google Analytics nicht nur mit anderen kostenlosen Web-Analytics-Programmen vergleichen. In vielen Fällen hält es durchaus einem Vergleich mit einer Vielzahl teurer Anbieter stand. Entscheidend sind die jeweiligen Bedürfnisse und Anforderungen eines Unternehmens. Natürlich gibt es Anforderungen in Unternehmen, die man mit Google Analytics nicht abbilden kann. Analytics ist nur begrenzt individualisierbar, da auf den Massenmarkt ausgerichtet. Teurere Tools werden kundenspezifischen Anforderungen oft besser gerecht. Im Grunde ist es unerheblich, welches Web-Analytics-Tool man nutzt – Hauptsache, man gewinnt Erkenntnisse, die zu Optimierungen führen. Ich habe viele Unternehmen erlebt, die viel Geld in sehr teure Software investierten, deren Möglichkeiten aber bei Weitem nicht ausschöpften.

Das ist ein wenig wie bei Microsofts Excel. Der durchschnittliche User bezahlt ein Tabellenkalkulationsprogramm mit umfangreichen Möglichkeiten und nutzt vielleicht 10 % der verfügbaren Features.

Je nach Anforderung ist ein vergleichbares Produkt mit weniger Features, das kostenlos angeboten wird und sich individuellen Bedürfnissen anpassen lässt, unter Umständen attraktiver.

Die Kunst besteht in den meisten Fällen nicht im Einbau eines Web-Analytics-Programms, sondern in der Ableitung entsprechender Aktionen – der Optimierung der Website, der Optimierung der Kampagnen. Dies ist der eigentliche Nutzen von Web Analytics. Allerdings werden diese Interpretationen von keinem der zurzeit verfügbaren Web-Analytics-Tools übernommen. Nur Anwender, die sich mit dem Tool beschäftigen, sind in der Lage, entsprechende Optimierungsvorschläge aus den Zahlen herauszuarbeiten. Avinash Kaushik spricht in diesem Zusammenhang von der 10/90-Regel: Maximal 10 % des Budgets sollten in ein Web-Analytics-Tool gesteckt werden, 90 % hingegen in die mit diesem Tool arbeitenden Menschen.

Ziel ist es, einen größtmöglichen Nutzen aus der Verwendung eines Web-Analytics-Tools zu ziehen. Dies kann ein gesteigerter Umsatz sein, aber auch ein intensiveres Engagement der User, die vermehrt wiederkehren, Entlastung des eigenen Call Centers, mehr Seitenaufrufe pro Besuch oder ein beliebiges anderes Ziel. Jede Website und jedes damit verbundene Unternehmen verfolgt in der Regel mindestens ein Ziel mit ihrem Onlineauftritt. Idealerweise sind Sie in der Lage, Ihre Ziele permanent zu steigern.

Die meisten Web-Analytics-Tools sind sich recht ähnlich. Viele Reports, viele Zahlen, viele Darstellungsarten unterscheiden sich kaum. Jedes Tool ist in einem Leistungsbereich besser und hat seine Stärken und Schwächen. 60 bis 80 % der meist genutzten Reports sind nahezu identisch. Alle Tools stellen Zahlen dar – Fragestellungen, Ableitungen und Optimierungen muss der User, basierend auf der Analyse der dargestellten Zahlen, allerdings selbst vornehmen.

Nun haben Sie sich beispielsweise ein Web-Analytics-Tool für 100 000 Euro jährlich angeschafft. Was haben Sie damit gewonnen? Wer interpretiert die Daten? Wer arbeitet mit dem Tool? Welche Fragestellungen sollen beantwortet, welche Ziele verfolgt werden? Wie sehen die internen Prozesse für die Optimierungen aus? All diese Fragen bleiben mit der bloßen Investition in ein Web-Analytics-Tool unbeantwortet. In der Regel gewinnen Sie keinen Zusatznutzen durch die Anschaffung eines Tools. Im Gegenteil: Sie bekommen zu den ohnehin viel zu zahlreichen, intern verfügbaren Zahlen und Reports noch mehr Zahlen und Reports hinzu. Diese können eher verwirren oder weitere Fragen aufwerfen, da sie mit den intern verfügbaren Daten möglicherweise nicht übereinstimmen und daher nicht wirklich nutzenstiftend sind. Stellen Sie sich vor, Sie verwenden ein leistungsstarkes, kostenloses Web-Analytics-Tool, reinvestieren die 100 000 Euro aber in einen neuen Mitarbeiter (einen Web-Analysten), der den ganzen Tag nichts anderes tut, als die generierten Daten zu analysieren, Handlungsempfehlungen abzugeben, Optimierungen durchzuführen und damit in der Konsequenz für mehr Umsatz zu sorgen. Damit haben Sie gewonnen und schaffen einen deutlichen Mehrwert für Ihr Unternehmen.

1.2 Google Analytics und Google

Google Analytics ist seit November 2005 ein wichtiges Produkt in der Google-Produktfamilie. Zwar stehen Google AdWords und Google AdSense, aber auch Google Earth, Google Maps und Googlemail mehr im Vordergrund – dennoch ist Google Analytics von immenser Wichtigkeit für das Unternehmen. Google-CEO Eric Schmidt sagte im Jahre 2006, dass Google Analytics innerhalb der Google-Welt zu den zwanzig wichtigsten Produkten zählt (mittlerweile gibt es insgesamt über 80 Google-Produkte).

Insbesondere durch die enge Verknüpfung des Google-Hauptumsatzbringers Google AdWords mit Google Analytics ist Google Analytics „allgegenwärtig".

1.3   Google Analytics' Geschichte

Google Analytics entstand aus der Übernahme der Firma Urchin durch Google im März 2005. Urchin wurde bereits 1995 in San Diego, Kalifornien, gegründet und ist somit ironischerweise einige Jahre älter als Google. Urchin brachte 1997 seine erste Web-Analytics-Software auf den Markt. Damals war dies ein Logfile Analyzer für Webserver (mehr zum Thema Logfiles in Kapitel 3). Ziel war bereits, eine einfach zu handhabende, skalierbare und effiziente Lösung zu finden, die webbasiert in allen gängigen Browsern darstellbar sein sollte.

2001 stellte Urchin dann eine Page-Tagging-Lösung vor (Urchin v.3), die auf einem Java-Script-Code basierte. Hierdurch konnten viele Nachteile der bisherigen Logfile-Analyse behoben und weitere Daten für eine wirkungsvolle Web-Analyse generiert werden.

Urchin v.5 wurde im Jahre 2003 veröffentlicht und beinhaltete Features, die auch heute noch zum Teil aktuell sind. So wurden mit dieser Version beispielsweise das E-Commerce-Modul und das Kampagnen-Tracking-Modul eingeführt, und es gab die Möglichkeit, *ein* (!) Ziel festzulegen. Urchin v.5 wurde ausschließlich als Softwarelösung vertrieben, d.h. sämtliche entstehenden Daten wurden auf den Servern des Websitebetreibers gespeichert. Dies änderte sich erst mit der nächsten Version v.6 im Jahre 2004.

V.6. war der Weg eines Web-Analytics-Tools der ersten Generation zur ausgereiften Software der zweiten. Urchin war mittlerweile auf über 40 Mitarbeiter angewachsen und veröffentlichte die Urchin on Demand (UOD)-Lösung. Diese Version stellte neben der beim Kunden gelagerten Softwarelösung eine rein internetbasierte Variante dar. Als Application Service Provider (ASP)-Lösung (auch „Software as a Service" (SaaS)) wurden sämtliche anfallenden Daten auf Urchin-eigenen Servern gespeichert. Dies reduzierte die IT-Kosten der Urchin-Kunden dramatisch, da

■   keine Kapazitäten mehr bereitgehalten,

■   keine Daten mehr verwaltet und

■   keine Daten aufbereitet werden mussten.

IT Overhead- und IT Supportkosten konnten hierdurch eingespart werden. Mittlerweile hat sich Web-Analytics mittels ASP-Lösung weltweit durchgesetzt.

Die sechste Version brachte viele weitere Neuerungen mit sich. So wurde im Vergleich zur Logfile-Analyse nun nicht mehr jeder Hit pro Seite gezählt, sondern jeder Seitenaufruf. Das Zählen eines Seitenaufrufs entspricht mehr den Anforderungen von Unternehmen und Webanalytikern als das Messen jedes einzelnen Elements einer Seite bei der Hit-Zählung. Zudem sind Seitenaufrufe besser vergleichbar mit anderen Websites – diese Zählweise hat sich bis heute als offizielle „Währung" des Internets gehalten. Weitere Features der Version 6:

■   Verbessertes Kampagnen-Tracking-Modul

■   Erweiterung der zu definierenden Ziele von eins auf vier

■   Einführung der Karten- und Site-Overlay-Module

■ Erkennung der Verbindungsgeschwindigkeit der Besucher

■ Segmentierungsfunktion, um verschiedene Datenbestände miteinander zu verknüpfen.

Diese Version hat sich im nordamerikanischen Markt ansehnlich etabliert; vor allem, weil die Implementierung und die Navigation innerhalb des Tools sich als sehr einfach herausstellten. Zudem hatte Urchin seine Infrastruktur von Beginn an auf Skalierbarkeit ausgelegt, was ein schnelles Wachstum ermöglichte.

Diese Entwicklung blieb auch Google nicht verborgen, so dass es zur Übernahme der Firma Urchin im April 2005 kam. Sämtliche Mitarbeiter siedelten von San Diego nach Mountain View, der Konzernzentrale von Google, um und wurden somit Google-Mitarbeiter. Der Großteil der damaligen Urchin-Mitarbeiter und Urchin-Gründer arbeiten auch heute noch bei Google und entwickeln das Tool stetig weiter. Im Anschluss daran folgte die Integrationsphase. Die Urchin-Infrastruktur wurde der Google-Infrastruktur und vor allem den (Sicherheits-)Standards des Marktführers angepasst. Die erste große Synergie der Akquisition bestand aus der Integration mit AdWords.

Dieser Integrationsprozess, der natürlich auch die Integration der Mitarbeiter und den Aufbau von Strukturen beinhaltete, dauerte etwa sechs Monate. In dieser Zeit wurde das Tool von Google bereits deutlich im Preis gesenkt (von $499 auf $199 monatlich) und als „Urchin from Google" verkauft. Am 14. November 2005 verschwand der Name Urchin on Demand dann endgültig vom Markt und wurde als Google Analytics relauncht. Doch gab es nicht nur ein Rebranding. Von diesem Zeitpunkt an war das Produkt in 16 Sprachen mit entsprechendem multilingualem Support – und vor allem: für jedermann kostenlos erhältlich.

Jedes Unternehmen, jeder Blogbetreiber, jede private Homepage, jeder Online-Shop- und jeder Websitebetreiber durfte fortan Google Analytics als kostenloses Web Analytics Tool nutzen – weltweit. Diese Meldung sorgte für einen enormen Ansturm. Sprichwörtlich jeder wollte die kostenlose ASP-Lösung nutzen oder zumindest ausprobieren.

Mit diesem Ansturm hatte selbst Google nicht gerechnet. Die Konsequenz war, dass die Serverkapazitäten des Unternehmens nicht ausreichten, um dem Ansturm Herr zu werden. So wurde der Zugang für Interessenten nach ungefähr drei Tagen vorerst wieder gesperrt. Zunächst sollten die bereits registrierten Kunden das Tool vernünftig nutzen können, andere Interessenten mussten sich hingegen registrieren und auf einen Einladungscode warten. Diesen Code erhielt man eine gewisse Zeit später.

In der Zwischenzeit erhöhte man googleseitig die Serverkapazitäten erheblich, um die Vielzahl der Google-Analytics-Zugänge und die damit verbundene Menge der einlaufenden Daten bewältigen zu können. Die Wartezeiten verkürzten sich ständig, und ein knappes Jahr später, im Herbst 2006, wurde Google Analytics, wie ursprünglich geplant, freigegeben. Keine Einladungscodes mehr, keine Wartezeiten, keine Verzögerungen, keine Kosten.

Der Belastungstest im operativen Betrieb war nun erfolgreich bestanden, das Produkt konnte weiterentwickelt werden. Im Laufe der Zeit gab es natürlich Unmengen an Feedbacks, (Verbesserungs-)Vorschlägen, Ideen und Nachfragen.

Im Februar 2006 übernahm Google das von der Softwarefirma Adaptive Path entwickelte Measure Map – ein Blog-Statistik-System, das Blogbetreibern die wichtigsten Kennziffern in simpler Form vermittelte. Die einfache grafische Darstellung komplexer Zusammenhänge galt bislang als die Stärke von Google Analytics, doch Measure Map konnte neue Akzente setzen.

Also taten sich die Entwickler beider Unternehmen zusammen, evaluierten die gesammelten Feedbacks und bastelten an einer neuen Version. Das Ergebnis war die im Mai 2007 veröffentlichte neue Version von Google Analytics. Mit ihr ist Google wieder ein großer Sprung nach vorn gelungen. Die Navigation wurde erneut deutlich vereinfacht und vor allem intuitiver. Zudem gab man weitere Features bekannt, wie beispielsweise

- individuell erstellbare Dashboards,
- erweiterte Downloadfunktionen,
- automatisierte E-Mail-Reports und
- eine umfangreichere Darstellung der geografischen Herkunft der User.

Nach und nach wurden weitere Verbesserungen durchgeführt, so dass die bisherige Version im Juli 2007 abgeschaltet werden konnte. Im Oktober 2007 veröffentlichte man einen Ausblick auf die weiteren Entwicklungen, die man in den kommenden Monaten umzusetzen gedenkt.

So wurden Site Search integriert – eine tiefgehende Analyse der internen Suche –, der Tracking Code modifiziert und die Verarbeitungsgeschwindigkeit beschleunigt. Event-Tracking berücksichtigt die Veränderung von Websites hinsichtlich Web 2.0 und neuer Applikationen wie Videos, Ajax etc. Verbesserungen an der grafischen Darstellung vereinfachen die Analyse der Daten.

Im Jahre 2008 setzte sich die Entwicklung von Google Analytics in immer kürzeren Zyklen fort: Einführung eines Benchmarking-Berichts, der auf dem Prinzip der Datenfreigabe basiert (mehr dazu in Kapitel 10.2.1); Überarbeitung der Trendgraphen und eine deutliche Verkürzung der Update-Zeiten der Berichte. Neu ist außerdem das (Single-)Login. Viele Berichte erhielten eine stündliche Ansicht, und zahlreiche weitere kleinere Änderungen wurden vorgenommen.

Im März 2007 übernahm Google die bis dato von der Firma GapMinder entwickelte Visualisierungssoftware Trendalyzer. Diese Software hat mittlerweile Eingang in Google Analytics gefunden – verschiedene Berichte bieten fünfdimensionale Visualisierungsmöglichkeiten.

Seither erfolgen Updates, Änderungen und Optimierungen im Vier- bis Sechs-Wochen-Rhythmus – sowohl im nicht sichtbaren Backend-Bereich als auch direkt in der Benutzeroberfläche. Viele neue Funktionen sind zu erwarten sowie Verbesserungen von bestehenden.

Mittlerweile gibt es deutlich über 6 Millionen eröffnete Google Analytics Accounts – damit ist Google Analytics das mit großem Abstand am weitesten verbreitete Web Analytics Tool. Die Benutzeroberfläche ist mittlerweile in 26 Sprachen verfügbar, und die Weiterentwicklung schreitet so schnell voran, dass ständig neue Sprachen und Features hinzukommen.

1.4 Warum kostenlos?

Oft taucht die (berechtigte) Frage auf, warum Google ein so mächtiges, umfangreiches und wichtiges Analysewerkzeug kostenlos anbietet. Hierfür gibt es mehrere Gründe. Ein wenig Google Hintergrundwissen hilft bei der Beantwortung.

Eines der wichtigsten Google-Produkte neben der eigentlichen Suchtechnologie ist AdWords. Damit verdient Google jährlich mehrere Milliarden US-Dollar. Das Prinzip von AdWords besteht darin, dass Werbekunden kleine Textanzeigen schalten können, die dem User Suchbegriff-spezifisch neben den eigentlichen Suchergebnissen angezeigt werden. Durch die stark kontextbezogene Werbung kann die Werbung für den User einen Mehrwert darstellen und wird nicht als störende oder gar blinkende (Unterbrecher-)Anzeige wahrgenommen.

Durch dieses System gelangt eine Vielzahl von interessierten Usern auf die Seiten der Werbetreibenden, d.h. AdWords sorgt für enormen Traffic, für den die Werbetreibenden viel Geld bezahlen. Ein Werbetreibender hat natürlich immer ein Interesse daran, möglichst viele Nutzer zum Kauf seiner Produkte oder Dienstleistungen bzw. zur Zielerfüllung zu bewegen. Je mehr ankommende User das jeweilige Ziel der Website erfüllen, umso besser. Nun kam es immer öfter zu Rückmeldungen von Unternehmen, die für AdWords-Werbung viel Geld ausgegeben hatten, denen zufolge Google zwar viele Besucher auf ihre Website lenke, aber die Conversions bzw. Umsätze dennoch stagnierten. Darauf hat Google keinen direkten Einfluss. Zwar kann das Unternehmen den Besucher auf die Website des Werbetreibenden bringen, aber nicht beeinflussen, wie er sich dort zurechtfindet. Die Gestaltung der Website und möglicher Bestellprozesse obliegt dem Seitenbetreiber. Ist der Bestellprozess unverständlich oder irreführend, kann es dazu kommen, dass mögliche Interessenten nicht an ihr Ziel gelangen. Eine Bestellung hat dann nicht stattgefunden, und der Umsatz bleibt aus.

Darüber hinaus gibt es User, die Google als präferierte Suchmaschine nutzen. Auch hier gab es Feedbacks, wonach zwar alles gefunden wird, die weiterführenden Seiten dann allerdings so schlecht in der Navigation sind, dass sich das Ziel nicht erreichen lässt. Dieser Zustand kann rückwirkend mit einer negativen Sucherfahrung der User in Bezug auf Google einhergehen.

Mit Google Analytics stellte der Marktführer allen Websitebetreibern eine Möglichkeit zur Verfügung, für mehr Transparenz zu sorgen, da nur Transparenz und die Erkenntnisse hinsichtlich des Nutzerverhaltens auf der eigenen Website zu Optimierungen innerhalb der eigenen Website führen können. Optimierungen der eigenen Website können wiederum zu einer besseren bzw. einfacheren Navigation führen, von der der User profitiert. Was in der Konsequenz die Wahrscheinlichkeit höherer Conversions, von mehr Umsatz, mehr Erfolg und letztendlich einem größeren ROI steigert. Diese Erkenntnis lässt sich auf folgende einfache Formel reduzieren:

Abbildung 1.1 Mehr Transparenz – mehr Umsatz

Mehr Transparenz sorgt nicht nur durch die Verbesserung der Websitestruktur und Navigation für mehr Umsatz. Auch Kampagnen lassen sich deutlich optimieren mithilfe tiefergehender Informationen. Dies führt zu besser ausgesteuerten und zielgerichteten Kampagnen, die vorhandene Werbebudgets effektiver ausnutzen. Im Endeffekt resultiert daraus ein größerer Return on Investment (ROI):

Abbildung 1.2 Mehr Transparenz – mehr ROI

Doch auch die User profitieren. Dank besserer Websites sind sie zufriedenere Kunden bei einer größeren Wahrscheinlichkeit des Wiederholungskaufes. Zudem haben sie eine bessere Sucherfahrung mit Google gemacht. Die Chance, Google weiterhin als präferierte Suchmaschine zu nutzen, und dies auch weiterzuerzählen, ist relativ groß. Wenn damit außerdem die positive Erfahrung eines AdWords-Anzeigen- Klicks verbunden ist, wird der User mit großer Wahrscheinlichkeit wieder auf eine AdWords-Anzeige klicken. Dies beschert Google weitere Umsätze und lässt sich auf folgende Formel reduzieren:

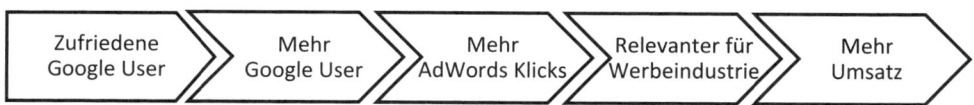

Abbildung 1.3 Zufriedene User – mehr Umsatz

Letztendlich lassen sich die beiden Formeln miteinander kombinieren, weil die Inhalte sich gegenseitig bedingen. Eine verbesserte Website sorgt für zufriedenere User, zufriedene User sorgen für mehr Umsatz.

Hieraus lässt sich ableiten, dass Google natürlich die Zufriedenheit der Nutzer durch Auslieferung möglichst relevanter Anzeigen im Blick hat – nicht ohne dabei an die AdWords-Werbekunden zu denken, die mit Hilfe von Google Analytics ihre Umsätze relevant steigern können. Wenn diese Werbekunden aufgrund gesteigerter Umsätze und erhöhtem ROI mehr Geld zur Verfügung haben, ist die Chance relativ groß, dass zumindest ein kleiner Teil dieser zusätzlich generierten Umsätze wieder an Google zurückfließt.

Hierdurch ergibt sich sozusagen eine Win-Win-Win-Situation:

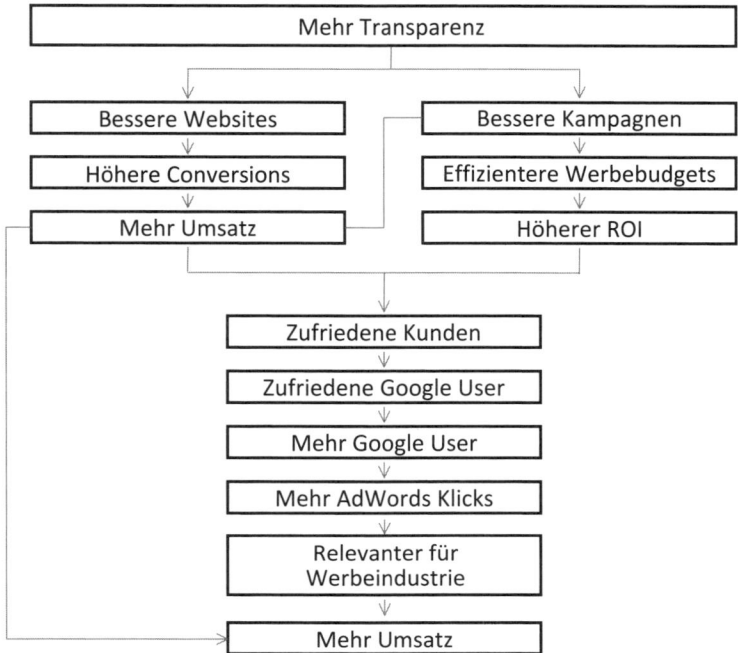

Abbildung 1.4 Vorteile von mehr Transparenz

Es gewinnen die User dank verbesserter, nutzerfreundlicherer Websites und relevanterer Anzeigen, die Websitebetreiber gewinnen durch steigende Umsätze und einen erhöhten ROI, und Google gewinnt – am meisten: in Form zufriedener User, gestiegener Relevanz in der Werbeindustrie und der großen Chance steigender Umsätze von Kunden, die Optimierungen entsprechend Analytics' Transparenz vorgenommen haben.

Natürlich will ich auch kritische Stimmen nicht vernachlässigen. Schlagworte wie Datenschutz, Datenkrake Google oder die Frage, ob die Nutzung von Google Analytics überhaupt legal ist, machen immer wieder die Runde. Auf diese Themen gehe ich in Abschnitt 11.2.11 ein, wenn es um Datenfreigabe, Datenschutz und Cookies geht.

2 Web Analyse und Online-Marketing

2.1 Was ist Web Analyse?

Die Web Analytics Association (WAA – www.webanalyticsassociation.org) ist eine Organisation, in der sich Web-Analytiker, Toolanbieter und Web-Analytics-Interessenten zusammengeschlossen haben. Sie hat eine allgemeine Definition von Web-Analytics vorgegeben:

> *Web Analytics ist die Messung, Sammlung, Analyse und Auswertung von Internet-Daten zum Zweck des Verständnisses und der Optimierung der Web-Nutzung.*

Web-Analytics stellt eine Disziplin innerhalb einer Organisation dar, die sich mit der Auswertung und Analyse der in einem Web Analytics Tool anfallenden Daten auseinandersetzt. Der Begriff *Web Analytics* ist im deutschsprachigen Raum ein Synonym für Web Analyse, Web Controlling oder Web Measurement. Letztgenannte Begriffe unterscheiden sich voneinander: Web Measurement beinhaltet in den meisten Fällen lediglich das Aufbereiten von Daten in Form von Berichten. Web-Analytics geht darüber hinaus.

Aus meiner Sicht betrifft Web-Analytics jeden Mitarbeiter innerhalb eines Unternehmens. Im Grunde sollte sich jeder Mitarbeiter, egal ob er im Online-Marketing, im Ein- oder Verkauf oder aber in der Personalabteilung tätig ist, für Web-Analytics interessieren. Kaum ein Unternehmen kann es sich leisten, keine Website zu betreiben und diese professionell zu pflegen, um hierüber Business zu betreiben – im Gegenteil: in vielen Unternehmen wird ein beträchtlicher Teil des Umsatzes, wenn nicht gar der gesamte, über das Internet generiert. Folglich sollte auch jedermann an der Entwicklung der Website interessiert sein. Als interessierter Mitarbeiter möchte ich wissen, was in meinem Unternehmen passiert, und kann diese Informationen zielgerichtet über ein Web Analytics Tool abfragen oder automatisiert in regelmäßigen Abständen erhalten.

Die Disziplin Web-Analytics beinhaltet nicht nur die Auswahl eines entsprechenden Tools, oder den Umgang damit, sondern insbesondere die Analyse der Daten – sowohl die Auswertung wie das Reporting, aber auch die Interpretation und Ableitung möglicher Aktionen umfassen. Aktionen können Folgendes beinhalten:

- Verbesserung der Navigation
- Optimierung der Online-Marketing-Kampagnen
- Indirekte Erfolgsmessung von Offline-Kampagnen
- Verbesserung von Bestell- oder Registrierungsprozessen
- Erkennen von Problemfeldern innerhalb der Website
- Vorbereitung möglicher Testszenarien
- Anpassung der Website an die technische Ausstattung der User

Der eigentliche Mehrwert von Web-Analytics wird nicht aus der Implementierung eines Tools gewonnen, sondern aus der Ableitung von Aktionen und deren konsequenter Umsetzung.

Wo ist Web-Analytics idealerweise innerhalb einer Unternehmensstruktur angesiedelt?

Web-Analytics gehörte in der Vergangenheit oftmals zur IT-Abteilung. Hintergrund war die meist komplexe Implementierung und auch die komplizierte Nutzung eines Tools, welche aufgrund dieser Einschränkungen meist technisch versierten Nutzern vorbehalten war. Dort fristete das Tool oftmals ein Schattendasein, da es keine Verbindung mit den anderen Abteilungen, insbesondere der Marketing-Abteilung gab, wo ein Web Analytics Tool jedoch besser aufgehoben ist. Die Marketing Abteilung ist immerhin mit verantwortlich für die Gestaltung, vor allem aber für den finanziellen Erfolg der Website. Hier werden Kampagnen kreiert und gesteuert, Erkenntnisse über Kunden und Interessenten gesammelt und Marktforschung betrieben. Letztendlich ist die IT-Abteilung als „Umsetzer" zu betrachten. Entsprechend den Vorgaben des Marketings werden die Ideen und Vorschläge technisch umgesetzt. Eine enge Zusammenarbeit zwischen IT und Marketing ist daher wünschenswert und förderlich. Umsetzungsgeschwindigkeit und Flexibilität sind essentielle Voraussetzungen für eine erfolgreiche Website.

2.2 Ein schmaler Grat ...

Wie in Kapitel 2.1 bereits erwähnt, betrifft Web-Analytics das gesamte Unternehmen. Viele unterschiedliche Daten fließen in ein Web Analytics Tool ein. Die gesamte Palette des Online Marketings sollte idealerweise in einem Web Analytics Tool abgebildet werden und auswertbar sein. Der große Vorteil des Online-Marketings ist die direkte und zeitnahe Messung des Erfolgs des jeweiligen Kanals.

Die Arbeit mit einem Web Analytics Tool führt schnell zu sämtlichen Feldern des Online Marketings. Schließlich sieht ein Web-Analyst den Erfolg der durchgeführten Maßnahmen sehr schnell. Es ist ein großer Vorteil, wenn man zumindest Grundkenntnisse der jeweiligen Bereiche besitzt. Schließlich muss man die Hintergründe und Eigenarten der jeweiligen Kanäle kennen. Search Engine Optimization (SEO), Search Engine Marketing (SEM),

Affiliate Marketing, Display Ads, Usability und Newsletter sollten für einen Web Analysten keine unbekannten Begriffe sein.

Bei Web-Analytics bewegt man sich auf einem schmalen Grat: sobald man sich mit den im entsprechenden Tool dargestellten Daten näher beschäftigt, kommt man mit den soeben genannten Online-Marketing-Disziplinen in Berührung.

Im Folgenden also ein kurzer Abriss über die jeweiligen Bereiche.

2.2.1 Search Engine Optimization (SEO)

Search Engine Optimization hat zum Ziel, eine Website im Ranking der nichtbezahlten Suchergebnisse einer Suchmaschine (wie beispielsweise Google oder Yahoo!) bei bestimmten Suchbegriffen möglichst weit oben zu platzieren.

Je weiter oben in den Suchergebnissen eine Website platziert ist, desto mehr User kommen über diesen Kanal. Ist die Website bei wichtigen und relevanten Suchbegriffen permanent unter den ersten zehn Ergebnissen, wird ein stetiger User-Fluss auf die Website gelangen – kostenlos.

Die Platzierung innerhalb der ersten Suchergebnisse ist allerdings sehr komplex, da Suchmaschinen wie Google alles erdenklich Mögliche dafür tun, eine Manipulation der Seitenbetreiber zu verhindern. Schließlich ist es oberstes Ziel von Google, relevante Suchergebnisse zu liefern, die die Suchanfragen der User so gut und so schnell wie möglich beantworten. Eine einfache Manipulation würde dieses Ziel erschweren. Die Suchmaschinen haben daher sehr komplexe Algorithmen entwickelt, die die Websites, deren Inhalte und Linkstrukturen permanent untersuchen, analysieren, bewerten und dementsprechend gewichten und ranken. Dieser Algorithmus wird stetig aktualisiert und angepasst.

Die Darstellung der Suchergebnisse von Google basieren auf einer Vielzahl von Faktoren, von denen nur einige bekannt sind oder von denen man vermutet, dass sie das Ranking beeinflussen könnten. Google hütet das Geheimnis seiner Algorithmen ebenso wie Coca Cola das Rezept der schwarzen Brause.

Dennoch gibt es einige Faktoren, die man mittlerweile offen kommuniziert und die beachtet werden sollten, um zumindest die Grundlagen für eine gute Ausgangsposition zu schaffen. Letztendlich beziehen sie sich auf zwei Themenfelder, die in dieser Form auch für die Disziplin Search Engine Optimization relevant sind:

- On Site/Page Optimization
- Link Building

On Page-Optimierung beinhaltet die Gestaltung und Programmierung der Website und ist die handwerkliche Grundvoraussetzung für ein optimiertes Ranking. Folgende Aspekte sind hierbei zu bedenken (Auflistung unvollständig):

- Relevanter Inhalt
- Suchbegriffrelevanter Inhalt
- Übersichtliche Struktur der Website

- Gute interne Verlinkungsstruktur
- Keine reinen Flash-/Bilder-/AJAX-Seiten
- Gute Gliederung mit unterschiedlichen Überschriften
- Schriftliche Benennung von Bildern (Alt Text)
- Relevante Seitentitel
- Übersichtliche Anzahl relevanter Meta-Tags
- uvm.

Hat man diese Basis geschaffen, ist für die Suchmaschinen die Verlinkung von Websites untereinander wichtig:

- Wie viele fremde Websites verlinken auf Ihr Webangebot?
- Sind es themenähnliche Websites, die auf Sie verlinken?
- Verlinken relevante Websites auf Sie?
- Handelt es sich um eine große Zahl relevanter Websites mit thematisch ähnlichen Inhalten wie Ihre Site, auf die in großer Zahl und in relevanter Weise wiederum verlinkt wird?
- Befinden sich unter den eingehenden Links auch Universitäten?
- Wo auf den fremden Websites sind die Links auf Sie platziert?
- Und wie?
- Wie viele Links sind auf den fremden Websites insgesamt platziert?
- Wie viele Links verweisen von einer fremden Website auf Sie?
- Welchen Page Rank hat die auf Sie verweisende Website?
- Welche Historie hat die auf Sie verweisende Website?
- Wie werden die URLs dargestellt?
- uvm.

Die manuelle Beeinflussung eines oder mehrerer dieser Faktoren nennt man Link Building. Hier wird versucht, die Menge und Qualität der eingehenden Links zu beeinflussen, um in Kombination mit der On-Page-Optimierung eine verbesserte Bewertung einer Suchmaschine zu erhalten und somit ein besseres Ranking in den nicht bezahlten Suchergebnissen.

SEO ist ein ständiges Hase-und-Igel-Spiel. Die Suchmaschinen versuchen, durch ständiges Optimieren ihrer Algorithmen den SEOlern das Leben möglichst schwer zu machen. Diese wiederum versuchen, durch Ausfindigmachen eventueller Schwachstellen eigene Websites weit oben zu positionieren. Die Suchmaschinen schließen dann etwaige Lücken, und die SEOler müssen weitersuchen.

Dennoch gibt es Grundsätze, die eingehalten werden sollten, um langfristig eine gute Platzierung zu erreichen. Das Erlangen dieser Positionen ist in der Regel ein langwieriger Prozess. Die Suchmaschinenalgorithmen werden unregelmäßig geändert, und auch deren Updates finden nicht regelmäßig statt. Änderungen der eigenen Website haben also nicht unbedingt direkten Einfluss auf das Ranking, sondern wirken sich in den meisten Fällen erst nachgelagert positiv (oder auch negativ) aus.

Sollten Sie eine externe SEO-Beratung oder einen internen SEO-Mitarbeiter beschäftigen, können Sie deren Qualität also nur längerfristig beurteilen. Mit einem Web Analytics Tool sehen Sie im Zeitverlauf hingegen sehr genau, wie sich der Traffic für einzelne Keywords über die einzelnen Suchmaschinen verändert. Arbeitet Ihr SEO gut, können Sie feststellen, ob über für Sie relevante Suchbegriffe mehr Nutzer auf Ihre Website kommen und wie diese dort interagieren.

2.2.2 Search Engine Marketing (SEM)

Im Gegensatz zu den eher schwer und langwierig zu beeinflussenden nicht bezahlten Suchergebnissen bieten die meisten Suchmaschinen auch suchbegriffsbezogene Anzeigenschaltung an. Die Anzeigen erscheinen meist oberhalb der Suchergebnisse oder auf der rechten Seite der Suchergebnisseite wie in folgendem Beispiel von Google.

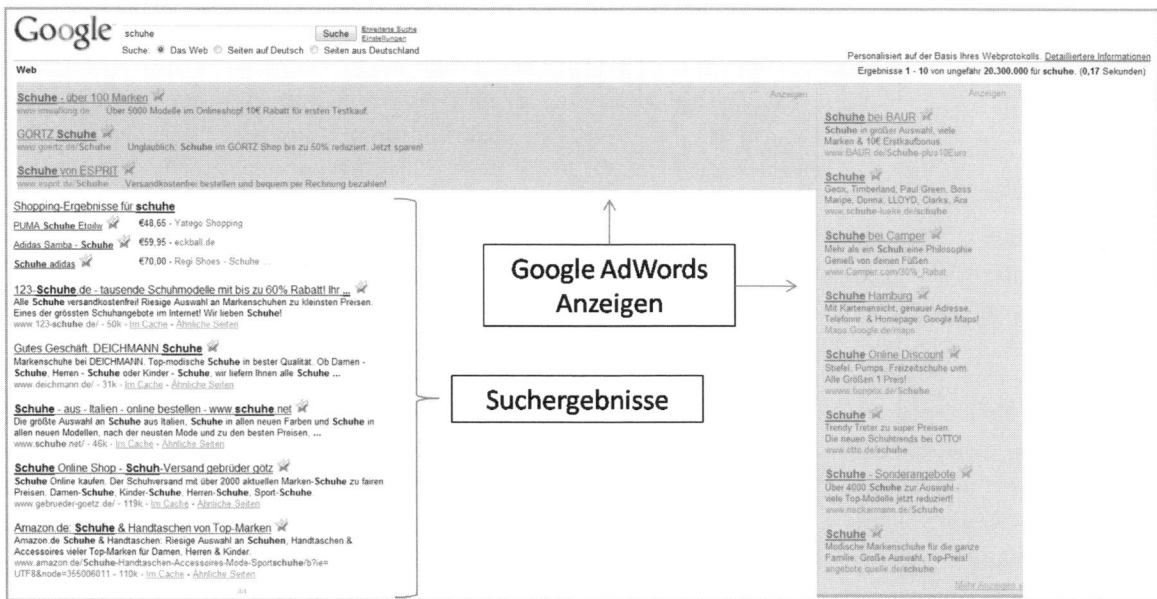

Abbildung 2.1 Googles Suchergebnisseite

Die Buchung dieser Anzeigenplätze erfolgt über das Programm Google AdWords, bei Yahoo! über Yahoo! Search Marketing und bei Microsoft über die AdCenter-Benutzeroberfläche. SEM ist mittlerweile zu einer umfangreichen und komplexen Wissenschaft herangereift, denn die Reihenfolge der Textanzeigen basiert bei den drei relevanten Suchmaschinen auf einem Aktionsmodell, welches anhand diverser Faktoren Berechnungen durchführt. Hier einige Aspekte, die die Position der bezahlten Anzeige beeinflussen können:

- Gebotener Mindestpreis
- Eingestelltes Tagesbudget
- Gebuchter Suchbegriff
- Wettbewerb um den gewünschten Suchbegriff
- Gestaltung des Anzeigentexts
- Gestaltung der Anzeigenüberschrift
- Gestaltung der Ziel-URL
- Gestaltung und Inhalt der Zielseite
- Ladegeschwindigkeit der Zielseite
- Quality Score (bei Google)
- uvm.

Je nachdem, in welchem Bereich Sie Ihre Website betreiben, kann es unter Umständen eine große Anzahl von für Sie relevanten Suchbegriffen geben. Das Management, und vor allem die Beobachtung, Auswertung und Erfolgsanalyse all dieser Suchbegriffe sind Aufgabe einer SEM-Agentur oder aber auch der bei Ihnen beschäftigten In-House-Spezialisten.

Neben der Anzeige in der Suchergebnisseite kann über AdWords auch das sogenannte Content-Netzwerk mitgebucht werden. Dieses beinhaltet mehrere Tausend externe, von Google unabhängige Websites, die einen Code auf ihren Seiten eingebunden haben, über den Google kontextbezogene Anzeigen ausliefern kann. Google durchscannt den Inhalt der jeweiligen Seite und blendet daraufhin passende Anzeigen ein – die auf denselben Suchbegriffe basieren, die für die Anzeigen auf der Suchergebnisseite gelten. Hierüber besteht für den jeweiligen Websitebetreiber die Möglichkeit, zusätzliche Einnahmen zu generieren, da jedem Besucher, der auf eine der Anzeigen klickt, ein gewisser Geldbetrag ausgezahlt wird. Dieser richtet sich nach der Wertigkeit des jeweiligen Suchbegriffs. Dem Websitebetreiber werden regelmäßig die angefallenen Geldbeträge ausgezahlt. Dieses Modell der kontextbezogenen Anzeigen auf externen Partnerseiten nennt Google AdSense. In Analytics besteht die Möglichkeit einer der Verknüpfung von Google Analytics mit Google AdSense.

Ihr Web Analytics Tool sollte in der Lage sein, diese Auswertung zu unterstützen bzw. sogar zu optimieren. Innerhalb von Google AdWords, Yahoo! Search Marketing oder Microsoft AdCenter erhalten Sie bereits umfangreiche Statistiken. Diese beziehen sich allerdings meist auf die Auslieferung der Werbemittel und der daraus resultierenden Kennzahlen wie:

- Anzahl der Anzeigenauslieferungen ((Ad-)Impressions)
- Anzahl der User, die auf eine Anzeige geklickt haben (Clicks)
- Verhältnis Impressions zu Clicks (Klickrate – CTR, Click through Rate)
- Kosten pro Klick (CPC, Cost per Click)
- Durchschnittliche Position der Anzeige

Diese Kennzahlen betrachten ausschließlich die Zeit bis zum Klick je Suchbegriff. Optimierungen finden oftmals anhand der Klickrate statt, indem man annimmt, dass eine bessere Klickrate ein Indiz für eine gute Anzeige ist. In der Realität ist dies allerdings nur die halbe Wahrheit. Denn wirklich wichtig ist, wie die User, die auf eine Anzeige geklickt haben, auf Ihrer Website navigieren. Wenn viele User über Ihre Anzeige auf Ihre Seite kommen, diese aber alle direkt wieder verlassen, ist dies kein Anzeichen für eine erfolgreiche Kampagne. Im Gegenteil – Sie schmeißen Ihr Geld zum Fenster hinaus bzw. schenken es den Suchmaschinenbetreibern.

Ein umfassenderes Bild erhalten Sie mit Web-Analytics. In Ihrem Web Analytics Tool sehen Sie nicht nur, über welche von Ihnen gebuchten Suchbegriffe wie viele User auf Ihrer Seite gelandet sind, sondern über welche von Ihnen gebuchten Suchbegriffe wie viele Kunden auf Ihre Website kamen. Sie haben die Möglichkeit, die Qualität der Besucher zu analysieren und nicht nur die Quantität.

Dies ist ungefähr so, wie wenn Sie einen Supermarkt betreiben und lediglich wissen, wie viele Menschen an die Eingangstür anklopfen, nicht aber,

- wie viele wirklich hereinkommen;
- wie viele sich länger in Ihrem Laden aufhalten;
- wie viele mögliche Kunden sich erkundigen, wo ein bestimmtes Produkt liegt;
- wie viele Besucher Ihren Laden entnervt verlassen, weil sie sich nicht zurechtfinden;
- wie viele Besucher tatsächlich etwas kaufen;
- wie viel Geld die Besucher für den Einkauf ausgeben;
- usw.

So würden Sie Ihren Supermarkt nicht führen – und nur für das Anklopfen an die Ladentür sicher kein Geld bezahlen. Genau dies tun Sie aber, wenn Sie zwar SEM betreiben, aber kein professionelles Web-Analytics durchführen. Sie stochern im Nebel, ohne genau zu wissen, wie erfolgreich welche Suchbegriffe sind oder wie groß Ihr Return on Investment (ROI) ausgefallen ist.

2.2.3 Affiliate

Affiliate-Marketing ist im Grunde genommen keine neue Disziplin. Letztendlich überträgt sie das Prinzip von Einzelhändlern der Offline-Welt auf das Internet. Groß geworden ist das Affiliate-Prinzip durch Amazon. Auf einer Vielzahl unterschiedlicher, doch meist thematisch passender Websites werden Bücher und CDs in Form diverser Werbemittel präsentiert. Klickt ein Interessent auf eines von ihnen, wird er direkt in den Bestellprozess von Amazon geleitet und hat dort die Möglichkeit, das Produkt zu erwerben.

Das Affiliate-Business hat sich zu einem großen und wichtigen Bestandteil des Online-Marketings entwickelt. In Deutschland gibt es vier große Affiliate-Netzwerke:

- Zanox
- Affilinet

- Commission Junction
- Tradedoubler

Viele Tausend Websites haben sich diesen Netzwerken angeschlossen, um dort über eine große Auswahl unterschiedlicher Werbekunden zu verfügen. Betreibt man eine Website und möchte an einem Affiliate-Programm teilnehmen, bewirbt man sich in der Regel bei einem Werbekunden, der dort seine Konditionen preisgibt. Akzeptiert der Werbekunde die Bewerbung, bindet man ein zur Verfügung gestelltes Werbemittel in die eigene Website ein.

Die Konditionen des Werbekunden sind in den meisten Fällen Performance-orientiert. Das heißt, der Werbekunde bezahlt die Website, auf der das Werbemittel platziert ist, erst dann, wenn das vom Werbekunden vorgegebene Ziel erreicht ist. Dies kann beispielsweise ein Klick auf das Werbemittel sein, in der Regel sind es aber Ziele wie die Anmeldung oder Registrierung eines Users oder der Kauf eines Produktes.

Klickt ein User beispielsweise ein auf meiner Seite befindliches Werbemittel an und kauft dort ein Buch, bezahlt Amazon eine Provision. Diese Provisionen fallen ebenfalls unterschiedlich aus. So werden sowohl fixe als auch umsatzabhängige Beträge gezahlt. Der Seitenbetreiber entscheidet letztendlich, für welches Programm er sich bewirbt, welche Produkte thematisch am besten zu den Inhalten der Website passen und mit welchen Werbemitteln er am meisten Geld verdienen kann.

Affiliate Marketing lässt sich graphisch recht einfach mit Abbildung 2.2 darstellen:

Abbildung 2.2 Prinzip des Affiliate-Marketings

Die folgenden Kriterien dienen als Grundlage für ein erfolgreiches Affiliate-Marketing:

- *Qualitativ hochwertige Partner*
  Idealerweise schaffen Partner einen Mehrwert für den Werbetreibenden durch thematisch passende Inhalte, ergänzende Produkte oder die richtige Zielgruppe.

- *Faire Konditionen*
  Werbetreibende sollten attraktive Konditionen bieten, um den hochwertigen Partnern beispielsweise einen Anreiz zu geben, die Werbemittel an prominenter Position einzubinden. Affiliate-Marketing beruht auf einem partnerschaftlichen Ansatz und einem Win-Win-Verhältnis.

- *Werbemittelauswahl*
  Um als Werbetreibender möglichst viele qualitativ hochwertige Websites als Partner zu gewinnen, ist es sinnvoll, viele unterschiedliche Werbemittel anzubieten. Idealerweise gehen diese über standardisierte Banner und Textlinks hinaus bis hin zu fertigen Modulen, integrierbaren Shops oder dynamischen Modulen, die sich den Bedürfnissen der jeweiligen Website anpassen lassen.

- *Partnermanagement*
  Websitebetreiber die Werbemittel des Werbetreibenden eingesetzt haben, sollten in gewissen Abständen mit neuen Werbemitteln, neuen Angeboten oder auch neuen Konditionen versorgt werden. Da Top-Partner mitunter für einen nicht unbeträchtlichen Teil des Umsatzes sorgen, sollten diese entsprechend behandelt und gefördert werden. So wie ein Außendienstmitarbeiter eines Produktherstellers seine größten Distributoren regelmäßig besucht.

Ihr Web Analytics Tools sollte in der Lage sein, den Erfolg des Kanals Affiliate-Marketing darzustellen und vor allem mit den anderen Kanälen vergleichbar zu machen. Natürlich stellt jeder Affiliate-Dienstleister bereits diverse Statistiken zur Verfügung. Aufgrund der meist rein erfolgsorientierten Vergütung sind diese oft schon recht aussagekräftig. Dennoch erfassen Zanox, Affilinet und Co. nicht sämtliche Daten. Es werden Kennziffern dargestellt wie:

- Anzahl der Auslieferungen der Anzeigen (Views oder Adimpressions)
- Anzahl der Klicks auf die Werbemittel
- Anzahl der generierten Leads (Registrierungen/Anmeldungen) bzw. Sales (Verkäufe)
- Die daraus resultierende Provision

Diese losgelöste Betrachtungsweise stellt nur einen Ausschnitt des Bildes dar. Meist betreibt man neben Affiliate-Marketing weitere Online-Marketing-Maßnahmen. Nun ist es natürlich interessant zu sehen, wie sich denn das Affiliate-Marketing im Vergleich zum bspw. Search Engine Marketing entwickelt. Hierfür sind weitere vom Web Analytics Tool bereitgestellte Kennzahlen notwendig, die für eine Vergleichbarkeit der unterschiedlichen Kanäle sorgen. Dies ist ein wichtiger Schritt von der Betrachtung einzelner Insellösungen hin zu einer 360-Grad-Betrachtung unterschiedlicher Marketing-Kampagnen. Wichtig hierbei ist der Vergleich von Daten innerhalb eines Tools und nicht der Vergleich der Daten unterschiedlicher Anbieter. Verschiedene Anbieter interpretieren die Daten mitunter unterschiedlich bzw. haben eigene Definitionen von Kennzahlen. In Ihrem Web Analytics Tool können Sie bezogen auf Ihre Affiliate-Kampagnen bspw. Folgendes analysieren:

- Welcher Affiliate-Dienstleister ist am erfolgreichsten?
- Welche Werbemittel bringen den meisten Umsatz?
- Welche Landing-Pages sind am erfolgreichsten?
- Wie performen Affiliate-Kampagnen im Vergleich zu anderen Maßnahmen?
- Wie entwickeln sich die Affiliate-Kampagnen im Zeitverlauf?

Dementsprechend können Sie Ihre Budgets besser verteilen, Ihre Affiliate-Dienstleister besser überprüfen und die dort platzierten Maßnahmen optimieren.

2.2.4 Display-Ads

Display-Ads sind wohl das älteste Werbemittel des Internets; sie umfasse sämtliche graphischen Werbemittel – wie beispielsweise:

- Fullsizebanner
- Superbanner (oder auch Leaderboard)
- Skyscanner
- Wide Skyscanner
- Rectangle
- Medium Rectangle
- Pop Up
- Pop Under
- Layer Ads
- Wallpaper

Innerhalb dieser verschiedenen Formate gibt es unterschiedliche Techniken und Darstellungsformen. Statisch oder dynamisch, Flash oder HTML sind nur einige der in diesem Zusammenhang genannten Begriffe – auf die ich jedoch nicht zu detailliert eingehen werde, denn für die Web-Analyse sind sie weitgehend unerheblich. Wichtig ist allein die Messbarkeit des Erfolgs der unterschiedlichen Werbemittel.

Display-Ads haben nach wie vor eine sehr hohe Verbreitung und den größten Anteil an den Gesamtumsätzen des Online-Werbemarktes. Die Platzierung der Werbemittel aus Werbekundensicht erfolgt über verschiedene Wege. Den des Affiliate-Marketings habe ich im vorigen Kapitel beschrieben (dort geht es ja vermehrt um Performance). In den meisten Fällen außerhalb des Affiliate-Marketings werden Display-Ads platziert, um Markenbildung zu betreiben bzw. Brandingeffekte zu generieren.

Diese Werbemittel können direkt auf einzelnen Seiten platziert werden, nachdem mit den Seitenbetreibern über die Konditionen verhandelt wurde. Dies sind dann meist große Portale oder sehr zielgruppenaffine Seiten. Auf der anderen Seite gibt es eine große Anzahl von Online-Vermarktern, die diverse Aufgaben für den Werbekunden übernehmen. Vermarkter verfügen über ein Portfolio an Partnerseiten, auf deren Werbeplätze sie Zugriff haben. Mit den Partnerseiten wurden die Konditionen bereits im Vorfeld abgestimmt und vertraglich vereinbart. Der Vermarkter verfügt also über einen großen Pool von Werbeflächen auf unterschiedlichen, oftmals thematisch passenden Websites. Die Aufgabe besteht nun darin, diese Werbeflächen möglichst zu 100% mit Kampagnen auszufüllen. Der Vermarkter beschäftigt daher Verkäufer, die Kunden akquirieren, Kontakte zu Agenturen und Kunden halten und die zur Verfügung stehenden Werbeplätze verkaufen.

Zudem verfügt der Online-Vermarkter meist über Technologien in Form eines AdServers, der die Auslieferung und Aussteuerung der Kampagnen und Werbemittel auf den unterschiedlichen Seiten übernimmt. Diese Aufgaben werden von Ad Managern, Traffic-Managern oder Distribuenten übernommen.

Die Websites, auf denen die Werbemittel ausgeliefert werden, erhalten zumeist in regelmäßigen Abständen einen Anteil des Umsatzes, den der Vermarkter mit der Website erzielt hat.

Vorteile dieses Systems:

- Ein Ansprechpartner für den Werbekunden
- Platzierung auf vielen Websites
- Übernahme sämtlicher Abrechnungsmodalitäten mit den Websites
- Technische Umsetzung der Kampagnenplatzierung
- Auslagerung der Verkaufsaktivitäten von der Website an einen Vermarkter
- Relevanzsteigerung von Websites durch Einbindung in ein großes Netzwerk

Die Platzierung von Werbemitteln und vor allem die Messung des Erfolgs von Werbemitteln und Kampagnen mit einem Web Analytics Tool sind wiederum sehr wichtig. Hier stellen die Adserver der Vermarkter bereits umfangreiche Statistiken zur Verfügung. Ebenso wie in den vorangegangenen Abschnitten werden hier meist sämtliche Kennzahlen aufgeführt, die bis zum Klick passieren. Der Adserver weiß in den meisten Fällen nicht, wie die User, die auf ein Werbemittel geklickt haben, nach dem Klick agieren. So gibt es auch hier lediglich die Optimierung der Kampagnen anhand folgender Kennziffern:

- Anzahl der Anzeigenauslieferungen ((Ad-)Impressions)
- Anzahl der User, die auf eine Anzeige geklickt haben (Klicks)
- Verhältnis Impressions zu Clicks (Klickrate = CTR – Click through Rate)
- Kosten pro tausend Einblendungen (TKP – Tausender Kontakt Preis – bzw. CPM – Cost per Mille)
- Kosten pro Klick (CPC – Cost per Click)

Einige Adserver können weitere Daten wie Conversions, Post-View Conversions etc. generieren.

Die für die Auslieferung der Kampagnen zuständigen Adserver verfügen über technische Eigenarten und Vor- und Nachteile, auf die ich im weiteren Verlauf dieses Buches noch eingehen werde. Für den Werbetreibenden ist es interessant zu sehen, wie die verschiedenen Werbemittel bei diversen Vermarktern und Portalen performen. Hierzu sollten diese Daten in ein Web Analytics Tool einfließen.

Um nicht manuell sämtliche Daten von Vermarktern, Portalen und anderen Online-Marketing-Maßnahmen zusammentragen zu müssen, bietet es sich an, sämtliche Daten in einem Tool vergleichbar zu machen. Wie Sie diese Daten in Google Analytics einfließen lassen und dort analysierbar machen, beschreibe ich im Kapitel „Kampagnen" (siehe 11.9). Grundsätzlich gibt es einen entscheidenden Unterschied bei der Platzierung von Display-Ads. Entweder Sie wissen genau, auf welchen Seiten welche Werbemittel und Kampagnen laufen, und können diese Platzierungen individuell ansteuern, oder Ihre Werbemittel und Kampagnen laufen in einem Netzwerk, auf das Sie vielleicht bis zu einem gewissen Grad Einfluss haben, wo Sie aber keine genaue Aussteuerung vornehmen können. Diese Art von Platzierung, Run on Network (RON) genannt, erschwert das Tracking und die Optimierung der Kampagnen, da sich vorab nicht festlegen lässt, wie und vor allem wo die Kampagnen genau platziert werden. Eine Analyse und ein Vergleich können in diesem Fall nur auf Netzwerkebene durchgeführt werden – wie erfolgreich ist das Netzwerk des Vermarkters A gegenüber dem Netzwerk des Vermarkters B im Vergleich mit dem Portal C im Vergleich mit SEM, SEO und Affiliate?

Wichtig ist, dass die Kampagnen überhaupt mit einem Web Analytics Tool getrackt werden, um sie dort mit allen anderen durchgeführten Maßnahmen vergleichen und optimieren zu können.

2.2.5 Newsletter

Das Versenden von Newslettern an Interessenten und Kunden ist mittlerweile ebenfalls Standard. Bei der Planung, Gestaltung, Versendung und Erfolgsmessung gibt es diverse Faktoren, die zu bedenken sind.

Angefangen bei der Planung, sollte sich der Versender über die Ziele klar sein, denn Newsletter können unterschiedliche Ziele erfüllen:

- Kundenbindung
- Handlungsaufforderung
- Kundenakquise
- Informationsübermittlung
- Verkauf von Waren oder Dienstleistungen

Diese nicht vollständige Liste lässt sich je nach Business lange weiterführen. Als Berater hatte ich oft mit Unternehmen zu tun, die eine Vielzahl unterschiedlicher Newsletter und E-Mails an Kunden oder Interessenten senden. In einigen Fällen war intern nicht bekannt, wie viele Newsletter wann an wen mit welchem Erfolg versendet wurden. Daraus lässt sich leicht ableiten, dass vorab wahrscheinlich keine konkreten Ziele definiert wurden.

Die Gestaltung von Newslettern überlasse ich besser den Designern, die davon mehr verstehen als ich. Lediglich einen essenziellen gestalterischen Unterschied möchte ich kurz diskutieren, da es grundsätzlich zwei Arten von Newslettern gibt – Text oder HTML. Ein reiner Text-Newsletter enthält keine Bilder, keine umfangreichen gestalterischen Elemente, sondern lediglich Text. Diese Art der Formatierung kann jeder Browser und jede E-Mail Programm problemlos darstellen. Allerdings gibt es nur wenige Möglichkeiten, an der Optik des Newsletters zu feilen. Die Auswahl unterschiedlicher Designs ist sehr beschränkt. Die einzige Möglichkeit der Interaktion besteht über die Darstellung klickbarer Links innerhalb des Newsletters.

HTML-Newsletter sehen hingegen wie „kleine Websites" aus. Sie verfügen über Bilder, grafische Elemente, unterschiedliche Schriften, dynamische Module. Der gestalterischen Freiheit des Designers sind kaum Grenzen gesetzt, und das Branding des versendenden Unternehmens kann gut eingebunden werden. Ein großer Nachteil von HTML-Newslettern ist neben der längeren Ladedauer aufgrund der enthaltenen Graphiken die unterschiedliche Darstellung in Browsern und Mail-Programmen. Viele E-Mail-Anbieter zeigen die im Newsletter enthaltenen Bilder nicht direkt mit an. Erst auf Aufforderung des Users werden die Bilder und Graphiken nachträglich geladen und angezeigt. Auf diese Weise können graphische Effekte natürlich verloren gehen.

Es gibt eine Vielzahl von E-Mail-Marketing-Dienstleistern, die die Planung, Gestaltung und vor allem die Aussendung und Erfolgsmessung von Newslettern durchführen. Bei der Aussendung Letzterer bieten sich weitere Kennziffern im Vergleich mit den bisher aufgeführten an:

- Anzahl ausgesendeter Mails
- Soft Bounces
  (Postfach des Empfängers ist voll oder temporär nicht erreichbar)
- Hard Bounces
  (Mail-Adresse nicht mehr verfügbar – Zustellung nicht möglich)
- Anzahl der geöffneten Mails
- Öffnungsrate (Verhältnis ausgesendeter zu geöffneten E-Mails)

Zusätzlich zu diesen Basiskennziffern bieten einige Dienstleister auch die Messung von Conversions oder die Darstellung von Overlays an, doch auch hier führt die Messung des Erfolgs von Newslettern zu einer Insellösung – Sie bekommen die Daten des Dienstleisters und müssen diese manuell mit den Daten anderer Dienstleister und anderer Marketing-Maßnahmen vergleichbar machen.

Idealerweise sollte der Erfolg Ihrer Newsletter-Kampagnen und E-Mail-Marketing-Maßnahmen in einem Web Analytics Tool dargestellt werden. Hierüber können Sie diesen Kanal vergleichbar machen mit sämtlichen anderen Online-Marketing-Aktivitäten – und zwar, indem Sie mit einer Währung die Zahlen der verschiedenen Maßnahmen vergleichen.

Allerdings gibt es bei der Erfolgsmessung von Newslettern einige Probleme. Soft Bounces, Hard Bounces und auch Öffnungsraten sind schwer messbare Kennzahlen. Ein Grund ist der Unterschied zwischen Text- und HTML-Newslettern, ein anderer ist technischer Natur, auf den ich im weiteren Verlauf des Buches eingehen werde. Im Prinzip ist die einfachste Messvariante die, den User abzufangen, wenn er über einen Newsletter auf Ihrer Seite gelandet ist, d.h., ein Newsletterempfänger interessiert sich für Ihr Angebot, klickt auf den im Newsletter enthaltenen Link und landet auf Ihrer Seite, um dort das von Ihnen gewünschte Ziel zu erreichen (bspw. einen Kauf durchzuführen). In einem Web Analytics Tool kann dieser Vorgang recht einfach dargestellt werden. Sie sehen, über welchen Newsletter bzw. über welchen der im Newsletter enthaltenen Links die User auf Ihre Seite kamen, was sie dort gemacht haben und wie erfolgreich sie waren. Letztendlich beginnt ein Web Analytics Tool erst mit der Messung, wenn der User über den Link auf Ihrer Seite gelandet ist. Auf die Darstellung von Aussendungen, Soft oder Hard Bounces müssen Sie in den meisten Fällen verzichten.

2.2.6 Usability

Hier handelt es sich um eine Disziplin innerhalb des Online-Marketings, die in den letzten Jahren zunehmend an Bedeutung gewonnen hat. Zwar ist das Thema nicht neu, doch wurde es eine ganze Weile sträflich vernachlässigt. Worum geht es eigentlich?

Usability bezeichnet die einfache bzw. intuitive Bedienbarkeit einer Website. Dies beinhaltet zum einen die Erlernbarkeit der zielführenden Schritte, aber auch die Effizienz – wie lange dauert die Zielerreichung, und wie viele Schritte umfasst sie?

Das Ziel einer guten Usability besteht darin, die eine Website erreichenden User über eine einfache, gut strukturierte Navigation zum Ziel zu führen. Diese eigentlich banale Aussage wird in der Realität oftmals nicht wirklich befolgt. Als aufmerksamer Internetnutzer oder Online-Einkäufer besucht man doch immer wieder Websites, auf denen man sich partout nicht zurechtfindet – obwohl man eigentlich gewillt ist, das Ziel der jeweiligen Seite zu erfüllen und bspw. einen Kauf durchzuführen. Ich persönlich bin schon des Öfteren an Kaufprozessen gescheitert, weil ich entweder nicht die richtigen Produkte oder Produktausführungen fand, obwohl ich wusste, dass es sie gab, oder – was noch öfter vorkam – zwar recht schnell und einfach Produkte in den Warenkorb legen konnte, dann aber die Kasse nicht entdeckte. Ich vermute, dass jeder von Ihnen solche oder ähnliche Erlebnisse hatte.

Natürlich werden Sie es nie schaffen, jeden Besucher Ihrer Seite zu einem Zielerfüller zu machen. Aber Sie sollten zumindest versuchen, den Besuchern keine Steine in den Weg zu legen. Stellen Sie sich vor, die Besucher eines realen Supermarktes würden mit ihren Einkaufswagen umherirren, aber die Kasse nicht finden. Oder potenzielle Kunden sehen in der Fußgängerzone lauter Schaufenster, deren Waren sie ansprechend finden, kommen aber nicht in die Läden, weil sie den Eingang nicht finden. Oder sie finden sich im Laden nicht zurecht. Natürlich gibt es solche Beispiele auch in der Offlinewelt – dort sind diese Dinge allerdings viel schwerer mess- und analysierbar. Der große Vorteil von Websites und der dortigen Prozesse ist die Messbarkeit. Diesen Vorteil sollten Sie nutzen und ihn gegenüber der Offlinewelt ausspielen.

Zudem haben reale Läden auch im Laufe der Jahrzehnte die Usability optimiert. Warum sehen Supermärkte wohl immer gleich aus? Am Eingang das frische, bunte Obst, die frische Milch in der hintersten Ecke und süße Kleinigkeiten im Kassenbereich für den Spontankauf – zudem die teuersten Produkte in der Mitte der Regale im Sichtbereich, preiswertere jedoch sind meist unten oder ganz weit oben platziert. Diese Supermarktregeln haben sich im Laufe von vielen Jahren entwickelt, indem man immer wieder testete, welche Anordnung der Regale und Waren, welche Besucherströme den positivsten Effekt auf den Umsatz hatten.

Genauso verhält es sich auch online. Nur deutlich schneller und einfacher messbar. Nutzen Sie diesen Vorteil. Doch wie können Sie diese Messungen durchführen? Wo gibt es die Informationen?

Usability entstammt oft der herkömmlichen Marktforschung, d.h., es werden (repräsentative) Stichproben ausgewählt – die Zielgruppe der Website. Diese realen Probanden werden entweder zu Gruppendiskussionen eingeladen oder aber auch zu Einzel- oder Tiefeninterviews oder Tests – hier müssen sie dann vorgegebene Aufgaben innerhalb der Website erledigen. So muss bspw. ein blauer Bademantel der Größe XXL eines bestimmten Herstellers gekauft werden. In der Regel finden die Tests in einem Labor statt – daher auch der Name Lab Test. In diesem Labor kann der Kunde, also der Betreiber der Website, durch eine Spiegelwand die Antworten und Reaktionen der Probanden direkt verfolgen, ohne dabei selbst gesehen zu werden. Diese Usability-Tests werden meist auf Video aufgenommen, um dem Kunden retrospektiv die interessantesten Szenen zusammengefasst vorspielen zu können.

Die Vorteile dieser Methodik:

- Darstellung der Mimik der Probanden
- Darstellbarkeit spontaner Reaktionen der Probanden
- Auswahl repräsentativer Zielgruppen

Es gibt jedoch auch Nachteile:

- Relativ aufwändiges Auswahlverfahren der Probanden
- Ungewohnte Umgebung der Probanden –> evtl. anderes Verhalten als in der gewohnten Umgebung
- Beeinflussung der Ergebnisse durch den Fragesteller
- Nur relativ geringe Fallzahl möglich

Neben den Lab-Tests bieten einige Dienstleister auch sogenannte Remote-Tests an. Diese befördern den Test an den PC in heimischer Umgebung. Die User haben dann eine spezielle Software auf ihrem Computer, über die sie, während sie die gestellte Aufgabe bearbeiten (Bademantelkauf), Feedback geben können. Dieses Feedback wird dann aggregiert, aufbereitet und präsentiert. Idealerweise ergeben sich hieraus Erkenntnisse über die Problemzonen der Website und konkrete Handlungsempfehlungen zur Optimierung.

Weitere Methoden der Usability sind klassischerweise die Markt- und Wettbewerbsanalyse, indem Best-Practice-Methoden herausgefunden werden und man sich am Markt bzw. den direkten Wettbewerbern orientiert.

Web-Analytics hat den großen Vorteil der Skalierbarkeit. Sämtliche genannten Usability-Methoden basieren meist auf einer relativ geringen Fallzahl. Das Betreiben eines Labors, die Auswahl der Probanden und die Durchführung der Tests kosten eine Menge Geld. Durch die Navigationsanalyse innerhalb Ihres Web Analytics Tools können Sie ebenso sehen, wo die User Probleme haben, wo sie aussteigen und wo Optimierungsbedarf besteht. Dies allerdings aggregiert auf die Gesamtzahl Ihrer User. Die Zahlen sind bereits alle vorhanden – Sie müssen nur noch die richtigen Schlüsse daraus ziehen.

2.2.7 Online-Umfragen

An den vorangegangenen Beispielen konnten Sie sehen, dass Web-Analytics ein weites Feld umfasst und schnell angrenzende Bereiche berührt. Ein gewisser Kenntnisstand der verschiedenen Disziplinen ist für einen guten Web-Analysten daher sinnvoll und hilfreich. Mehr dazu in Kapitel 17 (Google Analytics im Einsatz).

Ein weiterer angrenzender Bereich sind Umfragen. Jeder wird hin und wieder in der Fußgängerzone angesprochen, um an einer Umfrage teilzunehmen. Als Belohnung gibt es Süßigkeiten, ein bisschen Geld oder das jeweilige Produkt. Auch diese Methode ist relativ aufwändig, teuer und die Fallzahl recht gering. Es liegt daher nahe, Umfragen online durchzuführen. Dabei gilt es allerdings einiges zu beachten:

- *Nie den User verärgern*
  Der User besucht Ihre Seite, weil er ein offensichtliches Interesse an den Produkten/ Dienstleistungen/Inhalten hat, die Sie anbieten. Wollen Sie ihn wirklich verschrecken, indem Sie beim Betreten der Website ein Pop-up-Fenster aufklappen mit der Aufforderung, an einem Test teilzunehmen? Stellen Sie sich das mal offline vor. Sie betreten einen Laden, jemand hält Ihnen ein Schild mit einer Umfrageaufforderung vor die Nase, und Sie können den Laden nur betreten, wenn Sie entweder an der Umfrage teilnehmen oder das Schild aktiv beiseite schieben. Kein schönes Shopping-Erlebnis, weder offline noch online.

- *Nicht zu viele Fragen*
  Insbesondere Marketingkollegen haben Tendenz, zu viele Informationen abzufragen: „Wenn schon mal eine Umfrage gestartet wird, sollten wir auch noch dies und jenes fragen." Das ist meist keine gute Vorgehensweise. Je mehr der User ausfüllen muss, umso größer ist die Chance, dass er nicht beginnt bzw. die Befragung nicht vollständig durchführt. Weniger ist mehr!

- *Inzentivieren oder nicht?*
  Diese Frage ist schwer zu beantworten. Natürlich fördert eine Inzentivierung die Teilnahme an einer Umfrage. Unter Umständen verfälscht sie aber auch das Ergebnis. Verlose ich eine Karibik-Kreuzfahrt, werden einige User sich mehrmals an der Umfrage beteiligen – allerdings nur mit dem Ziel, die Kreuzfahrt zu gewinnen und die Fragen eventuell nicht mehr wahrheitsgemäß oder aufmerksam zu beantworten. Keine Inzentivierung hingegen kann dazu führen, dass die User nicht motiviert sind, die Fragen zu

beantworten. Meist wird eine kleine Inzentivierung ausgegeben, die beide Welten vereint.

■ *Weniger ist mehr!*
Weniger ist mehr! Weniger ist mehr! Weniger ist mehr! Weniger ist mehr! Das ist der wichtigste Punkt, daher wiederhole ich ihn. In der Regel reichen drei bis vier Fragen aus. Sie wollen doch lediglich die Meinung Ihrer Kunden/Interessenten erfahren – wozu brauchen Sie dann deren E-Mail-Adresse, Telefonnummer, Interessen, Familienstand oder gar Einkommen? In 95% der Umfragefälle sind diese Informationen absolut nicht unnötig – und verhindern im Zweifel den Erfolg der Umfrage.

■ *Pop-Up am Ende*
User sollen nicht verärgert werden wenn sie die Seite betreten – Pop-Ups oder Pop-Unders sind allgemein alles andere als userfreundlich. Einzige, gerade noch akzeptable Einschränkung ist allerdings ein Pop-Up beim Verlassen der Seite. In dem Moment, in dem der User den Besuch auf der Seite beenden will, besteht die Möglichkeit, nachzuhaken:

- ▪ Sind Sie zufrieden mit Ihrem Besuch?
- ▪ Warum verlassen Sie diese Seite?
- ▪ Haben Sie gefunden, was Sie suchten?
- ▪ Was können wir besser machen?

Diese Informationen sollten ausreichen, um aussagekräftige Informationen zu erhalten – persönliche Daten, komplexe psychologische Gutachten für die Erstellung der Fragebögen sollten für eine Online-Umfrage nicht benutzt werden. Kurz, schnell und wenig ist der wahrscheinlich erfolgreichere Weg zu nutzbaren Daten.

Web-Analytics selbst ist nicht unbedingt eine Disziplin der Online-Umfragen. Beim intensiven Umgang mit Web-Analytics ergeben sich allerdings zwangsläufig Fragen, die kein Web Analytics Tool dieser Welt beantworten kann. Irgendwann erwartet man vom Anwender direkte Feedbacks oder entsprechende Antworten.

Feedback und Antworten bekommt man schnell und einfach über eine Online-Umfrage. Vergessen Sie aber auch nicht Ihre Kollegen, Freunde, Familie, Nachbarn. Fragen Sie sie. Sie haben alle eine Meinung und können alle ein wertvolles Feedback zu Ihrer Website geben. Je weniger internetaffin, desto besser. Befragen Sie fünf bis sechs Menschen aus Ihrem Umfeld, und schon haben Sie einige aussagekräftige Antworten. Je mehr Leute Sie befragen, desto mehr flacht die Erkenntniskurve ab. Die größten Problemzonen innerhalb Ihrer Website finden Sie durch Umfeld-Tests recht einfach heraus. Probieren Sie es!

3

3 Technische Hintergründe

3.1 Unterschiedliche Datenerhebungsmethoden

Zum besseren Verständnis von Web Analytics und Google Analytics ist ein wenig Hintergrundwissen der technischen Funktionsweisen hilfreich. So fallen immer wieder Begriffe, die im Zusammenhang mit der Auswertung und Interpretation der Daten stehen. Das Internet ist komplex und technisch kompliziert – Web Analytics Tools versuchen, diese Komplexität in möglichst einfacher Form darzustellen. Dies ist kein einfaches Unterfangen und bedarf einiger Erläuterungen. So gibt es beispielsweise verschiedene technische Möglichkeiten, Daten für die Web-Analyse zu erheben. Ich gehe hier explizit nur auf die beiden gängigsten Methoden ein: Page Tagging und Log Files. Die anderen zur Zeit verfügbaren Techniken – Packet Sniffer und Web Beacons – sollen der Vollständigkeit halber genannt, aber nicht weiter ausgeführt werden, da es sich hier bisher eher um Nischenprodukte und -technologien handelt.

3.2 Log Files vs. Page Tagging

3.2.1 Log Files

In den Anfangsjahren von Web Analytics gab es ausschließlich die Log File-Analyse. Dies hatte einen einfachen Grund: Log Files wurden und werden nach wie vor von jedem Webserver automatisch mitgeschrieben. (Fast) jede Seite die ein User im Internet abruft und betrachtet, wird von einem Webserver geladen, d.h., verschiedene Webserver verwalten mehrere – verschiedene – Websites, die unterschiedliche User auf ihren Computern darstellen können.

Diese Websites verwalten, heißt, dass der Webserver die unterschiedlichen Fragmente, aus denen eine Internetseite besteht, in Einzelteilen zur Verfügung stellt, bis sich in dem Browser des Users das vollständige Bild einer Website zusammensetzt. Wenn man nun eine Seite abruft, protokolliert der Webserver diese Aktivität. Er schreibt genau mit, wann diese Seite abgerufen wurde, welche IP-Adresse sie angefragt hat und welche inhaltlichen Elemente genau übertragen wurden. Doch damit nicht genug. Es werden weitere Daten automatisch gespeichert, wann immer eine Seite im Web aufgerufen wird:

- *Welche IP-Adresse hat die Seite angefordert?*
  Die IP-Adresse ist so etwas wie die Nummer der Verbindung des User-Browsers mit dem Internet. Diese kann immer identisch sein (feste IP) oder bei jeder Einwahl ins Internet wechseln (dynamische IP).

- *Wann genau wurde der Aufruf gestartet?*
  Bei jeder übertragenen Aktion wird ein Zeitstempel vergeben, der die genaue Uhrzeit definiert.

- *Was wurde abgerufen? Bilder? Text? Graphiken?*
  Eine Website besteht aus vielen Einzelteilen (Hits), die eine Webseite ergeben. Jeder Abruf eines Einzelteils wird protokolliert.

- *Wurde die Seite komplett übertragen?*
  Es wird festgehalten, ob alle Einzelteile einer Seite übertragen oder der Ladevorgang evtl. abgebrochen wurde.

- *Wie viel wurde übertragen?*
  Die Größe der Übertragung der gesamten Einzelteile (Anzahl Byte) wird aufgezeichnet.

- *Von woher wurde diese Seite angefordert? Von welcher Internetseite also?*
  Es wird festgestellt, von welcher Internetseite und sogar von welchem Link der Abruf kam.

- *Welcher Browser hat die Seite abgerufen?*
  Der Browser des Users teilt dem Webserver einige Daten mit und identifiziert sich beispielsweise als Firefox 3.0-Browser. Dies ist sinnvoll, weil sich die Darstellungsweisen in verschiedenen Browsern unterscheiden können und der Webserver daher wissen muss, wie er die Daten für eine vernünftige Darstellung übermittelt

- *Welches Betriebssystem hat die Seite abgerufen?*
  Das Betriebssystem wird bei einem Seitenabruf ebenfalls an den Webserver übergeben. Der Webserver protokolliert also, ob etwa ein Mac die Seite abgerufen hat oder ein Windows-Rechner mit Windows Vista.

Und so kann eine Log File-Datei aussehen:

Listing 3.1 Log File-Datei

```
183.121.143.32 - - [18/Mar/2003:08:04:22 +0200] "GET /images/logo.jpg HTTP/1.1"
200 512 "http://www.wikipedia.org/" Mozilla/5.0 (X11; U; Linux i686; de-DE;rv:1.7.5)

183.121.143.32 - - [18/Mar/2003:08:05:03 +0200] "GET /images/bild.png HTTP/1.1"
200 805 "http://www.google.org/"
```

All diese Daten werden stetig und fortlaufend von jedem Webserver mitgeschrieben. Die Analyse dieser Daten geben bereits sehr aufschlussreiche Erkenntnisse über den Erfolg von Websites und es gibt Websitebetreiber die auf eine Log File Analyse schwören. Diverse, teils kostenlose, teils kostenpflichtige Tools stehen Webmastern zur Verfügung.

Hier eine Auswahl kostenloser Log Files-Programme:

- AWStats
- RRDtool
- W3Perl
- Webalizer
- uvm.

Unter den professionellen Web Analytics-Anbietern haben sich mittlerweile fast alle von der reinen Log File-Analyse entfernt und sich der Page Tagging-Lösung zugewandt. Warum? Die Auswertung der Log Files stellt die Daten automatisiert zur Verfügung und hat diverse Vorteile:

- *Historische Daten können einfach „reprocessed" werden*
  Weil der Webserver die Log Files fortlaufend mitschreibt, lassen sich diese extrahieren und immer wieder neu anordnen und auswerten. Sollen also historische, bereits erhobene Daten neu zusammengestellt werden, ist es recht unproblematisch, diese neu oder anders anzuordnen. Dadurch ergibt sich eine gewisse Flexibilität der Auswertungsmöglichkeiten historischer Daten.

- *Keine Firewall-Problematik*
  Viele Unternehmen schützen ihre IT-Infrastruktur und firmeninternen Netzwerke, indem sie eine sogenannte Firewall zwischen Internet und Firmennetz errichten. Dies ist eine Sicherheitsmaßnahme und bedeutet, dass jeder Rechner einer Firma, der innerhalb dieser Firewall ist und Internetseiten aufrufen möchte, durch diese Firewall muss. Die Firewall überwacht den Datenverkehr anhand entsprechender Regeln. Wenn nun eine Internetseite von einem Webserver abgerufen wird, geschieht dies wie bei jedem anderen Rechner außerhalb der Firewall – der Webserver stellt die Einzelteile der Webseite zur Verfügung. Alles, was danach passiert, ist dem Webserver schlichtweg egal. Daher gibt es keine Probleme bei der Messung von Log Files bei Firewalls.

- *Abgeschlossene Downloads können gemessen werden*
  Der Webserver stellt sämtliche Daten zur Verfügung, die man zur kompletten Darstellung einer Website benötigt. Dazu gehören auch Dokumente, die sich der User herunterladen kann wie bspw. PDF-Dokumente, MP3s, Videos oder sonstige Scripte oder Dateien. Diese werden auf dem Webserver vorgehalten und bei Abruf durch einen User ausgeliefert. Die Log Files schreiben exakt mit, wann der Download begonnen und ob er abgeschlossen wurde. Besonders bei größeren Dateien oder Videos ist es interessant zu wissen, ob der User das Dokument vollständig heruntergeladen oder aufgrund der durch die Größe des Dokuments bedingten Ladedauer oder anderer technischer Probleme den Vorgang abgebrochen hat. Log Files verfügen über diese Informationen.

■ *Suchmaschinenbots/-Spider werden automatisch protokolliert*

Suchmaschinen wie Google, Yahoo! oder Live indizieren viele Millionen Seiten des Internets – Tag und Nacht. Automatisiert „hangeln" sich diese Robots (kurz: Bots) von Link zu Link und von Seite zu Seite, um zu protokollieren, welche Inhalte dargestellt sind, ob und was sich geändert hat, welche Links wohin führen, usw. Vielfältige Informationen werden über diese Bots generiert, aufbereitet und als Suchergebnisse in den entsprechenden Suchmaschinen dargestellt. Die Bots rufen – technisch gesehen – Seiteninhalte des Webservers ab. Dies muss nicht die komplette Seite sein, doch werden zumindest mehrere Einzelteile fortlaufend von unterschiedlichen Bots abgerufen, was Traffic auf dem Webserver verursacht, den die Log Files darstellen. Es kann interessant sein herauszufinden, welche Bots wann die eigenen Seiten „durchscannt" haben, und diese Informationen auszuwerten. Hieraus kann man evtl. Rückschlüsse auf die Beliebtheit seiner Seite bei den großen Suchmaschinen schließen.

■ *Die Abrufe mobiler Endgeräte werden automatisch getrackt*

Mobile Endgeräte – oder auch Handys – verfügen zunehmend über Applikationen, mit denen man Internetseiten aufrufen kann. Das iPhone ist ein schönes Beispiel dafür, wie das Surfen im Internet Spaß machen kann und die Seiten vernünftig dargestellt werden. Der Trend zur mobilen Internetkommunikation – seit langem angekündigt – verstärkt sich zusehends. Von einem Handy aufgerufene Internetseiten müssen ebenfalls von einem Webserver ausgeliefert werden, wie wenn die Seite von einem Desktop-Computer oder Notebook aus aufgerufen wird. Da auch Browser- und Betriebssystemdaten an den Webserver übertragen werden, kann in den Log Files abgelesen werden, welche Handy-Typen welche Internetseiten aufgerufen haben. Hierdurch lässt sich im Zeitverlauf die Wichtigkeit dieser Endgeräte analysieren und darstellen.

Doch hat die Log File-Analyse auch ihre Nachteile – die für die Vormachtstellung der Page Tagging-Lösung sorgten:

■ *Proxy und Caching-Probleme*

Die wahrscheinlich am meisten genutzte Funktion eines Browsers ist die „Zurücktaste" links oben: die zuletzt betrachtete Seite wird dem User erneut dargestellt. Die Kapazität der Internetleitungen ist begrenzt, und so versucht man, die Datenströme so gering wie möglich zu halten. Daher speichert der Browser in seiner Standardkonfiguration Inhalte der zuvor betrachteten Seite im sogenannten Cache-Speicher auf dem Computer des Users. Wird dann die „Zurücktaste" betätigt, kommt die Seite nicht vom Webserver, abgerufen auf dem sie liegt, sondern aus dem Cache – also lokal, vom Computer des Nutzers. Der User speichert sozusagen einige Seiten lokal auf seinem Rechner – eine Verbindung zum Internet ist für den Aufruf der dort gespeicherten Seiten nicht notwendig. Dies ist auch von Vorteil, wenn der User über eine langsame Internetverbindung verfügt, weil er die Inhalte der vorher betrachteten Seiten nicht neu abrufen muss.

Proxy-Server übernehmen eine ähnliche Funktion wie der Cache Speicher einzelner User. Nur sind Proxy-Server größer und kommen vornehmlich in Firmen zum Einsatz. Sämtliche Mitarbeiter eines großen Firmenstandortes gehen beispielsweise über einen gemeinsamen Proxy-Server in das Internet. Dieser speichert für eine gewisse Zeit die aus dem Firmennetz besuchten Webseiten der angehängten Computer und gibt diese bei erneutem Aufruf aus dem eigenen Proxy-Cache wieder. So muss der Proxy-Server keine neue Verbindung zum Webserver, auf dem die Seite liegt, aufbauen.

Client-Caches und serverseitige Proxy-Caches haben für die Log File-Analyse einen entscheidenden Nachteil: Da die Seite nicht vom Webserver aufgerufen wird, können auch keine Log File-Daten protokolliert werden. Für den Webserver findet kein Aufruf statt. Dies ist vor allem deswegen ein großer Nachteil, weil die Zurücktaste des Browsers sehr häufig genutzt wird (achten Sie mal auf Ihr eigenes Surfverhalten) und auch Proxy Server sehr weit verbreitet sind. Eine akkurate Messung der wirklichen Trafficzahlen kann so nicht stattfinden.

■ *Kein Event Tracking möglich*
In den letzten Jahren hat sich das Web 2.0 immer weiter verbreitet. Web 2.0-Elemente sind neben User Generated Content (die Inhalte werden nicht zwangsläufig mehr vom Seitenbetreiber zur Verfügung gestellt, sondern von der Masse der Nutzer erstellt und den anderen Nutzern zugänglich gemacht) auch Applikationen wie Ajax, Video oder Widgets. Mit Ajax bspw. können mehrere Aktionen des Users innerhalb einer Website durchgeführt werden, ohne dass ein neuer Seitenaufruf generiert wird, d.h., der User interagiert mit der Seite – Serverabrufe im herkömmlichen Sinne finden allerdings nicht statt und somit auch keine Eintragungen in die Log Files. Durch diese neuen Technologien gibt es keine herkömmlichen Seitenaufrufe mehr, was die Darstellbarkeit und Vergleichbarkeit des Erfolgs von Internetseiten erschwert.

■ *Datenspeicherung und Datenhandling obliegen dem Sitebetreiber*
Log Files werden automatisiert vom Webserver, auf dem die Website gespeichert ist, mitgeschrieben. Die anfallenden Daten können bei großem Traffic-Volumen beträchtliche Speicherkapazitäten in Anspruch nehmen. Schließlich generiert jeder Seitenaufruf (egal, ob von realen Usern oder von Suchmaschinen-Bots) zu speichernde Daten. Diese Speicherkapazitäten müssen vom Webserverbetreiber vorgehalten und ggf. ausgebaut werden. D.h.: Je erfolgreicher der Internetauftritt wird, desto mehr Kapazitäten müssen bereitgehalten werden, um die entstehenden Log Files speichern zu können. Neben dem Speichern müssen die Daten auch noch aufbereitet werden. Wie am Beispiel der Log Files (siehe Listing 3.1) dargestellt, sind die Daten in der Rohversion recht unleserlich. Um sie in Graphiken – Balkendiagrammen, Kuchencharts – oder anschaulichen Tabellen darstellbar zu machen, müssen die Daten aufbereitet bzw. neu angeordnet werden. Diese Arbeit übernimmt in der Regel eine Software, doch gilt es die Daten einzupflegen, was einen zusätzlichen Aufwand für den Betreiber von Internetseiten bzw. Web-Servern bedeutet.

■ *Updates müssen selbst durchgeführt werden*
Weil die protokollierten Log Files bei dem Webserver-Betreiber gespeichert und unter Umständen weiterverarbeitet werden, muss man eventuelle Updates selbst durchführen. Dies beinhaltet sowohl die datenverarbeitende Software als auch die Updates des Webservers selbst. Dem Webserver-Betreiber obliegt die Verantwortung vernünftig handhabbarer und analysierbarer Daten, was regelmäßige Updates sicherstellen müssen.

All diese Nachteile sind eklatant und können die Vorteile nicht aufwiegen. Der Traffic soll möglichst realistisch dargestellt werden, was unter den gegebenen Umständen nicht möglich ist, da es meist zu einer zu niedrigen Zählung kommt. Diese Probleme können unter Umständen mit einigen Tricks umgangen werden. Dennoch bleiben viele Nachteile, die dazu geführt haben, dass sich das Page Tagging bis heute weitestgehend im Web Analytics-Umfeld durchgesetzt hat.

3.2.2 Page Tagging

Die Page Tagging-Lösung hat als Grundlage den Einbau eines (meist) JavaScript Codes auf jeder einzelnen Seite des zu messenden Webauftritts. Bei Google Analytics sieht dieser Code bspw. folgendermaßen aus:

Listing 3.2 Google Analytics Tracking Code

```
<script type="text/javascript">
var gaJsHost = (("https:" == document.location.protocol) ? "https://ssl." :
"http://www.");
document.write(unescape("%3Cscript src='" + gaJsHost + "google-
analytics.com/ga.js' type='text/javascript'%3E%3C/script%3E"));
</script>
<script type="text/javascript">
try {
var pageTracker = _gat._getTracker("UA-31169-21");
pageTracker._trackPageview();
} catch(err) {}</script>
```

Wenn dieser Code im Quelltext der Seiten eingebaut ist, wird er jedes Mal aufgerufen, sobald die Seite geladen wird. Besucht also ein User diese Seite, wird der JavaScript-Befehl ausgeführt. Dies führt zu einer Kommunikation zwischen dem eingebauten Code und dem Anbieter dieses Codes. In der Regel ist der Anbieter ein sogenannter Application Service Provider (ASP), d.h. der Websitebetreiber implementiert den Code auf seinen Seiten – gespeichert werden die erhobenen Daten allerdings extern beim Toolanbieter. Es muss also eine Verbindung zwischen Code und Anbieter hergestellt werden.

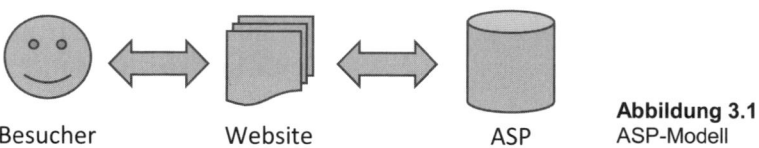

Besucher   Website   ASP

Abbildung 3.1
ASP-Modell

Wie funktioniert dies nun bei Google Analytics?

Wird der Google Analytics Tracking Code (GATC) ausgeführt, weil ein User eine Webseite besucht, auf der der GATC korrekt eingebunden ist, werden Cookies auf dem Computer des Besuchers gespeichert (mehr dazu in Kapitel 3.3). Der GATC wird initialisiert und erhebt Daten über die Domain, auf der der Code eingebunden ist – Informationen, die sich in den gesetzten Cookies befinden, und protokolliert die Eigenschaften des verwendeten Browsers, die Referrer, Seiteninformationen etc. Sobald dieser Schritt ausgeführt ist, fragt der GATC ein 1x1 großes Pixelbild von den Google Analytics-Servern ab, das sogenannte _utm.gif_ (namentlich ein Relikt aus alten Zeiten: utm steht für Urchin Tracking Monitor und beinhaltet den Namen des von Google übernommenen Unternehmens Urchin). An diese Anfrage werden die verschiedenen erhobenen Daten angehängt und an die Google Analytics-Server übertragen. Hier werden diese Anfragen mitsamt den angehängten Parametern gesammelt und entsprechend den individuellen Google Analytics IDs zugeordnet, aufbereitet und so verarbeitet, dass sie sich in den Berichten darstellen lassen.

Die __utm.gif-Anfrage kann bspw. folgendermaßen aussehen:

Listing 3.3 utm GIF Request

```
http://www.google-
analytics.com/__utm.gif?utmwv=4.3&utmn=825952579&utmhn=www.timoaden.de&utmcs=UTF-
8&utmsr=1680x1050&utmsc=32-
bit&utmul=de&utmje=1&utmfl=10.0%20r12&utmhid=262309566&utmr=-&utmp=/&utmac=UA-
31169-
20&utmcc=__utma%3D155225790.474210293868038300.1224142494.1230247239.1230487040.15
9%3B%2B__utmz%3D155225790.1229868889.141.8.utmcsr%3Dgoogle%7Cutmccn%3D(organic)%7C
utmcmd%3Dorganic%7Cutmctr%3Dweb%2520analytics%2520inside%2520jahresr%25C3%25BCckbl
ick%3B%2B__utmv%253D155225790.utmcsr%253Dgoogle%257Cutmccn%253D(organic)%257Cutmcmd%
253Dorganic%257Cutmctr%253Dweb%253B%3B
GET /__utm.gif?utmwv=4.3&utmn=825952579&utmhn=www.timoaden.de&utmcs=UTF-
8&utmsr=1680x1050&utmsc=32-bit&utmul=de&utmje=
1&utmfl=10.0%20r12&utmhid=262309566&utmr=-&utmp=/&utmac=UA-31169-
20&utmcc=__utma%3D155225790.474210293868038300.1224142494.1230247239.1230487040.15
9%3B%2B__utmz%3D155225790.1229868889.141.8.utmcsr%3Dgoogle%7Cutmccn%3D(organic)%7C
utmcmd%3Dorganic%7Cutmctr%3Dweb%2520analytics%2520inside%2520jahresr%25C3%25BCckbl
ick%3B%2B__utmv%253D155225790.utmcsr%253Dgoogle%257Cutmccn%253D(organic)%257Cutmcmd%
253Dorganic%257Cutmctr%253Dweb%253B%3B HTTP/1.1
Host: www.google-analytics.com
User-Agent: Mozilla/5.0 (Windows; U; Windows NT 6.0; de; rv:1.9.0.5) Ge-
cko/2008120122 Firefox/3.0.5
Accept: image/png,image/*;q=0.8,*/*;q=0.5
Accept-Language: de-de,de;q=0.8,en-us;q=0.5,en;q=0.3
Accept-Encoding: gzip,deflate
Accept-Charset: ISO-8859-1,utf-8;q=0.7,*;q=0.7
Keep-Alive: 300
Connection: keep-alive
Referer: http://www.timoaden.de/
HTTP/1.x 200 OK
Pragma: no-cache
Cache-Control: private, no-cache, no-cache="Set-Cookie", proxy-revalidate
Expires: Fri, 04 Aug 1978 12:00:00 GMT
Content-Type: image/gif
Last-Modified: Fri, 02 Nov 2007 00:36:01 GMT
Date: Sun, 28 Dec 2008 17:58:57 GMT
Server: ucfe
Content-Length: 35
```

Diese Daten werden mit der Anfrage übergeben:

- *Eigenschaften des Browsers und Rechners des Besuchers*
  Beispielsweise Firefox, Internet Explorer, Betriebssystem

- *Informationen über den Besucher*
  Beispielsweise Herkunft aus Deutschland, zweiter Besuch auf der Seite

- *Kampagneninformationen*
  Beispielsweise: User kam über einen Suchbegriff bei Google

- *Seiteninformationen*
  Beispielsweise URL der aufgerufenen Seite, Page Title der aufgerufenen Seite

■ *E-Commerce-Informationen*

Beispielsweise gekaufte Produkte, Produktpreis, Anzahl der gekauften Produkte

Eine vollständige Auflistung der übergebenen Informationen und der entsprechenden Variablen finden Sie in Tabelle 3.1.

Tabelle 3.1 GIF Request Parameter

Variable	Beschreibung
Utmac	Analytics Konto-ID
Utmcc	Beginnt eine neue Kampagnen-Session, ändert die Kampagnen-Daten, aber keine neue Session
Utmcr	Zählt einen neuen Besuch über eine Kampagne, wirkt in Verknüpfung mit utmcc
Utmcs	Spracheinstellung des Browsers
Utmdt	Seitentitel
Utmfl	Flash-Version
Utmhn	Hostname
Utmipc	ProduktID (SKU)
Utmipn	Produktname
Utmipr	Produktpreis
Utmiqt	Anzahl der Produkte
Utmiva	Produktvariationen
Utmje	Java-Akzeptanz
Utmn	Einzigartige ID pro GIF Request
Utmp	Seitenabruf (URI)
Utmr	URL
Utmsc	Bildschirmfarben
Utmsr	Bildschirmauflösung
Utmt	Variable für Ereignisse, Transaktionen, Items und benutzerdefinierte Variablen
Utmci	Stadt der Rechnungsanschrift
Utmco	Land der Rechnungsanschrift
Utmtid	OrderID
Utmtrg	Region der Rechnungsanschrift
Utmtsp	Frachtkosten
Utmtst	Affiliation
Utmtto	Total-Preis
Utmttx	Steuern
Utmul	Browserspracheinstellung
Utmwv	Tracking Code Version

Im Grunde funktionieren die meisten gängigen Web Analytics Tools ähnlich. Die Page Tagging-Lösung hat sich mittlerweile durchgesetzt und bietet viele Vorteile (die weitestgehend den Nachteilen der Log File-Analyse entsprechen):

■ *Caching- und Proxy-Probleme werden ignoriert*
Bei der Navigation über die Zurücktaste des Browsers wird der Tracking Code jedes Mal erneut ausgeführt, d.h., es findet jedes Mal eine Kommunikation mit den Servern des Toolanbieters statt, was zur Folge hat, dass Daten erhoben werden können. Eine Ausführung des Codes wird sozusagen mit jedem Seitenaufruf erzwungen. Daher stellen Caches oder auch Proxys für die Page Tagging-Lösung kein Problem dar, was zur Folge hat, dass die erhobenen Daten akkurater als Log Files sind.

■ *Event Tracking möglich*
Weil der Tracking Code in den Quelltext der jeweiligen Seite eingebaut wird, besteht die Möglichkeit, auch Events zu messen, die ausschließlich im Browser des Users stattfinden. So können die bereits beschriebenen Web 2.0-Methoden sowie Flash- und Ajax-Applikationen mit der Page Tagging-Lösung erhoben werden.

■ *E-Commerce-Datenübermittlung möglich*
Durch den Pixel-Aufruf können auch E-Commerce-Daten an die Web Analytics-Server übergeben werden. Demnach lassen sich die wirklichen Käufe eines Users messen, in aggregierter, anonymisierter Form darstellen und mit anderen erhobenen Daten in Verbindung bringen.

■ *Erhebung der Daten (nahezu) in Echtzeit*
Die Verarbeitungsgeschwindigkeit der Daten hängt unter anderem von den Serverkapazitäten des Toolanbieters ab. Theoretisch können die Daten nahezu in realer Geschwindigkeit erhoben, verarbeitet und in den Berichten präsentiert werden. Die Darstellung der Daten in Google Analytics erfolgt in der Regel in deutlich weniger als einer Stunde.

■ *Automatisierte Updates*
Weil der eingebaute Tracking Code mit den Servern des Toolanbieters kommuniziert und der Pixel von dort gesendet wird, können Updates automatisch erfolgen. Ist der Code also einmal eingebaut, kann der Toolanbieter sein Programm optimieren, ohne dass der Websitebetreiber etwas anpassen muss.

■ *Automatisierte Datenspeicherung*
Die erhobenen Daten werden an die Server des Toolanbieters übermittelt. Dort werden diese aufbereitet und gespeichert. Der Toolanbieter hat dafür zu sorgen, dass genügend Serverkapazitäten zur Verfügung stehen. Der Websitebetreiber selbst muss keine Serverleistungen zur Verfügung stellen und sich nicht um das Handling der Daten kümmern. Dies geschieht alles auf Seiten des Toolanbieters.

Doch auch die Page Tagging-Methode ist nicht perfekt und hat Nachteile, die im Wesentlichen den Vorteilen der Log File-Analyse entsprechen:

■ *Firewalls*
Firewalls können unter Umständen dafür sorgen, dass Fehlermeldungen erscheinen,

wenn der Tracking Code ausgeführt werden soll. Unter Umständen kann der Code auch gar nicht ausgeführt werden, so dass sich diese Daten dann nicht erheben lassen.

■ *Abgeschlossene Downloads können nicht erhoben werden*
Es ist zwar möglich zu messen, wie viele User den Download eines Dokumentes angefragt haben, doch ist es nicht möglich darzustellen, ob dieser auch beendet wurde oder ob der Prozess vorzeitig abgebrochen wurde. Lediglich der Download-Request kann gezählt werden, nicht jedoch der Downloadprozess.

■ *Suchmaschinenbots-Anfragen werden nicht erhoben*
Die Bots der Suchmaschinen können in den meisten Fällen die JavaScript Tracking-Codes nicht ausführen. D.h., sie werden ignoriert. Dieser Nachteil kann auch ein Vorteil sein. So werden ausschließlich richtige User (bzw. Browser) protokolliert und keine automatisierten Maschinen. Es muss auch keine Trennung zwischen automatisiertem und wirklichem Traffic stattfinden.

■ *Implementierungsfehler führen zu falschen Daten*
Ein Web Analytics Tool, das auf der Page Tagging-Lösung basiert, kann lediglich die Daten darstellen, die über den eingebauten Tracking Code erhoben werden. Wird der Code nicht auf allen Seiten oder nicht korrekt eingebaut, werden die Daten von vornherein falsch protokolliert und aufbereitet (trash in – trash out). Ist dies der Fall, sind die falschen Daten nicht mehr änderbar. Einmal falsch erhobene Daten können im Nachhinein nicht mehr geändert werden. Ein von Anfang an korrekter Einbau ist daher sinnvoll.

3.3 Cookies

Im vorigen Kapitel wurden Cookies bereits kurz erwähnt. Cookies (oder auch HTTP-Cookie) sind kleine Dateien, die auf dem Computer des Users gespeichert werden. Diese Dateien gehören zum genutzten Browser (Firefox, Internet Explorer, Google Chrome, etc.) und können von bestimmten Web-Servern abgerufen und ausgelesen werden. Cookies haben in der Öffentlichkeit nicht immer ein gutes Image. Aus der Web-Analyse sind sie zurzeit allerdings nicht wegzudenken, denn viele der aus den erhobenen Daten erstellten Berichte basieren auf Daten, die sich nur mit Hilfe von Cookies darstellen lassen. Cookies bieten folgende Vorteile:

■ Erkennung unterschiedlicher Besucher

■ Zusammenführung von mehreren Seitenaufrufen zu einem Besuch eines Besuchers

■ Wiedererkennung von Besuchern

■ Verknüpfung bestehender Daten voriger Besuche mit folgenden Besuchen eines Besuchers

Entgegen der Meinung vieler identifizieren Cookies keine Menschen. Cookies definieren sich über eine Kombination aus Browser, Computer und Web-Analytics-Konto-ID und identifizieren daher eher Rechner als Individuen.

Beispiel:

Ein User besucht während der Arbeitszeit mit seinem Firmencomputer eine Reiseseite, um sich über eine Reise nach Mallorca zu informieren. Der Firmenrechner erhält die entsprechenden Cookies und kennzeichnet den Besucher. Später am Abend bucht derselbe User, nach Rücksprache mit seiner Familie, die Reise auf dem Familiencomputer. Angenommen, der User war mit dem Familiencomputer vorher noch nie auf der Seite, dann wird er aus Sicht eines Web Analytics Tools als erstmaliger Besucher wahrgenommen – obwohl der User mit einem anderen Rechner bereits die Seite besuchte. Benutzt der User auf einem Computer zwei unterschiedliche Browser, wird er gleichzeitig als zwei unterschiedliche Besucher in einem Web Analytics Tool gezählt.

Ähnlich verhält es sich, wenn der Familiencomputer von mehreren Familienmitgliedern genutzt wird. Dann kann dieser Rechner nur als ein Rechner identifiziert werden – die Cookies können nicht identifizieren, welches Familienmitglied gerade vor dem Bildschirm sitzt.

Werden nun innerhalb der Familie unterschiedliche Browser genutzt, ist eine Identifizierung einzelner Menschen nahezu unmöglich.

Ich will allerdings nicht verschweigen, dass mit Cookies auch negative Dinge durchgeführt werden können und in der Vergangenheit sicher auch personenbezogene Daten erhoben wurden (professionelle Web Analytics Tool schließe ich hier allerdings aus).

Es gibt zwei unterschiedliche Ausführungen von Cookies (auf weitere Cookie-Arten wie beispielsweise Flash-Cookies gehe ich hier nicht weiter ein):

- 1st Party Cookies
- 3rd Party Cookies

1st Party Cookies werden von der Domain auf den Rechner des Users gesetzt, auf der er auch gerade war.

Beispiel 1st Party Cookie:

Ein User besucht die Seite *www.domainA.de* (Abbildung 3.2, Nummer 1) und schaut sich anschließend die vorhandenen Cookies in seinem Browser an. Er wird (mindestens) einen Cookie sehen, den *www.domainA.de* setzte (Abbildung 3.2, Nummer 2).

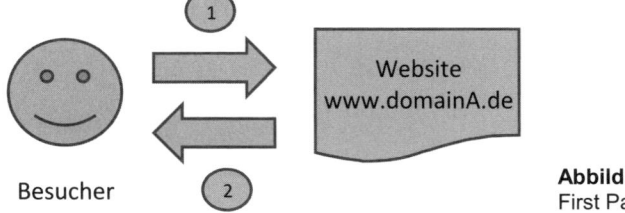

Abbildung 3.2
First Party Cookie-Darstellung

3rd Party Cookies werden von einer anderen Domain als der soeben besuchten auf den Rechner des Users gesetzt.

Beispiel 3rd Party Cookie:

Ein User besucht die Seite *www.domainA.de* (Abbildung 3.3, Nummer 1) und schaut sich hinterher die vorhandenen Cookies in seinem Browser an. Er sieht (mindestens) einen Cookie, der nicht (!) von *www.domainA.de*, sondern von *www.domainB.de* (Abbildung 3.3 Nummer 2) stammt, den bspw. ein Werbenetzwerk-Adserver-Anbieter wie Doubleclick, Mediaplex oder Adtech gesetzt hat.

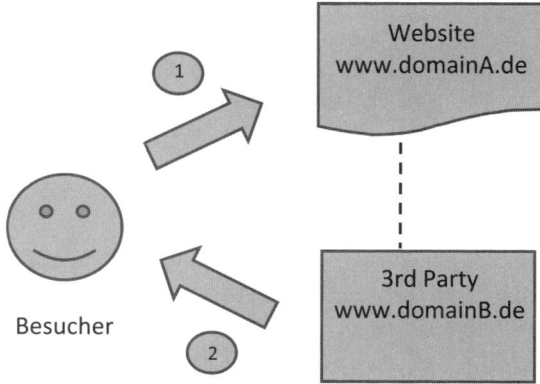

Abbildung 3.3
Third Party Cookie-Darstellung

Im zweiten Beispiel wird sich der User eventuell über den „fremden" www.domainB.de-Cookie wundern. Schließlich war er noch nie auf www.domainB.de – dennoch sind Cookies auf dem Rechner gespeichert. Es besteht nun die Chance, dass der User diesen „fremden" Cookie löscht oder seine Browsereinstellungen so ändert, dass 3rd Party Cookies von vornherein nicht akzeptiert werden.

1st Party Cookies haben ein höheres Vertrauen und werden deutlich seltener von Usern geblockt. Zudem funktionieren einige Seiten und Funktionalitäten im Internet nicht richtig, wenn keine 1st Party Cookies akzeptiert werden. So kann eine persönliche Begrüßung ohne 1st Party Cookies nicht stattfinden, und in manchen Fällen kann es auch beim Online Banking ohne die Akzeptanz von 1st Party Cookies zu Problemen kommen.

Cookies können nur von der Domain ausgelesen werden, die sie auch auf dem Rechner des Users gesetzt hat. Daher benutzen Werbenetzwerke Adserver, die 3rd Party Cookies auf dem Rechner der User platzieren. Über diese Cookies können User über verschiedene Domains hinweg nachverfolgt, Profile erstellt und Behavioural Targeting durchgeführt werden.

1st Party Cookies sind domaingebunden, was zu Schwierigkeiten führen kann, wenn sich die eigene Website über verschiedene Domains erstreckt (beispielsweise einen ausgelagerten Bezahlprozess auf einer anderen Domain).

Google Analytics benutzt 1st Party Cookies für die Erhebung der Daten. Es werden zwar durch die Benutzung von Google Analytics verschiedene Cookies auf dem Rechner des Users gesetzt, doch sind diese als 1st Party Cookie der besuchten Seite gekennzeichnet, d.h., kein anderer Anbieter kann die gesetzten Cookies auslesen.

Google Analytics erhebt keine personenbezogenen Daten.

Durch die Nutzung von Google Analytics werden mehrere Cookies mit unterschiedlichen Aufgaben gesetzt.

3.3.1 __utma – der Wiedererkennungscookie

Der __utma-Cookie identifiziert absolut eindeutige Besucher. Sobald ein User eine Seite aufruft, auf der er noch nie zuvor war und dort Google Analytics implementiert ist, wird der __utma-Cookie gesetzt. Dieser enthält eine einzigartige ID, die ihn bei Folgebesuchen wiedererkennt. Bei jedem weiteren Seitenaufruf wird der Cookie aktualisiert. Die Laufzeit des __utma-Cookies beträgt zwei Jahre – diese Laufzeit beginnt von neuem, sobald ein Update erfolgt. D.h.: Ein User kann zwei Jahre lang als wiederkehrender Besucher erkannt werden. Die Wiedererkennung kann natürlich nur erfolgen, sofern der Cookie zwischendurch nicht gelöscht wurde.

So sieht der __utma-Cookie aus, nachdem ich meinen Blog besucht habe:

```
         Name: __utma
       Inhalt: 155225790.3816962641340848600.1233925692.1234455366.1234478974.13
       Domain: .timoaden.de
         Pfad: /
   Senden für: Jeden Verbindungstyp
    Gültig bis: Samstag, 12. Februar 2011 23:49:34
```

Abbildung 3.4 utma-Cookie

Der Inhalt stellt die individuelle ID dar, Domain kennzeichnet die Domain, die den Cookie gesetzt hat (in diesem Falle mein Blog), und die Laufzeit des Cookies beträgt zwei Jahre.

Der __utma-Cookie wird auch als persistenter Cookie bezeichnet, da er wie gesagt über eine Laufzeit von zwei Jahren gültig ist.

3.3.2 __utmb / __utmc – die Sessioncookies

Diese beiden Cookies arbeiten zusammen und stellen die Dauer eines Besuchs fest. Per Default endet die Zählung eines Besuchs bei Google Analytics nach 30 Minuten Inaktivität oder wenn das Browserfenster oder der Browser geschlossen wird.

Der __utmb-Cookie wird gesetzt, sobald ein User eine Seite betritt, auf der der GATC eingebaut ist. Von diesem Moment an „zählt der Cookie" einen 30-Minuten-Countdown und löscht sich danach selbstständig. Navigiert der Besucher allerdings innerhalb der 30 Minuten auf eine neue Seite des Angebots, wird der Cookie aktualisiert, und die Zeitzählung beginnt erneut (ein Cookie ist nur eine Textdatei – in der Realität wird ein Timestamp gesetzt, der in Verknüpfung mit Google Analytics die Zählung übernimmt). So ergibt sich ein Besuch aus dem „Herunterzählen" mehrerer 30-Minuten-Intervalle.

__utmc ist der Partner von __utmb, denn __utmc stellt fest, ob ein neuer Besuch innerhalb von 30 Minuten erfolgt ist oder nicht, und erlischt automatisch, sobald der User das Browserfenster schließt.

Beispiel:

Kommt ein User auf Ihre Seite, fängt der __utmb an, 30 Minuten rückwärts zu zählen, __utmc wird ebenfalls gesetzt. Nun schließt der User den Browser nach 5 Minuten, ist allerdings 10 Minuten später schon wieder da. __utmb zählt dann immer noch die 30 Minuten rückwärts – schließlich löscht er sich erst nach 30 Minuten automatisch und hat also noch 15 Minuten übrig. Dennoch muss der zweite Besuch des Besuchers als zweiter Besuch gewertet werden (er war ja zwischendurch weg). Genau hierfür sorgt __utmc. Der erste __utmc-Cookie ist ja nicht mehr vorhanden, weil das Browserfenster geschlossen wurde. Beim zweiten Besuch des Users checkt __utmb, ob sein Partner __utmc noch da ist. Ist dies nicht der Fall, wird ein neuer Besuch registriert, und _utmb beginnt erneut den 30-Minuten-Countdown.

Sowohl __utmb als auch __utmc werden als temporäre Cookies bezeichnet, weil sie sich nach kurzer Zeit selbstständig löschen.

So sieht der __utmb-Cookie während eines Besuches auf meinem Blog aus:

```
      Name: __utmb
     Inhalt: 155225790.2.10.1234478974
   Domain: .timoaden.de
       Pfad: /
 Senden für: Jeden Verbindungstyp
 Gültig bis: Freitag, 13. Februar 2009 00:19:34
```

Abbildung 3.5 utmb-Cookie

Die Dauer eines Besuchs beträgt per Default 30 Minuten. Dies kann allerdings bei Bedarf angepasst werden (siehe Kapitel 6.7).

3.3.3 __utmv – der Segmentierungscookie

Google Analytics kann User in einem Segment kennzeichnen. So ist beispielsweise denkbar, dass alle User, die sich registriert haben, nach ihrer Registrierung als „registrierte User" erkannt werden – wie wenn jeder Kunde eines Supermarktes ein Schild um den Hals gehängt bekommt, auf dem „ich habe hier gekauft" steht. Mit diesem virtuellen Schild navigieren die Kunden durch das Angebot und können daher sehr einfach von den Kunden unterschieden werden, die noch nicht gekauft haben (mehr dazu in Kapitel 6.10).

Diese Kennzeichnung der User erfolgt über den __utmv-Cookie. Allerdings wird der __utmv-Cookie nur dann gesetzt, wenn eine Kennzeichnung der User aktiviert ist. Ist dies nicht der Fall, wird kein __utmv-Cookie erstellt.

Name: __utmv
Inhalt: 155225790.startseite
Domain: .timoaden.de
Pfad: /
Senden für: Jeden Verbindungstyp
Gültig bis: Samstag, 12. Februar 2011 23:57:58

Abbildung 3.6 utmv-Cookie

Die Laufzeit des __utmv-Cookies beträgt zwei Jahre, so dass beispielsweise ein registrier-ter User zwei Jahre lang erkannt werden kann (es sein denn, er bekommt in der Zwischen-zeit ein neues/anderes Schild umgehängt, nutzt einen neuen Browser oder erneuert sein Betriebssystem oder gar den kompletten Rechner), und ist somit persistent.

Zu beachten ist ferner, dass sich der __utmv-Cookie überschreibt, sobald der User eine neue Schwelle erreicht, an der man ihm ein anderes Schild um den Hals hängt. Es ist also nicht sinnvoll, diese Methode zu oft anzuwenden, weil dann die Aussagekraft leiden wür-de. Idealerweise wird dieser Cookie in möglichst wenigen eindeutigen Schritten vergeben.

3.3.4 __utmz – der Kampagnencookie

Der __utmv-Cookie speichert Kampagnendaten. Kommt ein User über eine Suchmaschine, einen externen Link, eine Werbeanzeige, einen Link in einem Newsletter oder per Direkt-eingabe der URL oder Bookmark auf Ihre Seite, werden diese Informationen übergeben und im __utmv-Cookie gespeichert.

Mit jedem neuen Seitenaufruf wird der Kampagnencookie aktualisiert. Die Laufzeit beträgt per Default sechs Monate (dies ist änderbar: Kapitel 6.8), d.h., sechs Monate lang „trägt" der User Kampagnendaten mit sich herum, die immer die letzte Quelle seines Besuchs beinhalten. Damit ist der __utmz-Cookie ebenfalls persistent.

In der folgenden Abbildung ist ein Kampagnencookie dargestellt, der erzeugt wird, wenn ein User über einen Suchbegriff bei Google auf meiner Seite landet:

Name: __utmz
Inhalt: 155225790.1234479280.13.3.utmcsr=google|utmccn=(organic)|utmcmd=organic|utmctr=web%20analytics%20inside%20jahres%C3%BCberblick
Domain: .timoaden.de
Pfad: /
Senden für: Jeden Verbindungstyp
Gültig bis: Freitag, 14. August 2009 12:54:40

Abbildung 3.7 utmz-Cookie

Google Analytics nutzt mehrere Cookies, die unterschiedliche Aufgaben erfüllen und un-terschiedliche Laufzeiten haben. Viele dieser Default-Einstellungen sind individuell an-passbar – wie dies funktioniert, wird in Kapitel 6 näher beschrieben.

4 Begriffserklärungen

4.1 Begriffe und Definitionen

Für ein grundlegendes Verständnis von Web Analytics bedarf es einiger Begriffserklärungen. Bei meiner Darstellung gehe ich nicht zu sehr in technische Details, sondern vermittle lediglich kurze Erklärungen zu gängigen Begriffen.

4.1.1 URL

URL steht für Uniform Resource Locator und beschreibt umgangssprachlich die Internetadresse. Letztendlich ist die URL das, was in der Adresszeile des Browsers steht, wenn man eine Webseite besucht.

Die URL setzt sich aus mehreren Bestandteilen zusammen:

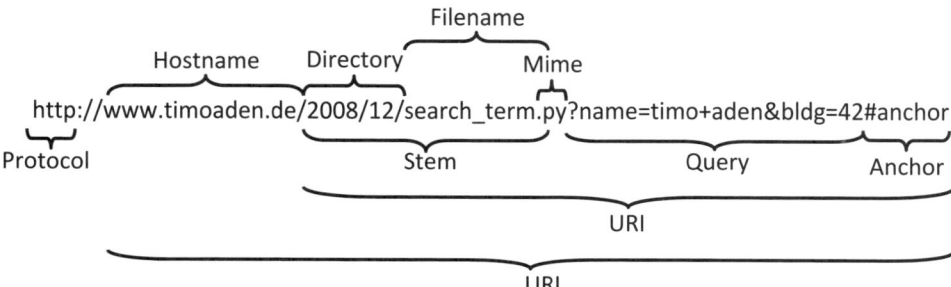

Abbildung 4.1 Aufschlüsselung einer URL

Das Protokoll wird nach http, https oder ftp unterschieden. In der Web-Analyse sind meist nur http und https relevant. Https steht für die sichere Übertragung von Daten im Internet (s=secure) und wird beim Online-Banking oder der Übertragung von Daten aus Formularen verwendet.

Der Hostname wird auch Alias bezeichnet und besteht in den meisten Fällen aus den drei Buchstaben *www*.

Im Anschluss an den Hostname steht die Domain, die sich aus Second-Level-Domain und Top-Level-Domain zusammensetzt. Second-Level-Domain ist der eigentliche Name der Seite, wie beispielsweise ebay, google oder amazon. Näher spezifiziert wird dieser durch die Top-Level-Domain, die in den meisten Fällen das Land kennzeichnet (auch wenn es mittlerweile viele andere Top-Level-Domains gibt und geben wird). Die bekanntesten Top-Level-Domains sind *.com*, *.de*, *.org*, *.tv*, *.net*.

Anstelle des Hostnamens, der Second-Level- und Top-Level-Domain kann (in vielen Fällen) alternativ auch eine IP-Adresse stehen. In der Regel ist die Eingabe einer Domain allerdings einfacher und prägt sich vor allem besser ein.

Der Pfad innerhalb einer URL gibt die Verzeichnisstruktur an, in der das abgerufene Dokument auf dem Webserver liegt. Dies lässt sich mit einer Ordnerstruktur innerhalb des Explorers von Microsofts Betriebssystemen vergleichen. Am Ende des Pfades steht dann der Name des Dokuments oder der aktuell dargestellten Datei.

Im Anschluss an den Pfad und das Dokument gibt es oft weitere Parameter, die zusätzliche Informationen übertragen. Diese so genannten Query-Parameter werden mit einem Fragezeichen von Domain, Pfad und Dokument getrennt. Gut sichtbar sind Query-Parameter meist bei Internetseiten, auf denen Funktionen oder Transaktionen ausgeführt werden können, wie etwa bei Reiseportalen, Autovermietungen etc. Hier werden die vom User ausgewählten Eingaben häufig mit Query-Parametern in der URL übertragen (http GET-Methode). Query-Parameter können URLs stark individualisieren und kryptisch aussehen lassen.

Der Anker ist vom Rest der URL durch ein Gittersymbol (#) getrennt. Des Öfteren besteht eine einzelne Webseite aus Text, der in verschiedene Abschnitte gegliedert ist. Wenn bereits am Anfang der Seite zu einem Textabschnitt weiter unten gesprungen werden kann, ohne dass die Seite neu geladen wird, geschieht dies durch einen Anker. Letztere sind sozusagen Referenzpunkte innerhalb eines Textes auf einer Seite, mit denen man z.B. ausuferndes Scrollen vermeiden kann. Alternativ lässt sich das Gittersymbol als Trennsymbol zwischen Stem- und Query-Parametern verwenden – und zwar dann, wenn das Fragezeichen, das sonst als Trennsymbol dient, umgangen werden soll.

Praxistipp:
In der Regel sollte versucht werden, einfach strukturierte URLs – selbsterklärende URLs – zu generieren. Hierfür gibt es zwei Hauptgründe:

Search Engine Optimization (siehe Kapitel 2.2.1) und Usability (siehe Kapitel 2.2.6).

Suchmaschinen orientieren sich unter anderem an der URL. Dort nehmen Sie jeden enthaltenen Begriff auf und lassen ihn in die Bewertung einer Website einfließen, die dann das Ranking in den Suchergebnissen bestimmt. Geriet der Suchmaschinenbot nun an eine ausgesprochen kryptische URL mit vielen dynamischen Parametern, Abkürzungen und internen IDs, ist es nicht leicht, diese Daten vernünftig zu nutzen.

Beispiel: Mit der URL *www.beispiel.de/file3/cat878/ushcd.html* ist weniger anzufangen als mit *www.beispiel.de/pauschalreise/mallorca/palma.html*

Genauso verhält es sich mit der Usability. Den durchschnittlichen User kann eine kryptische URL unter Umständen verwirren. Eine gut strukturierte, selbsterklärende URL gibt ihm auf fremden Seiten Halt, Vertrauen und ein Gefühl von Sicherheit und Kontrolle.

Selbsterklärende URLs können einen großen Einfluss auf den Erfolg Ihrer Website haben. Es gibt verschiedene Methoden, kryptische URLs umzuschreiben – sprechen Sie mit Ihrem Webmaster!

Google Analytics orientiert sich per Default an der URL. Eine gute Struktur der URL erleichtert in der Regel die Web-Analyse. Im Grunde lässt sich daraus eine Regel ableiten:

Ist eine Seite gut für SEO und Usability optimiert, ist sie auch für die Web-Analyse gut vorbereitet!

4.1.2 URI

URI steht für Uniform Resource Identifier und ist jener Teil der URL, der nach der Domain angezeigt wird und den Pfad, das Dokument sowie sämtliche Query-Parameter beinhaltet (siehe Abbildung 4.1).

Google Analytics stellt in den Berichten per Default ausschließlich die URI dar. Dies hat folgenden Grund: Angenommen, es soll die Domain www.timoaden.de getrackt werden. Dahinter liegen diverse URIs – jeder geschriebene Artikel hat natürlich einen individuellen Pfad und Dateinamen, der die unterschiedlichen URIs ergibt. Für die Web-Analyse ist die Domain *www.timoaden.de* nicht relevant, weil sie immer identisch ist. Es reicht also vollkommen aus, nur die URI darzustellen.

Sollen allerdings verschiedene Domains bzw. Subdomains getrackt werden, ist eine Darstellung inklusive Domains – also der kompletten URL – natürlich sinnvoll. Dies ist in Google Analytics einfach einstellbar und wird in Kapitel 7.5.5.2 beschrieben.

4.1.3 IP-Adresse

Die gesamte Kommunikation im Internet basiert auf IP-Adressen. Wann immer ein Webbrowser eine Seite im Internet aufruft, wird diese von einem Webserver geladen. Der Abruf erfolgt mit einer dem Webserver zugeordneten IP-Adresse, die sich wie eine Telefonnummer verhält. Der Webserver besitzt eine eigene IP-Adresse, die den Webserver identifiziert. Der Webbrowser ruft diese Nummer an und fordert die gewünschten Datenpakete an, die anschließend innerhalb des Webbrowsers zusammengestellt werden und optisch als Webseite sichtbar sind (der Einfachheit halber blende ich Domain Name Server (DNS) an dieser Stelle aus, denn jeder Browseraufruf geht noch über einen DNS, ehe er auf die korrekte IP-Adresse weitergeroutet wird).

Hinter jeder Domain liegt eine IP-Adresse. Statt des Domainnamens kann der User in vielen Fällen auch die entsprechende IP-Adresse in die Adresszeile des Browsers eingeben, sofern ihm diese bekannt ist. Die Seite würde genauso dargestellt werden (dies funktioniert nicht immer, da der DNS noch Änderungen vornimmt, die ich hier aber unberücksichtigt lasse).

Genauso hat auch der Rechner eine IP-Adresse, sobald er sich ins Internet einwählt. Diese IP-Adresse kann immer die gleiche (feste IP-Adresse) oder dynamisch sein. Dynamische IP-Adressen ändern sich bei jeder Einwahl in das Internet.

Eine IP-Adresse hat folgendes Format:

77.189.154.172

Webbrowser und Webserver „unterhalten" sich sozusagen über ihre IP-Adressen, wie man sich auf zwei Telefonen mit unterschiedlichen Rufnummern unterhält.

Die IP-Adresse, die ein Rechner bei der Einwahl in das Internet zugewiesen bekommt, richtet sich nach seinem Einwahlknotenpunkt. Sitzt ein User bspw. in Hamburg und startet seinen Webbrowser, bekommt er eine IP-Adresse zugewiesen – wahrscheinlich von einem Einwahlknotenpunkt in Hamburg (bzw. über den Umweg seines Internet Service Providers (ISP)). Dieser Einwahlknotenpunkt in Hamburg verfügt über eine lange Liste von IP-Adressen. Bei der Einwahl ins Internet wird den unterschiedlichen Webbrowsern eine IP-Adresse zugewiesen. Die Liste der IP-Adressen ist bekannt – daher lässt sich mit Hilfe einer IP-Adresse ein geografischer Bezug herstellen. Denn die IP-Adresse wird beim Aufruf einer Website mit übergeben und kann von einem Web Analytics Tool ausgelesen werden. Verfügt das Web Analytics Tool über die Listen der IP-Adressen der jeweiligen Einwahlknotenpunkte, kann eine Verknüpfung von Webbrowser zu beispielsweise der Stadt des Browsers hergestellt werden.

Google Analytics verfügt über diese Kenntnisse und kann daher die Herkunft der Browser und somit die der User bestimmen (mehr dazu in Kapitel 10.3).

4.1.4 JavaScript

JavaScript ist eine clientseitige Programmiersprache, die im Internet häufig Anwendung findet. Mithilfe von JavaScript können beispielsweise Elemente auf einer Webseite durch Interaktion des Users verändert dargestellt werden. Es gibt unzählige Beispiele; hier eine Liste ausgewählter Funktionen:

- Mouse over-Effekte
- Plausibilitätsprüfungen bei der Eingabe von Daten in Formulare
- Laufschriften
- Auslieferung von Pop-Ups
- Automatische Veränderung der Browserfenstergröße

Die Tracking Codes der meisten Web Analytics Tools basieren auf der JavaScript-Sprache – so auch Google Analytics. Es gibt verschiedene Versionen von JavaScript, zurzeit ist gerade die Version 1.8 aktuell. JavaScript kann bei Bedarf innerhalb der Browsereinstellungen abgeschaltet werden. Dies ist in den meisten Fällen jedoch nicht zu empfehlen, da eine Abschaltung des Öfteren die Nutzbarkeit von Websites einschränkt. Einige Internetseiten oder Web-basierte Anwendungen sind ohne die Aktivierung von JavaScript nicht nutzbar. Per Default ist JavaScript in den meisten Browsern bereits aktiviert.

4.1.5 HTML

HTML (Hypertext Markup Language) ist eine Formatierungssprache, die als Grundlage für die Darstellung von Websites dient. Webbrowser können von Webservern abgerufene HTML-Dokumente darstellen. Der Aufbau von Internetseiten entspricht im Wesentlichen immer der gleichen Struktur (vereinfacht):

- HTML-Head
- HTML-Body

Der Head-Bereich enthält technische und inhaltliche Dokumentationen, die allerdings im Webbrowser des Nutzers nicht dargestellt werden (sie sind dennoch sichtbar, wenn man sich den Quelltext der Webseite anzeigen lässt).

Der Body-Bereich enthält hingegen alle Informationen und Inhalte, die der Webbrowser anzeigt. Der eigentliche, sichtbare Inhalt einer Website steht also im Body-Bereich.

Listing 4.1 Basis-Website-HTML-Struktur

```
<html>
        <head>
        <title>
             Titel der Webseite
        </title>
             <!-- Evtl. weitere Kopfinformationen -->
    </head>
  <body>
        Inhalt der Webseite
    </body>
</html>
```

Befehle sind immer von < bzw. > umrahmt. Sobald ein Befehl oder ein Bereich beendet ist, wird Letzterer mit einem Schrägstrich dargestellt (bspw. *</html>*) – der End-Tag. Dieses Prinzip ist das gleiche bei der Erstellung von Links in HTML. Ein HTML-Link innerhalb einer Webseite sieht in den meisten Fällen folgendermaßen aus:

```
<a href='http://www.timoaden.de/2008/10/google-analytics-business-web-
analytics.html'>Google Analytics - Business Web Analytics Features</a>
```

Die URL verweist auf das Ziel, zu der der Link führt. Am Ende steht der im Browser angezeigte Text, hinter dem die URL liegt.

4.1.6 Referrer

Ein Referrer (oder auch Verweis) ist die Internetadresse der Website, von der ein User per Klick auf einen Link auf die aktuell betrachtete Internetseite gekommen ist. Sozusagen die zuvor betrachtete Seite.

Wird vom Webbrowser eine Anfrage an einen Webserver geschickt, weil der User eine neue Seite aufruft, werden bestimmte Referrer-Informationen mit übergeben.

Beispiel:

Ein User gelangt nach der Eingabe des Suchbegriffs „Web Analytics" bei Google auf www.timoaden.de. Dies sind die mit dem Abrufen der www.timoaden.de-Seite übergebenen Informationen:

http://www.google.de/search?hl=de&q=web+analytics&btnG=Suche&meta=

Diese Informationen werden bei jedem Seitenaufruf automatisch mit übergeben und sind daher für eine Auswertung verfügbar. Im obigen Fall ist die verweisende Domain ersichtlich, aber auch weitere Informationen wie die Spracheinstellung (hl=de, also deutsch) und sogar der eingegebene Suchbegriff, über den der User auf die Website kam (q=web+analytics).

Referrer vermitteln also wertvolle Informationen über die Navigation der User. Nur mit Hilfe dieser Erkenntnisse lassen sich in einem Web Analytics Tool Navigationspfade vernünftig darstellen, da jeder Schritt eines Users Referrer-Informationen übergibt.

Teil II
Anmelden und Einstellungen

Nachdem in Teil I die Grundlagen für das Verständnis von Web Analytics geschaffen wurden, geht es im Folgenden konkret um Analytics. Begrifflichkeiten und Techniken werden hier vorausgesetzt – an den jeweiligen Stellen verweise ich auf diese Basis bzw. stelle einen Zusammenhang zwischen den Grundlagen und Google Analytics her.

Web Analytics hat zum Ziel, Ihr Businessmodell so gut wie möglich abzubilden. Hierfür ist es essenziell wichtig, dass die dargestellten Zahlen korrekt sind, vor allem aber auch Ihren Anforderungen entsprechen. Jedes Business ist anders, jedes Business bringt andere Anforderungen mit sich. Daher muss ein Web Analytics-Tool den vielfältigen Anforderungen entsprechen.

In diesem Teil stelle ich die Anfangsphase der Arbeit mit Google Analytics dar. Der Anmeldeprozess wird ebenso aufgezeigt wie die vielfältigen Einstellungs- und Individualisierungsmöglichkeiten. Es können sowohl am Analytics Tracking Code Änderungen vorgenommen werden als auch innerhalb der Benutzeroberfläche. Unter anderem werden folgende Fragestellungen beantwortet:

- Mein Ziel besteht aus dem Download eines PDF-Dokuments – wie definiere ich dies als Ziel?
- Meine Website verfügt über Subdomains – wie tracke ich Letztere?
- Ich möchte verschiedene Domains tracken – wie gehe ich dabei am besten vor?
- Worin besteht der Unterschied zwischen Konto und Profil?
- Was leisten Filter?
- Wie verschaffe ich meinen Kollegen Zugriff auf die Daten?

Ist dieser Teil des Buches durchgearbeitet, sollten Sie solide in der Lage sein, Analytics entsprechend Ihren Anforderungen zu implementieren bzw. die bestehende Implementierung zu individualisieren.

Dieser Abschnitt ist im Buch einer der wichtigsten. Nur wenn vernünftige Daten gemessen und dargestellt werden, lässt sich auch die Web-Analyse vernünftig durchführen. Andernfalls gilt wieder das Motto „trash in – trash out". Bei vielen Kunden entdeckte ich eine falsche bzw. nicht individualisierte Implementierung. Der Nutzen eines schlecht implementierten Web Analytics-Tools tendiert gegen null – man kann sich dann den ganzen Aufwand meist von vornherein sparen. Eine schlechte Implementierung führt dazu, dass das Tool entweder gar nicht oder nicht mit dem erwarteten Erfolg genutzt wird. Dies führt zu Unzufriedenheit und Frustration. Das Ziel, Businessentscheidungen zu treffen, mehr Umsatz und Online-Erfolg zu generieren, rückt dann in weite Ferne.

Eine gute Implementierung ist ebenso wichtig wie das Fundament eines Hauses.

5 Anmelden

5.1 Anmeldung

Der erste Schritt zur Nutzung von Analytics ist die Anmeldung. Zwei Wege führen zu ihr:

- Anmeldung für die Stand-Alone-Version (siehe Kapitel 5.1.2)
- Anmeldung über ein AdWords-Konto (siehe Kapitel 5.1.3)

Zunächst muss der User allerdings seine E-Mail-Adresse in einem Google-Konto registrieren.

5.1.1 Google-Konto

Grundsätzlich benötigt man für die Nutzung von Analytics eine E-Mail-Adresse, die als Google-Konto-E-Mail-Adresse registriert ist. Ein Google-Konto beinhaltet Dienste und Produkte wie unter anderem Google Analytics. Zudem ermöglicht dieses Konto, mit einer E-Mail-Adresse sämtliche Dienste zu nutzen, ohne sich jedes Mal neu anmelden zu müssen (Single Log-In). Sie können sich mit jeder beliebigen E-Mail-Adresse registrieren – es ist also egal, ob Sie bei GMX, WEB.de, Yahoo! oder Hotmail mailen (eine Googlemail-Adresse ist bereits als Google-Konto-Adresse registriert).

Unter *www.google.de/accounts* können Sie Ihre E-Mail-Adresse zu Ihrem Google-Konto machen. Nach Eingabe der Mail-Adresse, eines Passwortes und der Beantwortung der Sicherheitsabfrage sind Sie ein registrierter Google-Analytics-Nutzer.

 Praxistipp:

Sollten Sie eine Googlemail-Adresse verwenden, reicht es, wenn Sie lediglich den Teil links vom @-Symbol eingeben („googlemail.com"ist nicht erforderlich), was den Anmeldeprozess beschleunigt.

5.1.2 Stand-Alone

Unter *www.google.de/analytics* können Sie auf die Stand-Alone-Version von Analytics zugreifen. Dies ist die offizielle Startseite für dieses Produkt und bietet viele Informationen rund um Analytics. So werden viele Funktionen und Neuerungen vorgestellt – zudem findet man hier auch Links zu:

- einer umfangreichen Analytics-Hilfe;
- einem Nutzerforum der Conversion University mit Profitipps in englischer Sprache;
- Fallstudien;
- einem Partnernetzwerk autorisierter Partnerfirmen von Google Analytics (GAAC – Google Analytics Authorized Consultants).

Analytics ist auch kostenlos nutzbar, wenn man über kein AdWords-Konto verfügt. Der Zugriff auf die Daten erfolgt dann über die oben genannte URL. Sie können allerdings auch als AdWords-Kunde auf Ihre Analytics-Daten über diese URL zugreifen und verschiedene Konten verwalten.

Praxistipp:

Analytics ist für AdWords-Kunden kostenlos – unabhängig von der Größe der Website, also der Anzahl der monatlichen Seitenaufrufe. Für Analytics-Nutzer, die keine AdWords-Kunden sind, gibt es ein offizielles monatliches Limit an Seitenaufrufen in der Höhe von 5.000.000. Allerdings habe ich noch nicht erlebt, dass dieses Limit in irgendeiner Form kontrolliert wurde und kenne viele Kunden, die Analytics nutzen, keine AdWords-Kunden sind und deutlich mehr als 5.000.000 Seitenaufrufe monatlich generieren. Grundsätzlich wäre ein Hinweis vorstellbar, der entsprechenden Usern nahelegt, AdWords-Kunden zu werden, um weiterhin von der kostenlosen Nutzung zu profitieren. Wenn etwas dergleichen passiert, gäbe es einen einfachen Weg, etwaige Zahlungen zu umgehen: Sie eröffnen einfach ein AdWords-Konto, sind aber keineswegs verpflichtet, Geld auszugeben. Die Eröffnung eines AdWords-Kontos und die Verknüpfung mit Analytics reichen aus, um den Anforderungen einer dauerhaft kostenlosen Nutzung von Analytics gerecht zu werden.

Der weitere Anmeldeprozess ist weitestgehend identisch mit dem Anmeldeprozess über ein AdWords-Konto, den ich in den folgenden Kapiteln beschreibe.

5.1.3 Google AdWords

Wenn Sie schon AdWords-Kunde sind, können Sie Analytics bequem über Ihr AdWords-Konto ansteuern. Durch den Analytics-Reiter innerhalb der Benutzeroberfläche (Abbildung 5.1) gelangen Sie direkt zu Analytics.

Zunächst werden Sie gefragt, ob Sie ein neues Analytics-Konto erstellen wollen, oder bereits über ein Konto verfügen, das mit dem AdWords-Konto verknüpft werden soll (Abbildung 5.2).

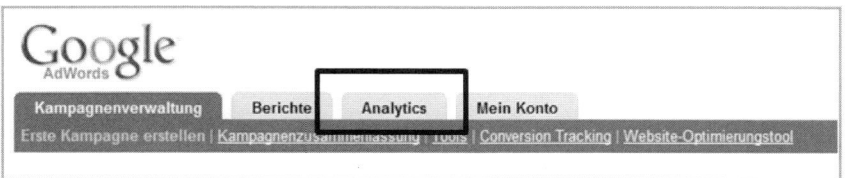

Abbildung 5.1 Google AdWords – die Google-Analytics-Registerkarte

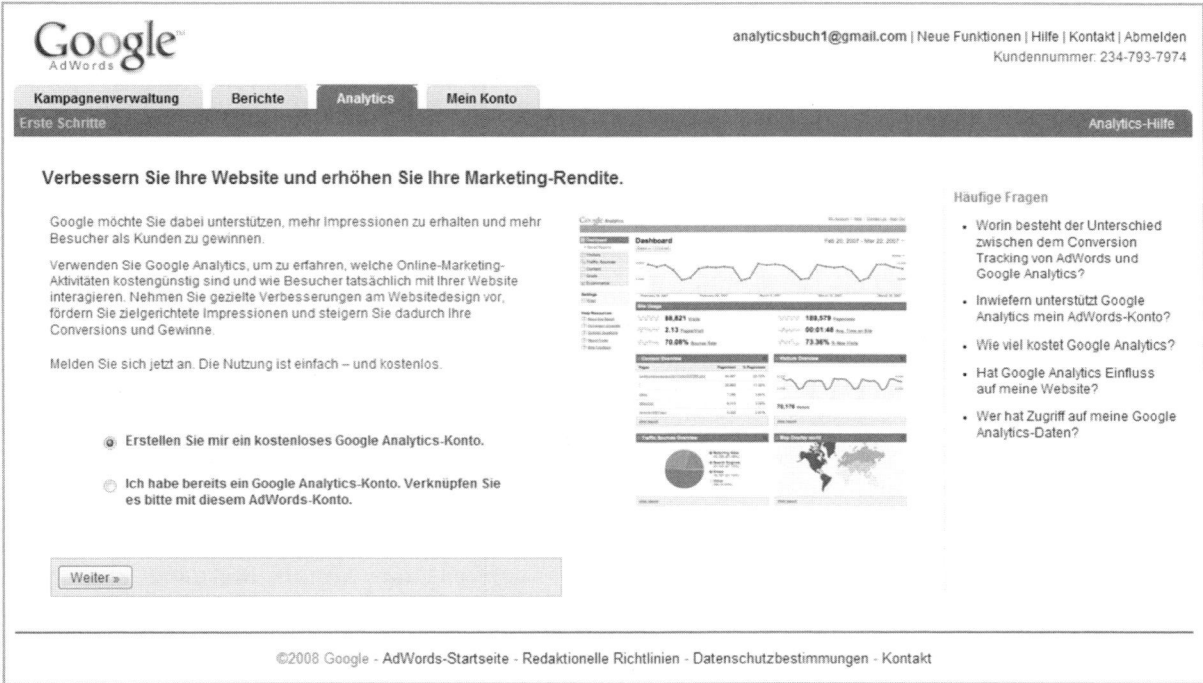

Abbildung 5.2 Google AdWords – ein neues Google-Analytics-Konto oder Verlinkung

Nehmen wir an, Sie verfügen bereits über ein Analytics-Konto und klicken auf die untere Option. Dann werden die unter Ihrer Login-E-Mail-Adresse registrierten Analytics-Konten aufgelistet. Sie können dort das zu verknüpfende Analytics-Konto auswählen. Um eine Verknüpfung durchzuführen, muss die Login-E-Mail-Adresse, mit der Sie sich angemeldet haben, als Administrator in Analytics zugelassen sein. Sollte dies nicht der Fall sein, ist eine Verknüpfung nicht möglich (Sie können als weiterer Administrator hinzugefügt werden und dann die Verknüpfung vornehmen – mehr dazu in Kapitel 7.6).

5.1.3.1 Verknüpfung Google AdWords mit Google Analytics

Doch worin besteht eigentlich der Sinn einer Verknüpfung beider Dienste?

Ein großer Vorteil von Analytics ist die Möglichkeit, Daten aus dem eigenen AdWord-Konto direkt in sein Analytics-Konto fließen zu lassen. Folgende Daten aus dem AdWords-Konto werden dann automatisiert in das Analytics-Konto übertragen:

- Kampagne
- AdGroup
- Keywords
- Anzahl Impressions (je Kampagne/Adgroup/Keyword)
- Anzahl der Klicks (je Kampagne/Adgroup/Keyword)
- Klickrate (je Kampagne/Adgroup/Keyword)
- CPC (je Kampagne/Adgroup/Keyword)

Es ergeben sich noch weitere Reports, die ich in Kapitel 11.8 beschreibe.

All diese Daten erfassen den Zeitraum bis zum Klick, d.h., innerhalb des AdWords-Kontos sehen Sie lediglich, wie erfolgreich Ihre Kampagnen sind, bis ein User auf die geschaltete Anzeige klickt. Sie wissen jedoch nicht, wie er navigiert, wenn er auf Ihrer Seite gelandet ist. Ist er gleich wieder abgesprungen? Hat er das von Ihnen gewünschte Ziel erfüllt? Diese Informationen bekommen Sie in sehr einfacher Art und Weise, wenn Sie Analytics implementiert und beide Konten miteinander verknüpft haben. Sie sehen also nicht nur die Quantität Ihrer Besucher, sondern auch die Qualität.

Im nächsten Schritt der Anmeldung geben Sie Ihre Website-URL und einen Kontonamen an (Abbildung 5.3).

Zudem gibt es zwei Felder, die per Default bereits angekreuzt sind:

- Automatische Tag-Kennzeichnung der Ziel-URL
- Kostendaten übernehmen

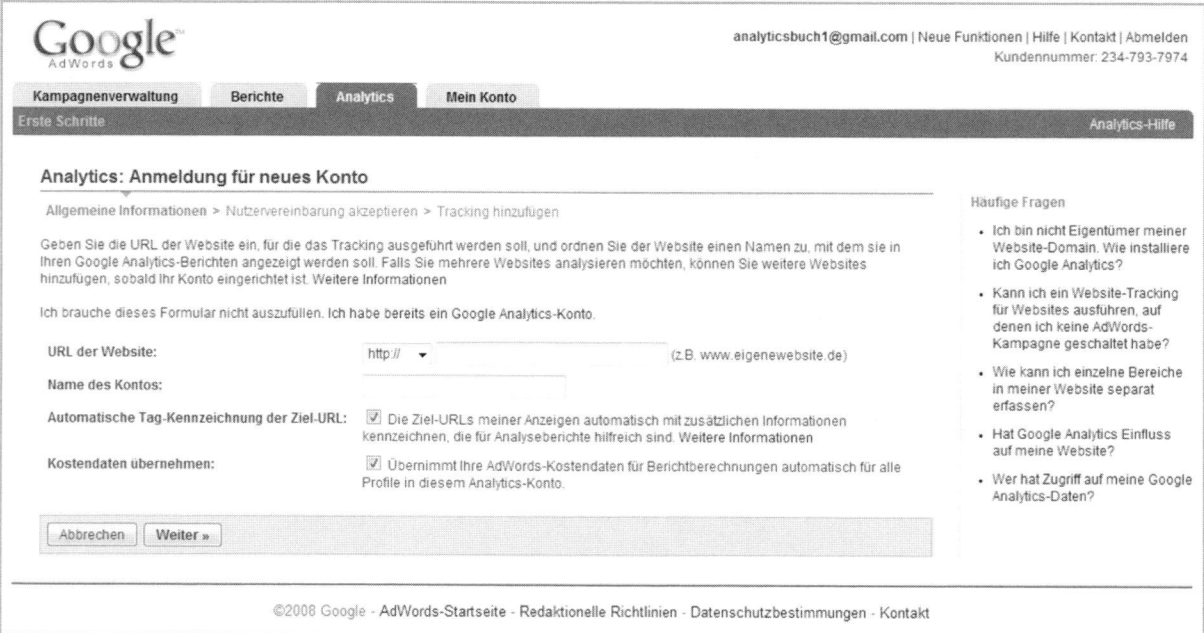

Abbildung 5.3 Google AdWords: Neues Analytics-Konto

Die automatische Kennzeichnung der Ziel-URL hat entscheidenden Einfluss auf das Gelingen der korrekten Darstellung der AdWords-Kampagnen in Analytics.

Das Prinzip kann man sich folgendermaßen vorstellen:

Ihre AdWords-Anzeige wird eingeblendet, ein User klickt auf die Anzeige und landet auf Ihrer Zielseite. Auf dieser Zielseite ist der Analytics-Code eingebunden und kann über den Referrer sehen, dass der User über Google kommt. Allerdings werden sämtliche Kampagnendaten nicht im Referrer übertragen. Damit dies geschieht, wird mit dem Klick auf die Anzeige der Ziel-URL automatisch ein Parameter angehängt – der so genannte GCLID-Parameter (GCLID steht für Google-Click-ID) der einen kryptischen Code enthält und in der URL Ihrer Zielseite erscheint. Der dort eingebaute Analytics Tracking Code „sieht" dann die URL mit dem GCLID-Parameter, übernimmt die darin enthaltenen Informationen und gibt sie dem über diese Anzeige geleiteten User mit. Diese Daten werden in den Kampagnencookie geschrieben; nun kann der User weiternavigieren – Analytics weiß nun, über welche Anzeige er gekommen ist, und kann die ab jetzt erhobenen Daten entsprechend zuordnen (Seitenaufrufe, Aufenthaltsdauer, Absprungrate, Zielerfüllung, Ausstiegsseiten, usw. – all diese Daten lassen sich auf die AdWords-Kampagne zurückführen. Bietet dies nicht ein unglaubliches Optimierungspotenzial im Vergleich zur Optimierung auf die Klickrate?).

Praxistipp:

Sie können sehr einfach überprüfen, ob der GCLID-Parameter bei Ihnen korrekt übergeben wird. Haben Sie das automatische Tagging bereits angekreuzt, klicken Sie auf eine Ihrer Anzeigen: Wenn Sie auf Ihrer Zielseite in der URL einen GCLID-Parameter finden, funktioniert es. Herzlichen Glückwunsch!

Haben Sie das Häkchen noch nicht gesetzt, können Sie leicht überprüfen, ob die Übergabe des GCLID-Parameters bei Ihnen theoretisch funktioniert. Kopieren Sie einfach Ihre Ziel-URL aus der Anzeige heraus (rechte Maustaste auf Ihre Anzeige und Link kopieren) und fügen diese in ein Browserfenster ein. Sind in der URL bereits ein „?" und andere Parameter enthalten, fügen Sie Folgendes hinzu (fett markiert):

*www. Beispiel.de?cid=1234567**&gclid=abcdefgh***

Verfügen Sie in Ihrer Anzeigen-Ziel-URL über kein „?", dann hängen Sie den GCLID-Parameter wie folgt an (fett markiert):

*www.beispiel.de**?gclid=abcdefgh***

Je nachdem, wie Ihre Ziel-URL bisher aussieht, fügen Sie entweder ein „&" oder ein „?" hinzu (Google erledigt dies später automatisch, jetzt wird nur getestet).

Drücken Sie nun *Return*, so dass Sie auf Ihre Zielseite kommen, und schauen Sie sich die URL an. Sehen Sie den GCLID-Parameter in der URL Ihrer Zielseite? Herzlichen Glückwunsch, bei Ihnen funktioniert das automatische Tagging!

Sie sehen GCLID-Parameter nicht? Dann wird Ihre Ziel-URL vermutlich über Redirects umgeleitet. Dies ist gelegentlich der Fall, wenn Sie zum Beispiel mit Agenturen zusammenarbeiten, die die Verwaltung Ihrer AdWords-Kampagnen übernehmen. Mitunter wird die Ziel-URL über verschiedene Redirect-Server geleitet, ehe der User Ihre eigentliche Zielseite sieht (dies geschieht sehr schnell, so dass der User meist nichts davon bemerkt. Der Grund für diese Redirects ist, dass Ihre Agentur über eigene Tools verfügt und Messungen durchführt, um Ihre Kampagnen zu optimieren und eigene Statistiken für Sie zu erheben). Leider kommt es ab und zu vor, dass der GCLID-Parameter bei der Weiterleitung über Redirects „abgeschnitten" wird – also nicht auf Ihrer Zielseite ankommt. Der Analytics Tracking Code kann nun natürlich keine Verbindung zwischen dem User und der AdWords-Anzeige herstellen. Die Zahlen werden dann in Ihren AdWords-Reports innerhalb von Analytics nicht (korrekt) erscheinen.

Dies ist kein Fehler von Analytics und auch kein Fehler von Ihnen. Taucht das Problem bei Ihnen auf, wenden Sie sich an den zuständigen Ansprechpartner Ihrer Agentur. Letzterer muss in den meisten Fällen den Redirect-Server lediglich so einstellen, dass der angehängte GCLID-Parameter bis auf die Zielseite übergeben (mit „durchgeschliffen") wird. Danach wiederholen Sie den Test einfach. Ist das Problem nicht behoben, sollten Sie sich überlegen, ob Sie mit dem richtigen Dienstleister zusammenarbeiten …

Das andere Feld „Kostendaten übernehmen" sorgt dafür, dass sämtliche Daten, die Sie in Ihrem AdWords-Konto sehen, einmal täglich automatisiert an Analytics übergeben werden. Dort tauchen sie in den entsprechenden Berichten auf und werden mit den weiteren, anschließend erhobenen Userdaten verknüpft (sofern die automatische Tag-Kennzeichnung der Ziel-URL aktiviert ist und funktioniert).

Praxistipp:

Sie haben bereits über Ihr AdWords-Konto auf Ihre Analytics-Daten zugegriffen, aber damals die beiden Häkchen nicht gesetzt? Kein Problem, Sie können dies für die automatische Ziel-URL Kennzeichnung nachholen (Abbildung 5.4):

- Klicken Sie in Ihrem AdWords-Konto auf den Reiter „Mein Konto".
- Wählen Sie dort „Kontoeinstellungen" aus.
- Wenn im „Tracking"-Feld „Automatische Verlinkung: Kein Interesse" steht, klicken Sie dort auf „Bearbeiten".
- Setzen Sie nun das Häkchen auf „Automatische Tag-Kennzeichnung der Ziel-URL" (Abbildung 5.5).

Sie können dies für die automatische Kostendatenübergabe nachholen:

- Klicken Sie auf den Analytics Tab.
- Wählen Sie das entsprechende Profil aus, und klicken auf „Bearbeiten".
- Klicken Sie bei den „Profilinformationen für die Hauptwebsite" auf „Bearbeiten".
- Setzen Sie hier das Häkchen auf „Kostendaten übernehmen" (Abbildung 5.6).

Die Verknüpfung zwischen AdWords und Analytics kann ausschließlich über den Zugriff auf Ihr AdWords-Konto erfolgen. Eine Verknüpfungsmöglichkeit über den Zugriff auf die Stand-Alone-Version funktioniert nicht.

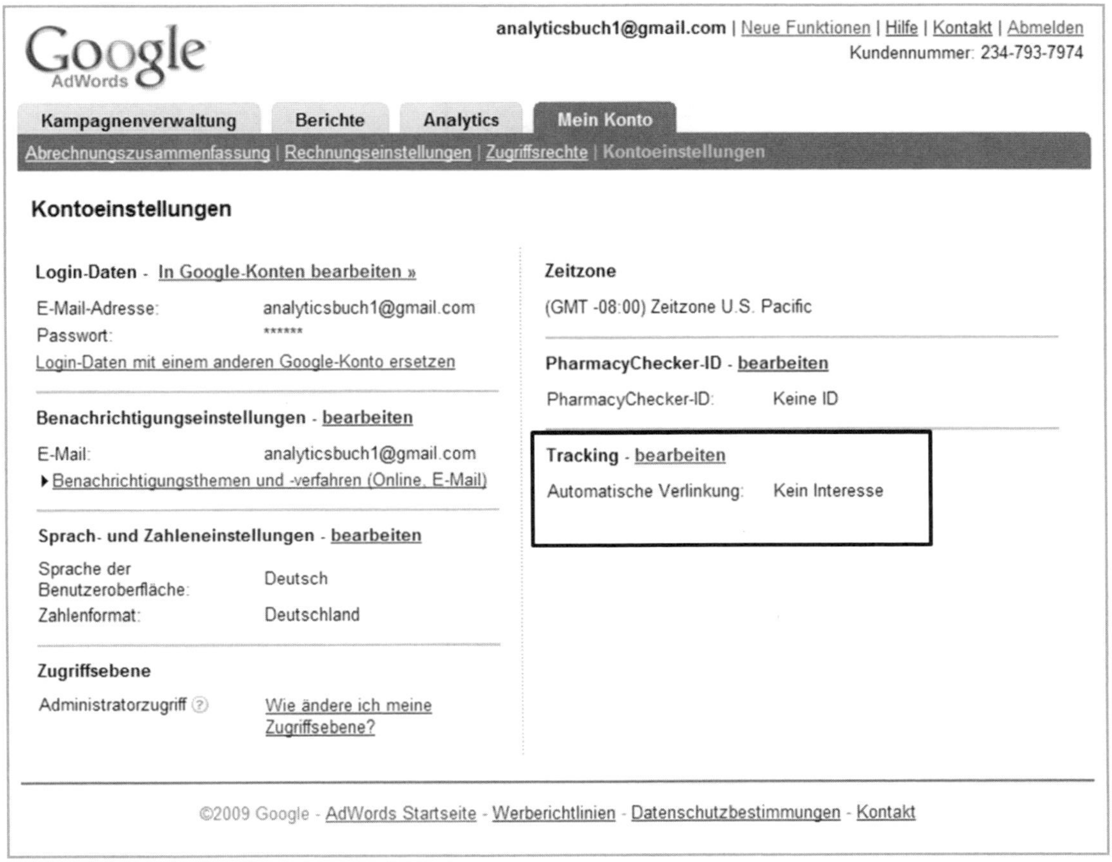

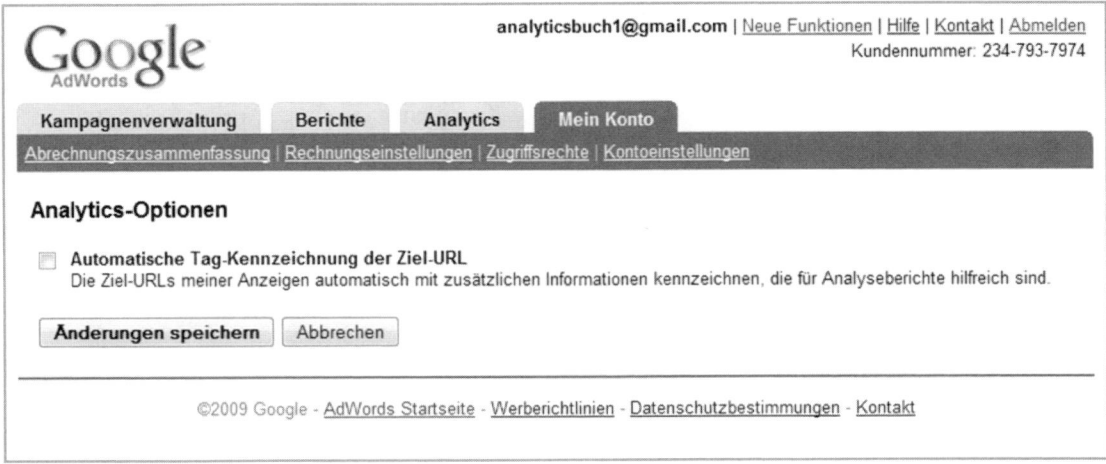

Abbildung 5.4 Google AdWords: Kontoeinstellungen

Abbildung 5.5 Google AdWords: Kontoeinstellungen Tracking

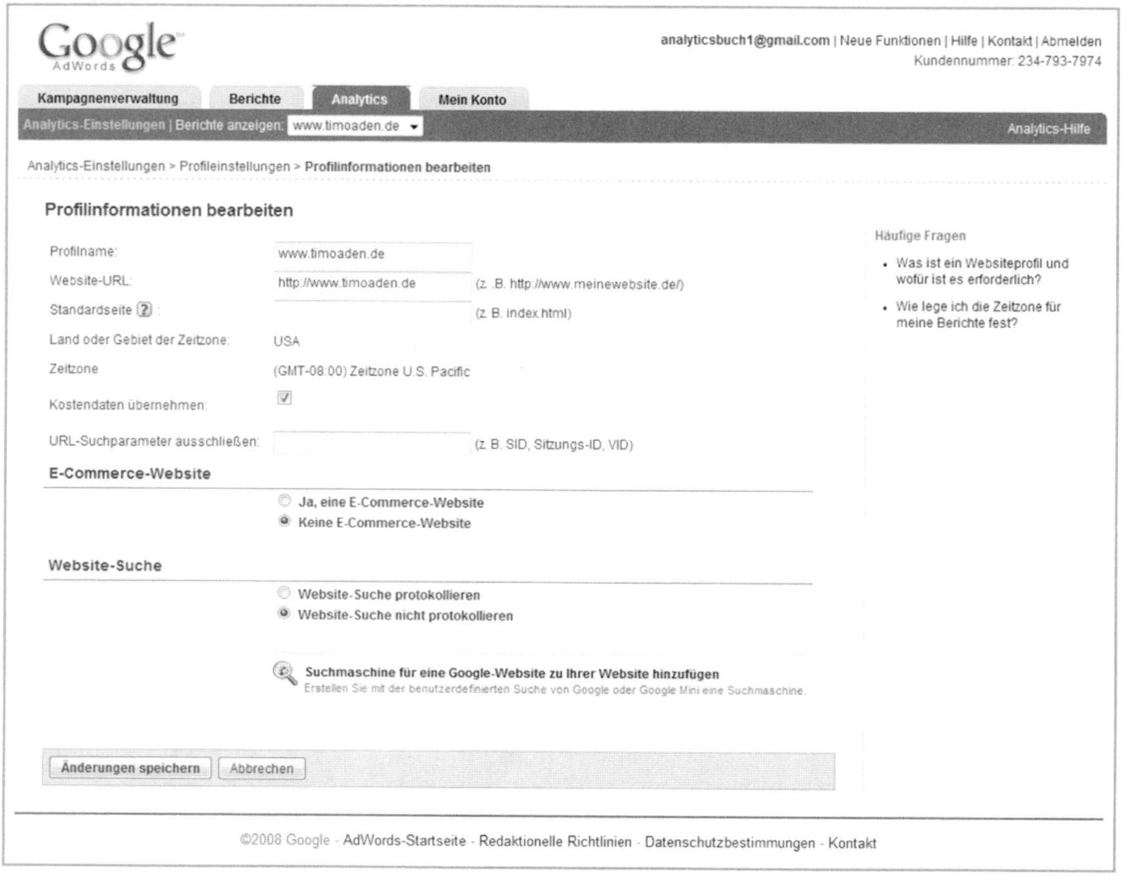

Abbildung 5.6 AdWords: Analytics-Kostendaten

5.1.3.2 Verknüpfung Google AdSense mit Google Analytics

Die Verknüpfung von Analytics mit AdSense funktioniert zurzeit nur für einige (wenige) Konten. In diesem Fall befindet sich im AdSense-Konto ein Link für die Verknüpfung mit Analytics. Sie können nun entscheiden, ob Sie ein neues Analytics-Konto erstellen oder ob die Verknüpfung mit einem bestehenden Konto hergestellt werden soll.

Die Login-E-Mail-Adresse des AdSense-Kontos muss im bestehenden Analytics-Konto als Administrator registriert sein. Zudem muss sowohl der AdSense-Code als auch der Analytics Tracking Code auf den Seiten eingebaut sein.

Weitere Informationen finden Sie in Kapitel 12.10 (AdSense-Tracking).

5.1.4 Anmeldeprozess

Geben Sie bei der Anmeldung für ein neues Konto die URL Ihrer Website sowie einen Namen für Ihr neues Analytics-Konto an (Abbildung 5.7).

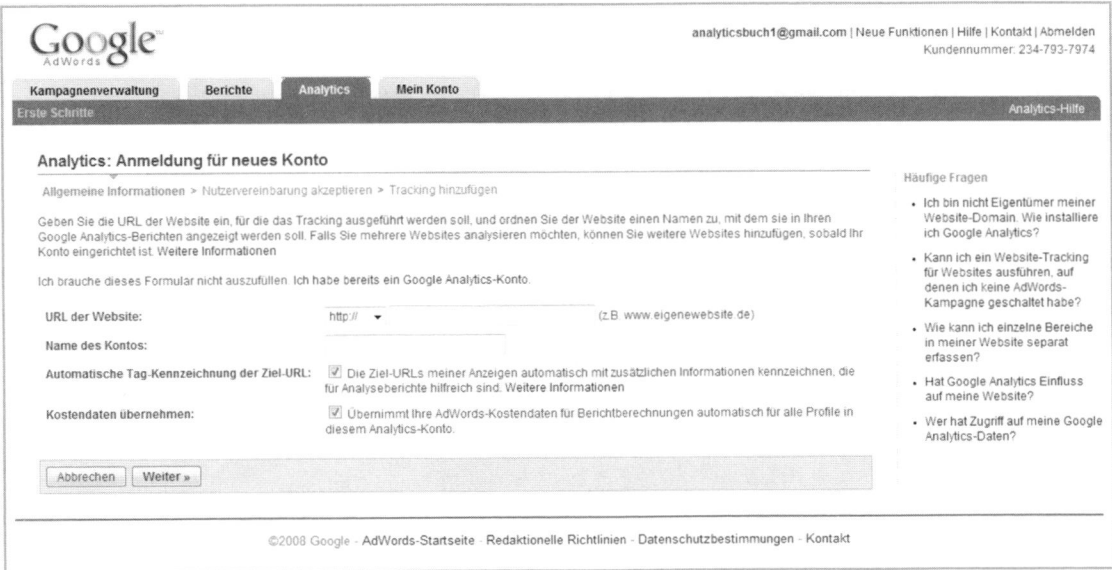

Abbildung 5.7 Anmeldung – Allgemeine Informationen

Im Anschluss daran sehen Sie die allgemeinen Geschäftsbedingungen (Abbildung 5.8). Diese müssen mit „Ja, ich stimme den oben stehenden allgemeinen Geschäftsbedingungen zu" bestätigt werden, andernfalls können Sie Analytics nicht nutzen. Ich empfehle Ihnen, diese Bedingungen durchzulesen.

Praxistipp:

Unter Punkt 8.1 der allgemeinen Geschäftsbedingungen von Google Analytics wird man aufgefordert, einen dort angegebenen Satz auf seiner Website einzubauen. Dieser Satz ist rechtlich von Google geprüft und muss (!) auf einer einfach zugänglichen Seite der eigenen Website eingebaut sein. In der Regel geschieht dies entweder auf der eigenen Disclaimer-Seite, dem Impressum, der Kontaktseite oder den eigenen allgemeinen Geschäftsbedingungen. Dadurch wird der User darauf hingewiesen, dass ein Tracking Tool wie das von Analytics benutzt wird und entsprechende Daten erhoben werden.

Aus eigener Erfahrung weiß ich, dass dieser Satz in den seltensten Fällen in der eigenen Website integriert ist. Ist dies nicht geschehen, entspricht die Nutzung von Analytics nicht den allgemeinen Geschäftsbedingungen, und Sie als Seitenbetreiber sind für etwaige Konsequenzen verantwortlich.

Die allgemeinen Geschäftsbedingungen sind nicht verhandelbar. Sollten Sie mit einzelnen Punkten nicht einverstanden sein, empfehle ich Ihnen, den beanstandeten Punkt dennoch zu akzeptieren oder ein anderes Tool in Erwägung zu ziehen.

Haben Sie die allgemeinen Geschäftsbedingungen akzeptiert, kommen Sie mit einem Klick auf „Weiter" bereits zur Grundlage des Trackings – Ihrem individuellen Analytics Tracking Code (Abbildung 5.9).

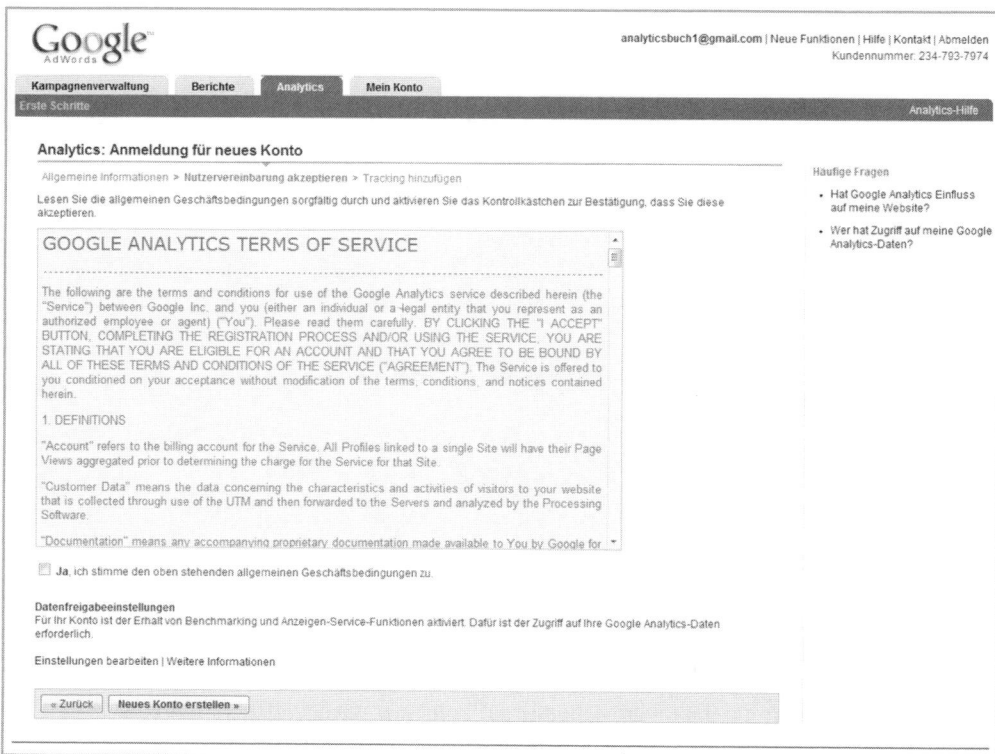

Abbildung 5.8
Anmeldung –
AGBs

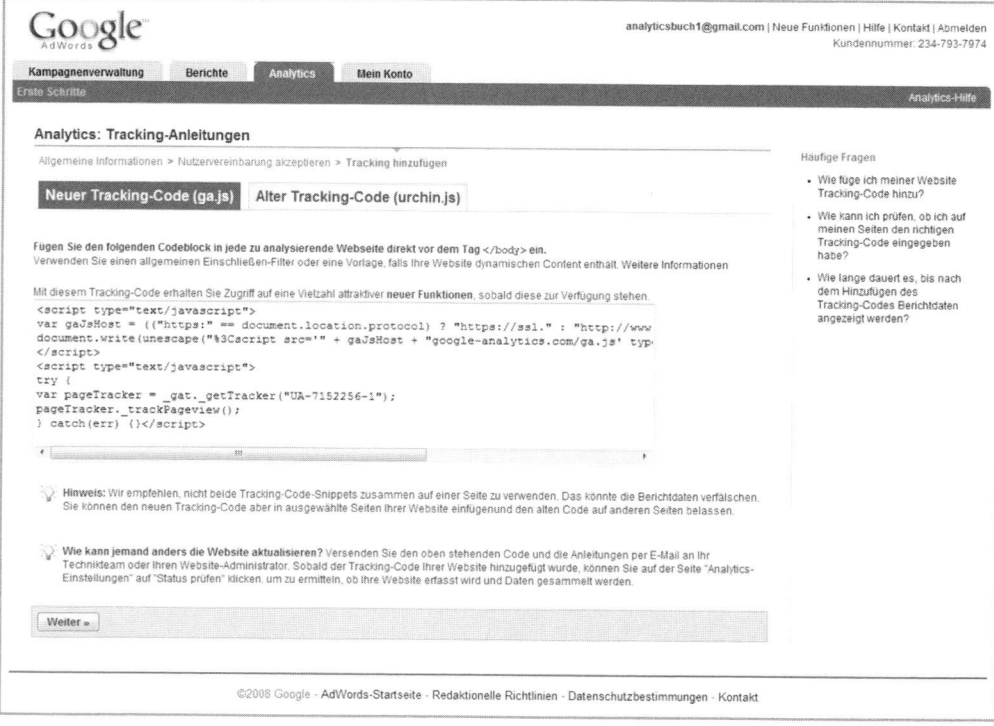

Abbildung 5.9
Anmeldung – der
Google Analytics
Tracking Code

6

6 Google Analytics Tracking Code

6.1 Der Google Analytics Tracking Code (GATC)

Der Tracking Code ist der wichtigste Bestandteil von Google Analytics. Nur wenn dieser korrekt und vor allem auf jeder (!) Seite eingebaut ist, können akkurate Daten erhoben werden.

Nun stellt sich die Frage, an welcher Position innerhalb der Seite der Code eingebunden werden muss. Aus technischer Sicht ist die Position nahezu egal. Dennoch empfehle ich, den GATC möglichst weit unten innerhalb des Quelltextes, idealerweise direkt oberhalb des schließenden Body-Tags zu positionieren (siehe Kapitel 4.1.5 HTML). Diese Platzierung hat entscheidende Vorteile. Treten beispielsweise Probleme bei der Kommunikation zwischen GATC und Google auf, wird der Ladevorgang der Seite verzögert. Wäre der Code nun sehr weit oben in der Seitenstruktur eingebaut, würde sich der Aufbau des Webseiteninhalts verlangsamen. Erst wenn der Code mit Google kommuniziert, ist die Darstellung möglich. Unter Umständen würde der Besucher die Seite frustriert verlassen, weil ihm der Ladevorgang Ihrer Webseite zu lange dauert. Andererseits sind die erhobenen Daten recht akkurat, da der Code sehr früh innerhalb des Ladeprozesses ausgeführt wird und die Daten übermittelt werden können.

Ist der Code hingegen sehr weit unten auf der Seite eingebunden, kann die Qualität der erhobenen Daten etwas geringer sein als bei einer Positionierung weiter oben. Dafür wird der komplette Inhalt Ihrer Webseite dargestellt, ehe der Code ausgeführt wird. User besuchen Ihre Seite um den Inhalt der Website zu sehen, nicht um getrackt zu werden. Grundsätzlich sollte Ihnen die Zufriedenheit Ihrer Besucher wichtiger sein als die Genauigkeit der erhobenen Zahlen. Jeder verlorene Besucher kann Umsatzverlust bedeuten. Daher die dringende Empfehlung, jeden Tracking Code so weit unten wie möglich einzubauen (es kann Gründe geben, die dieser Regel widersprechen – doch dazu später).

Jede Website ist ein Fall für sich, so wie jedes Business eine individuelle Vorgehensweise erfordert. Auch die Tracking-Anforderungen je nach Unternehmen anders aus. Daher bedarf es in den meisten Fällen einer Individualisierung von Google Analytics entsprechend den spezifischen Bedürfnissen des Websitebetreibers. Anpassungen können entweder am Tracking Code vorgenommen werden oder innerhalb der Benutzeroberfläche. Der Standard-Code sieht folgendermaßen aus:

Listing 6.1 Google Analytics Tracking Code

```
<script type="text/javascript">
var gaJsHost = (("https:" == document.location.protocol) ? "https://ssl."
: "http://www.");
document.write(unescape("%3Cscript src='" + gaJsHost + "google-
analytics.com/ga.js' type='text/javascript'%3E%3C/script%3E"));
</script>
<script type="text/javascript">
try {
var pageTracker = _gat._getTracker("UA-31169-21");
pageTracker._trackPageview();
} catch(err) {}</script>
```

Der Standard-Code besteht im Wesentlichen aus zwei *<script>*-Teilen. Der erste Teil initialisiert den Trackingvorgang und erkennt automatisch, ob es sich bei der zu trackenden Seite um eine „normale" *http://*-Webseite oder eine „sichere" *https://*-Seite handelt. Im Anschluss wird das eigentliche Trackingdokument von den Google-Servern ausgeführt. Wie dieses aussieht, sehen Sie selbst, wenn Sie auf *http://www.google-analytics.com/ga.js* gehen. Sofern Sie die entsprechenden technischen Kenntnisse mitbringen, können Sie dem dortigen Code die Ablaufprozesse von Google Analytics teilweise entnehmen.

Der zweite *<script>*-Teil enthält zunächst Ihre Analytics-Konto-ID. Diese UA-Nummer (UA ist ein Relikt aus alten Zeiten und steht für Urchin Account) ist eine einzigartige ID, die nur Ihrem Analytics-Konto zugeordnet ist. Die Zahl nach dem letzten Bindestrich kennzeichnet eine Profilnummer innerhalb Ihres Kontos (mehr dazu in Kapitel 7, Profile).

Alle in den folgenden Kapiteln vorgestellten Individualisierungsmöglichkeiten werden unterhalb der UA-Konto-ID vorgenommen.

6.2 Umbenennung der URLs

Google Analytics orientiert sich bei der Erhebung der einzelnen Seiten per Default an der in der Adresszeile des Browsers dargestellten URL. Diese Information wird über die folgende Codezeile aufgenommen:

pageTracker._trackPageview();

Die leere Klammer signalisiert Google Analytics „Nimm die URL, wie sie im Browser steht, als Seitennamen". (In den Berichten wird dann per Default die URI anstelle der kompletten URL dargestellt, was sich allerdings über Filter ändern lässt und in Kapitel 7.5.5.2 beschrieben wird.)

Diese Darstellungsform funktioniert hervorragend, solange Sie über eindeutige, selbsterklärende URLs verfügen (siehe auch Kapitel 2.2.1 und Kapitel 4.1.1). Ist dies der Fall, werden Ihre URLs verhältnismäßig leicht analysier- und interpretierbar sein.

Was aber, wenn Ihre URLs kryptisch und – außer für Ihren Webmaster – unverständlich sind? Hierfür gibt es genügend Beispiele. Achten Sie mal aktiv auf URLs – Sie werden sich wundern, wie viele schlecht lesbare URLs es gibt. Web Analytics wird in den meisten Fällen nicht von Ihrem Webmaster ausgeführt, sondern von einem Web-Analysten oder Mitarbeitern der Marketing-Abteilung. Deren Kenntnisse bezüglich kryptischer Abkürzungen innerhalb der URL können unzureichend sein, und möglicherweise fällt es ihnen schwer, wichtige Parameter innerhalb der URL von unwichtigen zu unterscheiden. Hier kann eine Umbenennung der URL sinnvoll sein. (Machen Sie sich aber vorab auch Gedanken, ob nicht eine grundsätzliche Umbenennung Ihrer URLs auch aus anderen Gründen (SEO) sinnvoll sein kann.)

Möchten Sie Ihre URLs lediglich innerhalb von Analytics umbenannt haben funktioniert dies über die oben genannte Funktion. Statt der leeren Klammer wird ein Wert in die Klammer eingefügt. Beispiel:

pageTracker._trackPageview('/auto/testbericht/vw_golf');

Der innerhalb der Klammer angeführte Name ersetzt nun die URL in der Adresszeile des Browsers. Sollten Sie mehrere Seiten nach diesem Prinzip umbenennen, überlegen Sie sich eine Struktur – ähnlich wie im obigen Beispiel. Zunächst verschiedene Kategorien (*/auto/*, */sport/*, */business/*, etc.), dann Ihre Unterkategorien und schließlich die einzelnen Artikel.

Die meisten Seiten verfügen intern über so genannte PageNames. Dies sind oftmals individuelle Namen, die jede einzelne Seite Ihres Internetauftritts definieren und bezeichnen. Manchmal transportieren die PageNames weitere Informationen, die interessant sein können (etwa die Unterscheidung nach Kategorien). Diese PageNames können statt einer manuellen Umbenennung oder der Default-Lösung in die leere Klammer geschrieben werden (fragen Sie Ihre IT-Abteilung – dort wird man sicher wissen, wie es funktioniert). In diesem Fall sähe die eine Zeile des GATC folgendermaßen aus:

pageTracker._trackPageview('$PageName');

Hiermit würden Sie die individuellen PageNames Ihrer Seiten statt der angezeigten URL oder URI als Seitennamen in den entsprechenden Berichten sehen.

Diese Methode ermöglicht eine individuelle Umbenennung Ihrer URL, was unter Umständen die Analyse der in den Berichten dargestellten Daten vereinfacht.

6.3 Tracking von Subdomains

Wie in Kapitel 3.3 Cookies beschrieben verwendet Google Analytics ausschließlich 1st Party Cookies. Dies bedeutet, dass die Cookies per Default zu einer festgelegten Domain gehören, der von Ihnen zu trackenden – z.B. *www.domain.de*.

In vielen Fällen gibt es für einen Internetauftritt diverse Gründe für Subdomains. Diese verändern die Domain dahingehend, dass sie von einem 1st Party Cookie – und somit auch von Analytics – als fremde Domain wahrgenommen werden (*beispiel.domain.de*).

Welche Auswirkungen hat dies, wenn auf der Domain und auf der Subdomain der gleiche GATC eingebunden ist?

Ein User startet seinen Besuch auf der *www.domain.de,* wird entsprechend erfasst und mit Cookies ausgestattet. Nun kommt der Sprung von *www.domain.de* zu *beispiel.domain.de.* Aus Google Analytics-Sicht betritt der User eine neue Domain und wird als neuer Besuch gezählt – obwohl er ja direkt von der einen auf die andere Seite navigiert ist und sich noch innerhalb der gleichen Session befindet. Die Anzahl der von Google Analytics aufgezeichneten Besuche wird also falsch dargestellt, wenn aus Web-Analytics-Sicht *www.domain.de* und *beispiel.domain.de* zusammengefasst dargestellt werden sollen.

Des Weiteren werden bei jedem weiteren Schritt des Users Referrerdaten übergeben und von Google Analytics ausgelesen. Navigiert der User nun von Domain zu Subdomain, wird bei der Betrachtung der Subdomain-Daten in Analytics *www.domain.de* als externer Referrer dargestellt. Analytics kann nicht wissen, dass die Domain und die Subdomain eigentlich zusammengehören. Deswegen muss Google Analytics diese Information durch eine kleine Änderung am Code mitgeteilt und der Domainname (Root-Domain) festgelegt werden, um zu signalisieren, dass eine Subdomain zu einer bestimmten Domain gehört, sobald ein User sie betritt.

Listing 6.2 Tracking von Subdomains

```
<script type="text/javascript">
var gaJsHost = (("https:" == document.location.protocol) ? "https://ssl."
: "http://www.");
document.write(unescape("%3Cscript src='" + gaJsHost + "google-
analytics.com/ga.js' type='text/javascript'%3E%3C/script%3E"));
</script>
<script type="text/javascript">
try {
var pageTracker = _gat._getTracker("UA-xxxxxxx-x");
pageTracker._setDomainName("domain.de");
pageTracker._trackPageview();
} catch(err) {}</script>
```

Tauschen Sie *domain.de* mit Ihrer Root-Domain aus. Hierdurch werden Besuche ordnungsgemäß getrackt, auch wenn sie sich über mehrere Subdomains der dazugehörigen Domain hinwegbewegen.

6.4 Tracking verschiedener Domains

Ähnlich wie bei den Subdomains verhält es sich bei unterschiedlichen Domains – nur ist der Wechsel von Usern von einer Domain zur nächsten aus Web-Analytics-Sicht noch dramatischer. Dies wird als Überschreitung der Grenze zweier Staaten wahrgenommen. Ohne Kontrolle kein Weiterkommen.

Angenommen, Sie betreuen einen Online-Shop, der auf der Domain *www.onlineshop.de* liegt. Da Sie über keinen eigenen Bezahlprozess verfügen, haben Sie diesen ausgelagert – der entsprechende Anbieter stellt nun seine Dienstleistung unter *www.bezahlen.de* zur

Verfügung. Jeder Besucher, der bei Ihnen einen Kauf tätigt, navigiert also von *www.onlineshop.de* zu *www.bezahlen.de* und sieht dann die „Vielen Dank für Ihren Einkauf"-Seite wieder auf *www.onlineshop.de.*

Haben Sie nun auf beiden Domains den Standard-GATC eingebaut, zählt Google Analytics drei Besuche zweier fremder Domains:

Tabelle 6.1 Tracking verschiedener Domains

www.onlineshop.de	1 Besuch	Referrer: www.onlineshop.de
www.bezahlen.de	1 Besuch	Referrer: www.bezahlen.de
www.onlineshop.de	1 Besuch	
	3 Besuche	2 „fremde" Referrer

Google Analytics weiß nicht, dass das Überspringen dieser Domaingrenzen ein zusammenhängender Besuch ist. Die 1st Party Cookies beziehen sich ja auf eine Domain und können von der anderen nicht ausgelesen werden. Die von der ersten Domain gesetzten Cookies müssen also der zweiten übergeben werden.

Navigiert der User über einen Link (HTTP GET) von *www.onlineshop.de* zu *www.bezahlen.de*, müssen dem GATC zwei Zeilen hinzugefügt werden (auf jeder Seite Ihres Internetauftritts, nicht nur auf der Seite vor und nach dem Domainwechsel):

Listing 6.3 Tracking verschiedener Domains

```
<script type="text/javascript">
var gaJsHost = (("https:" == document.location.protocol) ? "https://ssl."
: "http://www.");
document.write(unescape("%3Cscript src='" + gaJsHost + "google-
analytics.com/ga.js' type='text/javascript'%3E%3C/script%3E"));
</script>
<script type="text/javascript">
try {
var pageTracker = _gat._getTracker("UA-xxxxxxx-x");
pageTracker._setDomainName("none");
pageTracker._setAllowLinker(true);
pageTracker._trackPageview();
} catch(err) {}</script>
```

Damit aber nicht genug. Sie haben Google Analytics nur die Erlaubnis erteilt, die Cookies von einer Domain auf die andere zu übertragen. Der eigentliche Übertragungsvorgang geschieht mit dem Aufruf des Links. Daher muss dem Link, der von *www.onlineshop.de* zu *www.bezahlen.de* führt, ein Befehl hinzugefügt werden, den Google Analytics interpretiert. Jeder (!) Link, der einen Domainwechsel herbeiführt, muss folgendermaßen geändert werden:

Bisheriger Link:

<a href="http://www.onlineshop.de">Hier klicken</a>

Ändern zu:

> *<a href="http://www.onlineshop.de"*
> *onClick="pageTracker._link('http://www.onlineshop.de');*
> *return false;">Hier klicken</a>*

Werden User nicht mit einem Link von Domain zu Domain, sondern über ein Formular geführt (HTTP POST), bedarf dies einer angepassten Änderung des Links. Die Anpassung des GATC ist exakt dieselbe wie bei (HTTP GET). Die Änderung findet hier in der Übergabe der Formulardaten statt:

Bisheriges Formular:

> *<form name="f" method="post">*
> *...*
> *</form>*

Ändern zu:

> *<form name="f" method="post"*
> *onsubmit="pageTracker._linkByPost(this)">*
> *...*
> *</form>*

Praxistipp:

Werden diese Methoden auf Ihren Seiten durchgeführt, ist es wichtig, dass der GATC beim Aufruf einer der beiden Methoden (HTTP GET/HTTP POST) oberhalb (!) des ersten Aufrufs steht (eine der in Kap.6 angesprochenen Ausnahmen). Der GATC muss zunächst durch einen Aufruf initialisiert werden, um die folgenden Befehle (pageTracker._) überhaupt zu „verstehen". Stünde der GATC unterhalb eines dieser Befehle, wüsste Google Analytics nicht, dass einer dieser Befehle bereits aufgerufen wurde und für ihn bestimmt war.

Auch dies ist wieder wie an einer Grenze: Das entsprechende Grenzhäuschen und der Auftritt des Zöllners signalisiert mir, dass es sich um eine Grenze handelt und dass ich meine Papiere vorzeigen muss. Erst dann kann ich die nächste Aktion vornehmen bzw. komme weiter. Zeige ich auf irgendeiner Raststätte meine Papiere vor, hat das (in der Regel) keinerlei Auswirkungen.

6.5   Hinzufügen weiterer Suchmaschinen

Besucher, die über die organischen Suchergebnisse (die nicht bezahlten also) der meisten relevanten Suchmaschinen kommen, werden von Google Analytics automatisch erkannt. Sowohl die Suchmaschine als auch der vom User eingegebene Suchbegriff werden dem Referrer übermittelt und den entsprechenden Berichten zugeordnet.

Zurzeit wird der organische Traffic folgender internationaler Suchmaschinen erkannt:

Tabelle 6.2 Automatisch erkannte Suchmaschinen

Google	Yahoo	MSN	AOL
Lycos	Ask	Altavista	Netscape
CNN	Looksmart	About	Mamma
Alltheweb	Gigablast	Voila	Virgilio
Live	Baidu	Alice	Yandex
Najdi	Club-Internet	Mama	Seznam
Search	WP	Onet	Netsprint
Szukacz	Yam	Pchome	Kvasir
Sesam	Ozu	Terra	Nostrum
Mynet	Ekolay	Search.ilse	

Kleinere oder lokale Suchmaschinen werden per Default nicht als Suchmaschinen erkannt. Kommen User beispielsweise über eine lokale Suchmaschine auf Ihre Seite, wird die Quelle als Referrer dargestellt, allerdings nicht mit dem vom User eingegebenen Suchbegriff. Dies lässt sich jedoch ändern, indem man weitere Suchmaschinen hinzufügt. In Deutschland könnten T-Online oder Web.de als lokale Suchmaschinen gelten. Weil sie nicht in obiger Liste erscheinen, müssten sie manuell hinzugefügt werden.

In der Regel wird das in einer Suchmaschine eingegebene Keyword in der URL transportiert. Probieren Sie es selber aus. Gehen Sie auf *www.web.de*, und geben Sie einen beliebigen Suchbegriff ein. Auf der Suchergebnisseite werden Sie in der URL erkennen, dass das von Ihnen eingegebene Wort in der URL erscheint – zusammen mit einem Parameter, der bei Web.de „su" heißt.

Im folgenden Beispiel suchte ich nach „Google Analytics":

http://suche.web.de/search/web/?mc=hp%40suche.suche%40home&mc=hp%40suche.
*suche%40home&***su=google+analytics***&x=0&y=0*

Klicken Sie nun auf eines der Suchergebnisse, wird die komplette URL als Referrer von Analytics registriert, sofern der GATC auf der entsprechenden Zielseite eingebunden ist.

Weil Google Analytics defaultmäßig nicht weiß, ob es sich um eine Suchmaschine handelt, muss dies per GATC definiert werden. Zudem ist der Parameter, der den eingegebenen Suchbegriff überträgt (z.B. „su"), nicht standardisiert. In vielen Fällen heißt dieser Parameter „q", „query", „p" oder folgt irgendeiner anderen Definition. Angenommen, Web.de soll als weitere Suchmaschine hinzugefügt werden: der auf jeder Seite einzubauende Code sähe dann folgendermaßen aus (auf jeder Seite deswegen, weil User über die organischen Suchergebnisse theoretisch auf jede Seite Ihres Webauftritts zugreifen können):

Listing 6.4 Weitere Suchmaschinen hinzufügen

```
<script type="text/javascript">
var gaJsHost = (("https:" == document.location.protocol) ? "https://ssl."
: "http://www.");
document.write(unescape("%3Cscript src='" + gaJsHost + "google-
analytics.com/ga.js' type='text/javascript'%3E%3C/script%3E"));
</script>
<script type="text/javascript">
try {
var pageTracker = _gat._getTracker("UA-xxxxxx-x");
pageTracker._addOrganic("web.de","su");
pageTracker._trackPageview();
} catch(err) {}</script>
```

Für weitere Suchmaschinen würde dann jeweils eine weitere Zeile mit dem Namen der Suchmaschine und dem Parameter, der den Suchbegriff überträgt, hinzugefügt (beispielsweise „t-online.de" und „q"). Weitere Informationen zu den Berichten, in die die erhobenen Daten einlaufen, finden Sie in Kapitel 11.5.

6.6 Tracking von Downloads und Outbound Links

6.6.1 Downloads

Viele Websites stellen verschiedene Dokumente als Download zur Verfügung. So können insbesondere .pdf, .ppt oder auch ausführbare Dateien (.exe) heruntergeladen werden. Im Unterschied zur Log File-Analyse kann mit Google Analytics nicht gemessen werden, ob der Download abgeschlossen wurde, da der GATC beispielsweise nicht ein einem .pdf Dokument eingebaut werden kann.

Aus diesem Grund lässt sich nur der letzte Schritt davor messen, und dies ist der Klick auf einen „Download"-Link. Wenn immer also ein User auf diesen Link, der das Herunterladen startet, klickt, kann Google Analytics dies als Download registrieren, was durch eine Änderung des Links geschieht, der zum Download führt.

Sieht Ihr Link für den Download des Dokuments „dokument.pdf" bisher folgendermaßen aus:

<a href="/dokument.pdf">Jetzt Downloaden</a>

können Sie den Download durch Hinzufügen des folgenden Befehls messbar machen:

<a href="/dokument.pdf"
onClick="pageTracker._trackPageview('/dokument.pdf');">Jetzt Downloaden</a>

Durch den onClick-Befehl wird ein virtueller Seitenaufruf generiert (Sie erkennen sicher die danach folgende pageTracker._trackPageview-Funktion). Einen Klick auf diesen veränderten Link erkennt Google Analytics als Seitenaufruf und ordnet ihn entsprechend zu. Den Namen in der Klammer können Sie individuell vergeben. Angenommen, Sie stellen Ihren Usern mehrere Dokumente zum Download zur Verfügung (beispielsweise detaillierte Produktspezifikationen oder Ähnliches), sollten diese namentlich innerhalb der Links so strukturiert sein, dass man sie in den Reports leicht wiederfindet und analysieren kann. Überlegen Sie sich idealerweise eine Ordnerstruktur wie die folgende:

/download/auto/testbericht/vw_golf
/download/auto/testbericht/audi_a4
/download/digicam/testbericht/casio_exilim

Mit dieser Struktur können Sie später nicht nur analysieren, wie viele Downloads insgesamt stattgefunden haben, sondern auch, wie viele „Auto"-Downloads, wie viele „Testbericht"-Downloads oder wie viele „vw-golf"-Downloads generiert wurden.

Die hier erwähnte Methodik hat einen Nachteil, der nicht unerwähnt bleiben soll. Durch das Tracken der Downloads über virtuelle Seitenaufrufe werden bei jedem Klick auf den veränderten Link Seitenaufrufe generiert. Diese erhöhen die Zahl der Seitenaufrufe in Ihren Google Analytics-Statistiken insgesamt. In der Regel ist dies vernachlässigbar doch bei Sites mit besonders vielen Downloadmöglichkeiten kann es von großer Bedeutung sein. In diesem Falle können Sie mit verschiedenen Profilen und entsprechenden Filtern arbeiten; um die virtuellen Seitenaufrufe aus einem Profil wieder zu entfernen und nur die realen Seitenaufrufe zu messen. Mehr zu Profilen und Filtern in Kapitel 7.

Praxistipp:

Unter Umständen wird ein Download nicht über einen wie oben beschriebenen Link ausgelöst, sondern durch einen Button, der einen JavaScript-Link beinhaltet. In diesem Fall ist der onClick-Befehl ebenso wie oben zusammen mit den anderen dort enthaltenen Parametern einzubauen.

Beispiel:

```
<a href="#" id="hpMostViewedLink" name="&lid=hpMostViewedTab&lpos=hpTabs"
onclick="pageTracker._trackPageview('/dokument.pdf');">Meist gesehen</a>
```

6.6.2 Outbound-Links

Für einige Websites ist ein Ziel dann erreicht, wenn der User

- auf einen Werbe-Link klickt und die Seite verlässt;
- auf einen mail:to-Link klickt (um eine E-Mail zu versenden);
- zu einer Partnerseite verlinkt wird.

Links, die von der eigenen Website auf andere externe Domains oder Applikationen führen, können ebenfalls über die Methode der virtuellen Seitenaufrufe gemessen werden. Angenommen, Sie produzieren hochwertige Kopfhörer und vertreiben sie über ein kleines Netzwerk an Vertriebspartner, die sie in ihren Läden verkaufen. Diese Kooperationspartner verfügen über eine eigene Website, die alle auf Ihrer Website in der Rubrik „Händler" aufgelistet sind. Sie möchten nun also wissen, wie viele Ihrer Website welchen Händler anklicken.

In diesem Fall würden Sie den Link, der zu einem Händler führt, entsprechend mit einem onClick-Event versehen:

<a href="http://www.haendler-x.de"
onClick="pageTracker._trackPageview('/outbound/haendler/haendler_x');">Händler
X</a>

Dieses Prinzip ist auf alle Links, die Ihre Seite verlassen, anwendbar. Letztendlich funktioniert diese Methode in allen Situationen, in denen sich der nächste Schritt des Users nicht
mit Ihrem GATC versehen lässt.

6.7 Session-Länge verändern

Wie in Kapitel 3.3 (Cookies) ausführlich beschrieben, dauert eine Session bei Google Analytics per Default 30 Minuten. Nach 30 Minuten Inaktivität wird die laufende Session beendet. Diese 30 Minuten entsprechen dem Marktstandard, und die meisten Web Analytics
Tools (nicht alle) basieren ihre Session-Berechnungen ebenfalls auf dieser Zeiteinheit.
Dies sorgt für eine gewisse Vergleichbarkeit der Besuchsrzahl verschiedener Tools (Sessions = Besuche).

Es kann einige wenige Ausnahmen geben, bei denen 30 Minuten nicht ausreichen. Angenommen, Sie betreiben eine Nachrichtenseite im Internet, die sehr ausführlich und detailliert über bestimmte Dinge berichtet. Ein User benötigt zum Lesen eines Ihrer Artikel pro
Seite 45 Minuten (vielleicht liest er sehr langsam, was auch ein Grund sein kann). Inner-
halb dieser 45 Minuten klickt er keinen Link auf der Seite an und führt auch keine andere
Aktion durch – sondern scrollt lediglich langsam nach unten, um den wertvollen Inhalt zu
konsumieren. Sobald der User die Seite betritt, nimmt Google Analytics ihn wahr, und der
Sessioncookie beginnt, von 30 an rückwärts zu zählen. Nach 30 Minuten registriert Google
Analytics die Session als beendet, da keine Cookie-Aktualisierung durchgeführt wurde.
Der User befindet sich aber noch auf der Seite. Nach weiteren 15 Minuten hat er den Arti-
kel gelesen und tätigt den nächsten Klick auf einen Link. In diesem Moment fängt der
Analytics-Sessioncookie wieder zu zählen an. Es wird also eine neue Session – ein neuer
Besuch – registriert, obwohl der User die Seite nie verlassen hat.

In einem Fall wie diesem könnte es unter Umständen sinnvoll sein, die Sesssion-Länge zu
verlängern.

Die Dauer der Session wird in Sekunden gemessen. Der Sessioncookie fängt also bei 1.800
Sekunden an zu zählen. Soll die Sessionlänge auf eine Stunde verlängert werden, muss
dem Cookie mitgeteilt werden, dass er erst bei 3.600 Sekunden anfangen soll, rückwärts zu
zählen. Dies geschieht über folgende Zusatzzeile innerhalb des GATC:

Listing 6.5 Session-Länge verändern

```
<script type="text/javascript">
var gaJsHost = (("https:" == document.location.protocol) ? "https://ssl."
: "http://www.");
document.write(unescape("%3Cscript src='" + gaJsHost + "google-
analytics.com/ga.js' type='text/javascript'%3E%3C/script%3E"));
</script>
<script type="text/javascript">
```

```
try {
var pageTracker = _gat._getTracker("UA-xxxxxx-x");
pageTracker._setSessionTimeout("3600");  //1 h in Sek.
pageTracker._trackPageview();
} catch(err) {}</script>
```

Insgesamt würde ich aber nicht empfehlen, die Sessionlänge zu verändern. Eine Vergleich-barkeit verschiedener Tools, auch mit Kennziffern aus dem Markt, wäre dann nicht mehr möglich und würde für mehr Fragen als Antworten sorgen.

6.8 Änderung der Conversion Timeout Länge

Der in Kapitel 3.3.4 beschriebene Kampagnencookie speichert die Quelldaten der User. Wenn ein User dann sein Ziel erreicht und konvertiert, wird die letzte Quelle der Conversion zugeordnet.

Angenommen, er erreicht über einen Werbebanner Ihre Seite, schaut sich um und verlässt Ihre Seite wieder. Fünf Monate später erinnert sich er sich an die Informationen auf Ihrer Website, gibt Ihre URL direkt ein und erfüllt eines Ihrer definierten Ziele (beispielsweise den Kauf eines Produktes). In diesem Fall wird die Conversion dem Werbebanner zuge-rechnet, obwohl der letzte Besuch des Users fünf Monate her ist. Der Kampagnencookie hat die Daten die ganze Zeit mit sich herumgetragen und ruft diese nun im entscheidenden Moment ab.

Sechs Monate sind eine lange Zeit. Innerhalb dieser sechs Monate kann ein Teil der User seine Cookies löschen, sich einen neuen Rechner zulegen oder einen neuen Browser instal-lieren. Der Kampagnencookie stünde in diesen Fällen nicht mehr zur Verfügung, und die Ursprungsinformationen wären verloren.

Daher kann die Laufzeit des Kampagnencookies in Google Analytics variiert werden. Die Default-Einstellung von sechs Monaten lässt sich individuell anpassen. In den meisten Fäl-len gibt es hierfür nicht viele Gründe, und ich empfehle, eine Änderung nur dann vorzu-nehmen, wenn es um die Anpassung an weitere, gleichzeitig benutzte Tools geht, mit dem Ziel, über vergleichbare Daten zu verfügen. In der Regel weichen diese aber auch aus vie-len anderen Gründen voneinander ab. Dazu später mehr.

Der Kampagnencookie zählt genau wie der Sessioncookie die Sekunden rückwärts, ehe er erlischt. Ein halbes Jahr besteht aus 15.768.000 Sekunden. Soll die Laufzeit des Kam-pagnencookies nun auf drei Monate reduziert werden, ergibt das 7.884.000 Sekunden. Dies wird Google Analytics in einer zusätzlichen Zeile innerhalb des GATC mitgeteilt:

Listing 6.6 Conversion Timeout verändern

```
<script type="text/javascript">
var gaJsHost = (("https:" == document.location.protocol) ? "https://ssl."
: "http://www.");
document.write(unescape("%3Cscript src='" + gaJsHost + "google-
analytics.com/ga.js' type='text/javascript'%3E%3C/script%3E"));
</script>
<script type="text/javascript">
```

```
try {
var pageTracker = _gat._getTracker("UA-xxxxxx-x");
pageTracker._setCookieTimeout("7884000"); //3 Monate in Sek
pageTracker._trackPageview();
} catch(err) {}</script>
```

6.9 E-Commerce-Transaktionen

Sollten Sie einen Online-Shop betreiben oder Waren in irgendeiner Form über das Internet verkaufen, lässt sich der Erfolg dieser Tätigkeit in Google Analytics sehr genau darstellen. Neben all den Daten, die über den GATC generiert werden, können auch E-Commerce-Daten in Google Analytics einfließen. Um sie zu messen, bedarf es eines zusätzlichen E-Commerce-Codes, der auf der Bestellbestätigungsseite eingebaut werden muss. Erst im Moment des Anzeigens der Bestellbestätigung oder einer Dankeschönseite ist der Kaufprozess abgeschlossen, und die Daten können erhoben werden.

Der E-Commerce-Code muss auf dieser Seite zusätzlich zum GATC eingebunden werden:

Listing 6.7 E-Commerce-Code

```
<script type="text/javascript">
var gaJsHost = (("https:" == document.location.protocol) ? "https://ssl."
: "http://www.");
document.write(unescape("%3Cscript src='" + gaJsHost + "google-
analytics.com/ga.js' type='text/javascript'%3E%3C/script%3E"));
</script>

<script type=„text/javascript">
try {
var pageTracker = _gat._getTracker(„UA-xxxxx-x");
pageTracker._trackPageview();
pageTracker._addTrans(
    „OrderID",
    „Affiliation",
    „Gesamtbetrag",
    „Steuern",
    „Versandkosten",
    „Stadt",
    „Bundesland/Region",
    „Land"
);

pageTracker._addItem(
    „OrderID",
    „Artikelposition/Produkt Code",
    „Produktname",
    „Produktkategorie",
    „Produkpreis",
    „Produktmenge"
);

pageTracker._trackTrans();
} catch(err) {}</script>
```

Im Prinzip besteht der E-Commerce-Code aus drei unterschiedlichen Teilen, die ordnungsgemäß an Google Analytics übergeben werden müssen:

- ▪ _addTrans();
- ▪ _addItem();
- ▪ _trackTrans();

Innerhalb der beiden ersten Befehle gibt es verschiedene Variablen, die die Transaktion bzw. den gekauften Gegenstand näher definieren. Sämtliche der hier aufgeführten Variablen können befüllt werden. Diese Daten werden nicht in der URL dargestellt, sondern sind im System des Online-Shop-Betreibers verfügbar. Ihre IT-Abteilung kann dafür sorgen, dass die nötigen Informationen aus Ihrem System in die entsprechenden Variablen innerhalb des Google-Analytics-E-Commerce-Codes geschrieben werden. Dies muss immer dann geschehen, wenn die Bestellbestätigungsseite aufgerufen und der Code ausgeführt wird.

6.9.1 _addTrans

Die einzelnen Felder und Variablen haben bestimme Funktionen. In der _addTrans_-Funktion wird die komplette Transaktion abgebildet. Eine Transaktion ist vergleichbar mit einem gefüllten Einkaufswagen, den Sie in der realen Welt von der Kasse des Supermarkts wegschieben. In diesem Moment haben Sie eine in sich abgeschlossene Transaktion durchgeführt. Natürlich könnten Sie erneut in den Supermarkt gehen, um die vergessenen Produkte zu kaufen, doch wäre dies eine neue – zusätzliche – Transaktion. Die Transaktion beinhaltet daher allgemeine transaktionsbezogene Daten:

- ▪ *OrderID*
  Pflichtfeld. Die OrderID beinhaltet eine interne Order-Nummer, die Sie vergeben müssen (diese OrderID muss mit der OrderID der _addItem Funktion identisch sein).
- ▪ *Affiliation*
  Optional. Diese optionale Variable kann den Namen eines Shoppartners oder Kooperationspartners beinhalten, sofern vorhanden. Wird eher selten benutzt.
- ▪ *Gesamtbetrag*
  Pflichtfeld. Der Gesamtbetrag beinhaltet die Summe aller gekauften Teile inkl. Steuern, Fracht- oder Versandkosten. Diese Summe entspricht dem Betrag, der auf Ihrem Bon steht.
- ▪ *Steuern*
  Optional. Anfallende Steuern der gesamten Bestellung.
- ▪ *Versandkosten*
  Optional. Anfallende Versandkosten der gesamten Bestellung.
- ▪ *Stadt*
  Optional. Stadt, mit der die Transaktion in Verbindung gebracht werden soll, beispielsweise der Lieferort oder der Bestellort.

- *Bundesland/Region*
  Optional. Bundesland oder Region, mit der die Bestellung in Verbindung gebracht werden soll.

- *Land*
  Optional. Land, mit dem die Transaktion in Verbindung gebracht werden soll.

6.9.2   _addItem

Die *_addItem*-Funktion gehört eng zur *_addTrans*-Funktion. Wann immer ein User verschiedene Produkte kauft, werden weitere *_addItem*-Funktionen hinzugefügt, die über die gemeinsame OrderID zu einer Transaktion gezählt werden. Die *_addItems* können nur über die Artikelpositions-Variable (auch SKU genannt: Stock Keeping Unit) unterschieden werden, die daher ein Pflichtfeld ist. Zudem können weitere Variablen optional ausgefüllt werden, um später weitere nützliche Informationen in den Google Analytics-Berichten abrufen zu können.

Google Analytics führt für die E-Commerce-Berichte keinerlei Berechnungen aus, d.h., verschiedene Währungen oder dergleichen können über eine Änderung des Codes nicht abgebildet bzw. umgerechnet werden. Es wird lediglich die in die entsprechende Variable eingespielte Zahl übernommen. Mögliche Umrechnungen müssen vorher und außerhalb von Google Analytics stattfinden. Sämtliche Zahlen müssen ohne Währungssymbole und mit einem Punkt als Dezimalstellenseparator dargestellt werden (also 1998.87 statt €1.998,87).

- *OrderID*
  Pflichtfeld. Diese interne OrderID-Nummer muss mit der Transaktions-OrderID-Nummer übereinstimmen.

- *Artikelposition*
  Pflichtfeld. Sofern mehr als ein Artikel bestellt werden kann, ist dieses Feld ein Pflichtfeld und enthält einen produktspezifischen Code.

- *Produktname*
  Optional. Name des Produktes oder Beschreibung des Artikels.

- *Produktkategorie*
  Optional. Kategorie des Produktes.

- *Produktpreis*
  Pflichtfeld. Einzelpreis des Produktes.

- *Produktmenge*
  Pflichtfeld. Geordnete Menge dieses Produktes.

6.9.3 _trackTrans

Diese Funktion sendet die Transaktions- und die Item-Daten an die Google Analytics Server. TrackTrans sollte nur in Verbindung mit _addTrans und _addItem ausgeführt werden und folgt als letzte Aktion des E-Commerce-Codes, nachdem die _addTrans- und _addItem-Daten gesammelt wurden.

Hier das Beispiel eines E-Commerce-Codes bei der Bestellung zweier Bücher und einer CD. Es werden keine Versandkosten und keine Affiliation-Informationen erhoben:

Listing 6.8 E-Commerce Beispiel-Code

```
<script type="text/javascript">
var gaJsHost = (("https:" == document.location.protocol) ? "https://ssl."
: "http://www.");
document.write(unescape("%3Cscript src='" + gaJsHost + "google-
analytics.com/ga.js' type='text/javascript'%3E%3C/script%3E"));
</script>

<script type=„text/javascript">
try {
var pageTracker = _gat._getTracker(„UA-xxxxx-x");
pageTracker._trackPageview();
pageTracker._addTrans(
    „12345",
    „ ",
    „100.00",
    „7.00",
    „ ",
    „Hamburg",
    „Hamburg",
    „Deutschland");

pageTracker._addItem(
    „12345",
    „abc987",
    „Google Analytics",
    „Buch",
    „34.90",
    „2");
 pageTracker._addItem(
    „12345",
    „xyz567",
    „1000 tolle Hits",
    „CD",
    „20.00",
    „1");
pageTracker._trackTrans();
} catch(err) {}</script>
```

Bei der Nutzung der E-Commerce-Funktion können Probleme entstehen:

■ Der Bestellprozess inkl. der Bestellbestätigungsseite befindet sich auf einer anderen Domain oder bei einem externen Dienstleister.

In diesem Fall muss der Code auf der Dankeschönseite des Dienstleisters eingebaut werden. Gibt es keine Möglichkeit, auf den Quellcode der Bestellbestätigungsseite zuzugreifen, können auch keine E-Commerce-Daten erhoben werden.

- Die Google Analytics Cookies müssen per _link- oder per _linkByPost-Funktion von der einen auf die andere Domain übergeben und die Links entsprechend geändert werden (siehe Kapitel 6.4).

- Fehlende Transaktionen in den Google Analytics Berichten

Google Analytics filtert doppelte Transaktionen automatisch heraus (beispielsweise durch einen Reload der Bestellbestätigungsseite).

Der GATC wurde nicht komplett ausgeführt – die Daten können dann nicht erhoben werden.

Retouren und ähnliche unternehmensspezifische Konstellationen kann Google Analytics nicht berücksichtigen.

6.10 Segmentierung von Besuchern

Durch den Wiedererkennungscookie (_utma_ – siehe Kapitel 3.3.1) können User als wiederkehrende Besucher erkannt und dargestellt werden. Ist kein solcher Cookie auf dem Rechner des Users vorhanden, muss es sich um einen neuen Besucher handeln. Dies ist bereits die erste User-Segmentierung, die Google Analytics automatisiert erhebt und darstellt (mehr dazu in Kapitel 10.4 (Neu- und wiederkehrend)).

Google Analytics bietet eine weitere Möglichkeit, User zu segmentieren, indem Letztere individuell mit dem Segmentierungscookie ausgestattet werden (siehe Kapitel 3.3.3 (Cookies – Segmentierungscookie)). Angenommen, auf Ihrer Website kann man sich anmelden, um in einem Forum aktiv zu werden. Sie wollen also wissen, wie viele User angemeldet und somit aktive User sind, im Vergleich zu jenen, die sich (bisher) nicht angemeldet haben und die vorhandenen Informationen passiv konsumieren. Hierfür können Sie den Usern auf der Anmeldebestätigungsseite einen Cookie übergeben, der sie von nun an als angemeldete User identifiziert. Dies geschieht durch eine zusätzliche Zeile innerhalb des GATC:

Listing 6.9 User-Segmentierung via Cookie

```
<script type="text/javascript">
var gaJsHost = (("https:" == document.location.protocol) ? "https://ssl."
: "http://www.");
document.write(unescape("%3Cscript src='" + gaJsHost + "google-
analytics.com/ga.js' type='text/javascript'%3E%3C/script%3E"));
</script>
<script type="text/javascript">
try {
var pageTracker = _gat._getTracker("UA-xxxxxx-x");
pageTracker._trackPageview();
pageTracker._setVar("angemeldeter_User");
} catch(err) {}</script>
```

Sie können den Namen der gekennzeichneten User individuell anpassen, indem Sie ihn in die Klammer eintragen. Von diesem Moment an werden User beispielsweise als angemeldet erkannt. In den Google-Analytics-Berichten können Sie diese dann getrennt von den anderen Usern analysieren, über welche Quellen diese User kommen, etc. Mehr dazu in Kapitel 10.10 (Benutzerdefiniert).

Ein weiteres Beispiel wäre ein Auswahlfeld bei der Anmeldung beispielsweise nach Berufsgruppen. Je nach Auswahl kann der User entsprechend gekennzeichnet und im weiteren Verlauf sowie bei späteren Besuchen als einer Berufsgruppe zugehörig wiedererkannt werden. Hierüber lassen sich dann detaillierte Analysen und User-Klassifizierungen durchführen.

6.11 Tracking in verschiedene Google-Analytics-Konten

Für einige Unternehmen kann es sinnvoll sein, verschiedene Google-Analytics-Konten zu betreiben. Angenommen, Sie arbeiten für ein international tätiges Unternehmen und betreiben Websites in zwölf Ländern auf unterschiedlichen Domains. Zudem verwalten Sie in jedem Land eigene Google-AdWords-Konten, um die Domains zu bewerben. Sie wünschen nun sowohl ein Tracking der einzelnen Länder als auch einen Gesamtüberblick über den gesamten Traffic auf allen Domains auf der ganzen Welt.

Wie in Kapitel 5 (Anmelden) bereits erklärt wurde, ist eine 1:1-Kombination aus Google-AdWords- und Google-Analytics-Konto zu empfehlen, doch führen Sie nun ein Konto pro Land – also zwölf Google AdWords und Google-Analytics-Konten. Zusätzlich haben Sie ein Analytics-Konto für die internationale Perspektive eröffnet. Jedes dieser Google-Analytics-Konten hat individuelle IDs (die UA-Nummern innerhalb des GATC). Aufgrund der Anforderungen wollen Sie nun zwei unterschiedliche GATCs mit zwei unterschiedlichen UA-Nummern auf Ihren Seiten einbauen (ein Länder-Konto und ein Welt-Konto).

Der Einbau zweier einzelner Codes ist nicht zu empfehlen. Zum einen wird der Ladeprozess der Seite dadurch verlangsamt (zwei Aufrufe zu den Google Servern), und zum anderen lässt sich eine korrekte Darstellung der Daten in dieser Form nicht garantieren.

Für den Fall, dass die auf der Website über den Code erhobenen Zahlen in mehr als ein Google-Analytics-Account fließen sollen, kann eine Anpassung am GATC vorgenommen werden:

Listing 6.10 Tracking in verschiedene Google-Analytics-Konten

```
<script type="text/javascript">
var gaJsHost = (("https:" == document.location.protocol) ? "https://ssl."
: "http://www.");
document.write(unescape("%3Cscript src='" + gaJsHost + "google-
analytics.com/ga.js' type='text/javascript'%3E%3C/script%3E"));
</script>
<script type="text/javascript">
try {
var firstTracker = _gat._getTracker("UA-xxxxxxx-x");
firstTracker._trackPageview();
var secondTracker = _gat._getTracker("UA-yyyyyyy-y");
secondTracker._trackPageview();
} catch(err) {}</script>
```

Fügen Sie hier einfach Ihre individuellen Google-Analytics-UA-Nummern ein – dann fließen in beide Konten die gleichen Daten. Ist nun beispielsweise die UA-Nummer des secondTracker die Google Analytics KontoID Ihres internationalen Accounts, wird dieser Teil auf jeder Seite jeden Landes eingebaut, während der erste Teil des Codes (firstTracker) länderspezifisch unterschiedlich ist und verschiedene UA-Nummern enthält.

Wollen Sie die Daten in mehr als zwei Google-Analytics-Konten fließen lassen, erweitern Sie den GATC lediglich um weitere Tracker-Funktionen (thirdTracker, fourthTracker etc.) und ändern jeweils die individuelle UA-Nummer.

6.12 Datenmengen beeinflussen

Google Analytics ist in der Lage, sehr große Datenmengen zu verarbeiten und in den unterschiedlichen Berichten darzustellen. Je größer die erhobenen Datenmengen, desto länger kann es unter Umständen dauern, bis sich die Berichte geladen haben, aber auch, bis die Daten in den Berichten zur Verfügung stehen.

Im Normalfall werden die über den GATC erhobenen Daten in deutlich weniger als einer Stunde aktualisiert und dargestellt. Sollte Ihre Site jedoch monatlich mehrere Hundertmillionen oder gar Milliarden von Seitenaufrufen generieren kann die Aufbereitung mitunter etwas mehr Zeit in Anspruch nehmen.

Um schneller an die Daten zu gelangen, ist es unter Umständen sinnvoll, die erhobene Datenmenge von vornherein zu beeinflussen. Wenn Sie also nicht 100% Ihres Traffics messen, sondern nur 80% oder 70%, werden die Daten entsprechend schneller dargestellt. Die Berichte in Google Analytics sind nach wie vor nutz- und interpretierbar, weil zwar 20% oder 30% des Traffics nicht erhoben werden, doch handelt es sich um einzigartige Besucher (Unique Users), d.h., ist ein User dieser Siebung zum Opfer gefallen, wird er auch beim nächsten Besuch von Google Analytics ignoriert. Auf diese Weise behalten die Berichte ihre Aussagekraft, und Trends lassen sich nach wie vor aussagekräftig analysieren.

Die Beeinflussung der Datenmenge erfolgt über eine zusätzliche Zeile innerhalb des GATC (hier werden 70% der Besucher gezählt):

Listing 6.11 Datenmengen beeinflussen

```
<script type="text/javascript">
var gaJsHost = (("https:" == document.location.protocol) ? "https://ssl."
: "http://www.");
document.write(unescape("%3Cscript src='" + gaJsHost + "google-
analytics.com/ga.js' type='text/javascript'%3E%3C/script%3E"));
</script>
<script type="text/javascript">
try {
var pageTracker = _gat._getTracker("UA-xxxxxx-x");
pageTracker._setSampleRate(70);
pageTracker._trackPageview();
} catch(err) {}</script>
```

6.13   Keywords bzw. Referrer ignorieren

Verfügt Ihr Unternehmen über einen starken Markennamen, ist die Chance sehr groß, dass viele User Ihre Seite besuchen, nachdem sie in einer Suchmaschine den Markennamen eingegeben haben. Dies ist grundsätzlich nichts Schlechtes, kann aber mitunter die Analyse der Suchbegriffe erschweren, weil Sie vielleicht eher an der Analyse all jener Begriffe interessiert sind, die nichts mit Ihrem Markennamen zu tun haben. So können Sie sehen, mit welchen Produkten oder Dienstleistungen Ihr Unternehmen in Verbindung gebracht wird.

Viele User sehen die Google-Suche mittlerweile als Synonym für das Internet. Weniger erfahrene Internetuser geben daher (deutlich öfter als man denkt) die vollständige URL in den Google-Suchschlitz ein, um auf dem Umweg der Suchergebnisse die entsprechende Seite anzunavigieren (statt die URL direkt in die Adresszeile des Browsers einzugeben). Würde man die Besucher einer Website gruppieren, fielen diese User sicher eher in die Gruppe derjenigen, die die URL direkt eingegeben haben, als beispielsweise in die Gruppe der neuen Besucher. Schließlich waren sowohl Ihr Markenname als auch die komplette URL dem User bereits bekannt. Würde es keinen Sinn ergeben, diese Usergruppe auch als Direktzugriff auf Ihre Seite zu bewerten, statt als Zugriff über Suchmaschinen?

Per Default zeigt Google Analytics jedes Keyword an, das Besucher über die voreingestellten oder von Ihnen angepassten (Kapitel 6.5) Suchmaschinen auf Ihre Seiten brachte (Kapitel 11.5). Durch eine Änderung des GATC auf jeder Seite können Sie Google Analytics mitteilen, welche markenbezogenen Keywords nicht als organischer Traffic gezählt werden sollen, stattdessen aber als direkte Eingabe Ihrer URL:

Listing 6.12 Keywords als direkte Eingabe

```
<script type="text/javascript">
var gaJsHost = (("https:" == document.location.protocol) ? "https://ssl."
: "http://www.");
document.write(unescape("%3Cscript src='" + gaJsHost + "google-
analytics.com/ga.js' type='text/javascript'%3E%3C/script%3E"));
</script>
<script type="text/javascript">
try {
var pageTracker = _gat._getTracker("UA-xxxxxx-x");
pageTracker._addIgnoredOrganic("www.domain.de");
pageTracker._trackPageview();
} catch(err) {}</script>
```

Nach einem ähnlichen Prinzip verfügt Ihr Unternehmen eventuell über weitere Domains, die nicht per 301-Redirect auf Ihre Hauptdomain geleitet werden, sondern über eigene Inhalte verfügen und separat stehen – dennoch aber mit dem Ziel, User auf Ihre Hauptdomain zu leiten.

Diese firmeneigenen Domains, die aber nicht als Hauptdomain zu betrachten sind, werden in den Google-Analytics-Berichten als Referrer dargestellt. Unter Umständen wollen Sie die Sites aber nicht als Referrer betrachten, sondern als direkte Zugriffe auf Ihre Hauptdomain. In diesem Fall bedarf es ebenfalls einer Änderung innerhalb des GATC. Die URLs die Sie als Direktzugriffe betrachten wollen, müssen Analytics mitgeteilt werden:

Listing 6.13 Referrer als direkte Eingabe

```
<script type="text/javascript">
var gaJsHost = (("https:" == document.location.protocol) ? "https://ssl."
: "http://www.");
document.write(unescape("%3Cscript src='" + gaJsHost + "google-
analytics.com/ga.js' type='text/javascript'%3E%3C/script%3E"));
</script>
<script type="text/javascript">
try {
var pageTracker = _gat._getTracker("UA-xxxxxx-x");
pageTracker._addIgnoredRef("www.nebendomain.de");
pageTracker._trackPageview();
} catch(err) {}</script>
```

6.14 Cookies einem Subdirectory zuordnen

Sämtliche von Google Analytics gesetzten 1st Party Cookies (was ein kleiner Widerspruch ist – natürlich werden die Cookies von Ihrer Seite gesetzt, sonst wären es keine 1st party Cookies; mehr dazu in Kap.3.3 – Cookies) beziehen sich auf Ihre komplette Domain, d.h., sämtliche Seiten und URLs, die dieser einen Domain angehören, sind in der Lage, die Cookies auszulesen. Technisch gesehen bedeutet dies, dass die Cookies dem Root-Level zugeordnet sind, was aus meiner Sicht für über 90% aller Web-Analytics-Aktivitäten die perfekte Lösung ist.

Es gibt jedoch einige Fälle, in denen die oben genannte Lösung nicht ausreichend ist. Angenommen, Sie teilen eine Domain mit mehreren Leuten. Die Domain ist dann zwar immer identisch, doch ändern sich die URIs. Einige Blogger-Services bieten die folgende Methode an: Mehrere User nutzen die gleiche Domain – sie unterscheiden sich lediglich durch unterschiedliche Sub-Directories – also die URIs. Wenn Sie nun Google Analytics einsetzen wollen, können Sie die Gültigkeit der Cookies auf bestimmte URIs beschränken. Sofern ein User dann Ihre vorgegebenen URIs verlässt wird er aus Google-Analytics-Sicht so wahrgenommen, als verlasse er die ganze Seite (auch wenn er sich möglicherweise noch auf der gleichen Domain aufhält).

Diese Zuordnung lässt sich ändern, indem der beabsichtigte Pfad in den GATC eingetragen wird:

Listing 6.14 Cookies einer Subdomain zuordnen

```
<script type="text/javascript">
var gaJsHost = (("https:" == document.location.protocol) ? "https://ssl."
: "http://www.");
document.write(unescape("%3Cscript src='" + gaJsHost + "google-
analytics.com/ga.js' type='text/javascript'%3E%3C/script%3E"));
</script>
<script type="text/javascript">
try {
var pageTracker = _gat._getTracker("UA-xxxxxx-x");
pageTracker._setCookiePath("/pfad/des/cookies/");
pageTracker._trackPageview();
} catch(err) {}</script>
```

6.15   Änderungen von Kampagneneinstellungen

Wie in Kapitel 2 beschrieben, ist es sinnvoll, sämtliche Online-Marketing-Aktivitäten in Google Analytics einfließen zu lassen, um eine Vergleichbarkeit der unterschiedlichen Kanäle herzustellen und deren Erfolge darzustellen.

Für die Kennzeichnung von Kampagnen gibt es folgende Parameter:

- utm_source
- utm_medium
- utm_content
- utm_term
- utm_campaign

Nun kann es sein, dass Sie Ihre Kampagnen bereits mit Kennzeichnungen versehen haben. Vielleicht weil Sie parallel zu Google Analytics ein anderes Web Analytics Tool verwenden oder Ihre Agentur so umsichtig war, sämtliche Kampagnen bereits mit Parametern auszustatten. Ist dies der Fall, können Sie die bereits in Verwendung befindlichen Parameter auch für Google Analytics nutzen und umgehen damit den Aufwand, sämtliche Kennzeichnungen ändern zu müssen.

Je nachdem, welche Parameter Sie bereits verwenden, gibt es folgende Anpassungsmöglichkeiten innerhalb des GATC. Angenommen, Sie haben eine Keyword-Kampagne bei Yahoo! platziert und verwenden für das gebuchte Keyword „Beispiel" folgende Ziel-URL:

http://www.beispiel.de/index.html?quelle=yahoo&methode=cpc&kampagne= wsv&beschreibung=billige+beispiele&suchbegriff=beispiel

Die hier verwendeten Variablen quelle, methode, kampagne und beschreibung sind Google Analytics natürlich per Default nicht bekannt. Daher können die hier übergebenen Daten auch nicht den richtigen Berichten zugeordnet werden. Dennoch entsprechen diese Parameter in etwa denen von Google Analytics, d.h. Google Analytics muss mitgeteilt werden, welche Variablen welchen Google Analytics-Variablen entsprechen. Für das obige Beispiel sähe der GATC für sämtliche Zielseiten der Kampagne folgendermaßen aus:

Listing 6.15 Änderungen der Kampagneneinstellungen

```
<script type="text/javascript">
var gaJsHost = (("https:" == document.location.protocol) ? "https://ssl." : "http://www.");
document.write(unescape("%3Cscript src='" + gaJsHost + "google-analytics.com/ga.js'
type='text/javascript'%3E%3C/script%3E"));
</script>
<script type="text/javascript">
try {
var pageTracker = _gat._getTracker("UA-xxxxxx-x");
pageTracker._setCampNameKey("kampagne");
pageTracker._setCampMediumKey("methode"); pageTracker._setCampSourceKey("quelle");
pageTracker._setCampTermKey("suchbegriff"); pageTracker._setCampContentKey("beschreibung");
pageTracker._trackPageview();
} catch(err) {}</script>
```

Mit dieser Anpassung können die Kampagnen den entsprechenden Berichten zugeordnet werden, ohne die Google-Analytics-spezifischen Variablen benutzen zu müssen. Auch eine Segmentierung über die Dimension (Kapitel 8.11) ist mit dieser Methode möglich.

Das Prinzip funktioniert im Grunde ähnlich, wie wenn Sie eine neue Sprache lernen. Die Gegenstände sind die gleichen, nur tragen sie unterschiedliche Namen – „Apfel" und „Apple" beschreiben im Wesentlichen eine bestimmte Obstsorte. Kannten Sie das Wort „Apple" bisher nicht, prägen Sie sich die Übersetzung für Apfel (also das Wort „Apple") ein. Genauso macht es Google Analytics. Bisher ist beispielsweise nur die Variable „utm_source" (vergleichbar mit „Apfel") bekannt. Die Variable „quelle" beschreibt aber exakt den gleichen Gegenstand (vergleichbar mit „Apple"). Durch den obigen Befehl prägt sich Google Analytics ein, dass „utm_source" und „quelle" als identisch zu betrachten sind und die gleiche Information transportieren.

6.16 Kampagnentagging

Eine der wichtigsten Voraussetzungen für eine umfassende Web-Analyse ist die Betrachtung unterschiedlicher Online-Marketing-Maßnahmen. Vielerlei Kampagnen können auf unterschiedlichen Wegen platziert werden. Während sich der SEO-Traffic noch automatisch erheben lässt, bedarf es schon bei der Messung von Google AdWords-Anzeigen einer geringfügigen Änderung in den Einstellungen (siehe Kapitel 5.1.3).

Ein klein wenig mehr Aufwand erfordert die korrekte Zuordnung und Zuteilung von über andere bezahlte Kampagnen außerhalb Googles kommenden Besuchern. Beispielsweise andere SEM-Kampagnen bei Yahoo! oder MSN, Banner-Kampagnen auf bestimmten Portalen oder über Vermarkter, Affiliate- oder Newsletter-Kampagnen. Dieser gesamte Traffic kann und sollte in die entsprechenden Berichte von Google Analytics einfließen. Google Analytics weiß allerdings nicht automatisch, über welche bezahlte Quelle der entsprechende Besucher gekommen ist. Daher muss dies in verschiedenen Variablen mitgeteilt werden. Google Analytics hat dafür fünf Variablen vorgesehen:

- utm_source
- utm_medium
- utm_content
- utm_campaign
- utm_term

Diese Variablen kennzeichnen unterschiedliche Parameter, die in die verschiedenen Google-Analytics-Berichte einfließen. Damit dies geschieht, müssen die Variablen der zur Zielseite des Werbemittels führenden URL angehängt werden. Wenn ein User dann auf ein Werbemittel klickt und auf der entsprechenden Zielseite landet, erscheinen dort die vergebenen Parameter in der URL. Der auf der Zielseite eingebaute Google Analytics Tracking Code erkennt in der URL die für ihn bestimmten Parameter, liest diese aus und schreibt sie in den dafür vorgesehenen Kampagnencookie (_utmz). Auf diese Weise können die nun entstehenden Daten den entsprechenden unterschiedlichen Berichten zugeordnet werden.

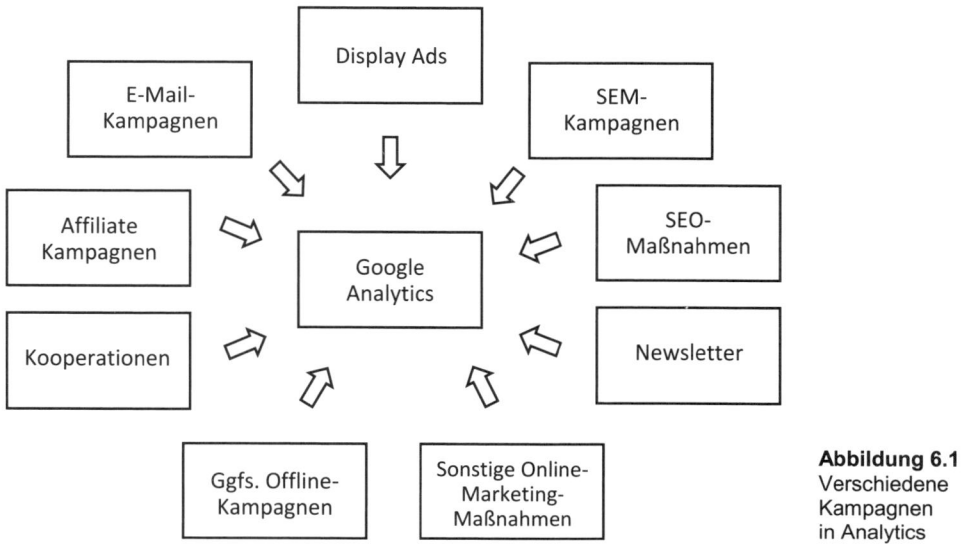

Abbildung 6.1
Verschiedene
Kampagnen
in Analytics

6.16.1 utm_source

Beschreibt die Kampagnenquelle. Dies kann ein Portal sein, auf dem ein Werbebanner platziert wurde, oder ein Online-Vermarkter, der diverse Werbemittel auf vielen unterschiedlichen Websites ausliefert. Andernfalls kann die Quelle auch eine andere Suchmaschine sein, auf der eine SEM-Kampagne läuft, oder ein Newsletter, der regelmäßig oder unregelmäßig verschickt wird. Diese Daten tauchen später im Bericht Zugriffsquellen -> Alle Zugriffsquellen (siehe Kapitel 11.6) wieder auf. Zudem ist die Quelle eine Auswahlmöglichkeit in der Dimensionierung (siehe Kapitel 8.11) und kann ebenfalls in den benutzerdefinierten Berichten (siehe Kapitel 15) und den erweiterten Segmenten (siehe Kapitel 16) ausgewählt werden.

Angenommen, Sie platzieren ein Werbemittel (beispielsweise einen 160x600 Pixel Skyscraper) auf einem Portal X. Dann wäre die entsprechende Kennzeichnung:

utm_source=portalx

utm_source ist ein Pflichtfeld und muss daher mit einem Wert versehen sein.

6.16.2 utm_medium

Kennzeichnet das Medium, über das die Kampagne oder das Werbemittel ausgeliefert wird. Dies kann beispielsweise cpc für eine bezahlte Klick-Kampagne auf Yahoo! sein, Banner für ein grafisches Werbemittel oder E-Mail für eine Newsletterkampagne. Die Variable Medium taucht im Bericht Zugriffsquellen -> Alle Zugriffsquellen ebenfalls auf. Außerdem ist es in der Dimensionierung, den benutzerdefinierten Berichten und in der erweiterten Segmentierung zu finden.

Um beim obigen Beispiel mit dem Skyscraper auf dem Portal zu bleiben, hieße die Benennung in diesem Falle:

utm_medium=banner

utm_medium ist ein Pflichtfeld – daher muss hier ein Wert eingetragen sein.

Praxistipp:
Die Kennzeichnung der Variablen bedarf einer vorherigen Planung und exakten Durchführung. Google Analytics unterscheidet nach Groß- und Kleinschreibung. Angenommen, Sie benennen die Variable utm_medium einmal cpc (cost-per-click), einmal CPC und einmal ppc (pay-per-click), dann tauchen diese Kennzeichnungen als drei unterschiedliche Einträge in den Google-Analytics-Berichten auf.

Eine Unterscheidung kann allerdings auch gewollt sein, um beispielsweise Klick-Kampagnen von Suchmaschinen von Klick-Kampagnen im Display-Ad-Bereich zu unterscheiden. Wählen Sie für diesen Ansatz cpc für die Suchmaschinen und ppc für die grafischen Werbemittel.

6.16.3 utm_content

Beschreibt die im Bericht „Anzeigenversion" zu findende Variable. Sie unterscheidet diverse Varianten eines Werbemittels oder einer Anzeige, die zur gleichen URL führen. Angenommen, Sie verfügen über zwei unterschiedliche Skyscraper – einen in Blau, einen in Grün und wissen nun vorab nicht, welches dieser beiden Werbemittel die qualitativ hochwertigeren Besucher bringt. Durch eine Unterscheidung in der dem Banner hinterlegten URL mithilfe von *utm_content*-Variablen lässt sich dies leicht herausfinden.

Ein anderes Beispiel ist die Unterscheidung beim Versand von Newslettern. Oft hat der Empfänger bei der Anmeldung für den Newsletter die Wahl zwischen einem HTML- und einem Text-Newsletter. Um die beiden Varianten unterscheiden zu können, wird die *utm_content*-Variable genutzt.

Für das Beispiel mit dem Skyscraper in Blau sähe der Parameter folgendermaßen aus:

utm_content=blau

Sie finden diesen Wert im Bericht Zugriffsquellen -> Anzeigenversionen, in der Dimensionierung unter „Anzeigeninhalt", in den benutzerdefinierten Berichten und den erweiterten Segmenten. *Utm_content* ist kein Pflichtfeld und somit optional belegbar.

Im Grunde genommen können Sie mit dieser Variable klassische A/B-Tests durchführen, indem Sie unterschiedliche Werbemittel gegeneinander testen, um hinterher zu analysieren, welche Version die erfolgreichsten User geliefert hat.

Praxistipp:
Sie können den utm_content-Parameter auch nutzen, um grafische Werbemittel näher zu spezifizieren und somit unterscheidbarer zu machen. Angenommen, Sie platzieren einen Superbanner, einen Wide-Skyscraper und ein Medium Rectangle auf unterschiedlichen Portalen. Durch entsprechende Übertragung der Benennung auf die Zielseite sich lässt hinterher sagen, welches Werbemittel den größten Erfolg hatte.

6.16.4 utm_campaign

Jede Kampagne trägt einen Namen. Dieser Name kann über den Parameter *utm_campaign* mitgegeben werden und erscheint in den Google-Analytics-Bericht-Kampagnen. Zusätzlich ist auch dieser Wert für die Dimensionierung, die benutzerdefinierten Berichte und die erweiterte Segmentierung nutzbar.

Der Skyscraper aus dem Beispiel ist Teil der Kampagne Sommerschlussverkauf 2009 (ssv09). Um diesen Namen im Parameter zu übergeben, muss er wie folgt ergänzt werden:

utm_campaign=ssv09

6.16.5 utm_term

Als letzter der fünf Parameter bleibt *utm_term*. Dieser Wert wird nur für eine bezahlte Suchmaschinen-Kampagne genutzt, da jeder Suchbegriff zwar die gleiche Ziel-URL haben kann, für eine umfangreiche Erfolgsanalyse jedoch die einzelnen Suchbegriffe differenziert werden – dafür ist dieser Parameter zuständig. Angenommen, Sie platzieren eine Suchmaschinen-Kampagne bei der Suchmaschine Yahoo! mit dem Wort „Hausschuhe". Der entsprechende Parameter für Google Analytics fiele folgendermaßen aus:

utm_term=hausschuhe

In Google Analytics taucht dieser Wert im Bericht Zugriffsquellen -> Keywords auf – bei korrekter Kennzeichnung ist er dort unter „bezahlt" zu finden (im Zusammenspiel mit utm_medium=cpc). Außerdem können Sie diesen Wert in der Dimensionierung, den benutzerdefinierten Berichten und den erweiterten Segmenten nutzen. Dieser Parameter ist deswegen kein Pflichtfeld, weil man ihn nur bei Suchmaschinen-Kampagnen benötigt. Bei einer Display-Ad-Kampagne kann er einfach weggelassen werden.

Ein vollständiger Kampagnenlink für den Skyscraper aus obigen Beispielen sähe dann folgendermaßen aus:

www.beispiel.de/zielseite?utm_source=portal&utm_medium=skyscraper&utm_content =blau&utm_campaign=ssv09

Praxistipp:
Google stellt für die Erstellung dieser Links ein Tool zur Verfügung, in dem Sie lediglich die leeren Felder ausfüllen müssen. Der Link wird dann automatisch erstellt. Sie können ihn dann herauskopieren und dem Werbemittel oder der Anzeige hinterlegen:

http://www.google.com/support/analytics/bin/answer.py?hl=en&answer=55578

Praxistipp:
Google indiziert für die Erstellung der Suchergebnisseiten sämtliche verfügbaren URLs, die die Google-Bots ausfindig machten. Um ein gutes Ranking innerhalb dieser Suchergebnisse zu erzielen, ist ein gutes SEO (siehe Kapitel 2.2.1) erforderlich. Was Google für eine gute Positionierung nicht mag, ist Duplicate Content – doppelte Inhalte also, die dann vorliegen, wenn die exakt oder nahezu gleichen Inhalte über verschiedene URLs abgerufen werden können.

Sämtliche vollständigen URLs werden von Google in den Index aufgenommen (sofern der Google-Bot nicht innerhalb des Quelltextes aufgefordert wird, den entsprechenden Inhalt nicht zu indizieren). Vollständige URLs enthalten auch das Fragezeichen-Symbol. Was für ein Kampagnen-Tagging bedeutet, dass diese URL

*www.beispiel.de/zielseite?utm_source=portal&utm_medium=**skyscraper**&utm_content= blau&utm_campaign=ssv09*

den gleichen Inhalt bietet wie

*www.beispiel.de/zielseite?utm_source=portal&utm_medium=**rectangle**&utm_content= blau&utm_campaign=ssv09*

oder

*www.beispiel.de/zielseite?utm_source=portal&utm_medium=**banner**&utm_content=blau &utm_campaign=ssv09*

Dennoch gibt es (mindestens) drei unterschiedliche URLs, die auf denselben Inhalt verweisen. Google könnte also auf die Idee kommen und dies als doppelten Inhalt betrachten. Zwar ist davon auszugehen, dass die Firma ihre eigenen Google-Analytics-Parameter erkennt und dies keinen negativen Einfluss auf das Ranking haben sollte. Um auf Nummer sicher zu gehen, kann man allerdings einen Trick anwenden:

Zwar nimmt der Google-Bot die vollständige URL auf, inklusive der Parameter und Variablen nach einem Fragezeichen in der URL, nicht jedoch Parameter nach einem Gittersymbol (#). Daher kann alternativ zum Fragezeichen das Gittersymbol für das Kampagnentagging genutzt werden. Ein Link aus obigem Beispiel sähe folgendermaßen aus:

www.beispiel.de/zielseite#utm_source=portal&utm_medium=skyscraper&utm_content= blau&utm_campaign=ssv09

Diese Änderung reicht aber noch nicht aus, um Kampagnen vernünftig zu messen. Denn wie in Kapitel 6.18 (Erlauben des Gittersymbols (#) als Kampagnenseparator) muss hierfür eine zusätzliche Zeile in den Google Analytics Tracking Code eingefügt werden:

pageTracker._setAllowAnchor(true);

In diesem Fall kann Google Analytics zwar die übergebenen Parameter als Kampagnenparameter erkennen und nutzen, die Google-Bots der Suchmaschine sind dazu allerdings nicht in der Lage. Damit wird die Gefahr des doppelten Inhaltes ausgeschaltet.

6.17   Kampagnenattribuierung

Per Default wird eine Conversion in Google Analytics der letzten Quelle zugeordnet, über die Kampagnenvariablen übergeben wurden. Angenommen, ein User kommt über eine mit entsprechenden Kampagnenparametern ausgestattete Bannerkampagne auf Ihre Seite. Die entsprechenden Quellendaten werden dann in seinem Kampagnencookie (Kapitel 3.3) festgehalten. Einige Zeit später kommt derselbe User über ein von Ihnen gebuchtes Keyword (und eine damit verbundene, mit entsprechenden Kampagnenparametern versehene URL) über Yahoo! auf Ihre Seite. Diesmal erfüllt er das von Ihnen gewünschte Ziel und kauft eines Ihrer angebotenen Produkte. Welche Quelle bekommt nun den Erfolg zugewiesen? Der Banner oder Yahoo!? Im Normalfall Yahoo!, weil dies die letzte Quelle war, bevor der User konvertiert hat. Die vorige Quelle – die im Kampagnencookie enthaltenen Informationen – wurde mit der neuen Quelle Yahoo! überschrieben und durch sie ersetzt.

Dieses Überschreiben ist nicht unüblich und wird bei vielen Web Analytics Tools in ähnlicher Form angewendet. Doch stellt sich folgende Frage: Ist diese Zuordnung immer korrekt bzw. erwünscht? Oder gibt es Situationen, in denen vielleicht doch die erste Quelle (in obigem Beispiel der Banner) interessanter ist?

Angenommen, Sie haben nicht nur alle Ihre externen Kampagnen und Online-Marketing-Maßnahmen mit den entsprechenden Parametern versehen, sondern auch die internen. Beispielsweise verfügen Sie über ein Netzwerk aus mehreren Websites, die sich gegenseitig mit Bannern bewerben. Diese internen Kampagnen haben Sie möglicherweise ebenso wie die externen mit entsprechenden Parametern versehen. Der Grund könnte sein, dass Sie in den Google Analytics-Berichten User, die über die Websites des eigenen Netzwerks kamen, nicht in den Referrer-Berichten, sondern ebenso wie die über externe Kampagnen auf Ihrer Seite gelandeten User in den Kampagnen-Berichten sehen wollen.

Weil diese internen Kampagnen unter Umständen nicht kostenpflichtig sind, möchten Sie nicht, dass ihnen Conversions zugeordnet werden, wenn die User ursprünglich über externe, also bezahlte Kampagnen kamen. Im Normalfall würden die Kampagnenparameter der internen Kampagnen die Kampagnenparameter der externen Kampagnen überschreiben, wenn der User zunächst über eine externe Kampagne kam, dann aber über eine interne Kampagne das Ziel erfüllt hat. In diesem Fall können die internen Kampagnen entsprechend gekennzeichnet und Google Analytics damit mitgeteilt werden, dass bestimmte Kampagnenparameter die in den Kampagnencookies enthaltenen Daten nicht überschreiben.

http://www.beispiel.de/index.html?quelle=intern&methode=netzwerk&kampagne=
wsv&beschreibung=billige+beispiele&noo=1

In dem GATC muss die angehängte Variable „noo" (steht für no-override) durch eine weitere Zeile hinzugefügt werden:

Listing 6.16 Nooverride Funktion

```
<script type="text/javascript">
var gaJsHost = (("https:" == document.location.protocol) ? "https://ssl."
: "http://www.");
document.write(unescape("%3Cscript src='" + gaJsHost + "google-
analytics.com/ga.js' type='text/javascript'%3E%3C/script%3E"));
</script>
<script type="text/javascript">
try {
var pageTracker = _gat._getTracker("UA-xxxxxx-x");
pageTracker._setCampNOKey("noo");
pageTracker._trackPageview();
} catch(err) {}</script>
```

Sämtliche User, die in ihrem Kampagnencookie bereits andere Daten gespeichert haben und dann über eine wie oben gekennzeichnete interne Kampagne kommen, werden nun nicht aktualisiert. D.h., die Cookiedaten werden nicht überschrieben, und eine mögliche Zielerfüllung der im Kampagnencookie bereits enthaltenen Quelle zugeordnet.

6.18 Erlauben des Gittersymbols (#) als Kampagnenseparator

In den meisten Fällen werden Variablen innerhalb einer URL zunächst mit einem Frage-zeichen (?) vom Stem (siehe Kapitel 4.1.1) getrennt, ehe sie untereinander durch ein kauf-männisches Und-Symbol (&) getrennt werden. In der Regel sieht eine URL folgenderma-ßen aus:

http://www.beispiel.de/index.html?quelle=intern&methode=netzwerk&kampagne= wsv&beschreibung=billige+beispiele&noo=1

Einige URLs haben jedoch eine andere Struktur. Beispielsweise werden die vorhandenen Variablen nicht mit einem &-Symbol voneinander getrennt, sondern mit einem Gittersym-bol (#):

http://www.beispiel.de/index.html?quelle=intern#methode=netzwerk#kampagne= wsv#beschreibung=billige+beispiele#noo=1

Ist dies der Fall, muss Google Analytics von der Abweichung des Standards erfahren, in-dem dem GATC eine zusätzliche Zeile eingefügt wird:

Listing 6.17 Anchor als Kampagnenseparator erlauben

```
<script type="text/javascript">
var gaJsHost = (("https:" == document.location.protocol) ? "https://ssl."
: "http://www.");
document.write(unescape("%3Cscript src='" + gaJsHost + "google-
analytics.com/ga.js' type='text/javascript'%3E%3C/script%3E"));
</script>
<script type="text/javascript">
try {
var pageTracker = _gat._getTracker("UA-xxxxxx-x");
pageTracker._setAllowAnchor(true);
pageTracker._trackPageview();
} catch(err) {}</script>
```

6.19 Weitere Einstellungsmöglichkeiten

Neben den bereits genannten Anpassungs- und Individualisierungsmöglichkeiten gibt es eine Vielzahl weiterer Einstellungen, die vorgenommen werden können. Weil diese jedoch eher selten zum Einsatz kommen und somit den Aufnahmeanforderungen für eine ausführ-liche Darstellung nicht gerecht werden, stelle ich sie nur in kurzer Form – der Vollständig-keit halber – dar.

_setClientInfo()

Neben den per HTTP übertragenen Informationen fragt Google Analytics Browserinfor-mationen ab und stellt sie in den entsprechenden Berichten dar. Dies umfasst beispielswei-se die Browserversion oder die Spracheinstellungen. Per Default werden die Informationen an Google Analytics übergeben. Sind Sie damit nicht einverstanden, fügen Sie eine zusätz-liche Zeile ein:

_setClientInfo(false);

Haben Sie diese Einstellung gewählt, werden keine Browserinformationen mehr erhoben, und auch im Nachhinein lassen sie sich nicht wiederherstellen.

_setDetectFlash()

Per Default trackt Google Analytics Informationen über die Einstellungen und Versionen der Flash Player Ihrer Besucher. Sind diese Informationen nicht erwünscht, können Sie dies mittels folgender Zeile ändern:

_setDetectFlash(false);

Durch Aktivierung dieser Einstellung werden sämtliche diesbezügliche Daten nicht mehr erhoben und gehen für immer verloren.

_setDetectTitel()

Die Seitentitel werden in einem Browserfenster oben links angezeigt, von Google Analytics automatisch erhoben und im Report „Content nach Titel" dargestellt. Auch diese Funktion lässt sich deaktivieren. Dies kann sinnvoll sein, wenn Sie beispielsweise keine Seitentitel nutzen oder über sehr lange oder kryptische Seitentitel verfügen (was jedoch schon aus SEO-Gründen nicht empfehlenswert ist, weshalb diese Deaktivierungsfunktion auch eher selten benutzt wird):

_setDetectTitle(false);

Urchin Software

Neben der ASP-Lösung von Google Analytics existiert nach wie vor eine Software-Lösung, die sich auf eigenen Servern implementieren und betreiben lässt. Diese Lösung ist von Google Analytics vollkommen unabhängig (daher auch „Urchin Software") und nicht kostenlos (zu beziehen unter *www.urchin.com*). Optisch und technisch lässt sich die Urchin Software mittlerweile nicht mehr mit Google Analytics vergleichen, dennoch gibt es vor allem in den USA viele Urchin-User. Mit dieser Software können Sie Analytics und Urchin parallel nutzen.

Alternativ können Sie die an die Google-Analytics-Server übergebenen Daten auf Ihren eigenen Servern speichern und weiterverarbeiten. Auch diese Lösung wird eher selten verfolgt, da die entstehende Datenmenge sehr schnell sehr groß werden kann (abhängig von der Anzahl der Besucher auf Ihrer Website) und die Kosten der Bereitstellung der Infrastruktur sowie deren Pflege bei Ihnen liegen.

_setLocalGifPath()

Diese Funktion setzt den lokalen Pfad für die Urchin-GIF-Datei und wird verwendet, wenn die Urchin Software auf den eigenen Servern installiert ist. Der hier definierte Pfad dient als Orientierung für die beiden nächsten Befehle.

_setLocalRemoteServerMode()

Mit dieser Methode können die erhobenen Daten sowohl auf Ihren Servern (um beispielsweise die Urchin Software zu nutzen) als auch auf den Google-Analytics-Servern gespeichert werden. Den Pfad zu den lokalen Servern legt die oben genannte _setLocalGifPath() Funktion fest.

>   _setLocalServerMode()

In diesem Fall werden die erhobenen Daten ausschließlich auf den eigenen Servern, auf denen die Urchin Software installiert ist, gespeichert. Es fließen keine Daten zum Google-Server. Der Pfad zu Ihren Servern wird wiederum über die _setLocalGifPath()-Funktion definiert.

>   _setRemoteServerMode()

Das ist die Default-Einstellung, die besagt, dass sämtliche erhobenen Daten an die Analytics-Server übertragen werden. Sollten Sie die Urchin Software benutzen und wollen nur einige der erhobenen Daten an Google-Analytics-Server übertragen, wäre dies die entsprechende Funktion.

6.20 Ereignis-Tracking

Das Ereignis-Tracking war zur Zeit der Entstehung dieses Buches immer noch in der Beta-Phase, was bedeutet, dass nur einige wenige Google-Analytics-Nutzer Zugriff auf diese Funktion haben. Dennoch soll es nicht unerwähnt bleiben.

Ereignis-Tracking (synonym für Event-Tracking) wurde entwickelt, um Ereignisse zu messen, die von den herkömmlichen HTML-Seitenaufrufen abweichen. Wie bereits beschrieben, kann es bei der Datenerhebung von Web2.0-Elementen oder Programmiersprachen wie Flash oder Ajax zu Problemen kommen. Grund hierfür ist, dass bei diesen Methoden oft keine klassischen Seitenaufrufe mehr generiert werden, die sich über den herkömmlichen Google Analytics Tracking Code messen lassen. Durch Ereignis-Tracking wird die Web-Analyse für folgende Themen möglich:

- Elemente aus Flash oder ganze Flash-Websites
- Ajax-Elemente oder Applikationen
- Widgets
- Downloads
- Ladezeiten

Im Unterschied zur bisherigen Messmethodik funktioniert das Ereignis-Tracking objekt-orientiert. Dies bedeutet, dass man auf seiner Website verschiedene Objekte definieren kann, beispielsweise einen eingefügten Video-Player. Innerhalb des Video-Players stehen dem Besucher der Website verschiedene Interaktionen zur Verfügung. Das Abspielen des Videos kann gestartet, unterbrochen oder gestoppt werden. Es ist interessant zu wissen, wie lange das Video abgespielt wird, und womöglich soll verschiedenen Zeitpunkten auch noch ein bestimmter monetärer Wert beigemessen werden.

Ist der Google Analytics Tracking Code ordnungsgemäß implementiert, muss ein Ereignis-Tracking-Befehl in den Quellcode des definierten Objektes eingefügt werden. Der Befehl hierfür lautet:

_trackEvent()

Diese Methode beinhaltet vier Variablen, die mit Daten von Ihnen gefüllt werden können:

▪ Kategorie (Pflicht)

▪ Aktion (Pflicht)

▪ Label (optional)

▪ Ereigniswert (optional)

Die Kategorie beinhaltet den Namen der Hauptgruppierung der Objekte. Beispielsweise kann für die Messung der Video-Player-Interaktion die Kategorie Video genannt werden. Sollten mehrere Video-Player zur Verfügung stehen, können die einzelnen Filme anhand des Labels unterschieden werden – alle unterschiedlichen Videos werden dann unter der Kategorie „Video" zusammengefasst.

Die Aktion beschreibt die Tätigkeit die innerhalb des Objektes vorgenommen werden kann. In einem Video-Player sind dies üblicherweise Start, Pause und Stopp. Die Benennung der jeweiligen Aktionen sowie der Kategorien obliegt Ihnen. Eine andere mögliche Aktion könnte beispielsweise der Download eines Dokuments sein (diese Möglichkeit ist eine Alternative zu der in Kapitel 6.6.1 beschriebenen Methode).

Über die optionale Funktion des Labels wird eine genauere Beschreibung der durchgeführten Tätigkeit erreicht. So lässt sich beispielsweise der Name des abgespielten Films oder der Dateiname eines Dokuments darstellen.

Der Ereigniswert kann beispielsweise einen monetären Wert übergeben, wenn das Video bis zu einer bestimmten Stelle abgespielt wird. Ebenso kann die Ladezeit des Videos gemessen und als Wert übergeben werden. Im Gegensatz zu den vorigen drei Elementen des Ereignis-Trackings muss dieses Element eine Zahl beinhalten.

Die innerhalb des Objektes einzubauende zusätzliche Zeile kann beispielsweise wie folgt aussehen:

pageTracker._trackEvent(„Video", „Start", „Stirb langsam", monetärerWert);

Weitere Möglichkeiten wären die folgenden:

pageTracker._trackEvent(„Video", „Pause", „Stirb langsam", monetärerWert);
pageTracker._trackEvent(„Video", „Stopp", „Stirb langsam", monetärerWert);
pageTracker._trackEvent(„Download", „PDF", „Stirb langsam - Filmbeschreibung", monetärerWert);

Information:

In den meisten Google-Analytics-Konten sind die Berichte für das Ereignis-Tracking noch nicht verfügbar. Schauen Sie im Berichte-Block unter Content nach: wenn dort unterhalb der Website-Suche Berichte Ereignis-Tracking aufgeführt ist, können Sie diese Methode verwenden. Andernfalls lohnt es sich, den offiziellen Launch dieses Features abzuwarten.

6.21 AdSense Analytics

Google AdSense bietet Website-Betreibern eine gute und einfache Möglichkeit, Geld mit Werbeanzeigen zu verdienen. Werbetreibende können sich über die Google-AdWords-Benutzeroberfläche ihre Werbeanzeigen nicht nur innerhalb der Google-Suchergebnisse, sondern auch auf unzähligen externen und Google-unabhängigen Websites anzeigen lassen. Hier werden diese Anzeigen kontextrelevant ausgeliefert.

Nutzt man als Websitebetreiber Google AdSense, um zusätzlichen Umsatz zu generieren, verfügt man über ein Google AdSense-Konto, in dem sämtliche Einstellungen bezüglich Größe, Farbe usw. der Anzeigen möglich sind.

Als ich dieses Buch schrieb, wurde die Verknüpfung eines Google AdSense- mit einem Analytics-Konto als Beta-Test veröffentlicht, d.h., einige wenige Google-Analytics-Nutzer können die Funktionalität bereits ausprobieren.

Praxistipp:
Durch die Verknüpfung von AdSense und Analytics werden ausschließlich die Daten der Standard AdSense-Text- und -Grafik-Anzeigen erhoben. Video-Anzeigen oder mobile Anzeigen lassen sich zurzeit noch nicht darstellen.

Um Google AdSense mit Google Analytics zu verknüpfen, muss zunächst innerhalb des Google AdSense-Kontos die Verknüpfung aktiviert werden (der Aktivierungslink erscheint in der Überblick- und der erweiterte Berichte-Seite). Ist dies geschehen, erscheint in der Google-Analytics-Übersichts-Nutzeroberfläche ein Link „Einstellungen für AdSense-Links bearbeiten". Hier können Sie auswählen, in welchen Profilen die Daten aus Ihrem Google AdSense-Konto angezeigt werden sollen.

Praxistipp:
Ihre Google AdSense-Login-E-Mail-Adresse muss im Google-Analytics-Konto, mit dem Sie die AdSense-Daten verknüpfen wollen, als Administrator zugelassen sein. Andernfalls kann eine Verlinkung nicht stattfinden.

Tracken Sie verschiedene Domains innerhalb eines Google-Analytics-Kontos, wird in Google Analytics nach primärer und sekundärer Domain unterschieden. Die primäre Domain hat einen direkten Bezug zu Ihrem Google AdSense-Konto. Hierfür bedarf es keiner weiteren Änderung des Google Analytics Tracking Codes – dieser muss lediglich wie der Google AdSense-Code auf der Seite eingebaut sein. Wenn Sie die Google AdSense-Daten auch bei einer oder mehreren sekundären Domains anzeigen wollen, muss ein zusätzlicher Code eingebaut werden, so dass die Seite dann den Google AdSense-Code, den Google Analytics Tracking Code und den AdSense Analytics Code eingebaut hat.

Wenn Sie dem oberen Link folgen, sehen Sie Ihre Profile in Google Analytics nach primärer und sekundärer Domain aufgelistet. Nun können Sie Änderungen vornehmen und beispielsweise eine andere primäre Domain bestimmen. Zudem erhalten Sie für die sekundären Domains den zusätzlichen AdSense Analytics Code, der folgendermaßen aussieht:

Listing 6.18 AdSense Analytics Code

```
<script>
        window.google_analytics_uacct = "UA-xxxxxxx-yyyyyyy";
</script>
```

Dieser Code muss nur auf sekundären Domains oberhalb des Google AdSense- und des Google Analytics Tracking Codes eingefügt werden – idealerweise direkt unterhalb des *<body>* Tags. Primäre Domains benötigen diesen zusätzlichen Code nicht.

 Praxistipp:
Haben Sie die Verknüpfung zwischen Google AdSense und Google Analytics aktiviert, kann es länger als 24 Stunden dauern, bis die ersten Daten einfließen.

7 Profile

7.1 Konzept der Profile

Wie im Kapitel 6.1 beschrieben, verfügt Ihr Google Analytics-Konto über eine individuelle ID, die UA-Nummer. Sie können dieses Konto für unterschiedliche Zwecke nutzen.

7.1.1 Tracking verschiedener Domains

Angenommen, Sie betreiben mehrere Websites, dann können Sie diese in Google Analytics einfließen lassen. Weil Sie die Daten nach Domains getrennt analysieren wollen, kreieren Sie dafür verschiedene Profile innerhalb eines Analytics-Kontos.

Wenn Sie ein neues Websiteprofil erstellen, müssen Sie zunächst festlegen, ob Sie eine neue Domain hinzufügen wollen oder ob es Ihnen um ein weiteres Profil für eine vorhandene Domain geht (Abbildung 7.1).

Bei der Auswahl „Profil für neue Domain hinzufügen" wird die UA-Nummer entsprechend angepasst. Die ID bleibt dieselbe, doch die Profilnummer ändert sich. Der erste Teil der UA-Nummer verändert sich nicht und ist dem Analytics-Konto zugehörig, die hintere Nummer nach dem Bindestrich kennzeichnet die Profilnummer. Wenn ein neues Profil hinzugefügt wird, das eine neue Domain tracken soll, wird diese letzte Nummer jedes Mal hochgezählt.

Verschiedene Domains lassen sich also innerhalb eines Analytics-Kontos unabhängig voneinander tracken. Voraussetzung ist, dass der Code sich ebenso wie die Domains unterscheiden – was über die Änderung der letzten Zahl nach dem Bindestrich innerhalb der UA-Nummer erreicht wird.

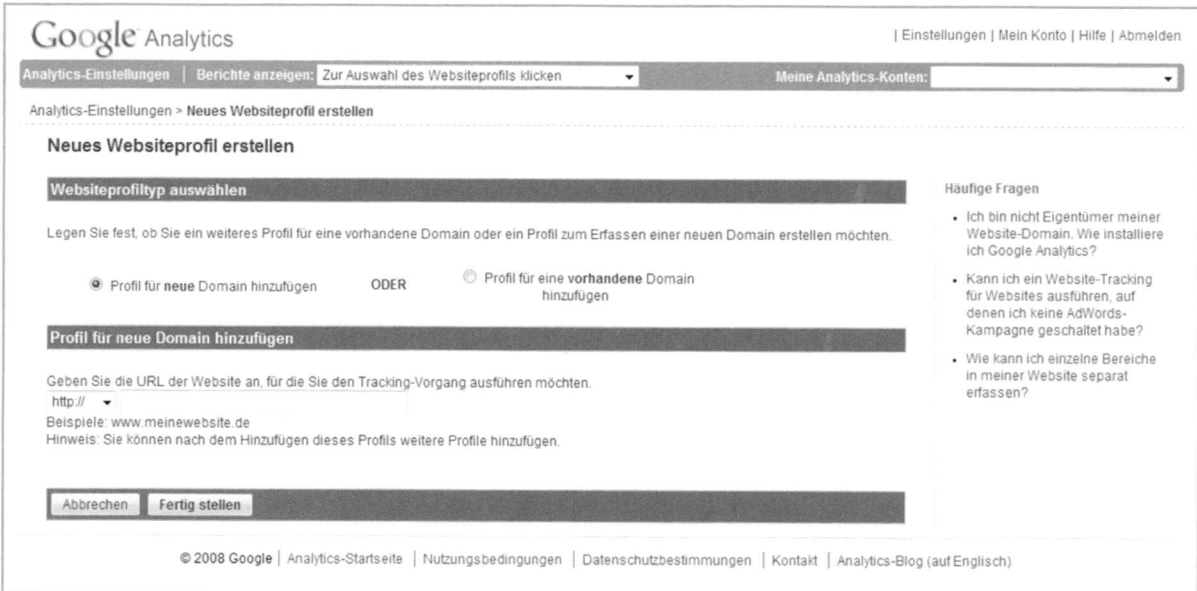

Abbildung 7.1 Profil hinzufügen

Beispiel

Tabelle 7.1 Verschiedene Domains in einem Google Analytics-Konto

Google Analytics-Konto	Profile-Name	URL	UA-Nummer
Meine Websites	Web Analytics Blog	www.timoaden.de	UA-12345-1
Meine Websites	Web Analytics Podcast	www.mole2.de	UA-12345-2
Meine Websites	SEM Blog	www.inside-sem.com	UA-12345-3

Diese Struktur eines Analytics-Kontos empfiehlt sich in der Regel nicht bei bestimmten Unternehmenswebsites. Wie in Abschnitt 5.1.3.1 beschrieben, kann die Verknüpfung eines AdWords- mit einem Google Analytics-Konto jeweils nur auf einer 1:1-Basis hergestellt werden. Angenommen, Sie tracken wie im obigen Beispiel mehrere Domains in einem Google Analytics-Konto und betreiben für jede Domain auch verschiedene AdWords-Konten. Eine exakte Trennung der aus dem AdWords-Konto in Ihr Analytics-Konto fließenden Daten ist dann nicht leicht, weil die Verknüpfung auf Konto-Ebene und nicht auf Profil-Ebene stattfindet. Sie können folglich in einem AdWords-Konto nicht ein einzelnes Profil auswählen, in das die Daten fließen sollen.

Ich rate zur obigen Struktur nur dann, wenn eine Verknüpfung mit Google AdWords nicht vorgesehen ist.

7.1.2 Tracking unterschiedlicher Daten einer Domain

Die empfohlene Struktur eines Google Analytics-Kontos für professionelle Web-Analysen besteht in einem Analytics-Konto pro Domain. Sie können mit der Mail-Adresse Ihres Google-Accounts auf bis zu 25 verschiedene Analytics-Konten zugreifen. Dies sollte in den meisten Fällen reichen.

Eine Verknüpfung Ihres AdWords-Kontos mit dem entsprechenden Analytics-Konto ist sehr einfach, sofern eine Domain in Ihrem Analytics-Konto getrackt wird. Ist dies der Fall, können Sie trotzdem weitere Profile eröffnen. Weitere Profile beziehen sich dann auf die im Konto enthaltene Domain – daher ändert sich auch die UA-Nummer nicht. Die Bezugsquelle ist ja dieselbe.

Es gibt viele Gründe, die für die Erstellung weiterer Profile sprechen, auch wenn die einfließenden Daten ihren Ursprung alle in derselben Domain haben:

■ Sie wollen bestimmte Traffic-Quellen individuell betrachten (z.B. nur AdWords-User).

■ Sie wollen ausschließlich User aus einem bestimmten Land analysieren.

■ Sie wollen nur einen bestimmten Teil Ihrer Website tracken.

■ Sie wollen die erhobenen Daten in irgendeiner anderen Form manipulieren und anders darstellen.

Eine Beispielprofilstruktur eines Google Analytics-Kontos könnte dann beispielsweise so aussehen:

Tabelle 7.2 Verschiedene Profile – gleiche Domain

Google Analytics-Konto	Profile Name	URL	UA-Nummer
Meine Websites	Web Analytics Blog	www.timoaden.de	UA-12345-1
Meine Websites	Web Analytics Blog 2007	www.timoaden.de	UA-12345-1
Meine Websites	Web Analytics Blog nur AdWords	www.timoaden.de	UA-12345-1
Meine Websites	Web Analytics Blog Testprofil	www.timoaden.de	UA-12345-1

Grundsätzlich verfügt jedes Analytics-Konto über 50 Profile (per Default), die beliebig erstellt, verändert oder auch wieder gelöscht werden können. Wichtig zu wissen ist, dass sich Daten retrospektiv nicht mehr ändern lassen, sobald sie innerhalb eines Profils erhoben wurden, d.h., sollten Sie Einstellungen innerhalb eines Profils falsch vorgenommen haben, wird dieser Fehler für immer in diesem Profil vorhanden sein (es sei denn, Sie löschen das Profil).

Praxistipp:

Ich empfehle, immer mindestens drei Profile zu erstellen:

▪ 100% Profil
In diesem Profil werden 100% der Daten unverändert und ungefiltert erhoben. Es dient sozusagen als Backup für den Fall, dass in den anderen Profilen aufgrund von Filtern oder anderer (falscher) Einstellungen die Daten unbrauchbar sind.

- Arbeitsprofil
  Mit diesem Profil erstellen Sie Ihre Analysen, treffen Ableitungen, haben Ziele und Filter definiert, und alle Einstellungen sind so, wie sie sein sollen. Die hier angezeigten Daten sind korrekt und dienen als Arbeitsgrundlage.

- Spielprofil
  In diesem Profil können Tests an Filtern, Zielen und Einstellungen durchgeführt werden. Hierdurch bleiben die Daten in den anderen Profilen (insbesondere dem Arbeitsprofil) unberührt.

Das Konzept der Profile kann man sich grafisch wie in Abbildung 7.2 vorstellen:

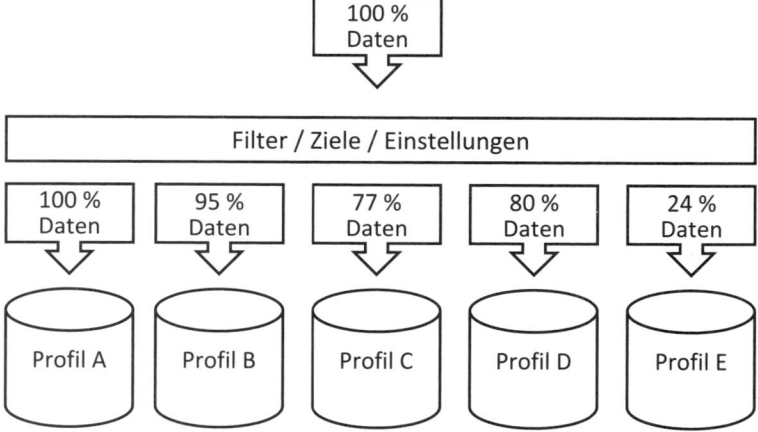

Abbildung 7.2 Übersicht der Wirkungsweise von Profilen

Google Analytics erhebt 100% der Daten, die über die in Ihren Seiten eingebauten GATCs generiert werden. Durch die Einstellungen, Filter und Ziele bestimmen Sie, welche Daten in die jeweiligen Töpfe (= Profile) fließen sollen. Auf diese Weise können Sie gezielt auf die in den Berichten dargestellten Zahlen Einfluss nehmen.

Oder anders ausgedrückt: Jedes Profil innerhalb Ihres Analytics-Kontos verfügt über die gleichen 100 Lego-Steine. In jedem Profil entsteht aus diesen Lego-Steinen im Ergebnis etwas anderes, je nachdem, was Sie mit den Steinen anstellen. Weitere Details zu den Einstellungsmöglichkeiten innerhalb von Profilen finden Sie in den folgenden Kapiteln.

7.2 Profileinstellungen

Nachdem Sie sich in Ihr Google Analytics-Konto eingeloggt haben oder nach erfolgter Erstanmeldung sehen Sie eine Übersicht über die existierenden Profile (Abbildung 7.3).

In dieser Ansicht sehen Sie bereits die wichtigsten Kennziffern Ihrer Profile auf einen Blick. Zudem gibt es hier bereits die Möglichkeit, diverse Einstellungen vorzunehmen:

- Website-Profil hinzufügen
- Nutzermanager (Kapitel 7.6)
- Filtermanager (Kapitel 7.5)
- Auswahl der verfügbaren Analytics-Konten
  (rechts oben über das Pull-down-Menü)
- Direktanwahl der für dieses Konto verfügbaren Profile
  (links oben über das Pull-down-Menü)
- Kontoeinstellungen bearbeiten
- Auswahl eines Vergleichszeitraums für die Übersichtsdarstellung
  (rechts oben mittels Auswahl von Tag, Woche, Monat, Jahr)
- Löschen eines Profils
  Es kommt noch ein Warnhinweis: wird er akzeptiert, ist das Profil unwiederbringlich verloren.
- Bearbeiten eines Profils
  Hierüber können sämtliche weiteren Einstellungen für ein Profil vorgenommen werden.

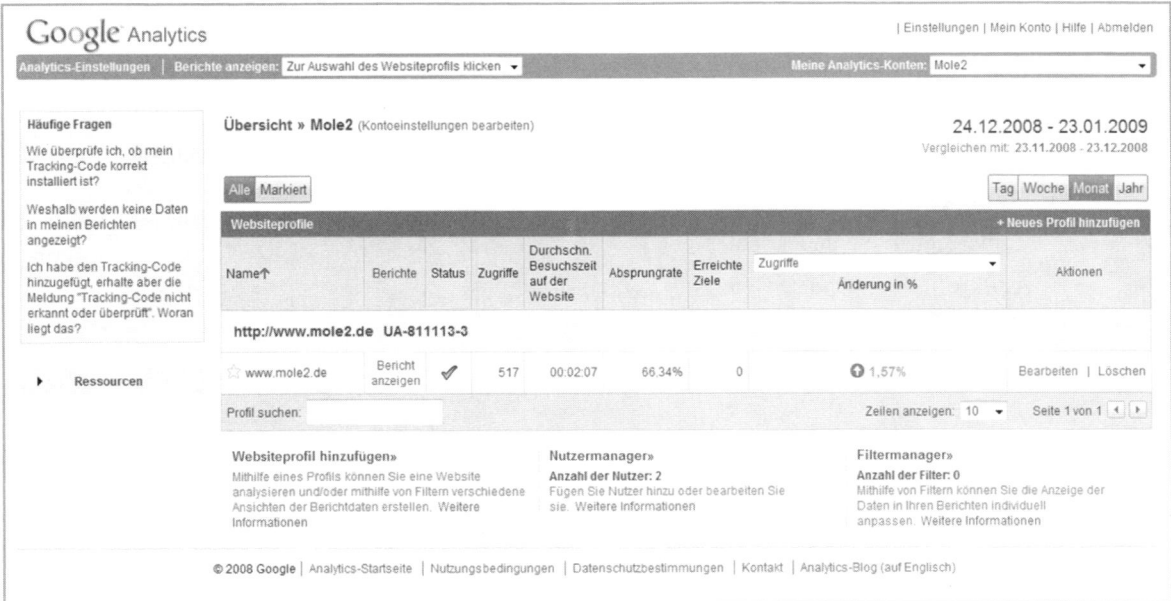

Abbildung 7.3 Übersicht der vorhandenen Profile

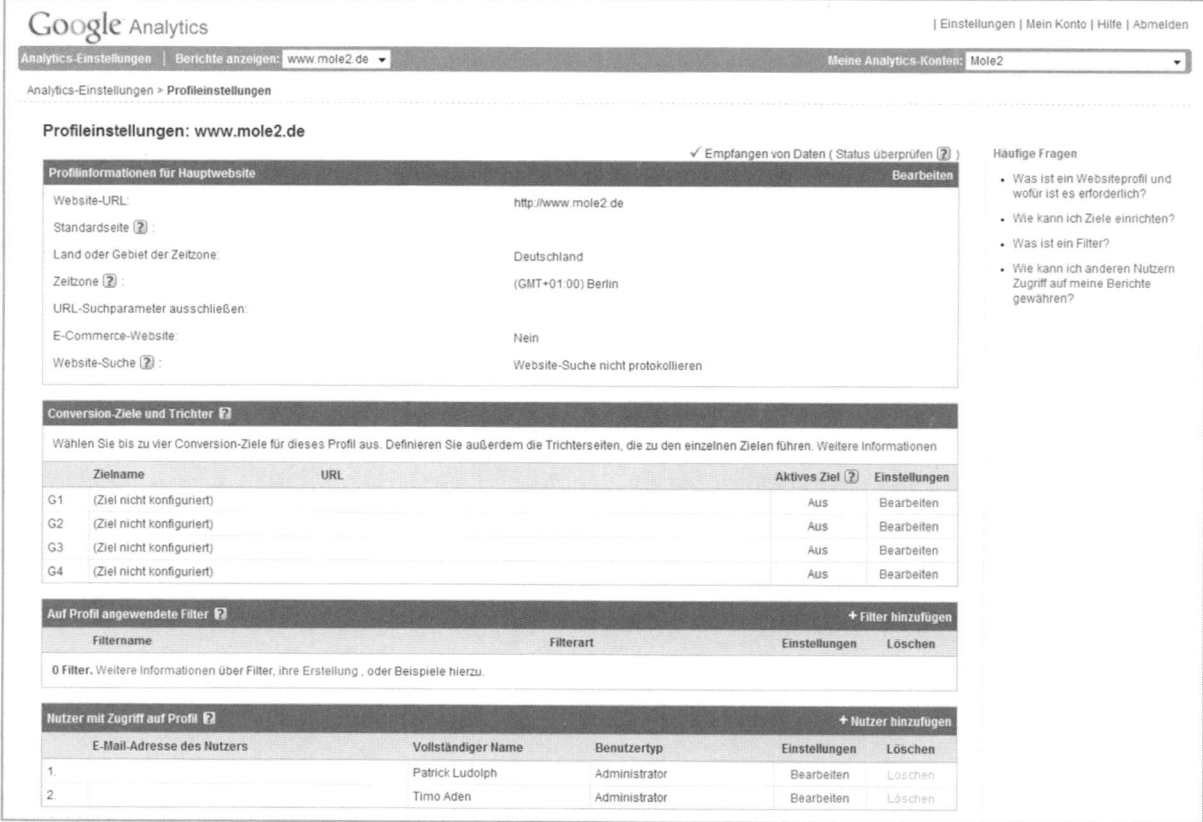

Abbildung 7.4 Profileinstellungen

Nach dem Klick auf „Bearbeiten" eines Profils gelangt man auf eine Seite mit den eigentlichen Profileinstellungen (Abbildung 7.4). Sämtliche Änderungen und Definitionen werden hier vorgenommen. Unterteilt ist diese Administrations-Oberfläche in vier Bereiche:

- Profilinformationen für Hauptwebsite
- Conversion-Ziele und Trichter
- Auf Profil angewendete Filter
- Nutzer mit Zugriff auf Profile

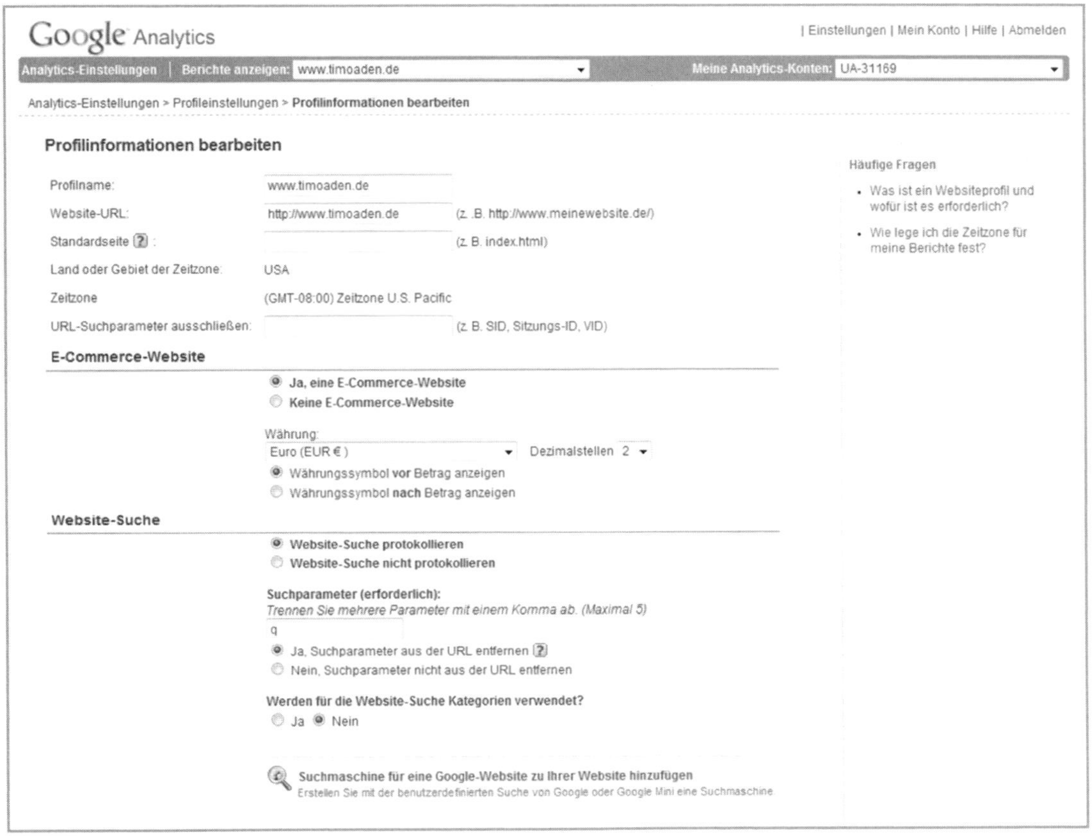

Abbildung 7.5 Profilinformationen bearbeiten

7.3   Profilinformationen für Hauptwebsite

In dieser Sektion der Profileinstellungen werden grundlegende Basis-Einstellungen oder Änderungen vorgenommen, die die Daten des gesamten Profils beeinflussen (Abbildung 7.6).

Abbildung 7.6 Profilinformationen für Hauptwebsite

7.3.1 Profilname/Website-URL

Der „Profilname" bzw. die „Website-URL" können hier geändert werden. Diese Einstellungen haben lediglich Einfluss auf die Namensgebung und Wiederkennung innerhalb des Analytics-Kontos. Die Datenerhebung wird hiervon nicht beeinflusst. Dies ist ein wenig verwirrend, wenn man bedenkt, dass hier ja die Website-URL eingegeben wird. Wenn man jedoch den GATC betrachtet, beziehen sich die darin enthaltenen Parameter nicht auf einen Website-URL-Namen, sondern auf die UA-Nummer. Und diese UA-Nummer ist unabhängig von der namentlichen Benennung eines Google Analytics-Kontos oder eines Profils.

7.3.2 Standardseite

Sie können das Feld „Standardseite" ausfüllen, wenn neben der eigentlichen Homepage-URL (*www.beispiel.de*) andere Seiten, die eine erweiterte URL besitzen, den gleichen Inhalt der Homepage anzeigen. Dies hat v.a. dann Relevanz, wenn man während eines Site-Besuchs auf das Logo links oben klickt, um auf die Startseite zurückzukehren. Oft lautet die URL dann nicht mehr nur *www.beispiel.de*, sondern *www.beispiel.de/index.htm* oder *www.beispiel.de/home.php*.

Per Default werden diese beiden unterschiedlichen Homepages in den Analytics-Berichten getrennt dargestellt. Dies ergibt aus Analytics-Sicht auch einen Sinn, da beide Seiten über verschiedene URLs verfügen. Fügt man in das „Standardseite"-Feld beispielsweise die Endung „index.html" ein, werden diese beiden URLs als eine Seite betrachtet, was sie ja de facto auch sind – schließlich zeigen sie den identischen Inhalt an.

Praxistipp:
Verschiedene URLs für die gleiche Seite haben auch aus SEO-Sicht negative Auswirkungen. Sie sollten unbedingt vermeiden, unterschiedliche URLs für dieselbe Homepage zu verwenden – die Gefahr von Duplicate Content ist sehr groß. Dies kann das Ranking in den nichtbezahlten Suchergebnissen verschlechtern.

7.3.3 Land oder Gebiet der Zeitzone

Die Felder „Land oder Gebiet der Zeitzone" und „Zeitzone" können nur einmal, bei der erstmaligen Anmeldung des Google Analytics-Kontos festgelegt werden. Man legt diese Daten also nicht auf Profilebene fest und kann sie daher auch nicht mehr verändern. In der Regel ändert sich die eigene Zeitzone auch eher selten, weshalb eine Änderung nicht notwendig ist. Dies ist im Übrigen ein weiterer Grund, weshalb ich bei international agierenden Unternehmen empfehle, ein Analytics-Konto pro Länderdomain zu erstellen, damit es keine Zeitzonenproblematik gibt.

Eine Möglichkeit der Zeitzonenänderung gibt es allerdings. Es gilt die Regel: Google AdWords überwiegt Analytics. Wenn Ihr AdWords-Konto mit dem Analytics-Konto verknüpft ist und Sie im Google AdWords-Konto eine andere Zeitzone eingestellt haben, gilt die Zeitzone des AdWords-Kontos, und die Google Analytics-Zeitzone wird überschrieben.

7.3.4 URL-Suchparameter ausschließen

Wie in den Kapiteln 2.2.6 (Usability) und 6.2 (Umbenennung der URLs) bereits erörtert, sind lange, kryptische, dynamische URLs nicht immer schön. Aus Sicht der Web-Analyse lassen sich URLs mit besonders vielen dynamischen Parametern schwer analysieren. Idealerweise versucht man Seitengruppen zu aggregieren, um nicht zu viele unterschiedliche einzelne Seiten zu analysieren. Eine Bericht mit folgenden URLs ist sehr schwer zu interpretieren – vor allem für andere Google Analytics-Nutzer innerhalb Ihres Unternehmens, denen Sie Zugriff auf ein Profil gegeben haben, die aber evtl. weniger Verständnis für URL-Strukturen aufbringen als Sie. (Um dies zu ändern, sollten Sie außerdem Ihre Kollegen dazu bewegen, dieses Buch käuflich zu erwerben!)

http://www.beispiel.de/forum/index.html?sid=8ducdhjcd8c&cat=678&cid=hsdasd
http://www.beispiel.de/forum/index.html?sid=i8z98dhiucd&cat=826&cid=uczdsiu
http://www.beispiel.de/forum/index.html?sid=63gd7egdew&cat=978&cid=uhzdsc

Mit den dynamischen Variablen wird vermutlich kaum jemand etwas anfangen können. Zudem handelt es sich im Prinzip immer um die gleiche Seite (*http://www.beispiel.de/forum/index.html*). Einige der angehängten Parameter sind aus Web-Analyse-Sicht völlig überflüssig. Einige Websites (insbesondere Online-Shops) arbeiten nicht mit Cookies, sondern mit SessionIDs. Diese werden innerhalb der URL übertragen und meist mit sid, id oder vid abgekürzt. SessionIDs werden individuell bei jeder neuen Session vergeben, was zur Folge hat, dass jede (!) Session individuelle URLs generiert. D.h., Besucher A besucht zwar dieselben Seiten wie Besucher B, die URLs lauten aber anders, da sie durch die in der URL angezeigten SessionIDs unterschieden werden. Die exakt gleichen Seiten haben also unterschiedliche URLs.

Um sämtliche für die Web-Analyse nicht benötigten dynamischen Variablen von vornherein zu ignorieren, können diese kommagetrennt in das Feld „URL-Suchparameter ausschließen" eingetragen werden. Hierdurch werden nur die Variablen in der Darstellung ignoriert, der Rest der Daten wird erhoben und entsprechend dargestellt.

Neben den bisherigen Gründen gibt es einen ganz pragmatischen Grund, weshalb zumindest SessionIDs ausgeschlossen werden sollten. Google Analytics hat für die Aufnahme unterschiedlicher URLs (oder allgemein von Datensätzen) ein Datenbanklimit. Dieses Limit ist in der Regel völlig ausreichend und besteht aus 50.000 Datensätzen (50.000 Datensätze bedeutet nicht 50.000 Zeilen, sondern Datensätze, die sich auch aus mehreren Einträgen zusammensetzen können). Ist dieses Limit erreicht, werden zusätzliche Daten zwar erhoben, aber nicht ausführlich dargestellt. Sie fließen dann in einen gemeinsamen Ordner, der als (other) in den entsprechenden Berichten dargestellt wird. Dieser (other)-Ordner ist dann nicht weiter analysierbar (es sei denn, man verkürzt den Betrachtungszeitraum). Wenn nun SessionIDs oder viele dynamische Variablen verwendet und insofern viele unterschiedliche generiert werden, kann dieses Datenbanklimit bei entsprechend hoher Besucherzahl schnell erreicht werden. Eine vernünftige Web-Analyse ist dann nicht mehr möglich. Daher sollten zumindest SessionIDs immer ausgeschlossen werden.

Praxistipp:

Buchungsseiten für Reisen, Autos oder Ferienhäuser fügen in der Regel sämtliche auswählbare Daten und Parameter als dynamische Variablen der Domain hinzu. Je mehr Auswahlmöglichkeiten ein Besucher beispielsweise in einem Formular hat, desto mehr Variablenvarianten und somit unterschiedliche URLs gibt es. Aus Sicht der Web-Analyse ist es in den meisten Fällen egal, ob ein Besucher sich für eine Reise am 26.02. interessiert hat und gern am 03.03. wiederkommen möchte. Für die Web-Analyse ist in den meisten Fällen auch nicht relevant, ob ein Besucher ausgewählt hat, dass er lieber ein Drei- oder ein Vier-Sterne-Hotel buchen möchte. Interessant sind die aggregierten Daten und die sich daraus ergebenden Trends und Erkenntnisse. Schließen Sie daher überflüssige Variablen von vornherein aus.

7.3.5 E-Commerce-Website

Um den in Kapitel 6.9 aufgeführten E-Commerce-Code aktiv anwenden zu können, bedarf es neben einer E-Commerce-Website der Aktivierung der E-Commerce-Funktionalitäten. Dies geschieht durch einen einfachen Klick auf „Ja, eine E-Commerce-Website". Durch diesen Klick ergibt sich ein völlig neuer Berichteblog innerhalb der Google Analytics-Berichtsoberfläche (Kapitel 14) sowie der E-Commerce-Registerkarten innerhalb der Berichte.

Zudem sehen Sie unterhalb der E-Commerce-Aktivierung das Auswahlmenü für 26 verschiedene Währungen. (Wie bereits erwähnt: Analytics nimmt keine Umrechnungen vor. Der Betrag, den Sie Analytics übergeben, wird lediglich mit einem Währungssymbol ergänzt. Bestellt jemand in US-Dollar, Sie haben aber Euro als Währung definiert, wird der Wert auch als Euro dargestellt.)

Wählen Sie im Anschluss die Anzahl der Nachkommastellen aus, und fällen Sie die schwerwiegende Entscheidung, ob innerhalb Ihrer Berichte das Währungssymbol vor oder nach dem Betrag angezeigt werden soll.

Klicken Sie auf „Keine E-Commerce-Website", wenn Sie den E-Commerce-Code nicht verwenden oder eben keinen Online-Shop betreiben.

7.3.6 Website-Suche

Die Website-Suche (auch „interne Suche") ist zu einem wichtigen Bestandteil von Websites geworden. Weil viele Menschen Google mit dem Internet gleichsetzen, sind sie es gewohnt, Suchfunktionen zu nutzen und von diesen relevante Suchergebnisse zu bekommen. Die Website-Suche ist daher eine wichtige Funktion innerhalb einer Website, die Ihnen neben einer positiveren Usability-Bewertung weiteren Nutzen bringt:

- Der User erzählt Ihnen quasi detailliert, was er auf Ihrer Website erwartet.

- Sie sehen, an welchen Stellen User die Suche betätigen – vielleicht gibt es dort Probleme.

- Sie können analysieren, wie gut Ihre interne Suche funktioniert.

Die meisten großen Suchmaschinen wie Google, Yahoo! oder Live übertragen die durch den User eingegebenen Suchbegriffe in der URL (siehe Kapitel 6.5 – Hinzufügen weiterer Suchmaschinen). Auch die Mehrzahl der internen Suchen funktioniert nach diesem Prinzip.

Verfügt Ihre Website über eine interne Suche? Wenn ja, geben Sie irgendeinen Begriff ein, und schauen Sie auf die URL – erscheint dort der von Ihnen eingegebene Suchbegriff? Identifizieren Sie nun den dazugehörigen Suchparameter. In vielen Fällen lautet dieser *q, p, kw, wort, search, key, term* oder so ähnlich. Geben Sie diesen Suchparameter in das dafür vorgesehene Feld ein. Sie können dann noch entscheiden, ob der Suchparameter für die Darstellung in Google Analytics aus der URL entfernt werden soll oder nicht (wenn nicht, werden viele Suchanfragen viele unterschiedliche URLs in Ihren Reports generieren – daher empfehle ich das Entfernen).

Manche Websites verwenden für die interne Suche Kategorien. Beispielsweise kann man bei *amazon.de* in verschiedenen Kategorien suchen (Bücher, Musik usw.). Werden diese Kategorien ebenfalls in der URL übertragen, erweitert man die Analysemöglichkeiten bezüglich der internen Suche. Kategorien werden häufig mit *cat* oder Ähnlichem in der URL dargestellt. Bei solchen Parametern aktivieren Sie dieses Feld und tragen die entsprechenden Parameter in das dafür vorgesehene Feld ein.

Einige Websites verfügen zwar über eine interne Suche, doch werden die Suchparameter nicht in der URL übertragen. Ich empfehle in diesem Fall, Kontakt mit Ihrer IT-Abteilung aufzunehmen. In der Regel stellt es kein großes Problem dar, die Suchparameter bei Bedarf an die URL anzuhängen.

Haben Sie all diese Einstellungen Ihrer Website und Ihren Anforderungen entsprechend vorgenommen? Dann noch die Änderungen gespeichert, und der erste Schritt der Profileinstellungen ist erledigt!

7.4 Conversion-Ziele und Trichter

Conversion-Ziele

Ziellose Web-Analyse macht nur wenig Spaß. Daher empfiehlt es sich, Ziele vorab zu definieren. Jede Website sollte ein Ziel haben, andernfalls sollte die Existenzberechtigung eines Internetauftritts hinterfragt werden. Leider legen genügend Websites die Frage nahe, was sie eigentlich bezwecken – oder ob sie ihren Zweck gut getarnt haben und es dem User nahezu unmöglich machen, diesen zu erkennen. Dabei gibt es so vielfältige Ziele, die man definieren und auf die man hinarbeiten kann. Bei einem Online-Shop ist es recht leicht, ein Ziel zu definieren. Der Verkauf von Produkten ist hier das primäre und offensichtliche Ziel. Doch auch ein Online-Shop kann und sollte mehr als dieses eine Ziel verfolgen. Content-Seiten, Communities, B2B- oder reine Brandingsites, egal, für alle gibt es Ziele, die definiert werden können und sollten:

- *Registrierungen/Anmeldungen*
  Oft muss man sich registrieren, um Mitglied zu werden oder um Aktivitäten vornehmen zu können.

- *Downloads*
  Das Herunterladen von zur Verfügung gestellten Dokumenten wie Produktbeschreibungen, Jobbeschreibungen, Exposés oder sonstigen anderen Dateien sind eindeutig definierbare Ziele.

- *Kommentare*
  Viele Seiten bieten eine Kommentarfunktion. Insbesondere in Foren, Blogs oder auch Produktseiten bietet sich eine Messung der Anzahl der Kommentare an.

- *Klick auf einen wichtigen Link*
  Vielleicht gibt es einen besonders wichtigen Link, der als Ziel definiert werden kann.

- *Klick auf Outbound-Links*
  Einige Seiten verdienen Geld durch Werbung oder bezahlte Partnerschaften wie Affiliates. Ein Klick auf einen Link, der zum Verlassen der Seite führt, bringt bares Geld und kann als Ziel gesehen und definiert werden.

- *Newsletterabonnierung*
  Die Abonnierung eines Newsletters manifestiert ein aktives Interesse von Usern an Ihren Produkten oder Dienstleistungen und kann der Beginn einer Kundenbindung sein; ein interessantes Ziel des User-Engagements auf Ihrer Website.

- *Klick auf einen „Call-Me-Button"*
  Ein Klick auf einen „Call-Me-Button" signalisiert ein ernsthaftes und reelles Interesse an Ihrem Unternehmen (oder ein sehr unzufriedener Kunde möchte seinen Frust loswerden; doch auch das ist aus Marketingsicht hochinteressant). Dieser Button hat eine sehr hohe Wertigkeit und entspricht nahezu einem „Kaufen"-Link.

- *Klick auf Send-to-a-friend-Funktion*
  Wenn einem User etwas gefällt, teilt er dies seinen Freunden mit. Empfehlungsmarketing ist oft die erfolgreichste und meist preisgünstigste Art, neue Kunden zu generieren. Dieser Link sollte auf jeden Fall als Ziel definiert werden, denn er hat eine hohe Aussagekraft bezüglich der Akzeptanz Ihrer Seite bei den Usern.

- *Ausfüllen eines Formulars*
  Formulare müssen im Rahmen von Registrierungen oder Bestellungen ausgefüllt werden, doch auch erweiterte Suchanfragen oder das Konfigurieren bestimmter Dinge finden über Formulare statt, deren Absendung als Ziel definiert werden kann.

- *Absenden eines Feedbacks oder einer Kontaktanfrage*
  Auch diese Interaktion mit Ihrem User gibt wertvolle Hinweise auf die Akzeptanz Ihrer Website oder das Interesse an Ihren Produkten oder Dienstleistungen. Eine Definition als Ziel ist aufschlussreich für das Engagement der User mit Ihrem Unternehmen.

- *Ansicht einer bestimmten Seite*
  Wenn keines der oben genannten Ziele für Sie in Frage kommt und auch keines dieser

Features in Planung ist, gibt es immer noch die Möglichkeit, den Aufruf einer bestimmten Seite als Ziel zu definieren. Dies könnte beispielsweise die Ankündigung Ihres nächsten Messeauftritts oder Ihre Kontaktseite sein.

Abgesehen von Makrozielen (mehr Umsatz, mehr Besucher, besserer ROI etc.) gibt es viele Mikroziele. Mikroziele dienen meist als (manchmal indirekte) Unterstützung für die Erreichung der Makroziele. Viele Newsletter-Abonnenten können ein Indiz oder zumindest die Basis für ein funktionierendes Kundenbeziehungsmanagement sein. Klicks auf Kontaktanfragen oder Mail-to-Links können der Startschuss einer nachhaltigen Umsatzquelle sein. Eine konsequente Optimierung der Mikroziele wirkt sich in den meisten Fällen langfristig positiv auf den Umsatz und somit eines der wichtigsten Makroziele aus.

Google Analytics bietet die Möglichkeit, sowohl Makro- als auch Mikroziele zu messen. Für jedes Profil stehen vier definierbare Ziele zur Verfügung. Falls Sie mehr als vier Ziele festlegen wollen, besteht die Möglichkeit, ein weiteres Profil zu erstellen und dort die exakt gleichen Daten einfließen zu lassen. Sie haben dann erneut vier Ziele zur Verfügung.

Praxistipp:

Aus eigener Erfahrung weiß ich, dass vier Ziele auf den ersten Blick oft nicht ausreichen. Bedenken Sie bei der Definition von Zielen immer, dass sich irgendjemand die erhobenen Daten hinterher ansehen muss. Ziele zu erstellen und zu messen nur um des Messens willen halte ich nicht für sinnvoll. Mit der Web-Analyse sollte beabsichtigt werden, interpretationsfähige und analysierbare Daten zu erheben und darzustellen, die dazu dienen, businessrelevante Entscheidungen zu fällen. Mit einer reinen Zahlenschlacht ist noch kein Krieg gewonnen worden. Wie so oft im Leben gilt auch hier die Regel: Weniger ist mehr.

Trichter

Ein Trichter (oft wird auch das englische Wort „Funnel" benutzt) stellt einen vorab definierten Pfad der Zielerreichung in grafisch übersichtlicher Form dar. Ein klassischer Trichter findet sich in nahezu jedem Online-Shop:

Einkaufswagen -> Kasse -> Eingabe der Adresse -> Eingabe der Kreditkarte -> Vielen Dank für Ihren Einkauf

Diesen Bestellprozess gibt es in vielen Varianten: mit oder ohne Registrierung, mit mehr oder weniger Käuferangaben – diversen Zwischenschritten, die irgendwann zu einer Bestellbestätigungsseite führen. Ein Trichterprozess ist ebenso vorstellbar für Anmeldungen, Registrierungen oder Fragebögen. Eines haben jedoch alle Trichter gemein: Die Anzahl der User, die eine Bestätigungsseite sehen, ist niedriger als die Zahl derer, die den Prozess begonnen haben (Abbildung 7.7). Ziel einer jeden Website mit einem definierbaren Trichter sollte sein, so viele User wie möglich durch den Prozess zu bringen. Im Durchschnitt liegen die Konversionsraten von E-Commerce-Sites in Deutschland bei ungefähr zwei Prozent, d.h., 98% der User kaufen nicht. Nun werden Sie es vermutlich nie schaffen, die Konversionsraten eines Offline-Supermarktes zu erreichen (nahezu jeder, der einen Supermarkt betritt, kauft auch etwas – auch wenn es nur Kaugummi ist). Dennoch bedeutet jeder

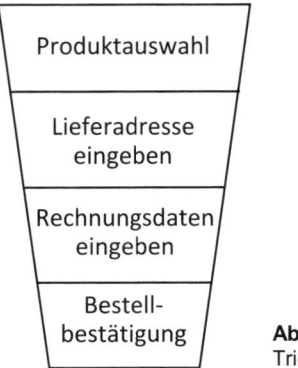

Abbildung 7.7
Trichterdarstellung

Prozentpunkt Konversionsratensteigerung für Sie eine höhere Zielerreichung und somit vermutlich mehr Umsatz.

Praxistipp:

Eine 100%ige Konversionsrate werden Sie allein aus dem Grund nicht schaffen, weil es immer User geben wird, die sich aus Versehen auf Ihre Seite verirrt haben. Nicht jeder ist kaufwillig. Vielleicht gibt es Wettbewerber, die sie nur ausspionieren wollen, Besucher, die sich nur inspirieren lassen wollen, kein Geld haben, oder einfach User, die recherchieren und – wenn überhaupt – erst beim zehnten Besuch etwas kaufen. Vergleichen Sie Ihre Website eher mit einem Möbel- oder Autohaus mit ähnlich niedrigen Konversionsraten.

Die Definition eines Trichters in Google Analytics dient hauptsächlich dem Zweck zu erkennen, wo sich in einem Bestellprozess Schwachstellen befinden. Nach welchem Schritt springen User ab? Wie viele User haben den Prozess begonnen, aber nicht zu Ende geführt? Decken Sie kritische Punkte auf, und verbessern Sie die Schritte, um mehr User durch den Prozess zu bringen.

Nicht jede Website verfügt über einen Trichterprozess. Geht es lediglich um das Absenden eines Kommentars, das Klicken auf einen Link oder das Abonnieren eines Newsletters, ist dies nicht in einem Trichter darstellbar, da es sich nicht um mehrstufige Prozesse handelt. Was völlig in Ordnung ist. Trichter sind nicht immer erforderlich.

In der Sektion „Conversion-Ziele und Trichter" werden sämtliche Definitionen vorgenommen, die innerhalb des Profils die über den GATC erhobenen Daten mit den individuellen Zielen und Trichtern verknüpfen.

7.4.1 Zielinformationen eingeben

Innerhalb des Bereichs „Zielinformationen eingeben" werden die grundsätzlichen Conversion-Ziele definiert. Hier müssen also auf jeden Fall Einstellungen vorgenommen werden, sofern Sie eines der oben aufgezählten Ziele messen wollen – unabhängig davon, ob Sie ebenfalls einen Trichter darstellen wollen oder nicht. Sie müssen Google Analytics lediglich mitteilen, welches genau Ihre Ziele sind. Sie haben viele Möglichkeiten, Ziele zu definieren.

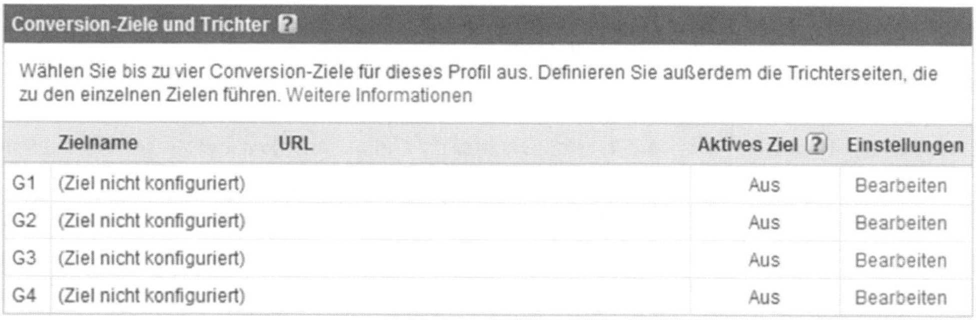

	Zielname	URL	Aktives Ziel ⑦	Einstellungen
Conversion-Ziele und Trichter ⑦				
	Wählen Sie bis zu vier Conversion-Ziele für dieses Profil aus. Definieren Sie außerdem die Trichterseiten, die zu den einzelnen Zielen führen. Weitere Informationen			
G1	(Ziel nicht konfiguriert)		Aus	Bearbeiten
G2	(Ziel nicht konfiguriert)		Aus	Bearbeiten
G3	(Ziel nicht konfiguriert)		Aus	Bearbeiten
G4	(Ziel nicht konfiguriert)		Aus	Bearbeiten

Abbildung 7.8 Zielinformationen eingeben – Übersicht

7.4.1.1 Übereinstimmungstyp, Ziel-URL und Zielname

Der Übereinstimmungstyp gibt drei Optionen, die eine genaue Definition der Zielseite oder auch der Trichterschritte zulassen.

- Genau passendes Keyword
- Übereinstimmung mit Head
- Übereinstimmung mit regulärem Ausdruck

Die Auswahl „genau passendes Keyword" wird verwendet, wenn Ihre Website aus statischen URLs besteht. In diesem Fall können Sie die URL der Bestätigungs- oder Dankeschönseite direkt aus dem Browserfenster herauskopieren und in das Feld „Ziel-URL" einfügen. Es dürfen keine dynamischen Variablen oder andere, nicht konstante Parameter in der URL vorkommen.

Lautet Ihre Ziel-URL beispielsweise *www.beispiel.de/vielendank.html*, können Sie die komplette URL in das Ziel-URL Feld kopieren. Alternativ können Sie sogar reguläre Ausdrücke verwenden und nur den Teil nach der Domain darstellen: *^/vielendank\.html*.

Übereinstimmung mit Head wird verwendet, sofern Sie dynamische Variablen oder Parameter in Ihrer Ziel-URL verwenden. Angenommen, die URL lautet *www.beispiel.de?seite =4&id=12345* und die id ändert sich in Abhängigkeit des Users, können Sie lediglich *www.beispiel.de?seite=1* eingeben und den Übereinstimmungstypen mit Head auswählen.

Die variabelste der drei Auswahloptionen ist allerdings die Übereinstimmung mit „regulärem Ausdruck". Mit regulären Ausdrücken haben Sie die Möglichkeit, innerhalb der von Analytics erhobenen URLs bestimmte Fragmente Ihrer Website herausgelöst zu betrachten und diese ggf. als Ziel zu definieren. Angenommen, Ihre Site verfügt über eine sehr komplexe URL-Struktur mit vielen unübersichtlichen dynamischen Parametern. Dennoch wird es eine Variable oder einen Parameter geben, der die Ziel-URL von allen anderen URLs unterscheidet. Dies kann ein Wort oder eine Zahl sein. Schauen Sie sich diese URLs genau an, und versuchen Sie, diese einzigartige Kennzeichnung der Zielseite herauszufinden. Wenn Sie diese Variable gefunden haben, können Sie allein diesen kleinen Teil der URL als Ziel definieren. Beispielsweise lautet Ihre Ziel-URL folgendermaßen:

http://www.beispiels.de/webapp/wcs/stores/servlet/CatEntrySearch?catalogId=1&langId=-3&storeId=20&searchTerm=druckbleistift&lkz=26124&exid=172363&basketconfirm=1

Welchen Teil der URL würden Sie als Zielelement ausmachen? In diesem Falle ist es das Wort „basketconfirm", das eine Bestellbestätigung signalisiert. Ein möglicher Eintrag im Feld „Ziel-URL" wäre dann *.*basketconfirm.**.

Ein weiteres Beispiel dieses Übereinstimmungstypen wäre, wenn Ihre Website über verschiedene Subdomains verfügt. Wenn die Zielseiten aller Subdomains allerdings einen Parameter besitzen, die diese spezielle Seite kennzeichnet, können Sie ihn als Ziel definieren – sozusagen Subdomain-übergreifend.

Der von Ihnen definierten Ziel-URL sollten Sie dann einen eindeutigen, leicht verständlichen Namen geben – den Zielnamen. Der hier vergebene Name taucht innerhalb der Analytics-Berichte wieder auf. Es ist also durchaus sinnvoll, sich einen selbsterklärenden Namen auszudenken, mit dem auch Personen außerhalb Ihrer Abteilung etwas anfangen können.

Praxistipp:

Reguläre Ausdrücke sind eine Folge von Zeichen, die eine Zeichenfolge „durchsuchen" und nach bestimmen Regeln Übereinstimmungen entdecken oder Änderungen in dieser Zeichenfolge vornehmen. Sie können sehr komplex werden, sind aber ein mächtiges Werkzeug, um Daten zu manipulieren oder individuell anzupassen. Bei Google Analytics verwendet man sie für die Definition von Zielen, die Kreation von Filtern (Kapitel 7.5 Filter) und das Suchen innerhalb von Reports. Setzen Sie sich bei der Erstellung regulärer Ausdrücke ggf. mit Ihrem Webmaster oder Ihrer IT-Abteilung in Verbindung. Reguläre Ausdrücke bestehen aus verschiedenen Platzhaltern mit unterschiedlichen Aufgaben:

- . und \
  Ein Punkt stimmt mit jedem Zeichen überein. Beispielsweise würde die Buchstabenfolge abc durch … erkannt werden (auch wenn dies aus technischer Sicht nicht die optimale Darstellungsform ist). Weil der Punkt nun bereits ein Zeichen der regulären Ausdrücke ist und gleichzeitig auch in jeder URL vorkommt, muss er als regulärer Ausdruck aufgehoben werden, sofern man wirklich einen Punkt darstellen will. Soll die URL www.beispiel.de mit einem regulären Ausdruck dargestellt werden, würde sie als www.\beispiel.\de geschrieben werden. Der vorangestellte Schrägstrich hebt die Funktion des Punktes im Sinne eines regulären Ausdrucks auf. Andernfalls wäre eine Übereinstimmung auch für wwwabeispielbde oder wwwxbeispiel4de gegeben, da ein Punkt jedes beliebige Zeichen abdeckt und somit als Wildcard betrachtet werden kann.

- *
  Der Stern stimmt mit keinem oder mehr der vorangegangenen Zeichen überein. Angenommen, ich habe eine Artikelnummer die immer 4-stellig ist. Ich suche nun nach der Nummer 4. Diese wäre in dem System beispielsweise als 0004 dargestellt. Um eine Übereinstimmung mit dem * zu erreichen, ist die Suchziffer die 4 mit entweder keiner oder mehreren Nullen davor. 0*4 wäre ein regulärer Ausdruck, der hier eine Übereinstimmung erzielen würde (allerdings wäre eine Übereinstimmung auch erzielt, wenn vor der 4 deutlich mehr Nullen stünden, weil es ja nur „keine 0 oder mehr" heißt. Das Maximum ist nicht definiert. Besonders oft wird der * im Zusammenhang mit dem . verwendet. Denn .* hieße jedes Zeichen, egal, welches und wie viele.

- +

Das Pluszeichen kennzeichnet eine Übereinstimmung mit einem oder mehreren vorhergehenden Zeichen. Für das obige Beispiel mit dem * würde dies bedeuten, dass 0+4 nur dann eine Übereinstimmung ergibt, solange mindestens eine 0 vor der 4 stünde. 04, 004 oder 0004 oder noch mehr Nullen würden eine Übereinstimmung erzeugen. Keine Null oder eine andere Ziffer als die Null hieße „keine Übereinstimmung". Sie suchen nach dem Wort „Hannover"? Vielleicht schreiben viele User „Hanover" oder „Hannnover". Mit dem regulären Ausdruck „Han+over" würden Sie alle Schreibweisen abdecken, mindestens ein n muss allerdings vorkommen.

- ?

Das Fragezeichen stimmt mit einem oder keinem des vorhergehenden Zeichens überein.

- ()

Die Klammern gruppieren ein Element und merken sich dieses. Insbesondere in Verbindung mit anderen regulären Ausdrücken werden die Klammern benötigt. Dazu gleich mehr.

- []

Sind in einer eckigen Klammer Elemente enthalten, wird hier nach einer Übereinstimmung gesucht. Steht lediglich ein Element in dieser Klammer, muss dieses für eine Übereinstimmung auch vorkommen. Der reguläre Ausdruck „StirbLangsam[1234]" würde übereinstimmen mit allen StirbLangsam-Folgen 1–4, die fünfte Folge wäre hier nicht eingeschlossen.

- -

Das Minuszeichen erstellt einen Bereich in einer Liste, wie man es auch vermuten würde. Also 0–9 oder a–z. In Verbindung mit der eckigen Klammer ergibt das Minuszeichen oft einen Sinn. Für obiges Beispiel wäre der reguläre Ausdruck „StirbLangsam[1–4]" auch korrekt und würde alle vier Teile von Stirb langsam einschließen. Oder für eine Liste an Zahlen, bei der die letzte zwischen 0 und 9 variiert, wäre beispielsweise „6874364[0-9]" der korrekte Ausdruck.

- ^

Das Dach stellt eine Übereinstimmung am Anfang eines Feldes dar, d.h., das Suchelement muss mit der dem Dach folgenden Ziffer beginnen. Wäre „^langsam" mein regulärer Ausdruck, hätte ich eine Übereinstimmung für „langsam", aber nicht für „stirb langsam".

- $

Das Dollarzeichen ist bei den regulären Ausdrücken das Gegenteil vom Dachzeichen. Eine Übereinstimmung findet also nur statt, wenn in dem durchsuchten Element nach dem Dollarzeichen kein Symbol mehr kommt. Der reguläre Ausdruck „timoaden.de$" würde beispielsweise nicht mit timoaden.de/2009/05/01 übereinstimmen.

- |

Das Pipe-Symbol bedeutet so viel wie das Wort „oder". Insbesondere im Zusammenhang mit Klammern ergibt dieses Zeichen einen Sinn. „Groß(vater|mutter)" würde sowohl das Wort „Großvater" als auch „Großmutter" einschließen. Oder Sie suchen in einer Liste nach den Wörtern „Haus" oder „Baum", beide dürfen vorkommen, dann wäre „(Haus|Baum)" der richtige Ausdruck.

Es gibt weitere Details, auf die ich an dieser Stelle nicht näher eingehe. Wichtig zu wissen ist, dass die regulären Ausdrücke auch im Suchfeld innerhalb der Google Analytics-Berichte verwendet werden können. Angenommen, Sie betreiben eine Website mit täglichen Nachrichten, die jeweils mit dem aktuellen Datum eingestellt werden (beispielsweise www.beispiel.de/05/01/2009/sport/meisterhsv). Sie möchten nun nur jene Artikel betrachten, die zwischen dem 05.und 09. Januar 2009 veröffentlich wurden. So könnten Sie diesen Zeitraum mit Hilfe des regulären Ausdrucks „.*/0[5-9]/01/2009/.*" eingrenzen (meist gibt es verschiedene Möglichkeiten, reguläre Ausdrücke zu benutzen; auch der Ausdruck „.*/0[5-9]/[0-9]{2}/[0-9]{4}/.*" wäre zielführend).

Am besten probieren Sie es einfach innerhalb des Berichts, der Ihre URLs auflistet, im Suchfeld. Geben Sie dort verschiedene reguläre Ausdrücke ein, um nach einzelnen Begriffen, Kombinationen von Begriffen oder Strukturen zu suchen. Ob Sie erfolgreich sind, sehen Sie direkt anhand der angezeigten Ergebnisse.

7.4.1.2 Zielwert

Nicht jede Website betreibt einen Online-Shop oder generiert direkten Umsatz. Dennoch kann man vielen nicht direkt umsatzbezogenen Aktionen der User einen monetären Wert beimessen.

Beispielsweise wissen Sie aus Erfahrung, dass jedes zehnte ausgefüllte und vom User an Sie versendete Kontaktformular im Durchschnitt einen nachgelagerten Umsatz von 2.100 Euro bringt. Diese Information haben Sie in einem Call Center oder in der weiteren Kommunikation mit dem Kunden herausgefunden. Daraus lässt sich folgern, dass das Ausfüllen eines Kontaktformulars die Wertigkeit von 210 Euro hat (2.100/10=210). Diese Wertigkeit können Sie nun als rein rechnerischen Wert nehmen, um einen fiktiven Umsatz für das Ausfüllen eines Formulars zu bestimmen. Genauso können Sie einen Wert für sämtliche anderen definierten Ziele bestimmen, die keine direkte Umsatzrelevanz haben (Download eines PDF-Dokuments, Registrierung etc.).

Tragen Sie lediglich den von Ihnen errechneten oder geschätzten Wert in das Feld „Zielwert" ein. Verzichten Sie dabei auch auf Tausender-Trennzeichen, Kommata und Währungssymbole, und verwenden Sie den Punkt als Separator der Dezimalstelle (also 5732.45 statt 5.732,45).

Wann immer nun ein von Ihnen definiertes Ziel erreicht wird, nimmt Analytics den Zielwert als rechnerischen Umsatz und stellt ihn in verschiedenen Berichten dar. So können Sie sogar die Rendite (ROI = Return on Investment) für Ihre AdWords sehen. Auch wenn es sich nur um fiktive, errechnete Umsatzwerte handelt – das Interesse an der Zahlenanalyse wird bei Ihnen oder in Ihrem Unternehmen schlagartig steigen. Probieren Sie es aus. Geben Sie jedem definierten Ziel einen (realistischen) Zielwert.

7.4.2 Trichter definieren

Der Trichter stellt den von Ihnen vorab festgelegten Pfad dar, den User in der Regel nehmen, um das definierte Ziel zu erreichen. In den meisten Fällen handelt es sich hier um Bestellprozesse, die klassischerweise folgenden (oder einen grob ähnlichen) Ablauf haben:

- Produktansicht
- Einkaufswagen
- Eingabe Lieferadresse

■ Eingabe Bezahloptionen

■ Bestellbestätigungsseite

Die Bestellbestätigungsseite wurde bereits in den Feldern „Ziel-URL" und „Zielname" bestimmt und ist vorab als letzter Schritt innerhalb des Trichters definiert. Nun geht es um die Schritte dazwischen. Wie bereits erwähnt: Es muss keine Schritte und damit keinen Trichter geben, um ein Ziel zu definieren. Die meisten Ziele, die keinen Kauf oder keine Registrierung darstellen, kommen ohne die Definition eines Trichters aus.

Google Analytics bietet die Möglichkeit, einen Bestellprozess mit maximal zehn Schritten abzubilden (Abbildung 7.9, nächste Seite). In der Regel sollten zehn Schritte ausreichen. Verfügt Ihr Bestellprozess über deutlich mehr als zehn Schritte, dürfte ein Optimierungsbedarf bestehen.

Ähnlich wie bei der Zieldefinition wird hier zunächst die URL (bzw. die URI) des jeweiligen Schrittes eingefügt. Wenn die Schritte Ihres Bestellprozesses über weitestgehend eindeutige und statische URLs verfügen, können Sie die URIs direkt in die entsprechenden Felder einfügen. Die Domain wird nicht benötigt, sofern diese immer identisch ist. Vergeben Sie anschließend einen eindeutigen Namen für die einzelnen Schritte, damit diese im Trichter-Bericht hinterher leicht zu finden und zu analysieren sind.

Wenn Ihre Website über kryptische oder dynamische URLs verfügt, haben Sie die Möglichkeit, die einzelnen Schritte über reguläre Ausdrücke abzubilden. In diesem Fall suchen Sie innerhalb der URLs der einzelnen Schritte nach Parametern, die jeden Schritt definieren. Oft wird die durchzuführende Aktion in der URL beschrieben, so dass in der URL dann „addtobasket" oder „payment" vorkommen. Mitunter ist aber auch lediglich die Veränderung einer Ziffer ein Indiz für den jeweiligen Schritt und somit die einzige Möglichkeit, Unterscheidungen vorzunehmen (beispielsweise st=2 für step=2 oder Ähnliches). Haben Sie die unterscheidbaren Elemente gefunden, können Sie diese mit den bereits beschriebenen regulären Ausdrücken separieren und in das entsprechende Feld einfügen.

Sofern Sie Ihre URLs umbenannt (siehe Kapitel 6.2 – Umbenennen von URLs) oder virtuelle Seitenaufrufe generiert haben (siehe Kapitel 6.6 – Tracking von Downloads und Outbound Links), ersetzen diese die in der Adresszeile des Browsers dargestellte URL. In diesem Fall werden die von Ihnen vergebenen Namen sowohl für die Ziel- als auch für die Trichterdefinition verwendet. Ebenso verhält es sich, wenn URLs durch Filter namentlich verändert wurden. All diese Maßnahmen greifen bereits bei der Erhebung der Daten, bevor die Ziel- und Trichterdarstellung erstellt wird.

Praxistipp:

Versuchen Sie, bei der Definition des Trichterprozesses darauf zu achten, nicht bereits die Homepage als ersten Schritt zu definieren. In der Regel bietet die Homepage dem User zu viele Navigationsmöglichkeiten , so dass ein direkter Gang in den von Ihnen definierten Prozess möglicherweise nicht sehr wahrscheinlich ist und die Abgänge aus diesem Schritt (wahrscheinlich) entsprechend hoch sein werden. Besser ist es, die Trichterdefinition wirklich erst dann zu beginnen, wenn bestimmte Produkte aufgerufen werden oder der Warenkorb in Richtung Kasse geschoben wird.

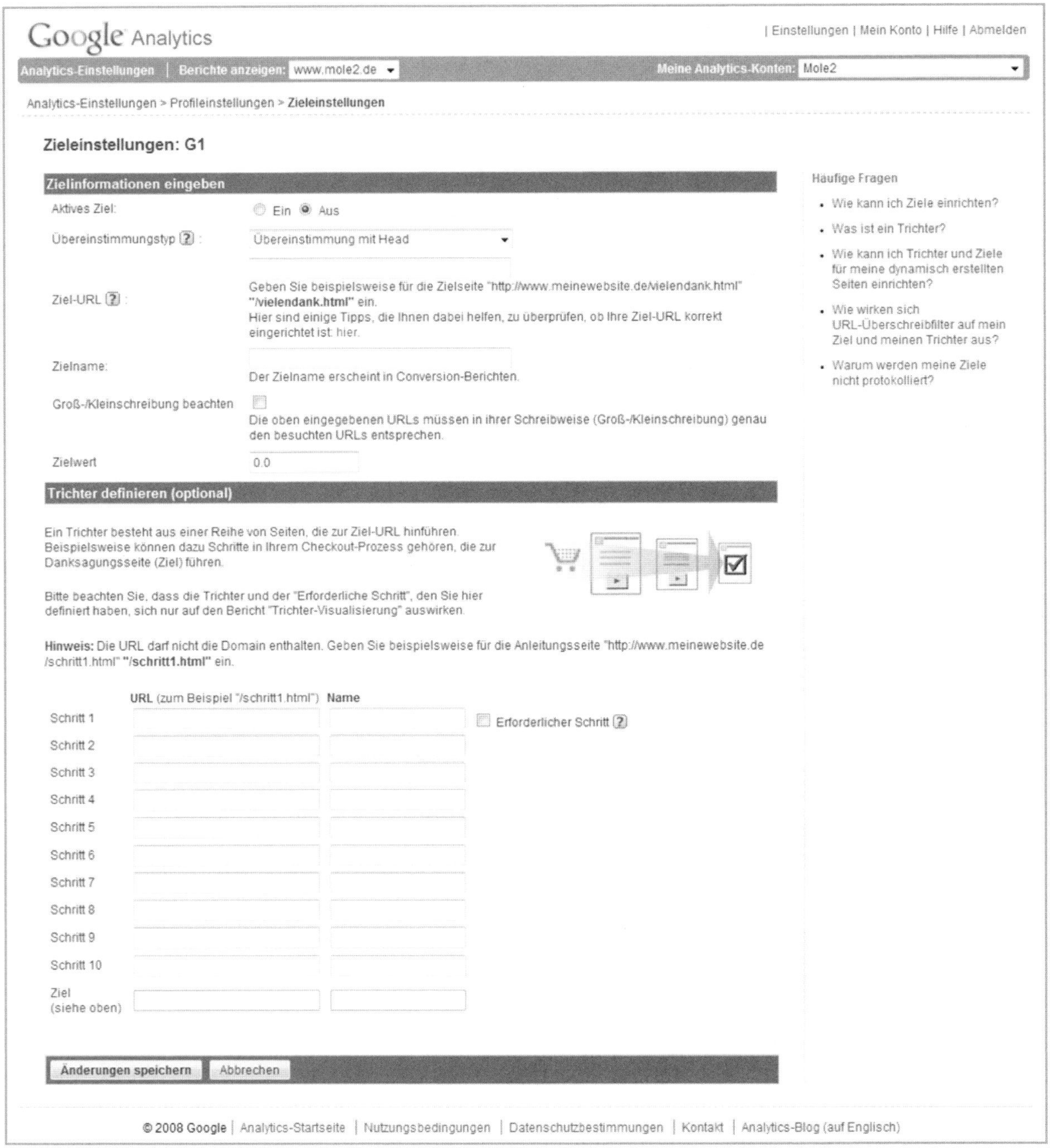

Abbildung 7.9 Trichter definieren – Übersicht

Die Definition der Schritte innerhalb des Trichters ist für die Berechnung der Conversion Rate der anderen Berichte in Analytics nicht relevant. Letztere beziehen sich ausschließlich auf die Ziel-URL und den entsprechenden Zielnamen. Die definierten Schritte des

Trichters werden nur für den Bericht „Trichter-Visualisierung" benötigt und tauchen sonst in keinem Bericht auf.

Praxistipp:

Sollte Ihr Bestellprozess doch über mehr als zehn Schritte verfügen, könnten Sie einzelne Schritte zusammenfassen. Beispielsweise werden innerhalb des Prozesses diverse Fragen gestellt, die der User auszufüllen hat (dies kann durchaus vorkommen, wenn Sie nicht nur an Produktkäufe denken, sondern an Registrierungen oder eine Vorabklassifikation der User). Diese Fragen können sich über mehrere Seiten erstrecken und somit die zehn Schritte übersteigen. Versuchen Sie in diesem Fall, mit Hilfe regulärer Ausdrücke Gruppierungen herzustellen und auf diese Weise mehrere Fragen (also mehrere Seiten) zusammenzufassen. Ein fiktives Beispiel finden Sie in Abbildung 7.10.

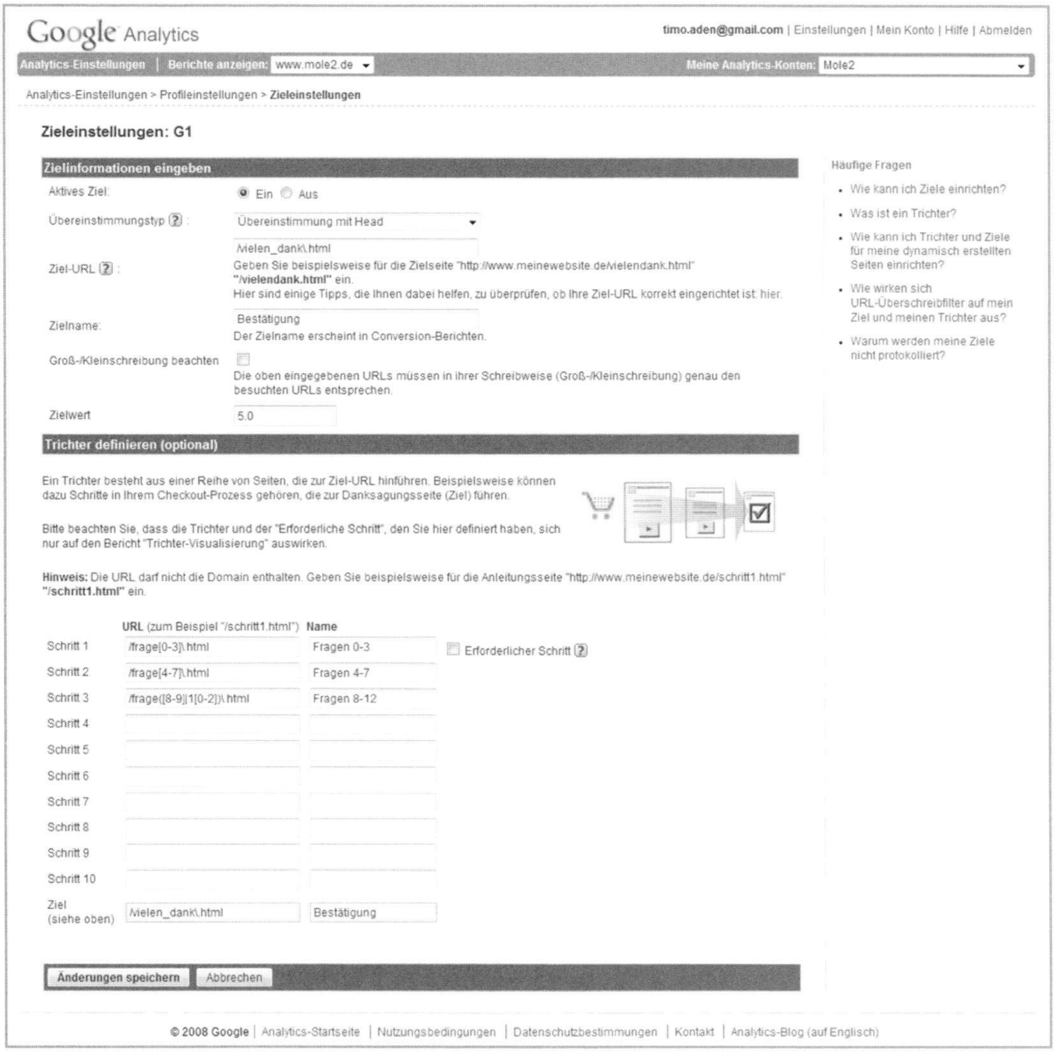

Abbildung 7.10 Trichter definieren – Fragegruppen

7.4.2.1 Erforderlicher Schritt

Die Aktivierung des Kästchens „erforderlicher Schritt" bedeutet, dass ein User diesen ersten Schritt auf dem Weg zur Zielerfüllung durchlaufen muss. Hat ein User die Möglichkeit, in einen späteren Schritt des Prozesses einzusteigen, ohne den ersten Schritt zu passieren, wäre eine Zielerfüllung für den Trichter-Bericht nicht gegeben. Mit diesem Häkchen legen Sie fest, dass die User im Laufe ihrer Session den ersten Schritt (zumindest) einmal gesehen haben müssen, ob dies nun direkt als Einstiegsseite oder erst später passiert, ist unerheblich und wirkt sich nicht auf die Conversionzählung aus.

Der „erforderliche Schritt" wirkt sich ausschließlich auf den „Trichter-Visualisierungs"-Bericht aus. Alle anderen Berichte und Darstellungen der Conversions bleiben davon unberührt.

Praxistipp:

Aktivieren Sie den „erforderlichen Schritt" in der Regel lieber nicht. Erfahrungsgemäß kann er für Verwirrungen, Fehlinterpretationen oder einfach falsche Zahlen sorgen. Nutzen Sie diese Möglichkeit nur dann, wenn es für Sie wirklich einen Sinn ergibt, dass die User vor der Conversion diesen Schritt passiert haben müssen. Zudem werden Einstiege von Usern, die erst nach dem ersten Schritt erfolgen, ignoriert – es kann allerdings sehr interessant sein zu sehen, auf welchen Wegen User in den Trichter einsteigen können. Oftmals navigieren sie völlig anders, als Sie es sich vorstellen.

7.5 Filter

Filter sind eines der mächtigsten Instrumente von Google Analytics. Die Funktion „erweiterte Segmente" kann zwar einige der Aufgaben übernehmen, die früher mit Hilfe von Filtern erledigt wurden. Dennoch gibt es einige Einstellungs- und vor allem Individualisierungsmöglichkeiten, die sich nur mit Filtern umsetzen lassen.

Grundsätzlich kann man sich das folgendermaßen vorstellen: Die Daten werden über den Google Analytics Tracking Code erhoben und fließen dann durch die definierten Filter wie durch eine semipermeable Membran. Je nachdem, wie die Filter definiert wurden, unterscheiden sich die Daten in den Berichten voneinander. Durch die Filter können Daten individuell manipuliert werden.

Praxistipp:

Werden Daten durch Filter ausgeschlossen, sind sie für immer verloren, weil sie den Weg in die endgültige Verarbeitung auf den Google-Servern nicht schaffen. Legen Sie sich daher immer zunächst ein neues Profil an, wenn Sie Filter testen, um den Datenfluss der bereits erhobenen Daten nicht zu verlieren.

Auf Profil angewendete Filter ❓		+ Filter hinzufügen	
Filtername	Filterart	Einstellungen	Löschen
0 Filter. Weitere Informationen über Filter, ihre Erstellung , oder Beispiele hierzu.			

Abbildung 7.11 Filter hinzufügen

Klicken Sie zunächst auf „Filter hinzufügen", um in die Bearbeitungsoberfläche eines Filters zu gelangen. Hier haben Sie die Möglichkeit, einen neuen Filter zu erstellen (Abbildung 7.11) oder einen bereits vorhandenen – bereits definierten – Filter erneut zu verwenden und auch für dieses Profil zu nutzen. Letztere Option ermöglicht die vielfache Anwendung desselben Filters in verschiedenen Profilen.

Praxistipp:

Haben Sie bereits Filter erstellt und wollen diese auch in anderen Profilen nutzen, sollten Sie sie dort nur unverändert verwenden. Wird in einem in mehreren Profilen genutztem Filter eine Änderung vorgenommen, wirkt sich dies auf sämtliche Profile aus, in denen dieser Filter Verwendung findet. Erstellen Sie lieber einen neuen Filter, sofern Sie nicht ganz sicher sind, dass es keiner Änderung des Filters in den verschiedenen Profilen bedarf.

Sollten Sie bereits Filter angelegt haben, können Sie beim Klick auf das Kästchen vor „Vorhandenen Filter auf Profil anwenden" eine Auswahl tätigen, welche der bereits existierenden Filter verwendet werden sollen. Diese Liste ergibt sich aus sämtlichen von Ihnen administrierten UA-Nummern.

Beim Hinzufügen eines neuen Filters wird dem Filter zunächst ein Name gegeben. Dieser sollte wie immer in der Web-Analyse selbsterklärend sein, um im Nachhinein schnell urteilen zu können, welche Aufgaben er durchführt. Im Pull-down-Menü der Filterart haben Sie nun vier Auswahlmöglichkeiten:

- Alle Besuche von einer Domain ausschließen
- Alle Besuche von einer IP-Adresse ausschließen
- Nur Zugriffe auf ein Unterverzeichnis einschließen
- Benutzerdefinierte Filter

7.5.1 Alle Besuche von einer Domain ausschließen

Erstreckt sich Ihre Domain über beispielsweise zwei Domains, und Sie tracken diese entsprechend der in Kapitel 6.4 beschriebenen Methode (Tracking von verschiedenen Domains), ist es möglicherweise interessant, jede Domain für sich zu betrachten. In diesem Fall können Sie den bereits vordefinierten Filter „Alle Besuche von einer Domain ausschließen" wählen (Abbildung 7.12) und fügen die auszuschließende Domain ein (dementsprechend wird in diesem Profil dann ausschließlich die andere, übrigbleibende Domain dargestellt). Erfahrungsgemäß findet dieser Filter eher selten Verwendung.

Abbildung 7.12 Domain ausschließen

7.5.2 Alle Besuche von einer IP-Adresse ausschließen

Im Sinne akkuraterer Daten kann ich nur empfehlen, die eigene IP-Adresse auszuschließen (Abbildung 7.13) – insbesondere dann, wenn es sich um ein Unternehmen handelt, für das mehrere Mitarbeiter arbeiten. Eigene Mitarbeiter verhalten sich auf den eigenen Seiten meist anders als externe User. Die Aussagekraft der Berichte wird also erhöht, wenn Sie interne Nutzer, also die eigene IP-Adresse, ausschließen. Allerdings funktioniert der Ausschluss nur, wenn Sie über eine feste IP-Adresse oder eine IP-Adressen-Range verfügen. Verwenden Sie hier wieder reguläre Ausdrücke, um den Trennungspunkt zwischen den IP-Nummernblöcken aufzuheben und als Punkt zu identifizieren. Also beispielsweise:

63\.212\.171\.252

Nutzen Sie eine feste IP-Adressen-Range (bei *63.212.171.1-50* könnte der Ausschluss beispielsweise folgendermaßen aussehen:

^63\.212\.171\.([1-9]|[1-4][0-9]|50)$

Alle Zugriffe über diese IP-Adresse(n) werden dann im Profil, für das der Filter aktiv ist, nicht mitgetrackt. Wenn es Sie interessiert, können Sie ein weiteres Profil anlegen, in dem Sie die eigene IP-Adresse einschließen. Sie sehen dann, wie viele Zugriffe intern generiert werden und wie die eigenen Mitarbeiter die Ziele erfüllen, sofern Sie welche definiert haben.

Abbildung 7.13 IP-Adresse ausschließen

7.5.3 Nur Zugriffe auf ein Unterverzeichnis einschließen

Besteht Ihre Website aus mehreren Unterverzeichnissen und Sie wollen diese in verschiedenen Profilen getrennt voneinander betrachten, ist dieser Filter sinnvoll. Angenommen, Sie betreiben eine Nachrichtenwebsite und haben die folgende URL-Struktur für die unterschiedlichen Themengebiete:

> *www.beispiel.de/sport/....*
> *www.beispiel.de/finanzen/...*
> *www.beispiel.de/lokales/...*
> *www.beispiel.de/wetter/...*

Für ein Profil, das nur */lokales/* betrachten soll, würden Sie diesen Filter auswählen und *^/lokales/* in das Feld „Unterverzeichnis" eingeben. Sämtliche in diesem Verzeichnis anfallenden Daten würden nun erhoben, alle anderen hingegen nicht berücksichtigt. Dies könnten Sie für die anderen Themenbereiche mit jeweils individuellen Profilen wiederholen.

7.5.4 Benutzerdefinierte Filter

Diese Art von Filter gibt Ihnen die Möglichkeit, vielfältige Individualisierungen der Daten vorzunehmen (Abbildung 7.14). Folgende Möglichkeiten stehen zur Wahl:

- Ausschließen
- Einschließen

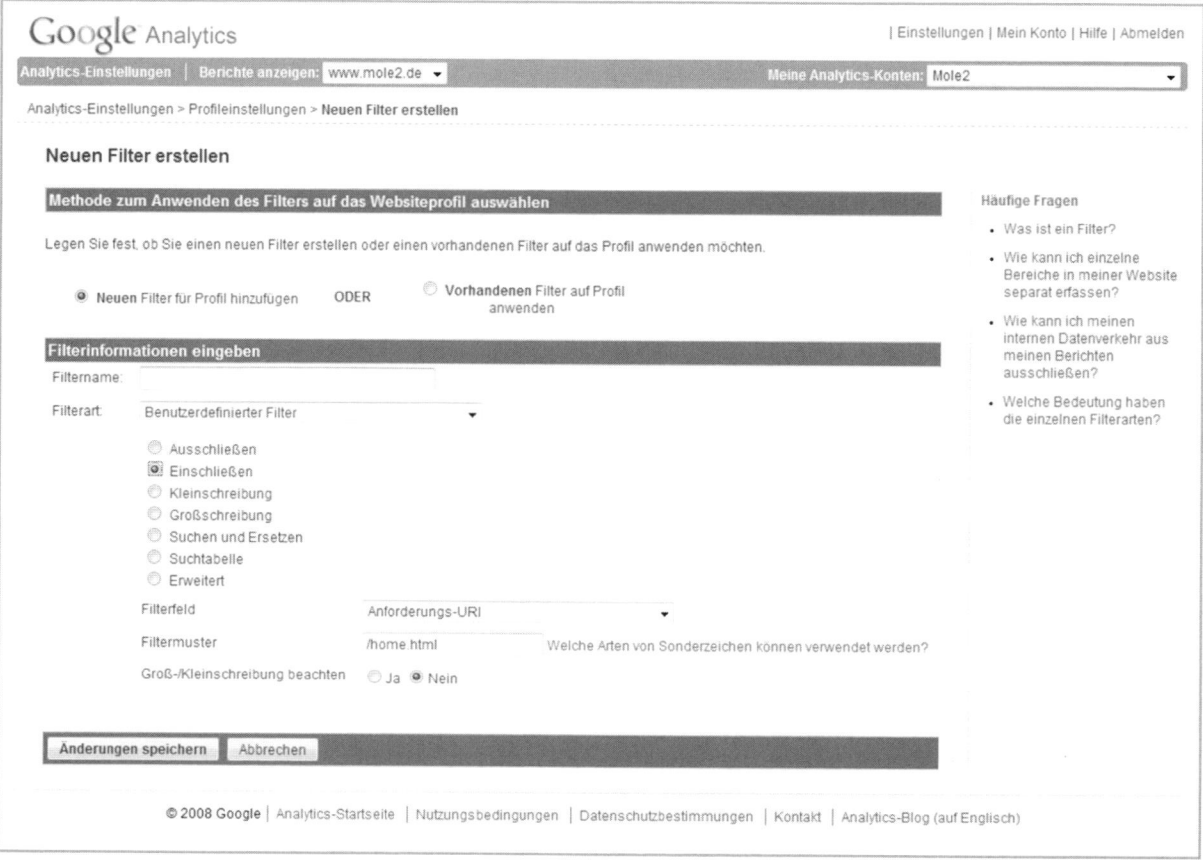

Abbildung 7.14 Benutzerdefinierter Filter

- ☐ Kleinschreibung
- ☐ Großschreibung
- ☐ Suchen und Ersetzen
- ☐ Suchtabelle
- ☐ Erweitert

Innerhalb dieser Auswahlmöglichkeiten gibt es wiederum 39 verschiedene Filterfelder, auf die diese Filter angewendet und verändert werden können.

Tabelle 7.3 Auswählbare Filterfelder

Anforderungs-URI	Hostname
Seitentitel	Kampagnenquelle
Kampagnenmedium	Kampagnenname
Kampagnenbegriff	Kampagnencode
Benutzerdefinierte Segmente	E-Commerce-Transaktions-ID

Land der E-Commerce-Transaktion	Region der E-Commerce-Transaktion
Stadt der E-Commerce-Transaktion	E-Commerce-Shop- oder Bestellstandort
E-Commerce-Artikelname	E-Commerce-Artikelcode
E-Commerce-Artikelvariation	Kampagnen-Ziel-URL
Browserprogramm des Besuchers	Browserversion des Besuchers
Betriebssystemplattform des Besuchers	Betriebssystemversion des Besuchers
Spracheinstellungen des Besuchers	Bildschirmauflösung des Besuchers
Bildschirmfarben des Besuchers	Java-Aktivierung bei Besuchern
Flash-Version des Besuchers	IP-Adresse des Besuchers
Geografisches Gebiet von Besuchern	ISP-Unternehmen des Besuchers
Land des Besuchers	Region des Besuchers
Stadt des Besuchers	Verbindungsgeschwindigkeit des Besuchers
Art des Besuchers	Verweis
Benutzerdefiniertes Feld 1	Benutzerdefiniertes Feld 2

7.5.4.1 Ausschließen

Ausschließen bedeutet, dass die Daten eines von Ihnen definierten Filterfeldes ausgeschlossen werden. Sie können den bereits voreingestellten und oben beschriebenen Filter „Alle Besucher von einer IP-Adresse ausschließen" nachbilden. Hierfür würden Sie „IP-Adresse des Besuchers" unter „Filterfeld" auswählen und die Adresse entsprechend in das Feld „Filtermuster" eingeben.

Hier können aber auch Teilbereiche oder Unterverzeichnisse der Website, einzelne Quellen, Kampagnen oder bestimmte Nutzergruppen ausgeschlossen werden.

7.5.4.2 Einschließen

Einschließen ist das Gegenteil von Ausschließen – diese Aussage hört sich banal an, ist es im Sinne von Google Analytics aber nicht. Wenn Sie beispielsweise alle deutschen Besucher einschließen, heißt das im Umkehrschluss, dass alle anderen Länder damit ausgeschlossen sind. Die Daten der nichtdeutschen User sind mit diesem Filter für dieses Profil unwiederbringlich verloren. Durch Einschließen-Filter wird die Datenbasis für dieses Profil meist deutlich eingeschränkt. Die Verwendung mehrerer Einschließen-Filter kann dazu führen, dass die Datenbasis so sehr verkleinert wird, dass keine aussagekräftigen Daten mehr zur Verfügung stehen. Dennoch ist es in vielen Fällen sinnvoll, einen Einschließen-Filter zu verwenden. Um beispielsweise alle deutschen Besucher einzuschließen, müssten Sie sonst alternativ mit einem Ausschließen-Filter arbeiten und alle Länder außer Deutschland ausschließen.

Einschließen-Filter ergeben zum Beispiel dann einen Sinn, wenn Sie detailliert ein komplettes Profil nur für die Besucher eines Landes oder einer Quelle oder eine Kampagne analysieren wollen. Angenommen, Sie verkaufen Blumen nur innerhalb Deutschlands. Dann ist es für Sie kaum von Interesse zu wissen, wie viele Besucher aus den angrenzenden Ländern auf Ihrer Website landen, weil Sie Ihre Ware nur innerhalb Deutschlands ausliefern. Sie könnten also einen Einschließen-Filter für Deutschland setzen, um mit diesen für Sie relevanteren Daten zu arbeiten.

Auch den oben bereits beschrieben Filter „Nur Besuche auf ein Unterverzeichnis einschließen" können Sie hier mit diesem Filter nachbilden.

7.5.4.3 Kleinschreibung/Großschreibung

Analytics unterscheidet nach Groß- und Kleinschreibung. So werden beispielsweise die Seiten

www.beispiel.de/Home.html
www.beispiel.de/home.html

als zwei unterschiedliche Seiten dargestellt. Auch können Sie bei der Benennung externer Kampagnen begangene Fehler (etwa wenn Sie sowohl „Schlussverkauf" als auch „schlussverkauf" als Kampagnennamen verwenden) ignorieren, indem Sie definieren, dass alles in Kleinschreibung dargestellt wird – unabhängig davon, wie die Daten in der Realität aussehen: *ID=uzJzvgzsfTFkJ* würde bei Aktivierung des Filters „Kleinschreibung" automatisch umgewandelt zu *id=uzjzvgzsftfkj*

7.5.4.4 Suchen und Ersetzen

Oftmals sehen die URLs sehr kryptisch aus und sind in den Berichten von Analytics schwer zu analysieren. Mit einem Suchen-und-Ersetzen-Filter können Sie ganze URLs oder Teile davon umbenennen (wenn dies nicht schon vorab geschehen ist; siehe Kapitel 6.2, Umbenennung von URLs). Angenommen, Sie betreiben eine Seite, auf der Flugreisen verkauft werden. Innerhalb der URLs wird jedes Mal das Datum der ausgewählten Reise übertragen. Hier ein fiktives Beispiel für einen Flug von Hamburg nach München am 05.01.2009:

www.beispiel.de/flugreise/ham/muc/05/01/2009/billig.html

Jede Anfrage eines anderen Abflughafens, eines anderen Zielflughafens und eines anderen Datums würde eine neue, individuelle URL erstellen. Hierdurch steigt die Gefahr, dass zu viele unterschiedliche URLs generiert werden und folglich weitere Seiten irgendwann in den (other) Ordner einfließen (siehe Kapitel 7.3.4 – URL Suchparameter ausschließen). Des Weiteren sind diese vielen unterschiedlichen URLs sehr schlecht analysierbar, da Trends nur schwer erkennbar sind. Aus Sicht der Web-Analyse kann es also sinnvoll sein, die oben genannte URL anders – in aggregierter Form – darzustellen:

www.beispiel.de/flugreise/ham/muc/datum/billig.html
oder
www.beispiel.de/flugreise/start/ziel/datum/billig.html

Mit Hilfe des Suchen-und-Ersetzen-Filters sowie regulärer Ausdrücke können Sie dies erreichen. Hier der entsprechende Filter für das erste Beispiel:

Filterfeld: Anforderungs-URI
Suchzeichenfolge: /[0-9]{2}/[0-9]{2}/[0-9]{4}/
Ersetzungszeichenfolge: datum

Für den Suchen-und-Ersetzen-Filter gibt es eine ganze Reihe möglicher, mehr oder weniger sinnvoller Filter. So könnten User aus München zu Besuchern aus Hamburg umgeschrieben werden (indem man nach dem Ort München sucht und diesen durch Hamburg ersetzt), um ein Beispiel für einen weniger sinnvollen Filter zu nennen.

7.5.4.5 Suchtabelle

Die Suchtabelle wird z.Zt. von Google nicht unterstützt. Früher beinhaltete diese Funktion die Möglichkeit, Tabellen hochzuladen und diese in verschiedene Berichte einfließen zu lassen. Seit dem Launch von Google Analytics wird diese Option nicht mehr angeboten, und es ist auch nicht klar, ob es sie wieder geben wird.

7.5.4.6 Erweitert

Die Möglichkeiten des „Erweitert"-Filters sind unbegrenzt (Abbildung 7.15, nächste Seite). Dieser Filter ist der komplexeste, gleichzeitig aber auch mächtigste aller Filter in Google Analytics. Hiermit können beliebige Elemente aus verschiedenen Google Analytics-Datenquellen extrahiert und neu angeordnet werden.

Ein Beispiel: Sie betreiben eine E-Commerce-Website und verkaufen Schuhe. Jede durchgeführte Transaktion ist mit einer Transaktionsnummer versehen, die auch entsprechend in den E-Commerce-Berichten dargestellt werden. Zudem werden sämtliche Quellen angeführt, die Ihnen Besucher auf Ihre Plattform bescheren. Per Default gibt es nun keine Möglichkeit, eine Verknüpfung der Transaktionsnummer mit der Quelle herzustellen. Mit einem erweiterten Filter können Sie diese in Google Analytics ja vorhandenen Daten allerdings Ihren Bedürfnissen anpassen.

Hierfür werden sowohl die Transaktionsnummer als auch die Quelle extrahiert und beispielsweise im Bericht „Transaktionen" neu zusammengefügt und gemeinsam dargestellt: Hinter jeder Transaktions-ID würde dann in Klammern die entsprechende Quelle, über die die Transaktion zustande kam, stehen.

In Feld A und B legen Sie jeweils fest, was genau aus welcher Analytics-Datenquelle extrahiert werden soll. Die „Ausgabe in -> Konstruktur"-Felder definieren, wohin diese extrahierten Daten fließen sollen und wie sie angeordnet werden. Hierfür verwendet man Konstruktoren, $A oder $B, die jeweils mit der dahinterstehenden Zahl die darzustellende Klammer definieren und den regulären Ausdruck in Feld A oder Feld B ansprechen. Die Zahl definiert, welche Klammer – die wievielte – in das Ausgabefeld fließen soll. In Abbildung 7.16 auf der übernächsten Seite gibt es in den Feldern A und B jeweils nur eine Klammer; daher soll die erste Klammer angesprochen werden, was mit $A1 bzw. $B1 geschieht. Die Klammer um $B1 besagt lediglich, dass die hierüber transportierte Quelle des Besuchers in Klammern in dem Bericht dargestellt werden soll. Obiges Beispiel würde in dem Bericht „Transaktionen" beispielsweise folgendermaßen dargestellt werden:

73467328764932 (google)

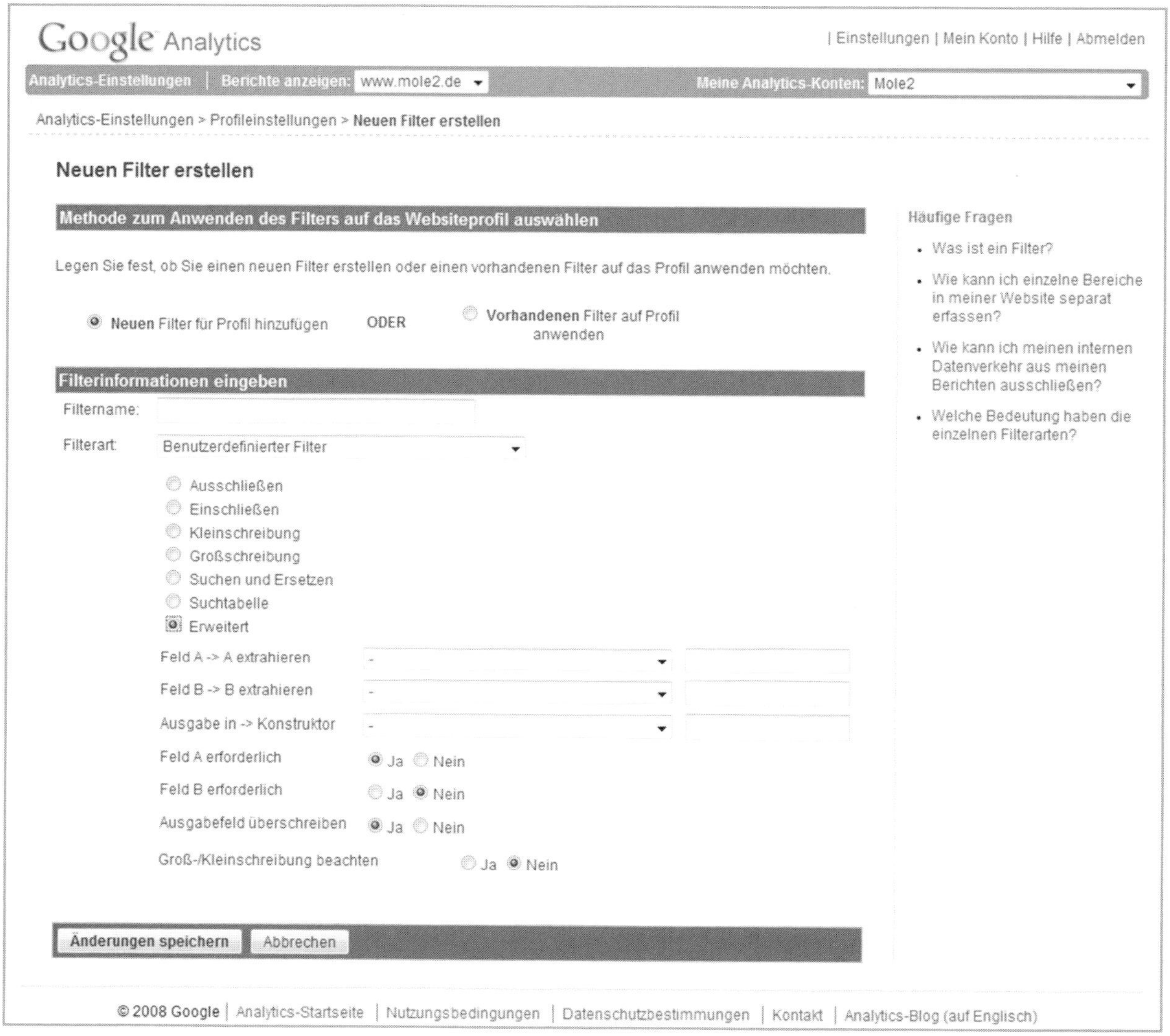

Abbildung 7.15 Erweiterter Filter

Zusätzlich können Sie entscheiden, ob die Felder A oder B erforderlich sind. Wenn das eine Feld auch ohne das andere den gewünschten Wert im Ausgabefeld darstellen kann, würde man hier „Nein" ankreuzen.

In obigem Beispiel wird das Ausgabefeld überschrieben. Allerdings wird in diesem Fall der dort bereits stehende Wert genommen und mit einem anderen ergänzt. In der Regel ist diese Option aktiviert, denn schließlich wollen Sie ja genau diese Ausgabe verändern.

Sollten Sie komplexere Filter planen, stellt Google Analytics zwei benutzerdefinierte Felder zur Verfügung („Benutzerdefiniertes Feld 1" und „Benutzerdefiniertes Feld 2"), die als Zwischenspeicher dienen. Zudem können Sie von Ihnen konstruierte Berichte in einen per

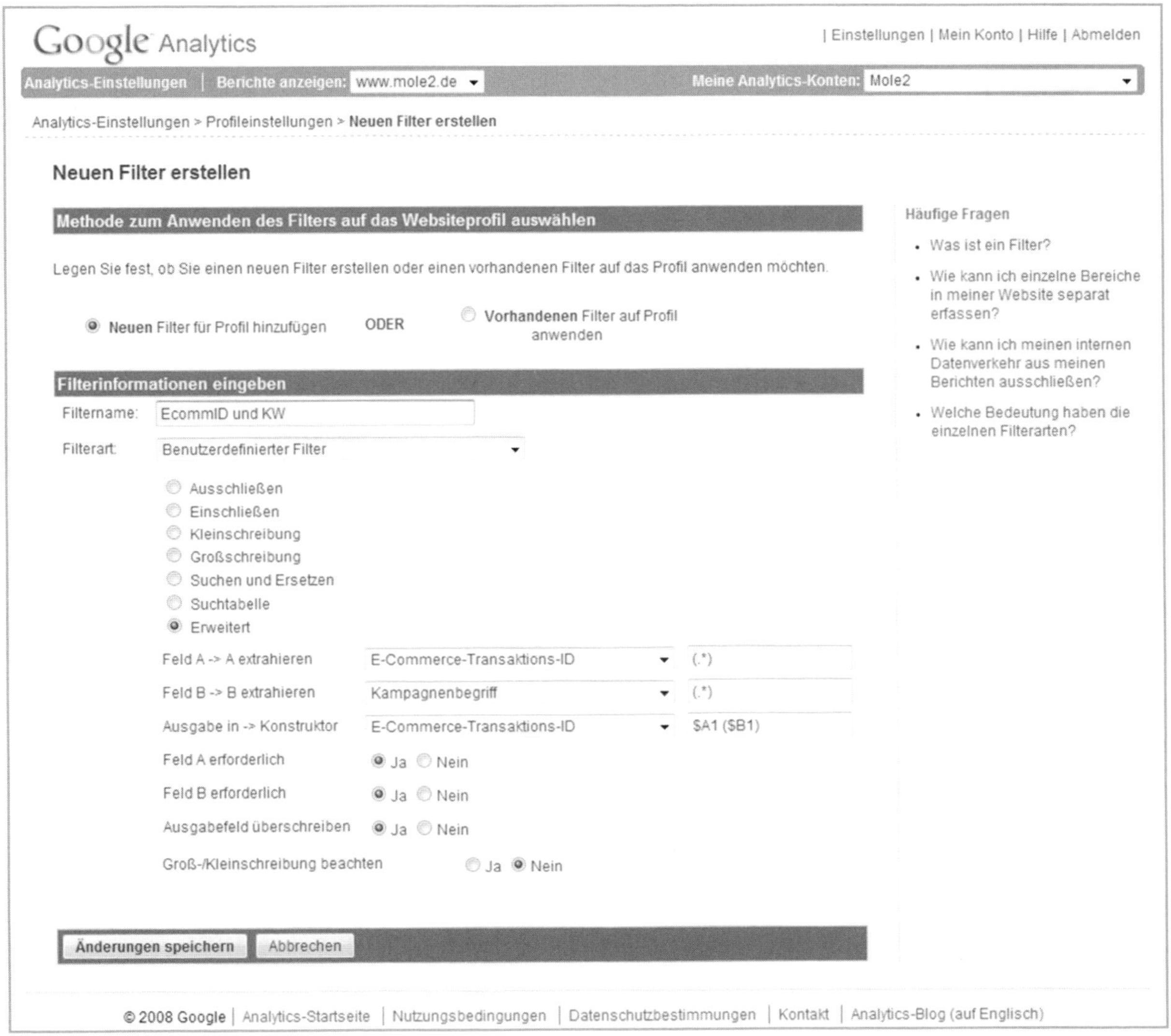

Abbildung 7.16 Beispiel eines erweiterten Filters

Default nicht genutzten Bericht laufen lassen, der „Benutzerdefinierte Segmente" heißt. So bleiben sämtliche bereits vorhandene Berichte unverändert.

Werden auf ein Profil mehrere Filter angewendet, kann die Reihenfolge der Filter eine wichtige Rolle spielen, da die Filter nacheinander von Analytics durchlaufen werden. Schließen Sie beispielsweise in einem ersten Filter Daten aus, die im zweiten Filter verwendet werden, kann das Filtersystem nicht funktionieren, weil die Daten für den zweiten Filter nicht mehr zur Verfügung stehen. Sie können daher die Filterreihenfolge ändern, um einen logischen Ablauf herzustellen (Abbildung 7.17, nächste Seite).

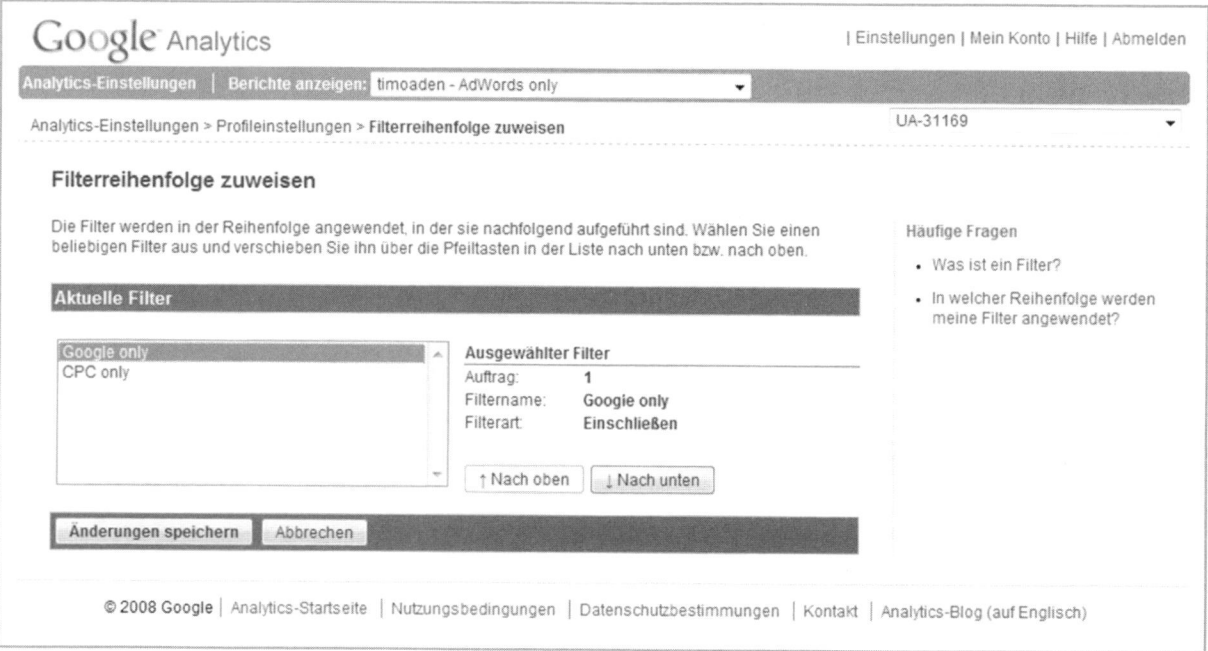

Abbildung 7.17 Filterreihenfolge

7.5.5   Die wichtigsten Filter

Für sämtliche hier aufgeführte Filter empfehle ich, zum Testen ein neues Profil zu erstellen, um Ihre bereits erhobenen Daten nicht durch eventuelle Fehler in den Filtern zu gefährden.

Es gibt Unmengen möglicher Filter und vorstellbarer Kombinationen. Dies ist stark von Ihren jeweiligen Businessbedürfnissen abhängig. Dennoch stelle ich hier drei Filter vor, die nach meiner Erfahrung oft Verwendung finden.

7.5.5.1   AdWords-Kampagnen einschließen

Für viele Unternehmen stellen die Werbeausgaben für AdWords den größten Ausgabenblock der Online-Marketing-Maßnahmen dar. Es kann also sinnvoll sein, ein zusätzliches Extra-Profil anzulegen, das nur Besucher darstellt, die über AdWords auf Ihre Seiten gekommen sind. Sämtliche Berichte beinhalten dann ausschließlich Daten dieser User.

Die Darstellung der Zahlen erfordert zwei Filter:

■ Alle Besucher einschließen, die über Google kommen (Abbildung 7.18)

■ Alle Besucher einschließen, die über CPC-Kampagnen kommen (Abbildung 7.19)

Die Reihenfolge der beiden Einschließen-Filter wäre in diesem Falle auch umkehrbar.

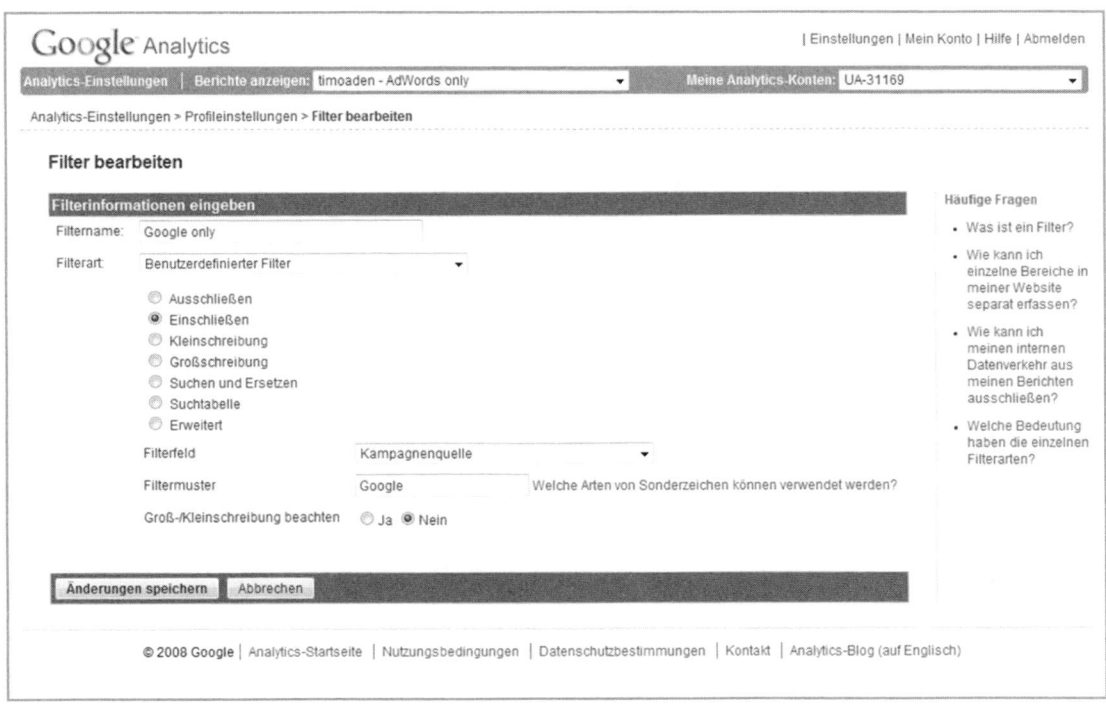

Abbildung 7.18 Google Traffic einschließen

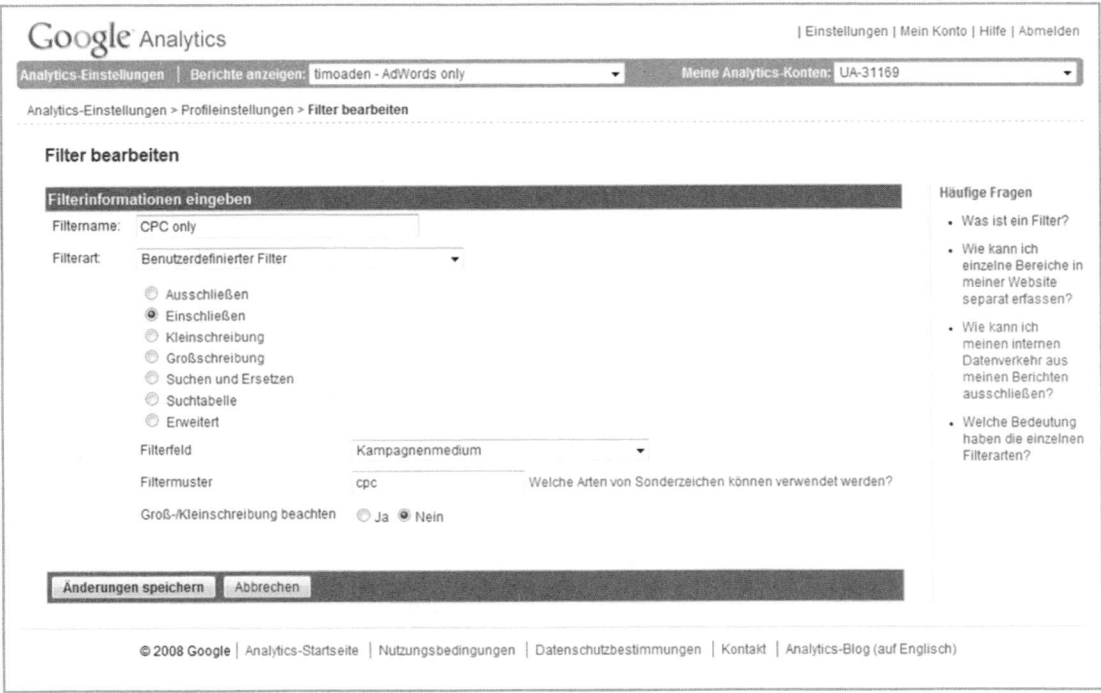

Abbildung 7.19 CPC Traffic einschließen

7.5.5.2 Domain vor URI schreiben

Per Default stellt Google Analytics in Seitenberichten lediglich die URI dar (siehe Kapitel 4.1.2 – URI). Sollte Ihre Website nun aber aus verschiedenen Domains oder Subdomains bestehen, ergibt es einen Sinn, sich diese mit anzeigen zu lassen, sonst können Sie nicht erkennen, zu welcher Domain die URIs gehören.

Für dieses Vorhaben benötigen Sie einen erweiterten Filter, der sowohl die Anforderungs-URI extrahiert (die per Default dargestellte) als auch den dazugehörigen Hostname (die entsprechende Domain). Weil die Seitenberichte in Google Analytics auf der Anforderungs-URI beruhen, muss die Ausgabe der beiden extrahierten Elemente wiederum in demselben Feld (Anforderungs-URI) erfolgen und den bisherigen Wert überschreiben. Durch diesen Filter wird beispielsweise die bisher dargestellte URI

/sport/artikel/fussball/deutscher_meister

zusammen mit der dazugehörigen (Sub-)domain folgendermaßen angezeigt:

sport.beispiel.de/sport/artikel/fussball/deutscher_meister

Abbildung 7.20 Domain vor URI schreiben

7.5.5.3 Include Hostname gegen Codediebstahl

Theoretisch kann ein bösartiger Mensch den Google Analytics Tracking Code aus Ihrem Quelltext herauskopieren und auf anderen Seiten einbauen. Damit würden Ihre Statistiken dauerhaft verfälscht sein, da Sie die falsch eingelaufenen Daten im Nachhinein nicht mehr ändern können. Aus diesem Grunde kann es sinnvoll sein, einen Einschließen-Filter für ein Profil zu erzeugen, in dem Sie ausschließlich Ihren eigenen Hostname einschließen. Egal, wo dann Ihr Google Analytics Tracking Code noch eingebaut ist – diese Daten tauchen in den Berichten dieses Profils nicht auf.

Ich empfehle jedoch zusätzlich mindestens ein Profil zu behalten, in dem dieser Filter keine Anwendung findet, damit Sie im Zweifelsfall kontrollieren können, von welchen unterschiedlichen Hostnamen Zahlen in Ihr Google Analytics-Konto einlaufen. In der Regel sind dies interne Testumgebungen Ihrer IT-Abteilung.

Für diesen Filter benötigen Sie lediglich Ihren oder Ihre Hostnamen – je nachdem, wie viele unterschiedliche Hostnamen Sie in ein Profil einfließen lassen wollen.

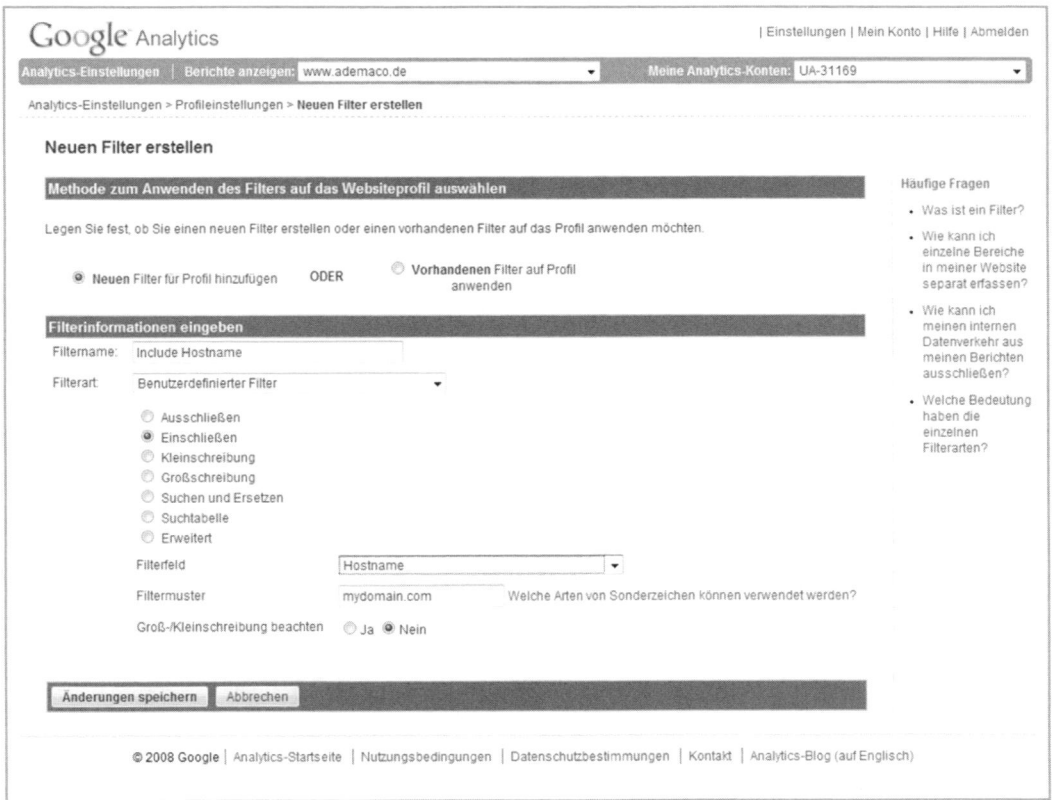

Abbildung 7.21 Include Hostname-Filter

7.6   Zugriffsmanager

Über den Zugriffsmanager (Abbildung 7.22) können weitere Nutzer Zugriff auf Ihr Google Analytics-Konto oder einzelne Profile bekommen. Grundsätzlich gibt es die Unterscheidung zwischen „Kontoadministrator" oder „Berichte nur anzeigen".

Ein Kontoadministrator hat automatisch Zugriff auf alle im Konto enthaltenen Profile und kann dort auch Änderungen vornehmen, d.h., Ziele, Filter usw. kann ein Kontoadministrator ändern.

Wird „Berichte nur anzeigen" ausgewählt, sind Änderungen an den Einstellungen nicht möglich. Es können lediglich vom Kontoadministrator vorab ausgewählte Profile angesehen werden.

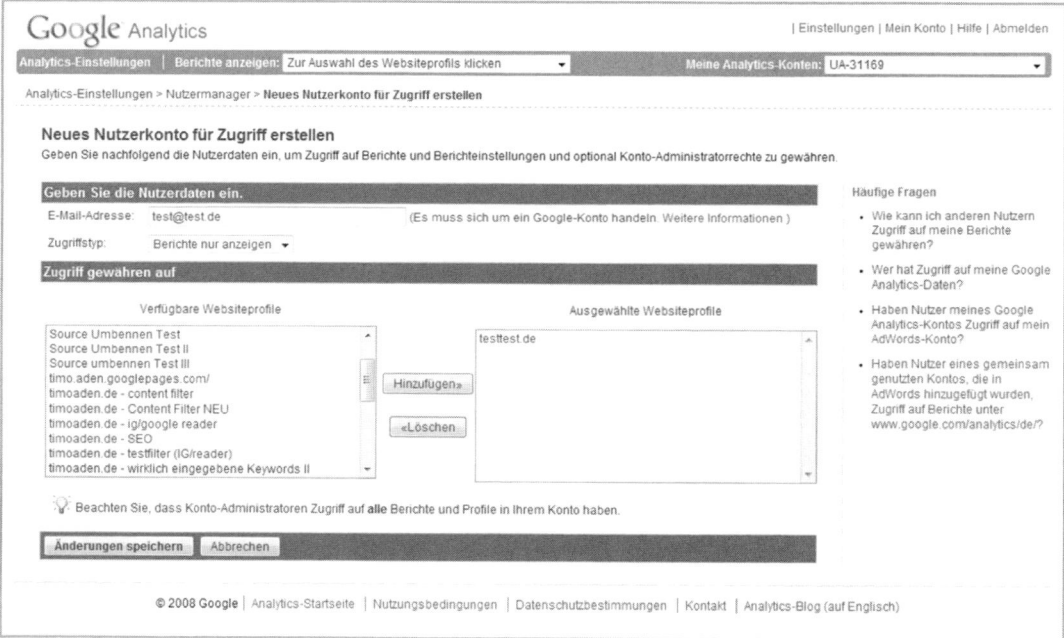

Abbildung 7.22 Zugriffsmanager

Innerhalb eines Profils sind keine weiteren Einschränkungen bezüglich der Definition von Zugriffsrechten auf Berichte möglich. In einigen Fällen soll der Zugriff über die möglichen Rechte hinaus eingegrenzt werden, wenn beispielsweise ein externer Dienstleister die E-Commerce-Berichte nicht sehen soll. Dann bietet es sich an, ein weiteres Profil zu erstellen und dort die Daten durch die entsprechenden Profileinstellungen und Filter so zu manipulieren, dass die sensiblen Daten nicht angezeigt werden.

Bei der Eingabe der E-Mail-Adresse bedarf es eines Google-Kontos, wie es in Kapitel 5.1.1 (Anmelden) bereits beschrieben wurde.

Praxistipp:

Wenn Sie Usern mit einer @googlemail.com-E-Mail-Adresse Zugriff geben wollen, so funktioniert dies nicht. Nehmen Sie stattdessen den Teil links vom @-Symbol und fügen @gmail.com an, wird der User seinen Zugriff bekommen. Dies liegt an der recht-lichen Situation in Deutschland: Der von Google angebotene E-Mail-Dienst Gmail heißt hierzulande Googlemail. Sie können zwar Zugriff auf eine @googlemail-Adresse gewähren, doch wird sich der User damit nicht anmelden können (es sei denn, er gibt statt @googlemail @gmail an).

Teil III
Arbeiten mit der Benutzeroberfläche

Erfahrungsgemäß gibt es fast immer Optimierungen, die bei der Implementierung oder in den Einstellungen der Benutzeroberfläche vorgenommen werden können. Ich kenne viele Analytics-Konten, die überhaupt nicht individualisiert oder in denen die Businessanforderungen nur unzureichend dargestellt waren. Viele Kunden hatten Analytics bereits gut implementiert, doch kam es bei der Zusammenarbeit mit Kunden und bei Gesprächen mit diversen Abteilungen immer zu Verbesserungen.

In diesem Teil des Buches stelle ich nach erfolgreicher Implementierung und Individualisierung die Arbeit mit der Benutzeroberfläche vor. Es gibt viele Funktionen, die das Leben des Web-Analysten vereinfachen und den Umgang mit dem Tool erleichtern. Zudem sind einige der Analytics-Funktionen etwas versteckt angelegt und die Vorteile nicht auf den ersten Blick ersichtlich.

8 Benutzeroberfläche

8.1 Grundlagen der Benutzeroberfläche

Die Startseite der Berichte besteht aus einem individualisierbaren Dashboard. Dieses bietet einen Überblick über die wichtigsten Standard-Kennziffern. So werden per Default bereits folgende wichtige Metriken dargestellt:

- Zugriffe (= Besuche)
- Seitenzugriffe
- Seiten/Zugriff
- Absprungrate
- Durchschnittliche Besuchszeit auf der Website
- % neue Zugriffe

Die Bedeutungen dieser Kennziffern werden im Teil IV dieses Buches ausführlicher dargestellt. Über das Dashboard (Abbildung 8.1) können Sie direkt in den jeweiligen Bericht der Kennziffern springen, ohne über die Navigation auf der linken Seite gehen zu müssen.

Auf der linken Seite befindet sich die Hauptnavigation, aufgeteilt in die Bereiche:

- Dashboard
- Besucher
- Zugriffsquellen
- Content
- Ziele
- E-Commerce

Außerdem befinden sich hier die „Benutzerdefinierte Berichterstellung", Einstellungsmöglichkeiten für die Funktionen „Erweiterte Segmente" und „E-Mail" sowie diverse Hilferessourcen. Diese Navigation zieht sich durch alle Berichte. Insbesondere die Hilfefunktionen sind überaus sinnvoll – sie vermitteln zum jeweiligen Bericht in einfacher Sprache die entsprechende Aussage.

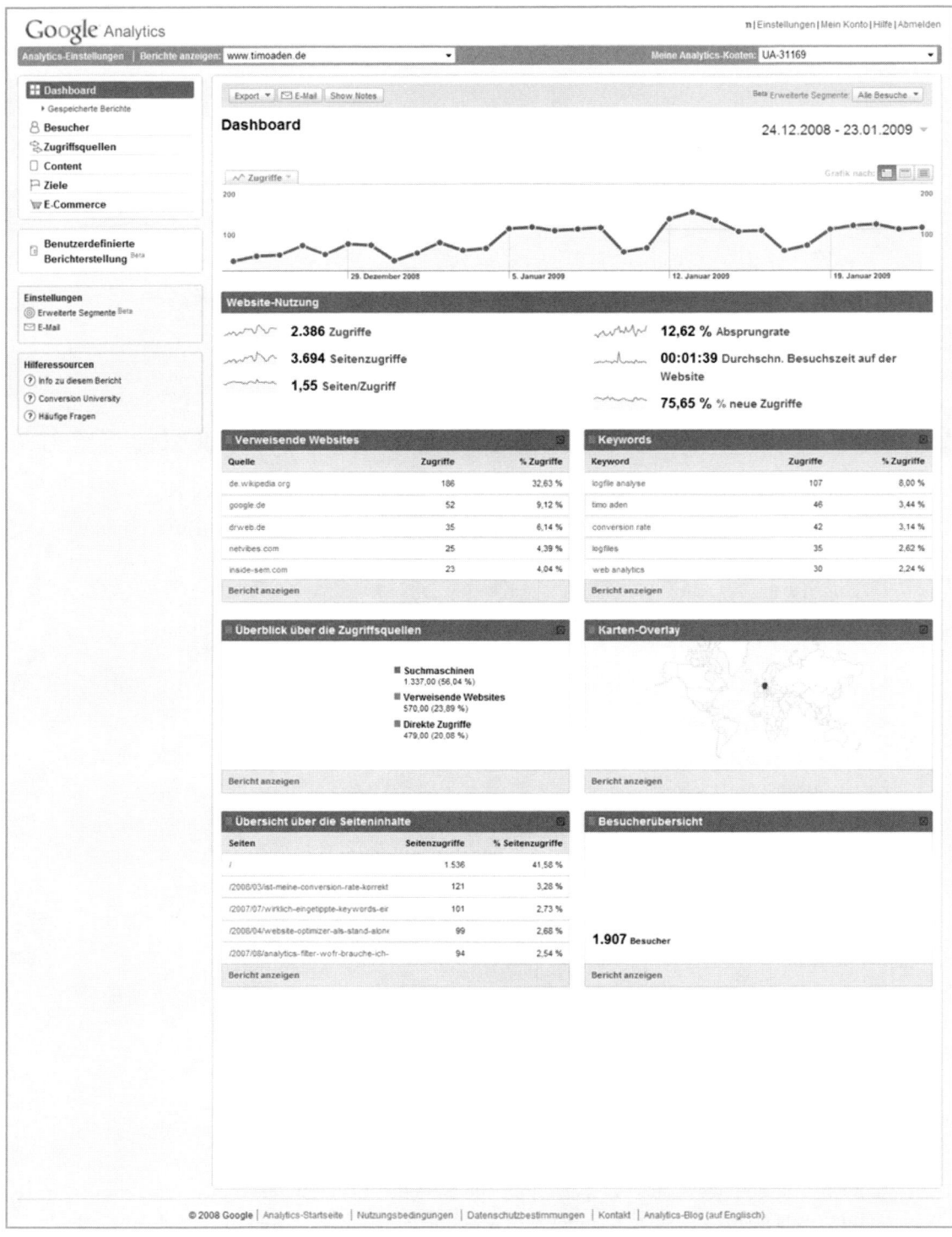

Abbildung 8.1 Dashboard

Das Dashboard selbst besteht aus maximal 12 Mini-Berichten. Diese können je nach Bedarf angepasst und neu angeordnet werden. Per Drag&Drop-Funktion können Sie diese Felder so in Position schieben, dass die wichtigsten Berichte direkt nach der Anmeldung oben erscheinen. Sind einige Berichte für Sie nicht von Interesse, können sie aus dem Dashboard entfernt und durch andere Berichte ersetzt werden. In fast jedem Analytics-Bericht befindet sich links oben ein Button „Zum Dashboard hinzufügen". Über Letzteren können Sie Ihr Dashboard individuell konfigurieren. Innerhalb des Dashboards besteht dann die Möglichkeit, direkt über die Mini-Berichte in den entsprechenden detaillierten Bericht zu navigieren.

8.2 Kalender

Der Kalender ist sicher eine der am meisten genutzten Funktionen in Analytics. Per Default ist der Zeitraum eines Monats bis zum Vortag eingestellt. Grundsätzlich stehen zwei Kalendervarianten zur Verfügung:

- Kalender

Abbildung 8.2 Kalender

- Verlauf

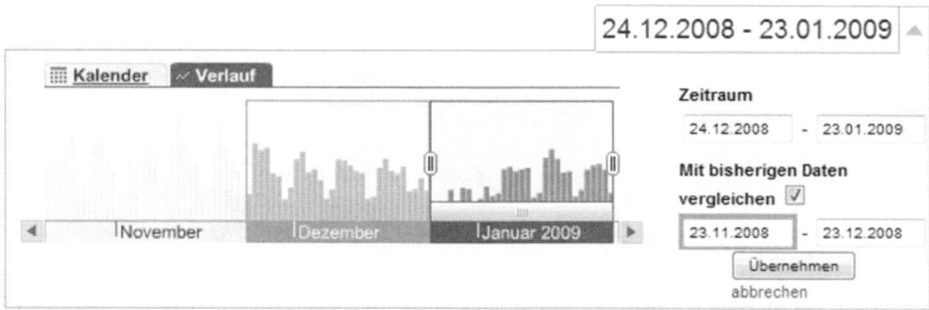

Abbildung 8.3 Kalender-Verlauf

Innerhalb des Kalenders können Sie sich die zu betrachtenden Zeiträume selbst zusammenstellen.

Tagesansicht

Durch Klick auf einen Tag und anschließend auf „Übernehmen" werden alle Daten in den Berichten automatisch angepasst.

Mehrtagesansicht

Klicken Sie auf zwei unterschiedliche Tage, wird der Zeitraum zwischen diesen ausgewählten Tagen als Betrachtungszeitraum genommen. Er kann von Wochen-, Monats- oder Jahresgrenzen unabhängig sein.

Wochenansicht

Natürlich können Sie über die Mehrtagesansicht eine Woche auswählen. Einfacher geht es jedoch, wenn Sie links von der gewünschten Woche das halbkreisähnliche Symbol anklicken. Hierdurch wird die komplette Woche markiert und ausgewählt.

Monatsansicht

Wollen Sie einen Monat betrachten, klicken Sie einfach auf den Monatsnamen. Dieser wird dann entsprechend ausgewählt. Bei einem laufenden Monat erfolgt die Auswahl vom Monatsersten bis zum aktuellen Tag.

Jahresansicht

Die Jahresansicht ist am schnellsten darstellbar, wenn man in die Zeitraum-Felder die entsprechenden Daten manuell eingibt. Alternativ führt der Zugriff über die Verlauf-Variante ebenfalls schnell zu einem Ergebnis.

 Praxistipp:

Die über den GATC generierten Daten fließen in der Regel in deutlich weniger als einer Stunde in die entsprechenden Berichte ein. Aus diesem Grund kann eine tagesaktuelle Betrachtung der Daten bereits interessant sein. Weil nach der Anmeldung per Default der aktuelle Tag nicht berücksichtigt ist, muss dies allerdings manuell eingestellt werden. Um den aktuellen Tag darzustellen, wählen Sie diesen also im Kalender aus. So können Sie die aktuelle Entwicklung direkt verfolgen. Diese Variante ist jedoch mit etwas Vorsicht zu genießen, da Google keine Auskunft darüber gibt, wann genau die Daten aktualisiert wurden. Es kann durchaus vorkommen, dass sich beispielsweise die dargestellten Daten des Vormittags noch leicht ändern. Richtig liegen Sie in den meisten Fällen, wenn Sie den Vortag betrachten. Diese Daten sind dann in der Regel bereits vollständig eingelaufen und verarbeitet.

Eine sehr praktische Funktion innerhalb des Kalenders ist die Vergleichsfunktion „Mit bisherigen Daten vergleichen" (Abbildung 8.4). Klicken Sie diese an, wird der bereits ausgewählte Zeitraum mit der identischen Zeitspanne davor verglichen. Ist eine Woche ausgewählt, wird diese mit der Vorwoche verglichen, ein Tag wird mit dem Vortag verglichen. Natürlich können Sie auch beliebige Vergleichszeiträume auswählen, indem Sie durch Anklicken eines Start- und eines Enddatums einen neuen Zeitraum definieren.

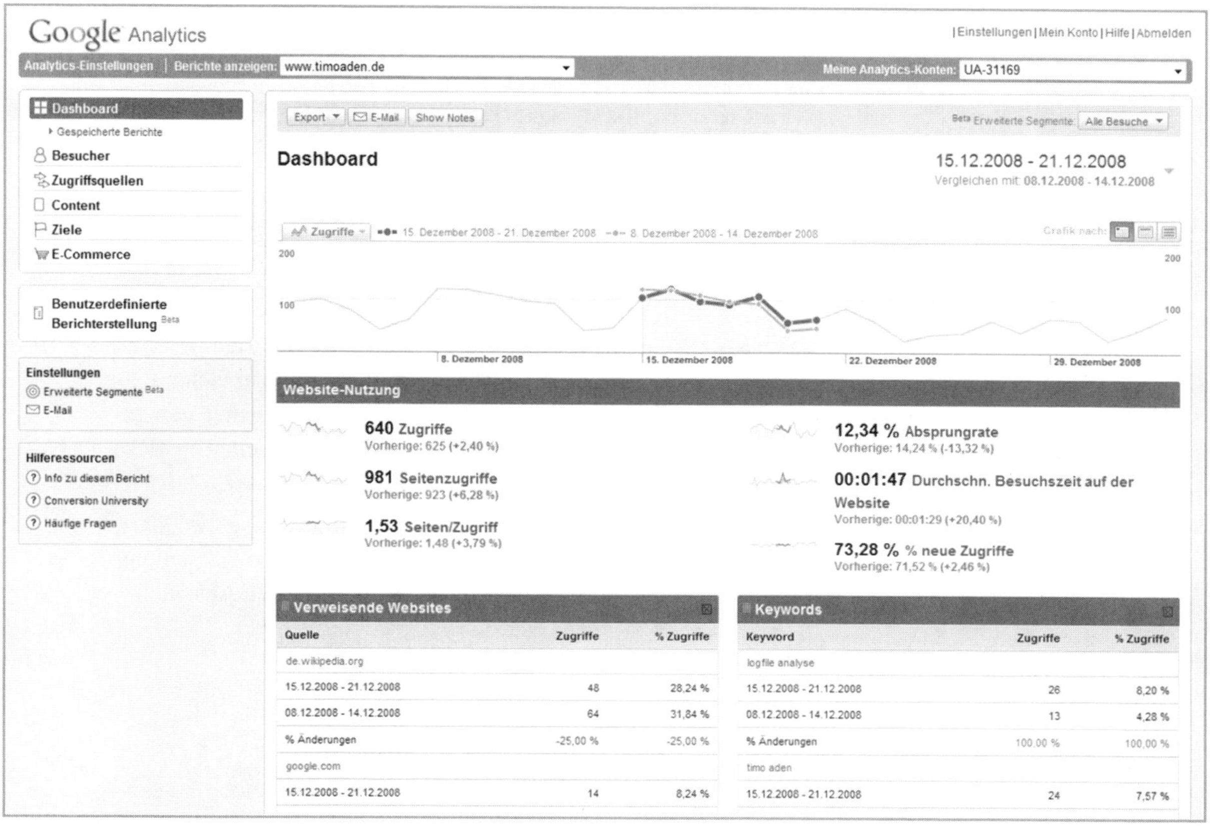

Abbildung 8.4 Kalender-Vergleich

Der große Vorteil dieser Funktion: Sobald Sie auf „Übernehmen" klicken, werden sämtliche Daten innerhalb der Berichte angepasst und mit dem Vergleichszeitraum verglichen. Die automatische Darstellung der prozentualen Veränderungen hilft Ihnen, sehr schnell zu erkennen, in welche Richtung sich bestimmte Metriken entwickeln.

Diese Darstellung vermittelt Ihnen direkte Erkenntnisse, aus denen Sie Handlungen ableiten können.

Praxistipp:

Analytics garantiert eine Speicherung der Daten von mindestens 25 Monaten. Das ermöglicht eine Zweijahresbetrachtung und somit einen Vergleich zweier Jahre. Seien Sie sich bei der Analyse sehr langer Zeiträume darüber im Klaren, dass die Vergleichbarkeit immer weiter nachlässt. Innerhalb von zwei Jahren steigt die Wahrscheinlichkeit, dass Ihre Besucher sich einen neuen Computer gekauft, die Cookies gelöscht oder einen neuen Browser installiert haben. All dies sorgt für inakkurate Daten, die eine Vergleichbarkeit erschweren. Einige Berichte werden hiervon weniger betroffen sein als andere. Dennoch sollten Sie dieses Wissen im Hinterkopf bewahren.

Info:

Die erhobenen Daten werden mindestens 25 Monate gespeichert. Seit dem Launch von Google Analytics im November 2005 – seit mehr als 25 Monaten also – sind allerdings meines Wissens noch keine Daten gelöscht worden. Es ist also davon auszugehen, dass der Speicherungszeitraum deutlich länger ist.

8.3 Trendgraphänderung

Sie werden festgestellt haben, dass der Trendgraph im oberen Bereich der meisten Berichte ein wesentlicher Bestandteil von Analytics ist. Web-Analyse beschäftigt sich in vielen Fällen mit der Auswertung und Interpretation von Trends. Der Trendgraph ist daher von essenzieller Bedeutung und gibt zudem einen schnellen Überblick über die aktuelle Entwicklung.

Sollten Sie nun einen sehr langen Zeitraum ausgewählt haben (beispielsweise ein Jahr), verliert der Trendgraph aufgrund der Default-Einstellung seine Wirkung. Die Darstellung eines Jahres auf Tagesbasis ist nicht sinnvoll und führt zu einer nicht nutzbaren Ansicht.

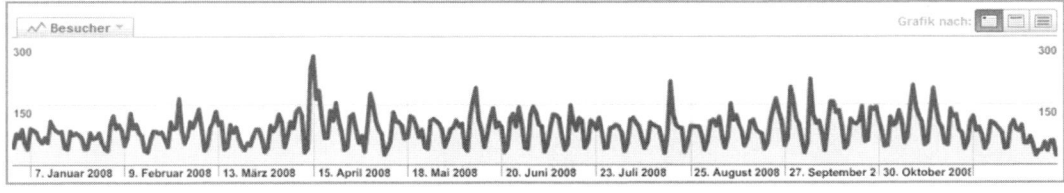

Abbildung 8.5 Kalender-Tagesverlauf

Daher gibt es rechts oberhalb des Trendgraphs Einstellungsmöglichkeiten, die Darstellung zu ändern:

- Ansicht auf Tagesbasis
- Ansicht auf Wochenbasis
- Ansicht auf Monatsbasis

Die Ansicht auf Tagesbasis bietet sich bei kurzen Zeiträumen an. Sind diese länger als ein Monat, wird die Darstellung aber bereits unübersichtlich. Die Wochenbasisansicht empfiehlt sich für die Trenddarstellung beispielsweise von Quartalen.

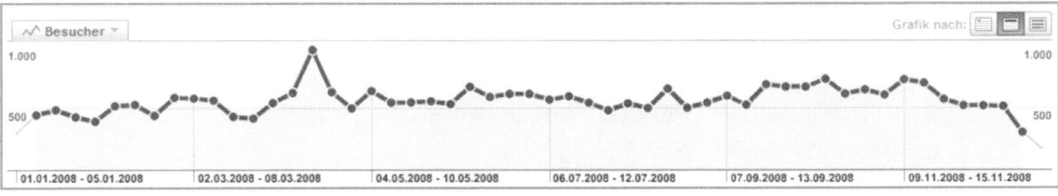

Abbildung 8.6 Kalender-Wochenverlauf

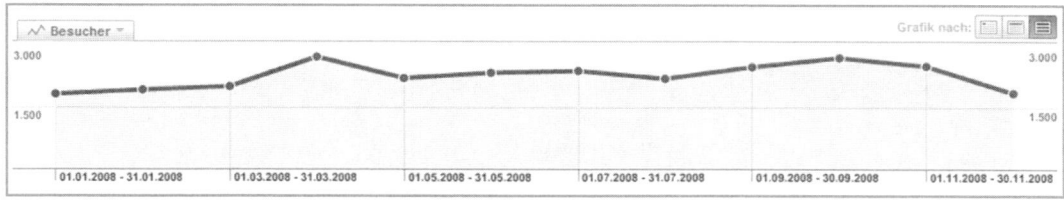

Abbildung 8.7 Kalender-Monatsverlauf

Die Ansicht auf Monatsbasis (Abbildung 8.7) eignet sich für die längerfristige Betrachtung von Trends beispielsweise innerhalb eines Jahres.

Auch die kleinen Mikro-Graphen der dargestellten Metriken werden entsprechend der Auswahl angepasst. Mit Hilfe dieser verschiedenen Ansichten lassen sich schnell und einfach Erkenntnisse gewinnen und Fragen beantworten wie beispielsweise:

- Gibt es saisonale Verläufe?
- Welchen Einfluss haben Wochenenden auf den Erfolg der Website?
- Welchen Einfluss haben Ferienzeiten auf den Erfolg der Website?
- Gibt es regelmäßig wiederkehrende Spitzen?
- Welchen Einfluss haben temporäre Kampagnen (Online oder Offline)?
- Rentiert sich die in SEO investierte Arbeit?
- Wie zahlen sich Änderungen der Websitegestaltung aus?
- Werden vorgegebene Ziele erreicht?

8.4 Verschiedene Graphdarstellungen

Per Default stellt der Trendgraph die Zugriffe dar. Zugriffe sind das Äquivalent von Besuchen, allerdings nur eine von vielen interessanten Metriken, deren Trend man verfolgen sollte. Abhängig davon, welcher Bericht gerade betrachtet wird, kann sich die Anzahl der Darstellungsmöglichkeiten ändern. Abbildung 8.8 zeigt ein Beispiel für die Auswahl mehrerer Kennziffern, die als Trendgraph dargestellt werden können.

Die alleinige Betrachtung einzelner Kennziffern kann bereits Erkenntnisse liefern. Wirkliche Ableitungen zu Handlungen lassen sich allerdings erst aus der Beziehung und dem Vergleich verschiedener Daten herstellen. Wenn beispielsweise die Zahl der Besuche steigt, weil mehr Geld in Marketing-Maßnahmen investiert wurde, kann dies eine gute Nachricht sein. Der Marketing Manager kann diesen Anstieg als Erfolg kommunizieren. Was aber, wenn zwar die Zahl der Besuche gestiegen ist, gleichzeitig aber auch die Absprungrate? Ist das dann immer noch ein Erfolg? Oder wurde eventuell viel Geld für Besuche ausgegeben, die dem Business keinen Erfolg brachten? Stieg der Umsatz oder die Conversion Rate in ähnlichem Maß wie die Besuchszahlen? Einzelne Kennziffern sollten immer in Bezug zu anderen Metriken gesetzt werden. Nur so lässt sich erkennen, ob sich Effekte nachhaltig auswirken.

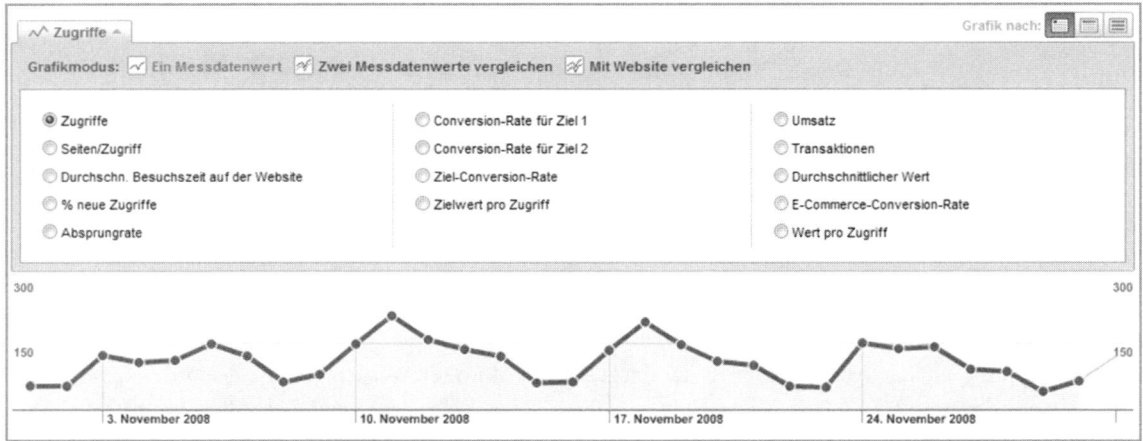

Abbildung 8.8 Trendgraph-Kennziffern

Analytics bietet in der Trendgraphik die Möglichkeit, zwei verschiedene Messdaten miteinander zu vergleichen und diese übersichtlich in einer Grafik zu analysieren (Abbildung 8.9). So erkennen Sie schnell, ob der Anstieg der einen Kennziffer den Anstieg anderer Kennziffern verursacht hat.

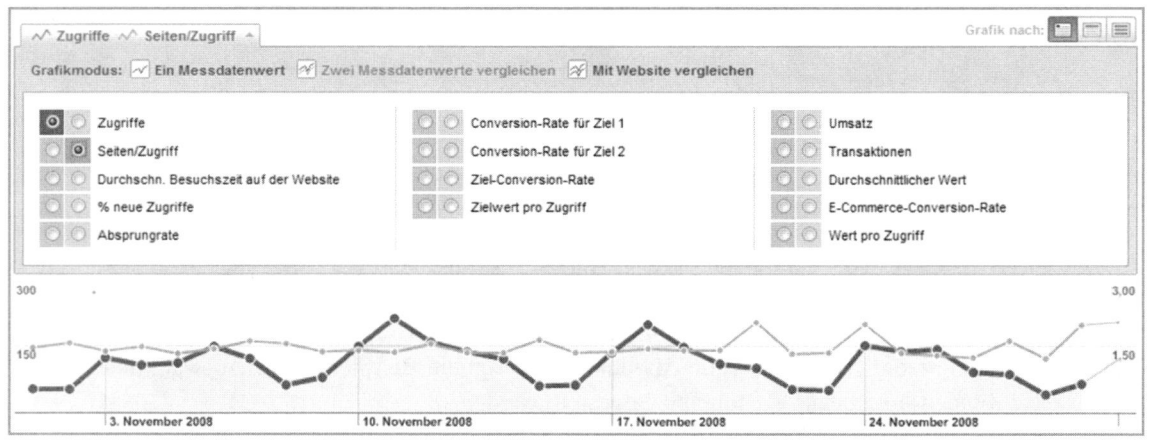

Abbildung 8.9 Graphdarstellung: Zwei Messdaten

Beim Vergleich zweier Messdaten werden beide Trendlinien übereinandergelegt. Diese beziehen sich auf unterschiedliche Maßeinheiten und sind deswegen eigentlich nicht vergleichbar. Damit sich dennoch eine sinnvolle Darstellung ergibt, muss die Skalierung angepasst werden. Um dies zu lösen, beziehen sich beide Linien auf unterschiedliche y-Achsen. Die blaue Linie orientiert sich an der links abgebildeten y-Achse, die rötliche Linie an der rechten.

Des Weiteren besteht die Möglichkeit, eine Kennziffer des Trendgraphs auszuwählen und diese mit dem Durchschnitt der Website zu vergleichen. Angenommen, Sie betrachten eine

Quelle, die Ihnen viele Besuche gebracht hat. Welchen Anteil hat diese Quelle im Vergleich zu den Gesamtbesuchen auf Ihrer Website – und wie entwickelt sich dieses Verhältnis im Zeitverlauf? Diese Fragestellung können Sie auf diverse Berichte anwenden, aber auch auf verschiedene Kennziffern. Ist eine Kampagne wirklich erfolgreich, wenn sie zwar viele Besuche liefert, aber die Absprungrate doppelt so hoch ist wie der Website-Durchschnitt? Wie viel Umsatz generieren Besuche, die über Suchbegriffe erfolgten, die Ihren Markennamen enthalten – und wie groß ist dieser Anteil am Gesamtumsatz?

Sie merken bereits – es gibt zahllose Fragestellungen, die sich mit Hilfe der unterschiedlichen Trendgraphen-Darstellungen beantworten lassen. Diese Darstellungsweisen können für jeden Bericht, in dem sich ein Trendgraph befindet, durchgeführt werden. So erhalten Sie tiefgreifende und detaillierte Erkenntnisse – bis auf Mikro-Level Ebene.

8.5 Filter on the fly (Adhoc-Filter)

In den einzelnen Berichten befinden sich Unmengen von Daten. Betrachtet man beispielsweise den Bericht Zugriffsquellen → Keywords, gibt es dort auch bei kleineren Websites schnell über 1000 Suchbegriffe, über die User auf die Website kamen. Innerhalb dieser langen Liste nach bestimmten Begriffen zu suchen, kann mühselig sein. Daher gibt es einen Adhoc-Filter, mit dem sich die Ergebnisliste auf bestimmte (Such-)Begriffe reduzieren lässt.

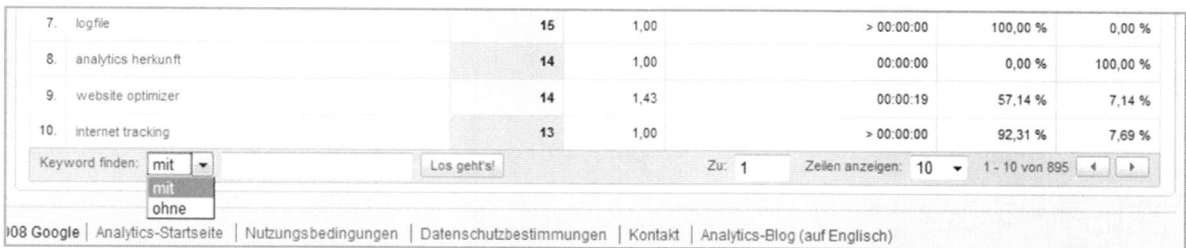

Abbildung 8.10 Adhoc-Filter-Darstellung

Innerhalb des Eingabefelds können sowohl einzelne Wörter eingegeben als auch reguläre Ausdrücke verwendet werden. Wählen Sie dann die Auswahl „mit" oder „ohne".

Angenommen, Sie wollen innerhalb des Berichts Zugriffsquellen –> Keywords analysieren, wie viele der dort enthaltenen Suchbegriffe den Markennamen Ihres Unternehmens enthalten. Dies kann Aufschluss über die Markenbekanntheit geben. Hierfür geben Sie im Eingabefeld Ihren Markennamen ein, wählen „mit" aus und klicken auf „Los geht's". Nun kann es vorkommen, dass der Markenname falsch eingegeben wird, mit oder ohne Leerzeichen, oder andere Abweichungen vorkommen. Um mehrere Abfragen auf einmal zu erledigen, können Reguläre Ausdrücke genutzt werden. Suche ich beispielsweise nach „Google Analytics" habe ich nicht die Vertipper eingeschlossen wie: „googel analytics", „google analtics" oder Ähnliches. Für diesen Fall könnte folgender Regulärer Ausdruck helfen:

((google|googel)|(analytics|analtics))

Hierdurch wird die Darstellung der Ergebnisse stark eingeschränkt und vereinfacht das Analysieren. Insbesondere deshalb, weil die im Bericht dargestellten Kennziffern den Ergebnissen entsprechend automatisch angepasst werden.

Info:

Die Adhoc-Filter werden „on the fly" erstellt und sind nicht, wie die meisten anderen Berichte, direkt verfügbar. Bei sehr großen Datenmengen kann die Erstellung der Adhoc-Berichte mitunter ein wenig länger dauern, als Sie es von den Standardberichten gewohnt sind.

8.6   Sortieren

Die Sortierfunktion ist eine der Funktionen die man nicht unbedingt auf Anhieb findet. Per Default sind sämtliche Berichte nach der Zugriffe-Spalte und absteigend sortiert. Dies ist erkennbar an der dunkelgrauen Farbhinterlegung und dem kleinen Pfeil, der neben dem Begriff „Zugriffe" nach unten zeigt.

Abbildung 8.11 Sortierungsfunktion

Durch einen Klick auf eine der Überschriften der anderen Spalten wird die Sortierung nach dieser Spalte vorgenommen. Ein Klick auf den kleinen Pfeil ändert die Sortierung von absteigend zu aufsteigend.

Praxistipp:

Mitunter stellt sich die Anforderung an eine Verknüpfung zweier Spalten, beispielsweise die höchste Zahl der Zugriffe und die längste Besuchszeit auf der Website. Leider ist es nicht möglich, zwei Sortierungen gleichzeitig vorzunehmen. Daher kann die obige Fragestellung nicht per Default innerhalb des Berichts beantwortet werden. Als Workaround bietet sich an, den Bericht nach Excel zu exportieren und dort entsprechend weiterzubearbeiten und wunschgemäß zu sortieren.

8.7 Mehrere Zeilen anzeigen

In den meisten Fällen reicht es völlig aus, sich die Top-Ergebnisse eines Berichts anzusehen. Man erkennt meist recht schnell Trennlinien, die die Top-Ergebnisse von den Long-Tail-Ergebnissen unterscheiden.

Per Default werden in den meisten Berichten zehn Ergebniszeilen angezeigt. In der Regel gibt es jedoch weit mehr – die Gesamtzahl der verfügbaren Zeilen wird unten rechts in den meisten Berichten angezeigt. Um den nächsten Zehnerblock des Berichts anzusehen, klicken Sie auf den rechten der beiden kleinen Pfeile am unteren rechten Rand des Berichts. Alternativ können Sie sich auch bis zu 500 Zeilen auf einer Bildschirmseite anzeigen lassen. Wählen Sie hierzu aus dem Pull-down-Menü die Zahl der Zeilen aus, die Sie sich anzeigen lassen wollen.

Was aber, wenn Sie sich die Zeilen nach den ersten fünfhundert ebenfalls anzeigen lassen wollen? Geben Sie hierfür in das Feld vor dem Pull-down-Menü beispielsweise 501 an, und wählen Sie weitere 500 Zeilen zur Anzeige aus. Dann erhalten Sie die Zeilen 501–1001. Dieses Prozedere können Sie so lange fortsetzen, bis Sie am Ende der Liste angekommen sind. In der Regel haben die letzten Zeilen jedoch keinerlei Aussagekraft mehr.

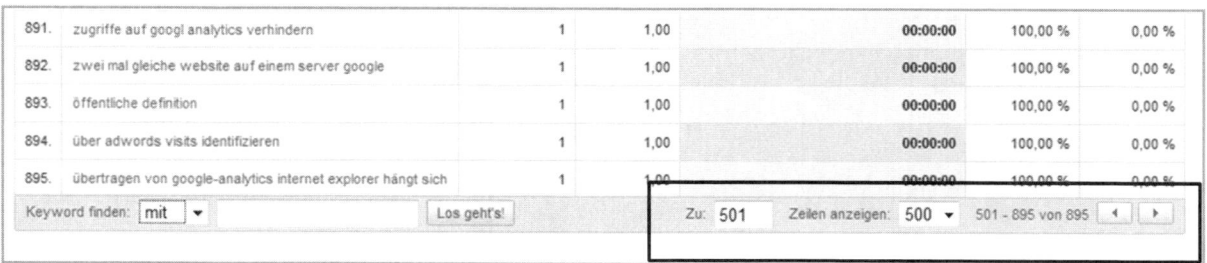

Abbildung 8.12 Zeilen anzeigen

Zugegebenermaßen ist dieses Vorgehen ein wenig mühselig. Eine Alternative kann der Export von Daten sein, den ich im folgenden Kapitel beschreibe.

8.8 Export

Jeder Bericht innerhalb von Analytics bietet die Möglichkeit, Daten zu exportieren. Dies ist sinnvoll, wenn Sie beispielsweise Daten intern weiterbearbeiten, um:

- eigene Dashboards zu bauen;
- interne Daten mit den Analytics-Daten zu verknüpfen;
- die Analytics-Daten individuell aufzubereiten;
- eigene Präsentationen mit Ihrem Firmenlogo zu erstellen;
- die Daten mit internen Zielen zu verknüpfen und einen Soll/Ist-Abgleich herzustellen (Zielerfüllungsgrad).

In der Zeile oberhalb des Trendgraphs sehen Sie den Export-Button. In der Regel finden Sie hier vier Formate für den Datenexport:

- PDF
- XML
- CSV
- TSV

Das PDF-Format (Portable Document Format) übernimmt den angezeigten Bericht eins zu eins, ohne jedoch die Navigation oder irgendwelche Einstellungsmöglichkeiten mit zu übernehmen. Die Darstellung ist für Präsentationen über einen Beamer oder das Weiterleiten gut geeignet.

Durch den Datenexport im XML-Format (Extensible Markup Language) können Sie die Daten in anderen (internen) Systemen weiterverarbeiten. Dies ist ein Standard-Format, das viele Programme und Systeme erkennen und interpretieren können.

Das Format CSV (Comma Separated Value) exportiert die Daten in kommagetrennter Form nach Excel. Innerhalb von Excel können die Daten weiterbearbeitet werden. Dieses Datenformat lässt sich auch von den meisten anderen gängigen Tabellenkalkulationsprogrammen oder Texteditoren bearbeiten.

Praxistipp:
Innerhalb von Excel werden die exportierten Daten kommagetrennt dargestellt.
Um die Zahlen in verschiedene Spalten zu trennen, wählen Sie den Befehl Daten → Text in Spalten. Folgen Sie dort dem Bedienungsmenü, um eine spaltengetrennte Darstellung zu erlangen.

TSV (Tabulator Separated Value) ist ein Format, das die Werte durch Tabulatoren getrennt darstellt. In der Regel können Sie diese Daten auch mit gängigen Tabellenkalkulationsprogrammen oder Texteditoren darstellen.

8.9   E-Mail

In einem Unternehmen ist nicht jeder in der Lage, sich intensiv mit der Web-Analyse aus-einanderzusetzen. Insbesondere in größeren Unternehmen haben Abteilungsleiter oder Ge-schäftsführer schlichtweg keine Zeit, sich durch die Analytics-Navigation zu klicken. Zu-dem ist auch nicht jeder an einer tiefgreifenden Datenanalyse interessiert, sondern will le-diglich die wichtigsten, für ihn relevanten Kennziffern regelmäßig erhalten.

Wenn es nun innerhalb des Unternehmens keinen Web-Analysten gibt, der die Zahlen re-gelmäßig aufbereitet und die gewonnen Erkenntnisse präsentiert, gibt es die Möglichkeit, per E-Mail auf dem Laufenden gehalten zu werden.

In Analytics können diverse Berichte automatisiert in regelmäßigen Abständen an ver-schiedene Empfängerkreise versendet werden. Dies ist eine außerordentlich bequeme Möglichkeit, Personen in den Web-Analyse-Prozess mit einzubeziehen, die keinen direk-ten Zugang zu diesem Tool haben oder einfach keine Lust, sich näher mit dem Tool zu beschäftigen.

In jedem Bereich (inklusive des Dashboards) gibt es im oberen Bereich, direkt neben der Export-Funktion, einen E-Mail-Button. Ein Klick darauf führt direkt zur Administrations-oberfläche der E-Mail-Sende-Funktion.

Abbildung 8.13 E-Mail-Funktion

Innerhalb dieser Oberfläche befinden sich drei Reiter:

- Jetzt senden
- Planen
- Zu vorhandenen hinzufügen

Angenommen, Sie analysieren die verschiedenen Berichte und gelangen zu einer interessanten Stelle, die Sie sofort einem Kollegen zeigen wollen. In diesem Fall können Sie diesen Bericht per E-Mail gleich an den Kollegen senden. Geben Sie hierfür lediglich die E-Mail-Adresse des Empfängers ein – sofern Sie einen Bericht an mehrere Adressaten senden wollen, fügen Sie diese kommagetrennt ein. Zudem eine Betreffzeile, eine kurze Beschreibung, die Auswahl des Formats und die Eingabe einer Wortbestätigung, und schon ist die E-Mail fertig! Es werden keine weiteren Mail-Programme oder dergleichen benötigt.

Mit dieser Funktion vermeiden Sie lästiges Zwischenspeichern und Einfügen in eine Mail.

Wenn Sie interessante Kennziffern gefunden haben, die regelmäßig versendet werden sollen (oder Ihr Vorgesetzter wöchentlich die gleichen Berichte anfordert), können diese auch automatisiert versendet werden. Klicken Sie hierfür auf den Reiter „Planen". Der Großteil der Eingabemaske ist identisch mit der „Jetzt senden"-Oberfläche, nur muss in diesem Fall noch die Sendefrequenz eingegeben werden:

- Täglich (jeden Morgen)
- Wöchentlich (jeden Montag)
- Monatlich (jeden Ersten des Monats)
- Vierteljährlich (am Ersten eines Quartalbeginns)

Wurde in der Ansicht des Berichts ein Zeitraumvergleich aktiviert (siehe Kapitel 8.2), müssen Sie noch die Box „Datumsvergleich berücksichtigen" anklicken, sofern Sie dies in dem regelmäßigen Bericht berücksichtigen wollen.

Haben Sie mindestens eine E-Mail eingerichtet, finden Sie diese, mitsamt allen dort eingetragenen Adressaten, unter dem Reiter „Zu Vorhandenen hinzufügen". Hier können Sie, sofern Sie dem Empfängerkreis weitere Berichte zukommen lassen wollen, der bereits geplanten E-Mail zusätzliche Berichte anhängen. Hierdurch vermeiden Sie, dass die Empfänger mehrere E-Mails empfangen, da alle Berichte in einer Mail gebündelt versendet und dort als Anhang beigefügt werden.

Auf der linken Seite unterhalb der Navigation innerhalb des Feldes „Einstellungen" befindet sich der Link „E-Mail". Hier können sämtliche vorgenommenen Einstellungen der geplanten Mails verändert werden. Ist die versendete Mail eventuell irgendwann nicht mehr interessant, können Sie den Automatismus an dieser Stelle stoppen.

Praxistipp:
Weil die Mail-Berichte von den Google-Servern in den USA verschickt werden, erhalten die Empfänger in Deutschland diese in der Regel am späten Nachmittag. Leider ist die Einstellung des Empfangs nach Uhrzeit nicht möglich.

Die E-Mail-Funktion ist eine sehr einfache und sinnvolle Funktion, die dazu dient, bestimmten Leuten wichtige Informationen regelmäßig zukommen zu lassen und dafür zu sorgen, dass das gesamte Unternehmen in den Web-Analyse-Prozess mit eingebunden werden kann.

8.10 Darstellungsvarianten

Um für die Analyse der Daten innerhalb der Berichte mehr Flexibilität zu haben, bietet Analytics innerhalb der meisten Berichte die Möglichkeit, zwischen verschiedenen Darstellungsformen zu wählen:

- Detailansicht (meist die Defaultdarstellung)
- Kuchendarstellung
- Balkengraphik
- Verhältnisansicht
- Trendansicht

Neben der Detailansicht bieten die anderen Varianten oft interessante Möglichkeiten (Möglichkeit der individuellen graphischen Darstellung zweier unterschiedlicher Kennziffern). Gemäß dem Motto „Ein Bild sagt mehr als tausend Worte" stellt die Kuchenansicht die per Pull-down-Menü ausgewählte Kennziffer im Verhältnis zur Gesamtansicht anschaulich dar.

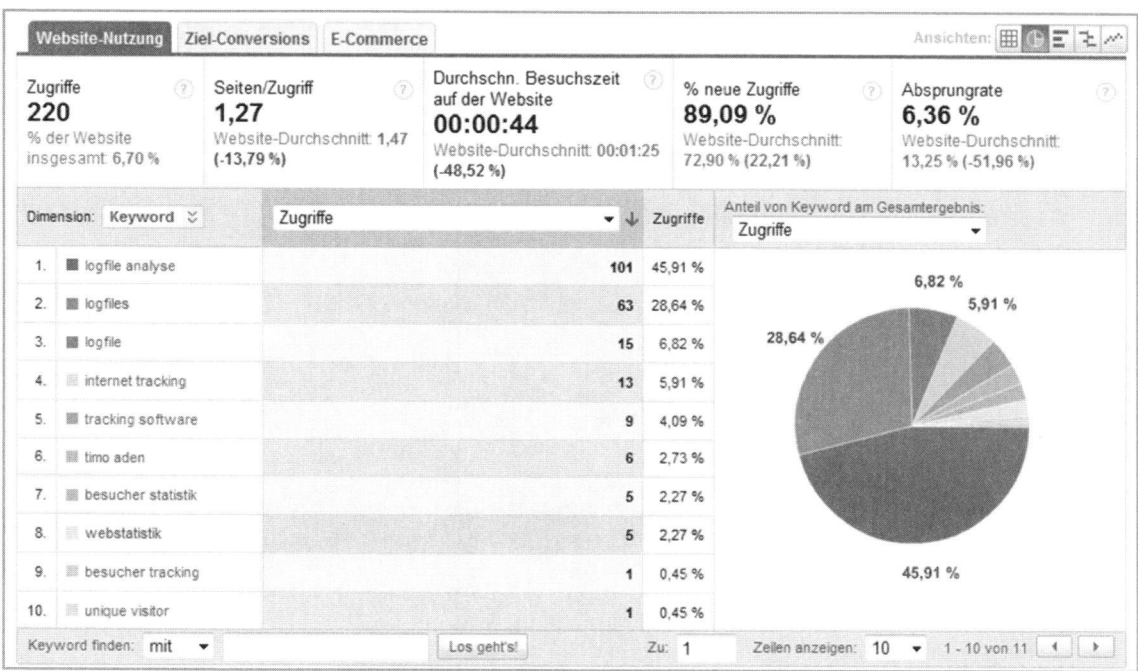

Abbildung 8.14 Darstellungsvariante Kuchenchart

Beispiel:

Aus Abbildung 8.14 wird ersichtlich, dass über 45% der Zugriffe, die über bezahlte Keywords zustande kamen, durch das Keyword „logfile analyse" auf die Seite kamen. Interessant scheint also ein wichtiges Keyword zu sein, oder?

Schaut man sich allerdings gleichzeitig an, wie sich die Absprünge auf die einzelnen Keywords verteilen (Abbildung 8.15), ist leicht ersichtlich, dass von allen Absprüngen der User, die über bezahlte Keywords kamen, über 85% auf das Keyword „logfile analyse" entfielen. Doch kein so guter Wert mehr – insbesondere im Verhältnis zu den anderen bezahlten Keywords. Dies riecht also förmlich nach Optimierungsbedarf.

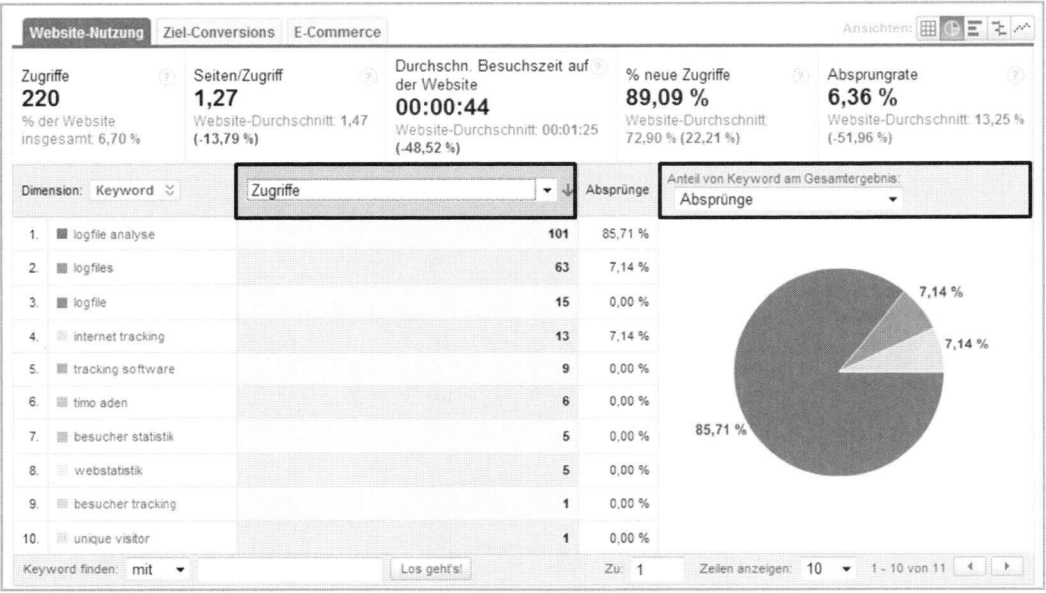

Abbildung 8.15 Darstellungsvariante Kuchenchart

Die Balkenansicht liefert schnell Erkenntnisse hinsichtlich der Verteilung bei der Betrachtung zweier Metriken.

Abbildung 8.16 Darstellungsvariante Balkenansicht

Beispiel:

An das vorhergehende Beispiel anschließend, ist hier wieder erkennbar, dass „logfile analyse" offenbar wirklich das Keyword ist, das deutlich unterdurchschnittliche Erfolge bringt. Die Absprungrate ist mit Abstand höher als bei allen anderen Keywords, und auch die anderen Metriken sehen nicht besser aus. Spätestens hier erlangt man Gewissheit darüber, dass Optimierungsbedarf besteht.

Die Verhältnisdarstellung bietet die Möglichkeit, tiefgehende Erkenntnisse zu gewinnen. Durch den graphischen Vergleich mit dem Website-Durchschnitt ist direkt erkennbar, ob die betrachteten Werte unter- oder überdurchschnittlich zur Gesamtwebsite stehen. Hierüber sind Tops oder Flops schnell und einfach zu identifizieren und entsprechende Optimierungsmaßnahmen abzuleiten. Aus meiner Sicht ist diese Darstellungsform eine der mächtigsten in Analytics.

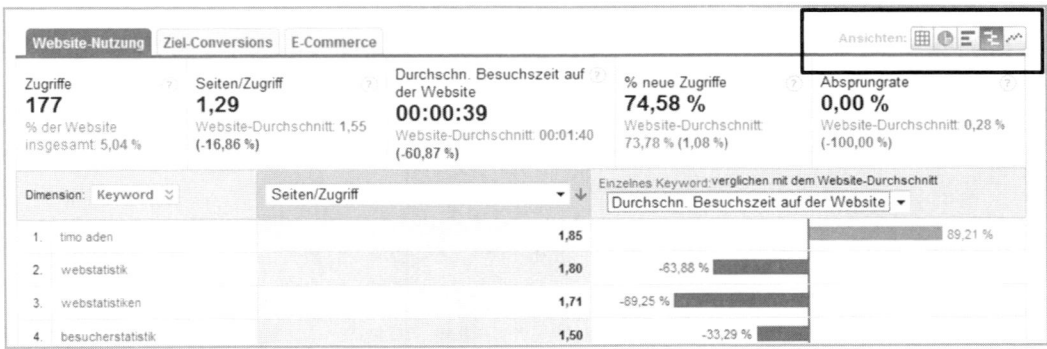

Abbildung 8.17 Darstellungsvariante Verhältnisgraphik

Beispiel:

Diese Darstellung macht erneut deutlich, dass „logfile analyse" kein erfolgreiches Keyword für die bezahlten Kampagnen ist (bzw. der Anzeigentext eventuell überarbeitet werden sollte). Auf jeden Fall sind alle Werte deutlich unterdurchschnittlich zum Website-Durchschnitt, und auch innerhalb der bezahlten Keywords nimmt „logfile analyse" einen der unteren Plätze ein. Über sämtliche Metriken hinweg ist die Leistung dieses Keywords schlecht, sodass hier ein deutlicher Optimierungsbedarf besteht.

Die Trendansicht (Abbildung 8.18 auf der nächsten Seite) stellt den gesamten Bereich des betrachteten Berichts noch einmal zusammengefasst mit Unterstützung kleiner Trendgraphiken dar. Zudem wird hier für die Zusammenfassung ein Vergleich zum Website-Durchschnitt angezeigt, welcher interessante Erkenntnisse liefern kann.

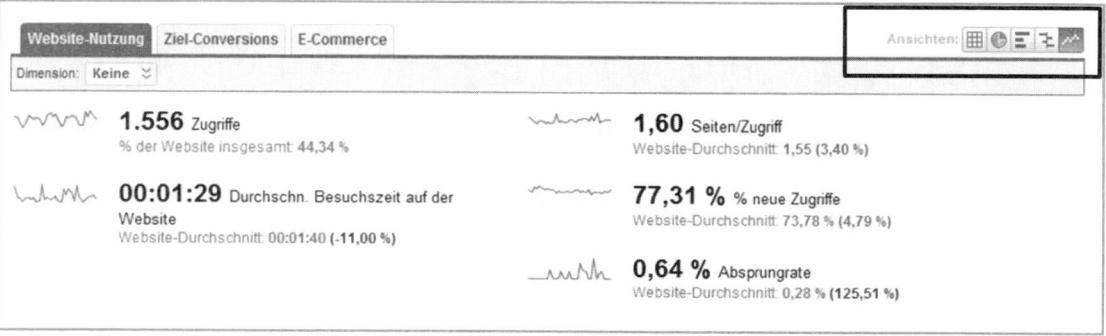

Abbildung 8.18 Darstellungsvariante Trendansicht

8.11 Dimension

Die Dimension ist ein kleines, eher unscheinbares Pull-down-Menü, das sich in fast jedem Bericht von Analytics befindet. Gleichzeitig ist diese Funktion allerdings eines der mächtigsten und umfangreichsten Features.

Mit Hilfe der Dimension können vielfältige Segmentierungen durchgeführt werden. Jede beliebige Metrik, in der die Dimensions-Funktion verfügbar ist, kann mit einer der Dimensionen verknüpft werden.

Sie können sich dies wie eine russische Matrjoschka vorstellen (aus Holz gefertigte, bunt bemalte, ineinander schachtelbare Figuren). Die größte Figur ist die oberste Ebene eines Berichts. Innerhalb des Berichts stecken viele weitere kleine Berichte, jeweils mit Informationen in einem höheren Detaillierungsgrad. Die Instanzen werden immer kleiner – wie bei der Matrjoschka. Abbildung 8.18 beispielsweise ist nun schon etwas segmentiert, weil dort bereits der über bezahlte Keywords in Suchmaschinen gekommene Traffic aufgeführt ist. Hier fehlen also die größten Figuren:

Besuche insgesamt > Besuche über Suchmaschinen > bezahlte Besuche über Suchmaschinen > Keyword „logfile analyse"

Über die Dimension sehen Sie nun, wie viele feinere Einheiten noch analysierbar sind. So können vielfältige mögliche Fragestellungen für den soeben betrachteten Bericht beantwortet werden:

- Aus welchem Land kamen die User, die über dieses Keyword auf dieser Seite gelandet sind?

- Auf welcher Seite sind die User, die über dieses Keyword kamen, eigentlich gelandet?

- Ist die Absprungrate vielleicht deswegen so hoch, weil die über dieses Keyword gekommenen User eine Browserversion nutzen, die nicht unterstützt wird?

- Oder ist die Absprungrate so hoch, weil die Zielseite (Landing Page) aus Flash besteht, welches die User, die über dieses Keywords kamen, nicht unterstützen?

■ Hat möglicherweise eine spezielle Anzeigenüberschrift der Keywords-Anzeige dafür gesorgt, dass die Zahlen nicht so gut sind?

Die Fragestellungen wollen nicht enden, v.a. weil sich in jedem Bericht, in jeder weiteren Ebene, neue Fragestellungen ergeben.

Diese Methode über die Dimension ist eine Möglichkeit der Segmentierung. Seit Ende 2008 gibt es noch eine deutlich umfangreichere Segmentierungsmöglichkeit – die erweiterten Segmente. Auf dieses Feature gehen wir in Kapitel 16 ausführlicher ein.

8.12 Visualisierung

Die Visualisierung ist zum Zeitpunkt der Entstehung dieses Buches noch nicht in allen Analytics-Konten verfügbar. Lediglich in der US-englischen Spracheinstellung erscheint der Button Visualize oben neben der Export-, der E-Mail- und der „Zum Dashboard hinzufügen"-Funktion.

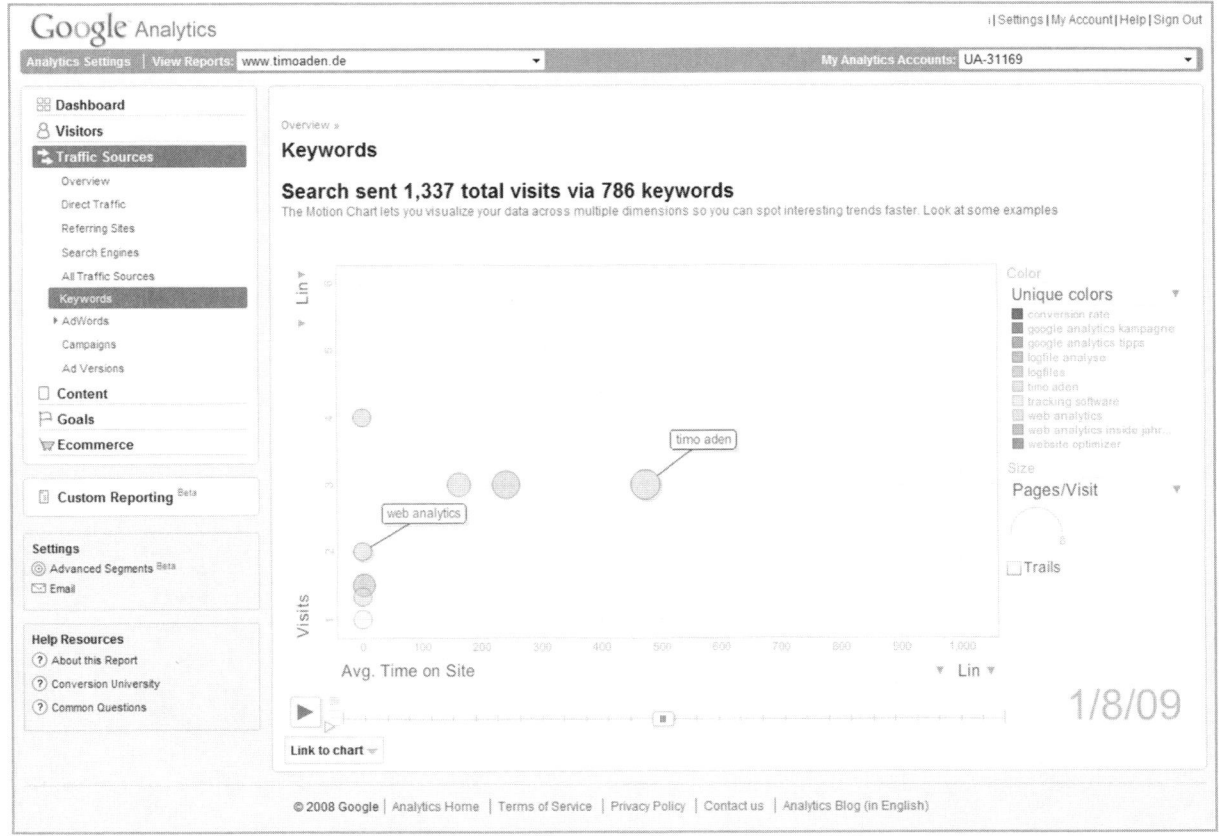

Abbildung 8.19 Visualisierung

Die Visualisierung ermöglicht eine fünfdimensionale Darstellung verschiedener Metriken. Die fünf Dimensionen sind folgende:

- x-Achse
- y-Achse
- Farbe
- Größe
- Zeit

Jede Dimension kann hinsichtlich vielerlei Metriken angepasst werden. Per Standardeinstellung werden auf der y-Achse die Besuche und auf der x-Achse die Seitenaufrufe pro Besuch dargestellt. Die verschiedenen Farben symbolisieren die entsprechenden Werte des Berichts, über den die Visualisierung aktiviert wurde, und auch die Größe der Kreise lässt sich mit verschiedenen Werten belegen. Der Zeitraum entspricht dem im Bericht ausgewählten Zeitraum.

Die Möglichkeit der Visualisierung gibt es allerdings nicht in allen Berichten. Die im Folgenden aufgeführten Berichte verfügen nicht über diese Funktion:

Tabelle 8.1 Berichte ohne Visualisierungsmöglichkeit

Benchmarking	Karten-Overlay	Besuche
Absolut eindeutige Besucher	Seitenzugriffe	durchschnittliche Anzahl an Seitenzugriffe
Verweildauer	Absprungrate	Treue
Aktualität	Länge des Besuches	Tiefe des Besuchs
Direkte Zugriffe	Keyword-Positionen	Website-Overlay
Website-Suche → Trend	Ereignis-Tracking → Trend	Gesamtzahl der Conversions
Conversion-Rate	Zielüberprüfung	Zielpfade
Zielwert	Ausstiegsraten im Trichter für das Ziel	Trichter-Visualisierung
Gesamtumsatz	Conversion-Rate	Durchschnittlicher Bestellwert
Zugriffe bis zum Kauf	Tage bis zum Kauf	Außerdem auf allen Übersichtsberichten und dem Dashboard

In allen anderen Berichten ist die Visualisierung verfügbar.

Die Visualisierung erscheint auf den ersten Blick unter Umständen etwas komplex, und es ist in der Tat nicht einfach, beim ersten Versuch relevante Erkenntnisse aus dieser Darstellungsweise zu ziehen. Ich kann daher nur empfehlen, ein wenig mit der Visualisierung zu spielen, um Erfahrungen zu sammeln.

Ein Beispiel wäre, die Visualisierung innerhalb der bezahlten Suchbegriffe aufzurufen und folgende Einstellungen vorzunehmen:

- x-Achse: Bounce Rate (Absprungrate)
- y-Achse: Avg. Time on Site (durchschnittliche Aufenthaltsdauer auf der Site)
- Farbe: % New Visits (% neue Besucher)
- Größe: Visits (Besuche)

Wenn Sie mit der Maus über die verschiedenen Bälle fahren, erscheint das entsprechende Keyword. Suchen Sie sich ein oder zwei für Sie wichtige Begriffe heraus, und klicken Sie darauf. Das Wort bleibt dann dauerhaft stehen. Sie können nun auf der rechten Seite den Haken vor Trails setzen, dieser verbindet die verschiedenen Positionen, die der markierte Ball innerhalb des definierten Zeitraums einnimmt. Wenn Sie auf den Play-Button klicken, fährt der Film entsprechend dem im Kalender eingestellten Zeitraum ab. Sie können unterdessen den Weg der markierten Bälle nachverfolgen. Ist der Film zu Ende, können Sie die verschiedenen Positionen der unterschiedlichen Bälle betrachten. Abbildung 8.20 verfügt bereits über eine gewisse Aussagekraft.

Der durch die Linien verbundene Weg stellt den Verlauf eines bestimmten Suchbegriffs dar. Von Interesse sind nun die größeren Kugeln im rechten unteren Bereich. Folgende Aussagen können in diesem Zusammenhang getroffen werden:

- Die Größe des Balles symbolisiert die Menge der Besuche.
- Je weiter unten der Ball positioniert ist, desto niedriger ist die durchschnittliche Verweildauer.
- Je weiter rechts der Ball positioniert ist, desto höher ist die Absprungrate.
- Ein blauer Ball symbolisiert, dass sehr viele neue Besucher auf die Seite gekommen sind.

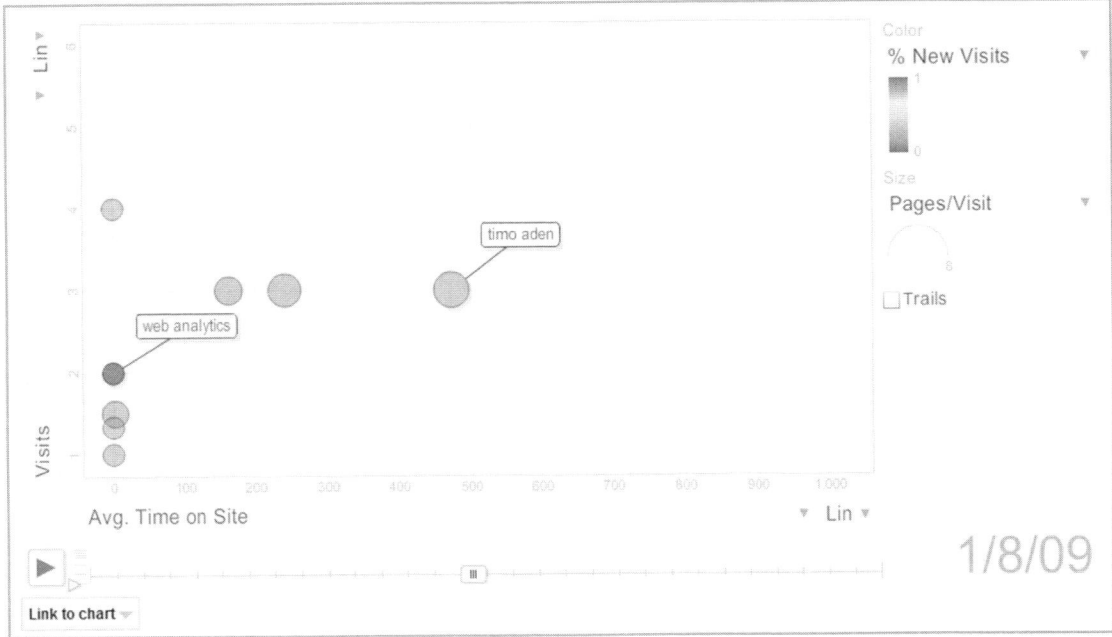

Abbildung 8.20 Visualisierung

Daraus resultiert: Je größer der Ball und je weiter er im ungünstigen Umfeld positioniert ist, desto näher sollte man sich das Datum und das entsprechende Keyword ansehen.

Noch eindeutiger wird es, wenn man in der x- und y-Achse die Einheit von Lin auf Log umstellt. Hierdurch wird die grafische Einteilung gleichmäßig angepasst im Sinne einer besseren Ausnutzung des Platzes und einer Anpassung an möglicherweise entstehende Gruppierungen. Abbildung 8.21 zeigt dies recht deutlich.

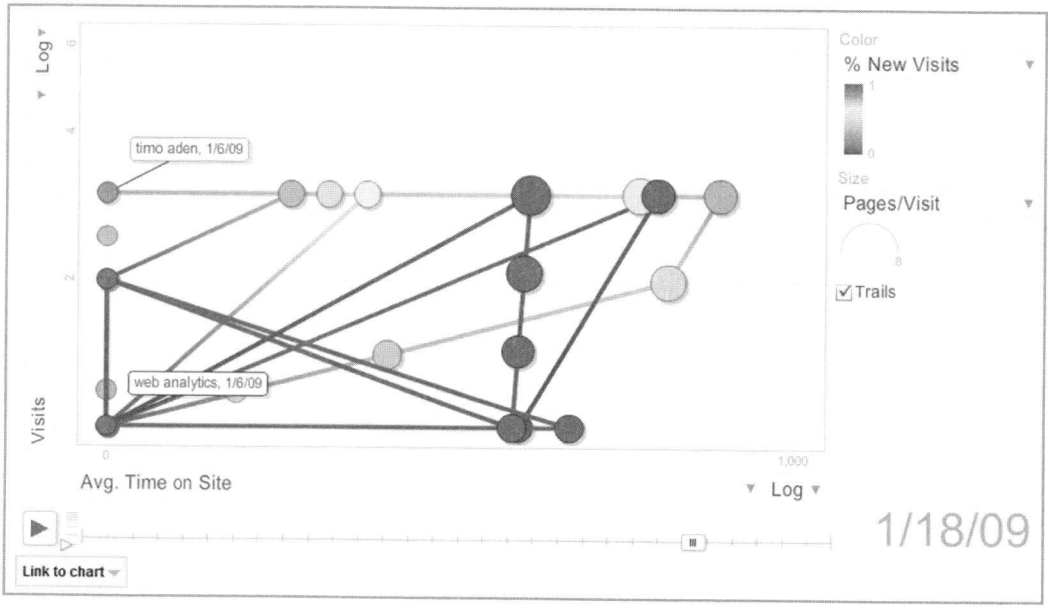

Abbildung 8.21 Visualisierung

Es ist festzuhalten, dass die größeren Kugeln in der rechten oberen Ecke alle an aufeinander folgenden Tagen Ihren Ursprung hatten. Eine kurze Recherche ergab, dass genau in dieser Zeit der Inhalt der Site überarbeitet wurde. Dies hatte offensichtlich Auswirkungen auf das Verhalten der Besucher, die über diesen Suchbegriff auf die Seite kamen. Zwar waren es verhältnismäßig viele Besucher, die eine recht hohe Verweildauer auf der Site generierten – andererseits war aber auch die Absprungrate höher als an den meisten anderen Tagen. Die Farbe weist auf ein ausgewogenes Verhältnis von neuen zu wiederkehrenden Besuchern hin. Der nächste Schritt wäre eine getrennte Untersuchung der neuen und wiederkehrenden Besucher, denn der eine Teil hat den neuen Inhalt der Website offensichtlich lange konsumiert und damit für eine hohe Aufenthaltsdauer gesorgt, während der andere Teil direkt wieder abgesprungen ist.

Diese Darstellung ist zurzeit nicht exportier- oder per Mail versendbar. Auch das Zum-Dashboard-Hinzufügen funktioniert nicht. Stattdessen befindet sich unterhalb der Zeitdimension ein Button „Link to Chart". Dieser kann herauskopiert und versendet werden. Der Empfänger muss sich mit seinem Analytics-Login anmelden und hat dann Zugriff auf die Darstellung.

Teil IV
Gang durch die Berichte

In den ersten drei Teilen wurden die Grundlagen für die Web-Analyse mit Google Analytics gelegt. Nach der Einordnung in das Marktumfeld ging es zur Anmeldung und individualisierten Implementierung des Analytics Tracking Codes. Im Anschluss daran wurde die Benutzeroberfläche intensiv besprochen, um den richtigen Umgang mit den Berichten zu gewährleisten und auf diese Weise das Optimum aus Analytics herauszuholen.

In diesem Teil spreche ich alle verfügbaren Berichte an. Jedes Business verfolgt individuelle Ziele und stellt demnach unterschiedliche Anforderungen an Metriken und Kennziffern. Die Vielzahl der verfügbaren Berichte deckt zwar die meisten Fragestellungen ab, führt aber gelegentlich dazu, dass man vor lauter Bäumen den Wald nicht erkennt. Der Gang durch die Berichte soll Ihnen dabei helfen, Ihren Fokus nicht zu verlieren, aber auch aufzuzeigen, welche weiteren Möglichkeiten und spannenden Ansätze es gibt, an die Sie vielleicht noch nicht gedacht haben.

9 Berichte und Dashboard

9.1 Berichte in der Benutzeroberfläche

Auf der linken Seite der Benutzeroberfläche befindet sich die Navigation. Hierüber ist ein direkter Zugriff auf 74 unterschiedliche Berichte möglich. Aufgeteilt sind die Berichte nach unterschiedlichen Segmenten:

- Dashboard
- Besucher
- Zugriffsquellen
- Content
- Ziele
- E-Commerce (optional)
- Benutzerdefinierte Berichterstellung
- Erweiterte Segmente

Jedes dieser Segmente enthält mehrere Berichte, die thematisch entsprechend zugeordnet sind. Der erste Bericht eines jeden Segmentes heißt „Übersicht" und stellt die wichtigsten Kennziffern der jeweiligen Rubrik dar. Außerdem verbergen sich in der Übersicht mitunter weitere interessante Berichte, die Sie nur über diese Seite aufrufen können.

Erster Startpunkt nach dem Login ist immer die Dashboard-Übersicht.

9.2 Mit dem Dashboard arbeiten

Die Dashboard-Ansicht ist sozusagen die Startseite der Berichtsoberfläche. Wie bereits in Kapitel 9.1 erläutert, bietet das Dashboard eine kontoabhängige Individualisierung. Unterschiedliche Nutzer sind an unterschiedlichen Berichten und Informationen interessiert. Der Geschäftsführer interessiert sich in der Regel eher für langfristige Trends, während der

Online-Marketer haargenau jede Kampagne und jedes Keyword untersuchen möchte. Die IT-Abteilung ist hingegen eventuell mehr an der technischen Ausstattung der User interessiert als an der Performance einzelner Quellen. Diese unterschiedlichen Anforderungen lassen sich über das Dashboard darstellen, weil sich jeder User unter seinem Login sein individuelles Dashboard basteln kann.

Die Drag&Drop-Funktion ermöglicht ein Verschieben oder auch Ausblenden der Mini-Berichte. Durch die Funktion „Zum Dashboard hinzufügen" in nahezu jedem Bericht in Analytics können interessante Berichte direkt und schnell auf dem Dashboard dargestellt werden.

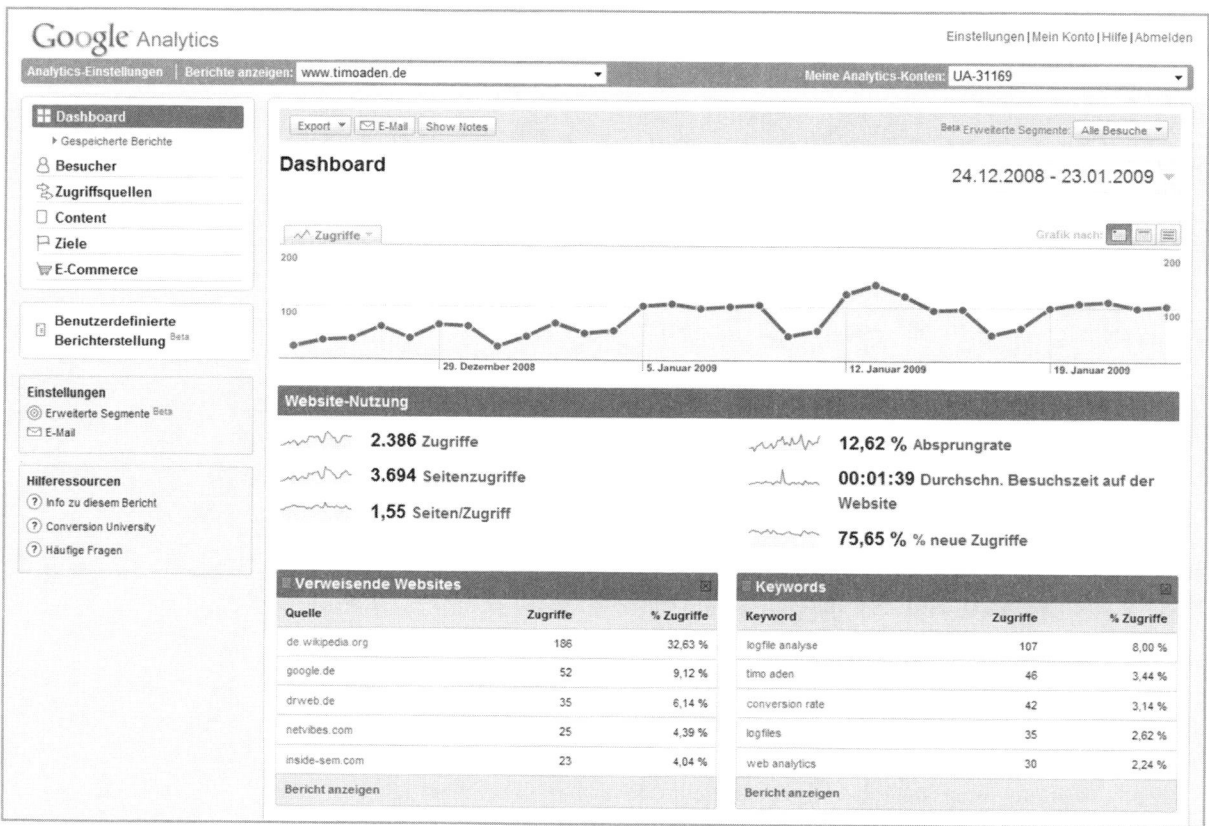

Abbildung 9.1 Dashboard

Die Mini-Berichte ermöglichen Ihnen, vom Dashboard aus direkt auf den entsprechenden Bericht zuzugreifen, ohne den Umweg über die Navigation. Das von Ihnen erstellte Dashboard ist mit Ihrem Login verknüpft. Ein Kollege mit eigenem Zugriff auf die Analytics-Daten kann sich sein eigenes Dashboard erstellen.

Praxistipp:

Nutzen Sie die Möglichkeit der Dashboard-Individualisierung. Sie können außerdem das Dashboard automatisiert als E-Mail verschicken. Angenommen, Sie wollen Ihren Vorgesetzten oder den Geschäftsführer von der Wertigkeit Ihrer Arbeit überzeugen (Vorgesetzte und Geschäftsführer haben oft nicht die Zeit, sich mit Web-Analyse zu beschäftigen, oder vergessen schlichtweg die Login-Daten). Wenn Sie dank diverser Maßnahmen erreicht haben, dass sich alle wichtigen Kennziffern in die geplante Richtung entwickeln, ordnen Sie Ihr Dashboard so an, dass dies gut sichtbar wird, und schicken Sie die Kennziffern mit einem entsprechenden Kommentar Ihrem Vorgesetzten. Präsentieren Sie den Erfolg Ihrer Arbeit, indem Sie die Möglichkeiten des Tools nutzen und andere davon in Kenntnis setzen („Tue Gutes und rede drüber"). Das Versenden des Dashboards als PDF ermöglicht Ihrem Vorgesetzten, alle wichtigen Kennzahlen auf einen Blick zu sehen. Er muss sich nicht selber mit Google Analytics auseinandersetzen, was viel Zeit spart. Deshalb wird er Ihnen schon sehr bald dankbar sein. Spätestens wenn Ihr Vorgesetzter anfängt, Fragen zu stellen, die Sie mit Hilfe von Analytics beantworten können, werden Sie ihn von der Wichtigkeit Ihrer Tätigkeit vollends überzeugt haben (Tipp: Versuchen Sie immer eine monetäre Komponente mit einzubringen – Chefs bewerten Kennziffern gerne in Verbindung mit Geld. Kapitel 7.4.1.2 (Zielwert) kann Ihnen dabei helfen).

10 Besucher-Berichte

10.1 Besucher

Die Rubrik „Besucher" beinhaltet sämtliche Berichte, die in erster Linie mit den Usern, die eine Site besuchen, zu tun haben. In der Übersicht (Abbildung 10.1 auf der nächsten Seite) werden die wichtigsten besucherrelevanten Kennziffern mit den bereits bekannten Mini-Trendgraphiken dargestellt und entsprechend angepasst, wenn beispielsweise der Betrachtungszeitraum geändert oder ein Vergleichszeitraum aktiviert wird. Auch hier können die Berichte entweder über diese Übersichtsseite oder über die Navigation auf der linken Seite aufgerufen und von dort aus tiefergehend analysiert werden.

Im unteren Bereich der Besucherübersicht befinden sich Informationen zur technischen Ausstattung der Besucher Ihrer Website: welche Browser zum Einsatz kommen und mit welcher Verbindungsgeschwindigkeit sie sich über die Seiten bewegen.

Im Folgenden gehe ich auf die einzelnen Berichte entsprechend der Navigationsstruktur und bei dieser Gelegenheit auch auf die in den Berichten enthaltenen Kennziffern ein.

10.2 Benchmarking

Benchmarking ist ein Anfang 2008 hinzugefügter Bericht. Für die Entwicklung gab es zweierlei Gründe. Zum einen vermehrten sich Anfragen à la „Wie stehen wir eigentlich im Vergleich zu unseren Wettbewerbern?" oder „Sind unsere Zahlen in Analytics nun gut oder schlecht?". Diese Fragen waren für mich immer recht schwer zu beantworten, und es gibt diverse Gründe, weshalb ein Benchmarking immer mit Vorsicht zu betrachten ist.

Zum anderen tauchten immer wieder Gerüchte auf, wonach „Google die Google Analytics-Daten für das Ranking der Suchergebnisse" benutze oder: „Wer Google Analytics nutzt, zahlt weniger bei Google AdWords-Kampagnen."

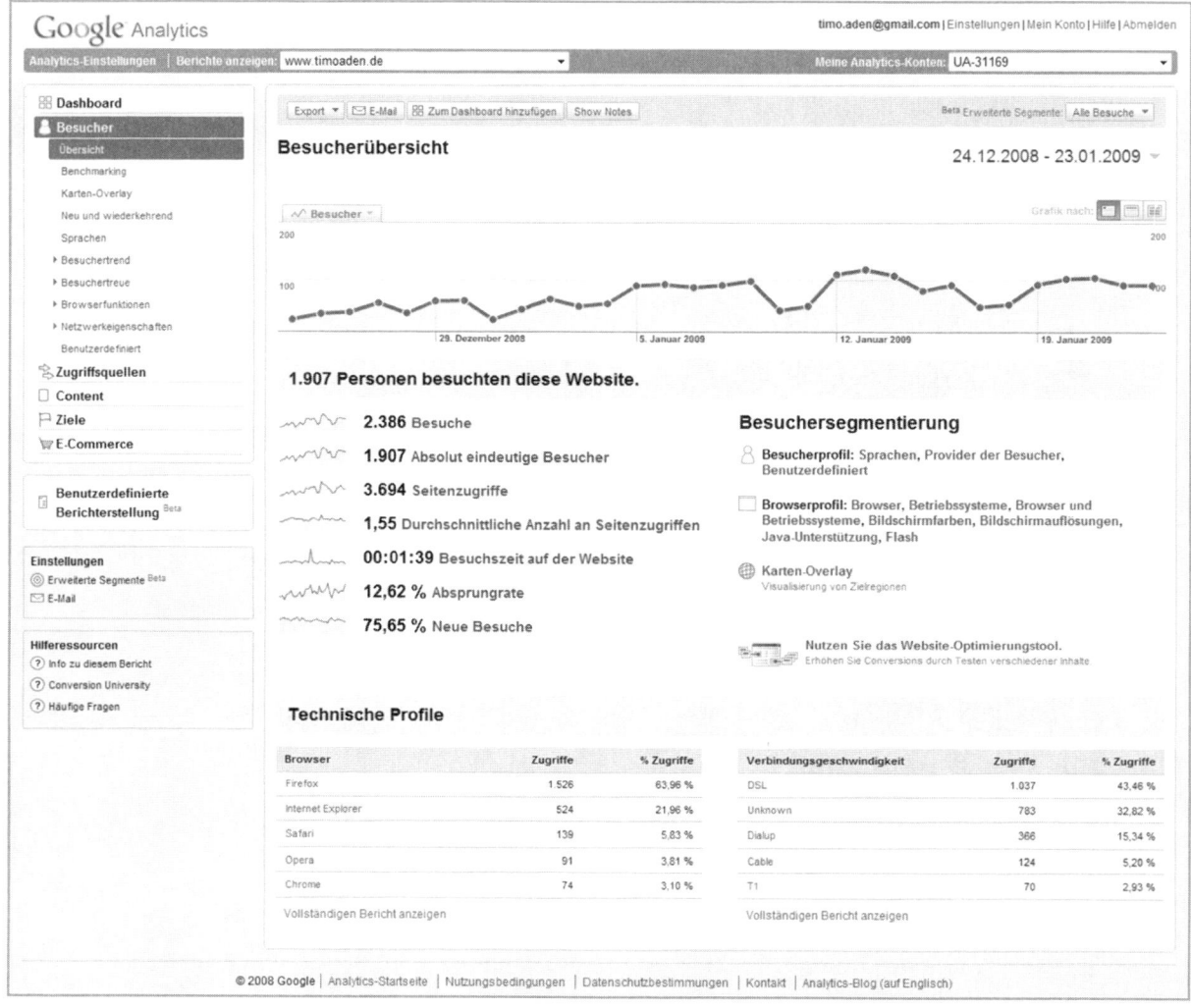

Abbildung 10.1 Besucherübersicht

Es war also an der Zeit, dem Analytics-Nutzer die Entscheidung zu überlassen, ob überhaupt, und wenn ja, was Google mit den über Analytics erhobenen Daten machen darf. Dieser Punkt war zugegebenermaßen vor der Einführung des Benchmarkings etwas schwammig. Im Zusammenhang mit dem Benchmarking ging die Datenfreigabeoption einher, die als Grundlage des Benchmarkings dient.

Das Benchmarking (Abbildung 10.2) stellt zurzeit sechs Metriken dar:

■ Zugriffe

■ Absprungrate

■ Seitenzugriffe

■ Durchschnittliche Besuchszeit auf der Website

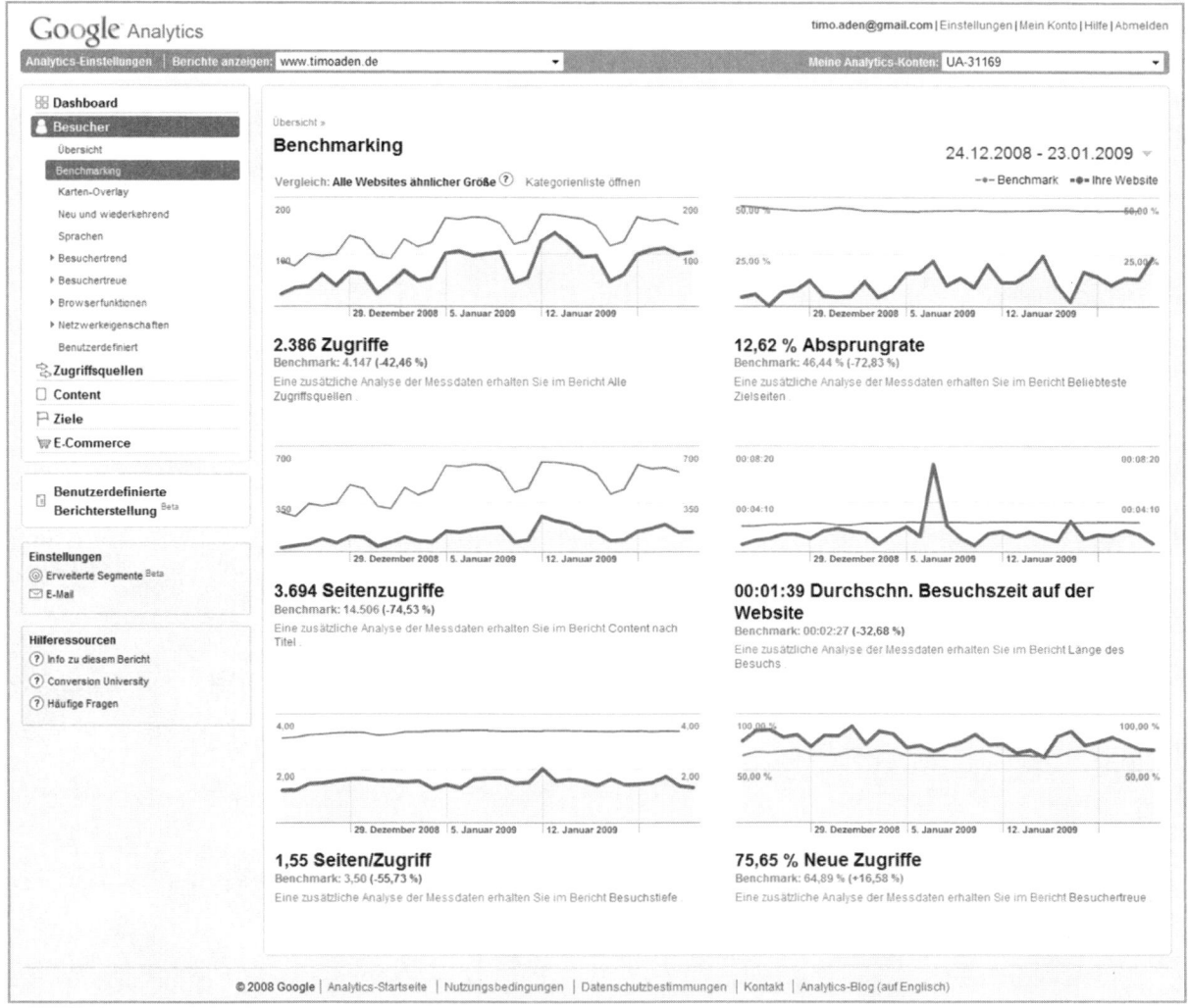

Abbildung 10.2 Benchmarking

- Seiten/Zugriffe
- % neue Zugriffe

Anhand dieser Kennziffern können Sie Ihre eigene Website mit dem Branchendurchschnitt vergleichen.

Nach der Anmeldung für das Benchmarking wird Ihre Site von Google durchcrawlt – ähnlich wie Suchmaschinenbots vorgehen, um Ihre Seite für die Suchergebnisse zu indizieren. Sinn dieses Vorganges ist es, den Inhalt Ihrer Site einer passenden Kategorie zuzuordnen. Dies geschieht völlig automatisch. Sie können jedoch später jederzeit auch einen Vergleich mit einer anderen beliebigen Kategorie vornehmen.

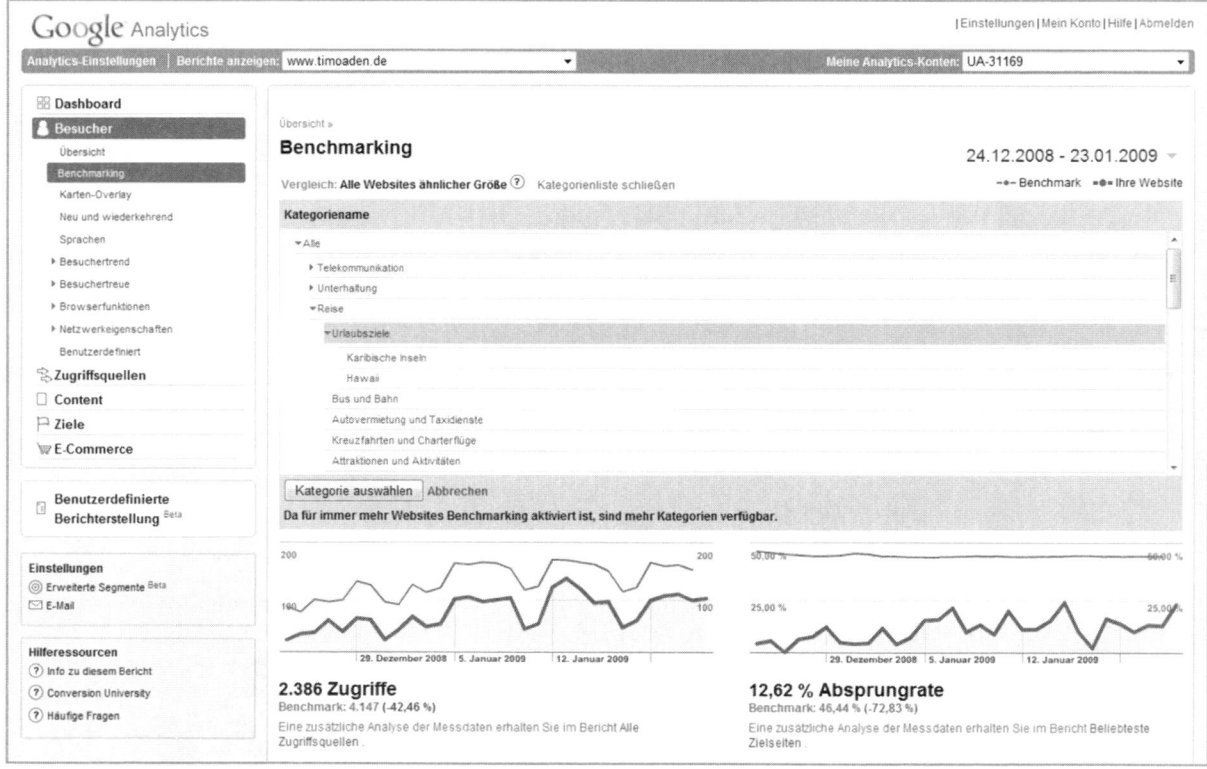

Abbildung 10.3 Kategorieliste

Die Kategorisierung erfolgt allein anhand der Sites, die sich freiwillig dazu bereit erklärt haben, am Benchmarking teilzunehmen. Eine statistische Signifikanz kann nur geboten werden, wenn sich genügend Teilnehmer finden, die sich einer Kategorie zuordnen lassen. Eine Kategorie mit nur drei Teilnehmern hätte wenig Aussagekraft und ließe die Möglichkeit zu, bei genügend Branchenkenntnis schnell die Wettbewerber zu identifizieren. Dies ist bei der Benchmarking-Funktion nicht der Fall. Eine neue Kategorie wird erst dann eröffnet, wenn sich mindestens 100 Sites bereit erklärt haben, am Benchmarking teilzunehmen, die thematisch in diese Kategorie passen. Dies ist der Grund, weshalb die Unterteilung der einzelnen Kategorien unterschiedlich fein ist. Zudem spielt auch die Größe der Website eine Rolle.

Denn neben der Kategorie wird Ihre Site auch einer Größe zugeordnet (klein, mittel, groß). Dies ist notwendig, da es wenig sinnvoll wäre, einen kleinen privaten Blog mit beispielsweise Bild.de zu vergleichen. Selbst wenn es eventuell inhaltliche Übereinstimmungen gäbe, wäre der Größenunterschied zu gewaltig und ein Vergleich damit nicht relevant. Die Ermittlung der Größenzuordnung erfolgt über die von Analytics erhobenen Daten.

Eine Teilnahme am Benchmarking ist ausschließlich durch den Analytics Konto-Administrator möglich. Zudem besteht die Teilnahme nur auf Analytics Konto-Ebene. Eine Aufteilung nach verschiedenen Profilen ist nicht möglich.

Praxistipp:

Ein weiterer Grund, weshalb es sinnvoll ist, lediglich eine Website pro Analytics-Konto zu tracken, ist (bei gewünschter Teilnahme am Benchmarking) die Kategorisierung des Benchmarkings. Fließen völlig unterschiedliche Websites in ein Analytics-Konto, erschwert dies die Kategorisierung und Größenzuordnung. Ich empfehle daher, die 1:1-Regel zu befolgen: Ein Analytics-Konto – eine Website.

Wenn Sie sich für das Benchmarking entscheiden, werden nach der Aktivierung zunächst bis zu zwei Wochen vergehen, um die Kategorisierung und die Größenzuordnung durchzuführen. Danach haben Sie Zugriff auf die vollen Benchmarking-Funktionalitäten. Diese sind neben der Auswahl verschiedener Kategorien allerdings begrenzt. Es können lediglich die sechs genannten Metriken betrachtet werden, und Sie wissen nicht, welcher Kategorie oder Größe Ihre Website eigentlich genau zugeteilt wurde.

Information:

Es gab hitzige Diskussionen darüber, ob Benchmarking eingeführt werden sollte oder nicht. Aus meiner Sicht ist der Wert des Benchmarkings begrenzt. Natürlich stellt sich schnell die Frage, wie die eigene Website im Vergleich zum Wettbewerb steht. Es gibt viele Faktoren, die den Wert eines Vergleichs schmälern. Wenn bei den Wettbewerbern beispielsweise die Zugriffszahl steigt, während sich auf der eigenen Seite nichts verändert – was hat das zu bedeuten? Jedes Unternehmen agiert individuell. Vielleicht wurde eine neue Kampagne gelauncht, mehr Budget in AdWords investiert. Unter Umständen gab es aber auch positive oder negative Pressemeldungen – eine sehr negative Berichterstattung in den Medien lässt auch die Zugriffe auf einer Website nach oben schnellen. Aber sollte das wirklich Ihr Ziel sein?

Zudem müssen bessere Werte im Benchmarking auch nicht unbedingt heißen, dass die Firma mehr Geld verdient als man selbst. Vielleicht ist die Kostenstruktur eine völlig andere. Die Marge ist beim Benchmarking nicht ersichtlich. So können Sie mit bei einigen Kennziffern niedrigeren Werten dennoch erfolgreicher sein als Ihre Wettbewerber.

Auf der anderen Seite kann das Benchmarking wertvolle Hinweise liefern, wenn ausschließlich Trends analysiert werden. So erkennt man beispielsweise, ob die Wettbewerber ebenso wie Sie an den Wochenenden einen Trafficeinbruch erleiden – oder andersherum. Sie sehen also grobe Trends und können beurteilen, ob es sich um ein Branchenphänomen handelt oder ob es ein Problem Ihrer Website ist.

Die Benchmarking-Daten von Analytics werden anonymisiert als Mittelwert und in aggregierter Form dargestellt. Hierdurch werden sie „geglättet", und man vermeidet den Effekt von Ausreißern.

Aus den Daten lassen sich weitere Erkenntnisse und Fragestellungen ableiten:

- *Besuche haben in der Branche samstags ihren Tiefpunkt und steigen sonntags wieder leicht an*
  Das werden Sie vermutlich nur schwer ändern können, doch zumindest wissen Sie nun, dass es nicht nur Ihre Site betrifft.

- *Einen Tag nach einer Site-Aktualisierung wird der Branchenduchschnitt übertroffen*
  Dies könnte ein Indiz dafür sein, dass Sie Ihre Seite öfter aktualisieren sollten.

- *Zwei Tage nach Site-Aktualisierung fällt die Anzahl der Besuche wieder unter den Branchenschnitt*
  Scheinbar warten die User auf Aktualisierungen und kommen nicht wieder, ehe es neue Inhalte gibt. Ein deutlicher Hinweis, die eigenen Aktualisierungszyklen zu überdenken.

- *Die durchschnittliche Besuchszeit auf der eigenen Seite unterliegt stärkeren Schwankungen als der Branchenschnitt*
  Ist auch die Qualität des eigenen Inhalts stark unterschiedlich? Vielleicht sind die internen Verlinkungen auf der Site überdenkenswürdig?

Um am Benchmarking teilzunehmen, ist die Datenfreigabe an Google Voraussetzung.

10.2.1 Datenfreigabe

Die Datenfreigabe ist die Grundlage des Benchmarkings. Als Kontoadministrator entscheiden Sie selbst, ob Sie Google die über Analytics generierten Daten zur Verfügung stellen und diese in anonymisierter und aggregierter Form mit anderen teilen wollen. Alternativ können Sie entscheiden, Ihre Daten nicht zu teilen.

Auf der obersten Ebene des Analytics-Kontos befindet sich der Link „Kontoeinstellungen bearbeiten". Dieser führt zu den Analytics-Datenfreigabeeinstellungen.

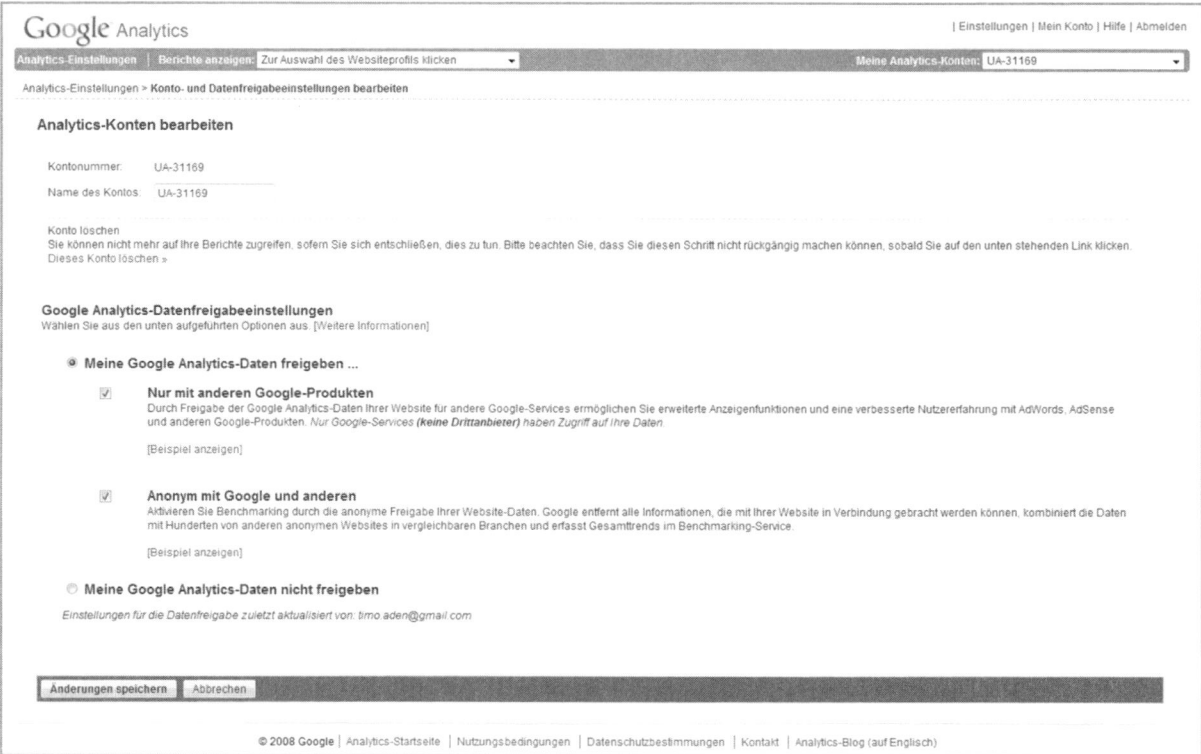

Abbildung 10.4 Datenfreigabe

10.2.1.1 Datenfreigabe für andere Google-Produkte

Diese Option bietet die Möglichkeit, die über Analytics erhobenen Daten auch für andere Google-Produkte zu nutzen (was keine Weitergabe der Daten an Dritte beinhaltet). Hiermit gestatten Sie Google, Ihre Daten für Produkte wie Google AdWords, Google AdSense oder andere Google-Produkte zu nutzen, um die Möglichkeit weiterer Features und Optimierungsmöglichkeiten zu bieten.

Beispielsweise können die Daten für das Conversion Optimierungs-Tool verwendet werden. Dieses optimiert die AdWords-Anzeigen automatisiert anhand der in Analytics von Ihnen definierten Conversions (bisher konnten die AdWords-Kampagnen nur aufgrund der Klickrate optimiert werden). Dies entspricht sozusagen einem Bid-Management-Tool, welches die Daten aus verschiedenen Quellen in die Berechnung für die Optimierung einfließen lässt (AdWords und Analytics-Daten). Damit Analytics diese Daten überhaupt an AdWords weitergeben darf, muss die Erlaubnis über diese Freigabeoption erteilt werden.

10.2.1.2 Datenfreigabe anonym mit Google und anderen

Durch Aktivierung dieser Freigabeoption nehmen Sie am Benchmarking teil. Sämtliche Daten, die sich mit Ihrer Website in Verbindung bringen lassen, werden hier entfernt und in aggregierter Form den anderen Benchmarking-Teilnehmern zur Verfügung gestellt. Es besteht keine Möglichkeit, Rückschlüsse auf Ihre Unternehmen zu ziehen, da die Kategorie, in die Ihr Analytics-Konto eingeordnet wird, ausreichend groß ist – Hunderte von Analytics-Accounts fließen anonymisiert in eine Kategorie.

Ich halte dies für eine recht faire Wahlmöglichkeit gemäß dem Prinzip: Nur wer etwas gibt, bekommt auch etwas. Die Entscheidung dazu fällt der Websitebetreiber (bzw. der Analytics Administrator) selbst.

10.2.1.3 Keine Datenfreigabe

Wird diese Option gewählt, werden die über Analytics generierten Daten nicht für andere Google-Produkte oder Ähnliches genutzt. Wie bei jedem anderen ASP-Dienstleister werden sie lediglich gespeichert – ohne irgendeinen weiteren Einfluss.

Mit dieser Auswahl nehmen Sie nicht am Benchmarking teil. Auch weitere mögliche Vorteile wie beispielsweise das Conversion Optimierungs-Tool für die automatisierte Optimierung von AdWords-Kampagnen mit Bezug auf Conversions kann so nicht genutzt werden.

Die Entscheidung, welche Datenfreigabe-Option gewählt wird, obliegt dem Konto-Administrator. Ich empfehle, intern abzuwägen, welche Vor- oder Nachteile eine Datenfreigabe nach sich ziehen könnte. Meiner Ansicht nach überwiegen die Vorteile, da mit Hilfe der Benchmark-Berichte interessante Erkenntnisse gezogen werden können und als AdWords-Kunde sicher auch in naher Zukunft neben dem Conversion Optimierungs-Tool weitere Google-Produkte oder Verknüpfungen zu anderen Google-Tools gelauncht werden sollten.

10.2.2 Datenschutz

Das Thema Datenschutz ist in Verbindung mit Analytics seit dem Launch von Analytics im November 2005 immer wieder in der Öffentlichkeit diskutiert worden. Ich bin kein Jurist und möchte keine Diskussionen anheizen.

In der Regel geht es um folgende Fragen:

- Ist eine IP-Adresse ein personenbezogenes Datum?
- Kann Google Daten einzelner User verknüpfen und so individuelle User-Profile erstellen?
- Benutzt Google die über Analytics erhobenen Daten, um Einfluss auf andere Google-Produkte auszuüben?
- Ist Web Analytics – allgemein – rechtens?

Die Frage, ob eine IP-Adresse ein personenbezogenes Datum ist oder nicht, ist strittig. Es gibt Amtsgerichte, die dieses bejaht, andere wiederum, die sie verneint haben. Ich möchte lediglich darauf hinweisen, dass eine IP-Adresse, wenn überhaupt, einem Browser und keiner Person zugehörig ist (siehe Kapitel 4.1.3, IP-Adresse). Dies erschwert die Identifikation einer einzelnen Person ungemein, da eine Person an unterschiedlichen Rechnern (beispielsweise im Büro und zu Hause) arbeiten, aber auch unterschiedliche Browser verwenden kann. Außerdem können an einem Rechner unterschiedliche Personen sitzen (Stichwort Familienrechner oder Internet-Café). Des Weiteren wählen sich viele Internetuser über eine dynamische IP-Adresse in das Internet ein. Mit jeder Einwahl ändert sich die IP-Adresse (die der jeweilige ISP-Anbieter vergibt). Wie soll es möglich sein, unter solchen Voraussetzungen einzelne Personen zu identifizieren?

Rein theoretisch ist Google sicherlich in der Lage, individuelle User-Profile zu erstellen. Ich vermute, dass dies technisch durchaus machbar wäre, die Frage ist nur, ob auch sinnvoll.

 Information:

Googles Umsätze generieren sich zu ca. 98% aus Werbung. Diese Werbung wird an User ausgeliefert, die die Google-Produkte benutzen (Google Suche, Googlemail, Youtube etc.) oder auf eine der Anzeigen klicken, die innerhalb des Content-Netzwerks angezeigt werden. Auf der anderen Seite hat Google mit keinem dieser Nutzer einen Vertrag geschlossen. Sämtliche User benutzen Google-Produkte, weil sie einfach zu bedienen sind, nichts kosten, gut aussehen oder aus irgendwelchen anderen Gründen. Außerdem gibt es fast alle Google-Produkte von anderen Anbietern im Internet. Es gibt andere E-Mail-, andere Kalender-, andere Web Analyse Tool- und andere Suchmaschinen-Anbieter. Die meisten davon bieten – ebenfalls kostenlos – teils sehr gute Produkte an. Jedem User steht es frei, diese Anbieter zu nutzen und Google zu meiden.

Dies bedeutet, dass Google ganz von der Zufriedenheit und vom Vertrauen der User abhängig ist. Angenommen, es kommt zu einem Daten-GAU mit Google-Daten. Welche Auswirkungen hätte dies? User würden die Dienste der Wettbewerber nutzen und sich massenhaft von Google abwenden. Dies hätte zur Folge, dass die Umsätze sofort dramatisch zurückgehen, der Google-Aktienkurs würde einbrechen, was eine (negative) Signalwirkung auf die gesamte Internetindustrie hätte, usw.

Die wichtigste Währung des Internets ist Vertrauen. Websites und Internetunternehmen können langfristig nur erfolgreich sein, wenn sie das Vertrauen der User und Kunden gewinnen bzw. es nicht missbrauchen. Google hat dieses Vertrauen über Jahre hinweg aufgebaut, und es wäre mehr als fahrlässig, dies durch Datenmissbrauch zu zerstören. Als weltweit agierendes Unternehmen muss Google darauf achten, die unterschiedlichen (Datenschutz-)Gesetze einzuhalten und zu berücksichtigen.

Nicht nur, weil etwas technisch denkbar ist, wird es auch umgesetzt. Wenn Daten in irgendeiner Form verwendet werden, dann nur anonymisiert und aggregiert, um allgemeine Trends zu erkennen.

Hinzu kommt, dass eine mögliche Auswertung von Analytics-Daten insofern immer fehlerbehaftet wäre, weil die Qualität der Daten sehr von der Implementierung abhängig ist. Ist der Tracking Code wirklich auf jeder Seite eingebaut? Sind Ziele und Filter wirklich korrekt implementiert? Was sind überhaupt die Ziele? Letztendlich wären also aus Google-Sicht nur die bisher in den Benchmark-Berichten dargestellten Zahlen aussagekräftig. Diese Daten sind bei vielen Websites allerdings ohnehin verfügbar, beispielsweise dann, wenn die Website Google AdSense verwendet.

Die Klärung der Frage, ob Web Analytics Tools im Allgemeinen rechtens sind, überlasse ich den Juristen. Bis zu einer endgültigen Entscheidung, wird sicher noch einige Zeit vergehen.

Es gibt bereits Überlegungen, ob ein User beim Betreten einer Website, die ein Web Analytics Tool verwendet, gefragt werden muss, ob er mit der Erhebung von Daten durch das Tool einverstanden ist. Dies halte ich für undurchführbar. Alternativ bieten einige Web Analytics Tool-Anbieter eine Opt-Out-Option an. Hier können sich User, die von keinem Web Analytics Tool getrackt werden möchten, von der Messung „befreien".

Analytics bietet weder eine Opt-In- noch eine Opt-Out-Lösung. Allerdings muss der Analytics nutzende Websitebetreiber seine User darauf hinweisen, dass dieses Tool verwendet wird. Es liegt in der Verantwortung des Websitebetreibers, dafür zu sorgen, dass User die Möglichkeit haben zu erfahren, welches Web Analytics Tool auf der Website zum Einsatz kommt.

Praxistipp:

Mit der Nutzung von Analytics akzeptieren Sie die Nutzungsbedingungen. Diese sind nicht verhandelbar, sondern müssen so, wie sie sind, angenommen werden. Ein Websitebetreiber ist daher verpflichtet, die User darauf hinzuweisen, dass Analytics auf der Website integriert ist. Google hat hierfür einen rechtlich geprüften Absatz vorformuliert, der auf einer dem User einfach zugänglichen Seite integriert werden muss (beispielsweise im Disclaimer, im Impressum oder auf der Kontaktseite). Punkt 8.1 der Google Analytics-Nutzungsbedingungen (Datenschutz):

„Diese Website benutzt Google Analytics, einen Webanalysedienst der Google Inc. („Google") Google Analytics verwendet sog. „Cookies", Textdateien, die auf Ihrem Computer gespeichert werden und die eine Analyse der Benutzung der Website durch Sie ermöglicht. Die durch den Cookie erzeugten Informationen über Ihre Benutzung diese Website (einschließlich Ihrer IP-Adresse) wird an einen Server von Google in den USA übertragen und dort gespeichert. Google wird diese Informationen benutzen, um Ihre Nutzung der Website auszuwerten, um

175

Reports über die Websiteaktivitäten für die Websitebetreiber zusammenzustellen und um weitere mit der Websitenutzung und der Internetnutzung verbundene Dienstleistungen zu erbringen. Auch wird Google diese Informationen gegebenenfalls an Dritte übertragen, sofern dies gesetzlich vorgeschrieben oder soweit Dritte diese Daten im Auftrag von Google verarbeiten. Google wird in keinem Fall Ihre IP-Adresse mit anderen Daten in Verbindung bringen. Sie können die Installation der Cookies durch eine entsprechende Einstellung Ihrer Browser Software verhindern; wir weisen Sie jedoch darauf hin, dass Sie in diesem Fall gegebenenfalls nicht sämtliche Funktionen dieser Website voll umfänglich nutzen können. Durch die Nutzung dieser Website erklären Sie sich mit der Bearbeitung der über Sie erhobenen Daten durch Google in der zuvor beschriebenen Art und Weise und zu dem zuvor benannten Zweck einverstanden."

Gemäß einer Studie des IT-Unternehmens Xamit Ende 2007 hat lediglich 1% der Websites, die Analytics nutzen, diesen Hinweissatz eingebaut. Ich rate Ihnen, diesen geprüften Satz auf Ihrer Website sichtbar zu integrieren.

Ich kann eine kritische Haltung durchaus verstehen und halte diese auch für vernünftig. Auf der anderen Seite sollte man die vielen positiven Möglichkeiten sehen, die ein Tool wie Analytics bietet, und mit seiner Hilfe versuchen, das eigene Business zu optimieren und nicht lange diskutieren oder im Zweifelsfall nichts unternehmen.

10.3 Karten-Overlay

Für Websitebetreiber ist die Herkunft der User interessant. Interessanter als die reine Herkunft ist allerdings die Analyse der weiteren Daten, die mit den Orten der User verknüpft werden. Denn sämtliche zur Verfügung stehende Metriken lassen sich auf die Herkunft beziehen. So kann beispielsweise analysiert werden, wie die User welcher Länder, welcher Regionen und welcher Städte sich wie erfolgreich auf Ihren Seiten aufgehalten haben, welche Ziele erfüllt wurden und wie sich der Umsatz auf die einzelnen Regionen verteilt.

Drei Tipps, wie Sie die Karten-Overlay-Funktion nutzen:

■ *Geschäftspotenziale*
Hierdurch lassen sich beispielsweise neue Geschäftspotenziale erkennen.

Stellen Sie sich vor, Sie betreiben einen Shop und liefern Ihre Waren ausschließlich in Deutschland aus. Wenn Sie nun dank des Karten-Overlay-Berichts erkennen, dass ein relevanter Anteil der Besucher aus Frankreich kommt, deutet dies auf ein gewisses Interesse französischer Nutzer hin. Es könnte sich also für Sie lohnen, Ihre Produkte auch dort anzubieten und auf diese Weise mehr Umsatz zu generieren.

Aus welchen Städten stammen die erfolgreichsten Besucher? Geben Ihre Kunden in Hamburg mehr Geld bei Ihnen aus als die User aus Berlin? Welche Gegenden sind für Sie am erfolgreichsten?

■ *AdWords-Anpassung*
Diese Informationen können Sie nutzen, um Ihre AdWords-Kampagnen zu optimieren. Es könnte sich evtl. lohnen, in bestimmten Ländern oder Städten die Budgets erfolgsabhängig anzupassen.

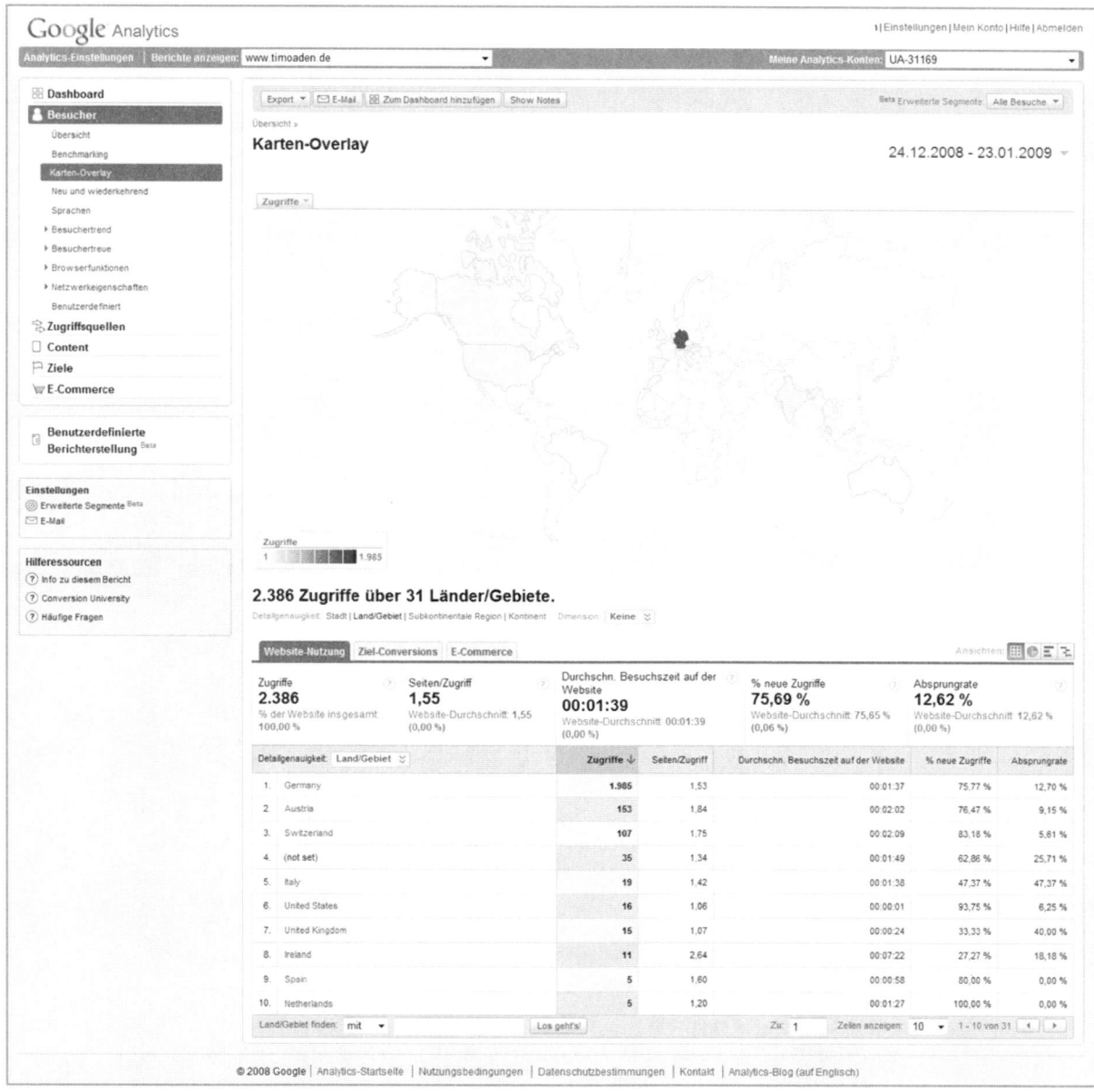

Abbildung 10.5 Karten-Overlay

■ *Offline Kampagnen-Tracking*

Schalten Sie regionale Kampagnen? Vielleicht werben Sie offline regional im Radio?

Angenommen, Sie schalten für einen gewissen Zeitraum Radio-Spots bei einem regionalen Lokalsender in Hamburg, in dem Sie Ihre URL deutlich kommunizieren. Über den Karten-Overlay-Bericht können Sie analysieren, inwiefern sich dies auf die Besuchszahlen aus Hamburg auswirkt.

Geht die Besucherzahl nach oben? Hat es überhaupt einen Effekt? Gibt es viele neue Besuche? Sind diese erfolgreich für Ihre Ziele?

Information:

Wie funktioniert der Karten-Overlay-Bericht?

Die Herkunft der Besucher wird anhand der IP-Adressen ermittelt (siehe Kapitel 4.1.3 IP-Adressen). Analytics wertet diese ausschließlich für die Erstellung des Karten-Overlay-Reports aus. Anschließend werden diese bei Google gelöscht bzw. anonymisiert. Bei der Analyse des Karten-Overlay-Berichts gibt es jedoch einiges zu bedenken:

- *IP-Adressen*
Weil die IP-Adressen lediglich eine Verbindungsnummer eines Computers bzw. Browsers mit dem Internet darstellen, handelt es sich nicht zwangsläufig um Personen, sondern lediglich um einen Computer/Browser ohne Rückschlüsse auf den vor dem Computer Sitzenden. Es kann also nicht analysiert werden, ob es wirklich die gleiche Person ist, die vor dem Rechner sitzt – unterschiedliche Personen verhalten sich im Netz anders, werden für Analytics aber dennoch als identische User dargestellt.

- *Dynamische IP-Adressen*
Je nach Verbindungsart mit dem Internet werden öfter dynamische IP-Adressen vergeben. Bei jeder Einwahl ins Internet wird eine andere IP-Adresse desselben Users genutzt. So ist ein einzelner Computer natürlich nicht identifizierbar. In diesem Fall kann der User für Analytics sogar aus verschiedenen Städten kommen, obwohl er vor dem gleichen Rechner sitzt.

Die Ungenauigkeit bei der Ermittlung der Herkunft des Users anhand von IP-Adressen hat weitere technische Hintergründe:

- *Einwahlknoten*
Bei der Einwahl ins Internet wählt man sich über einen Einwahlknoten ein. Diese sind quer durch Deutschland verteilt. Wenn ein User in München sitzt, ist die Chance recht groß, dass er über einen Einwahlknotenpunkt in München ins Internet gelangt. Aufgrund der IP-Adresse kann er dann als „Münchner User" erkannt werden.
Ein anderer User sitzt nun in Lüneburg in der Nähe von Hamburg. Im Normalfall wählt er sich über einen Lüneburger Einwahlknotenpunkt ein und wird der Stadt Lüneburg entsprechend zugeordnet. Zu diesem Zeitpunkt ist aber gerade halb Lüneburg im Netz und der Einwahlknotenpunkt völlig überlastet. Der User kann nicht mehr über den Lüneburger Einwahlknoten auf das Netz zugreifen. Automatisch wird er dann zu einem anderen Einwahlknoten, z.B. Hamburg, umgeleitet.
In diesem Fall wird der User als Hamburger User dargestellt – obwohl er in Lüneburg sitzt.

- *Glasfaserkabel und DSL*
Bei der Betrachtung der Deutschlandkarte im Karten-Overlay-Bericht fällt des Öfteren auf, dass die östlichen Bundesländer verhältnismäßig wenige Besucher beisteuern. Zwar wohnen dort fast genauso viele Menschen wie im dich besiedelten Nordrhein-Westfalen, dennoch gibt es einige leere Flächen im Osten.
Nach der Wiedervereinigung Deutschlands – also vor der allgemeinen Verbreitung des Internets – wurde fast der gesamte Osten mit damals sehr modernen Glasfasertelefonkabeln ausgestattet. Diese waren damals das Neueste, was es für Telefongespräche (und Faxgeräte) gab. Mitte/Ende der Neunziger war der Osten Deutschlands, was die Telefonleitungen betrifft, deutlich moderner ausgerüstet als der Westen.
Mit der Verbreitung des Internets kam dann irgendwann auch DSL. Der Erfolg von DSL konnte damals nicht vorhergesagt werden. Das Problem war nun, dass sich die brandneuen

Glasfaserleitungen für DSL nicht so gut eigneten und die alten Leitungen, wie sie im Westen Deutschlands lagen, viel besser waren. Daher ist auch die Verbreitung von DSL im Westen deutlich höher als im Osten.

Dies hat nun folgende Auswirkung: Im Westen (mit DSL) wird versucht, bei der Einwahl ins Internet die kürzeste Verbindung zum nächsten Einwahlknoten zu nehmen. Daher stimmt die Zuordnung der Herkunft im Westen recht gut überein. Im Osten Deutschlands finden viele Verbindungen über die schnellen Glasfaserkabel statt. Hier ist es nicht so wichtig, dass die Einwahl beim nächstgelegenen Einwahlkoten stattfindet. Der User kann durchaus zu einer weiter entfernten Stadt geleitet werden und bekommt dabei eine IP-Adresse der weiter entfernten Stadt zugewiesen. Daher kann es besonders in den ländlichen Gebieten des Ostens vorkommen, dass die Zugriffe nicht der wirklichen Position des Users zugeordnet werden, was dann zu einem etwas ungenaueren Bild bei dem Karten-Overlay-Bericht führen kann.

- *AOL et al.*
  Obwohl sich AOL aus dem Internetzugangsgeschäft zurückgezogen hat, verwende ich dieses Beispiel, weil vielen sicher noch die Zugangs-CDs von AOL in Erinnerung sind, die es damals massenweise gab.

  Wenn ein User sich also über AOL einwählte, wurde er über einen ganz bestimmten Einwahlknotenpunkt von AOL geleitet – unabhängig davon, wo er sich gerade aufhielt. Dies führte dazu, dass alle AOL-Kunden über einen (oder einige wenige) Knotenpunkte im Internet surften und diese alle einer Stadt (oder einigen wenigen Städten) zugeordnet wurden.

  Auch das kann also das Bild der realen Herkunft der User verzerren.

- *Nicht identifizierbar*
  Es werden in Analytics verschiedene Verbindungsgeschwindigkeiten der User dargestellt. Aufgrund der genannten Komplexität kann es ab und zu vorkommen, dass die Verbindungsgeschwindigkeit und somit auch die Herkunft der User einfach nicht identifiziert werden kann. Dies ist nicht weiter erklärbar, sondern lediglich als Fakt hinzunehmen.

All diese Gründe könnten nun dazu führen, dass man zu der Annahme gelangt, der Karten-Overlay-Bericht wäre nutzlos. Allerdings geht es, wie so oft bei der Web-Analyse, um Trends, weniger um absolute Zahlen. Wie schon erwähnt, sind Internet und Websites sehr komplex. Dies führt zwangsläufig dazu, dass es keine zu 100% korrekten Zahlen in der Web-Analyse geben kann. Mit gewissen Unschärfen muss man leben. Der Umgang mit Trends bietet eine gute Möglichkeit, mit dieser Unschärfe umzugehen.

Dennoch sind die IP-Adressen z.Zt. das einzig vernünftige Mittel, um die Herkunft der User zu bestimmen – die genannten Gründe zeigen jedoch, dass die im Karten-Overlay gezeigten Zahlen nie ganz korrekt sein können.

Praxistipp:

Die Genauigkeit der Karten-Overlay-Daten hängt von der Qualität und der Zuordnung der IP-Adressen ab. In den westlichen Ländern sind die Zahlen in der Regel sehr akkurat. In Afrika beispielsweise ist die Fehlerwahrscheinlichkeit höher, in China ist eine Lokalisierung der Besucher nur schwer möglich, da dort das Internet staatlich kontrolliert und durch einige wenige Firewalls geleitet wird; die User stammen meist aus Peking und Shanghai.

10.4 Neu und wiederkehrend

Wie in Kapitel 3.3 Cookies beschrieben, können wiederkehrende User wieder erkannt werden. Dieser Bericht stellt die Verteilung der neuen Besucher (der Erstbesucher also) im Vergleich mit den wiederkehrenden Besuchern dar.

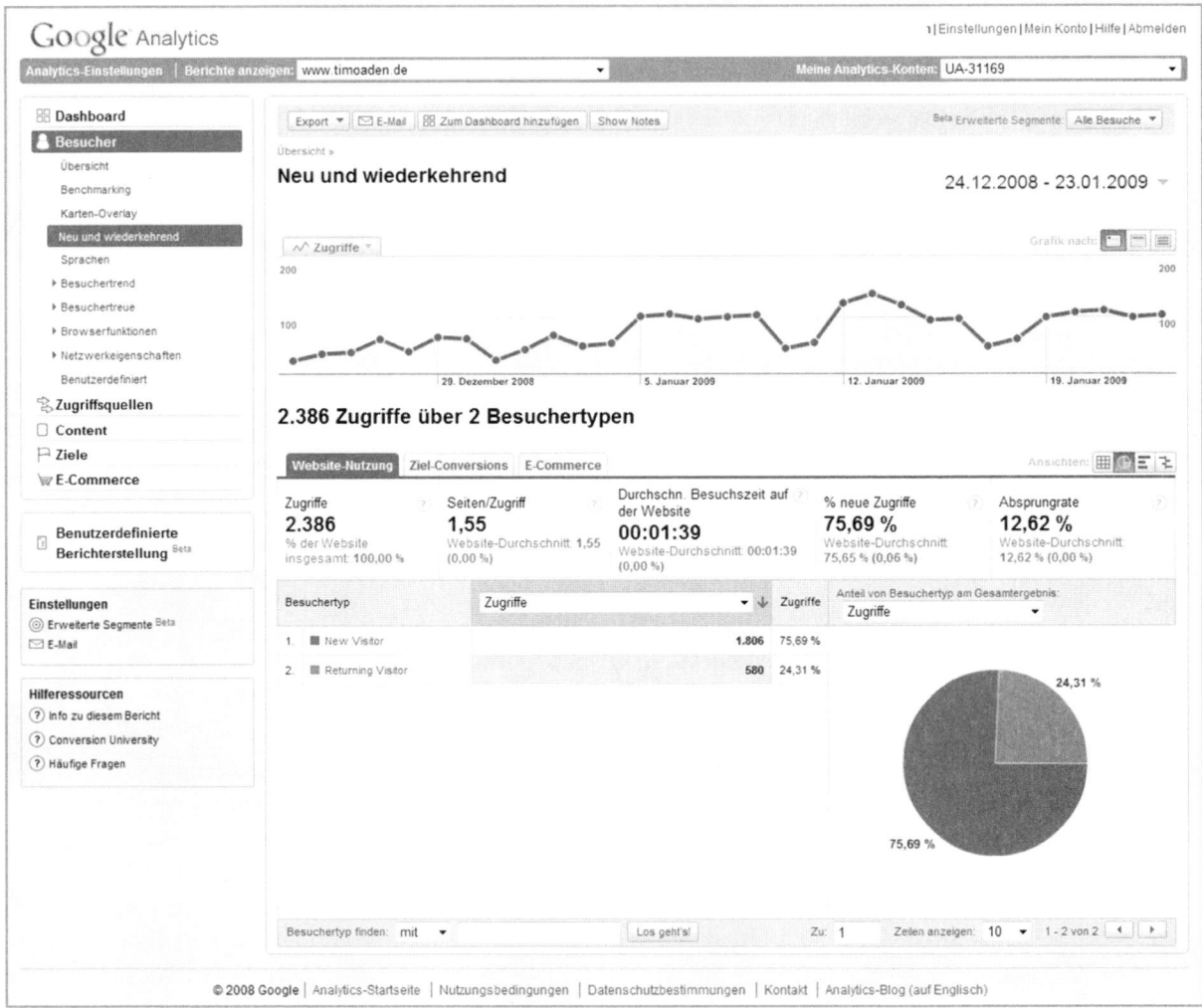

Abbildung 10.6 Neue und wiederkehrende Besucher

Diese Unterscheidung nennt man Besuchertyp, was für die Erstellung von Filtern und Segmenten wichtig ist. Auch in der deutschen Spracheinstellung werden sie „New Visitor" bzw. „Returning Visitor" genannt, was etwas verwirrend ist, denn in Wahrheit handelt es sich um Besuche bzw. Zugriffe (Visits) und nicht um Besucher, die bei Analytics „absolut eindeutige Besucher" heißen.

Dieser Bericht gibt also Auskunft darüber, wie viele der im ausgewählten Zeitraum angefallenen Besuche zum ersten Mal auf der Seite waren und wie viele wiederkamen. Neue Besuche sind ein Indiz für funktionierende Kampagnen oder ein gutes Branding. Wiederkehrende Besucher hingegen signalisieren, dass offensichtlich gute Inhalte geboten werden. Welchen Grund hätten sie sonst, die Site mehrmals aufzusuchen?

Durch Auswahl der verschiedenen Kennziffern in den Pull-down-Menüs lässt sich der Erfolg der unterschiedlichen Besuchertypen analysieren. Beispielsweise generieren wiederkehrende Besucher einen höheren durchschnittlichen Warenkorbwert als Erstbesucher, da sie bereits mit den Inhalten der Seite vertraut sind. Inwiefern unterscheiden sich die Absprungraten oder die Seitenaufrufe pro Besuch nach Besuchertyp?

Sie können noch tiefer einsteigen, indem Sie auf einen der beiden Besuchertypen klicken. Dann gelangen Sie in die Detailansicht dieses Segments, beispielsweise die wiederkehrenden Besucher. Wie verhalten sich die wiederkehrenden Besucher im Vergleich zum Websitedurchschnitt? Klicken Sie auch auf die verschiedenen Reiter „Ziel-Conversions" und „E-Commerce". Hier sehen Sie die entsprechenden Metriken ausschließlich bezogen auf die wiederkehrenden Besucher. Bei näherer Betrachtung der Zahlen stellen sich automatisch weitere Fragen.

Über welche Quellen landeten die wiederkehrenden Besucher auf der Site? Aus welchen Ländern kamen sie? Auf welcher Seite sind sie gelandet? Hier zeigt sich, wie mächtig diese Dimension ist (Kapitel 8.11), denn Sie befinden sich bereits im Segment „wiederkehrende Besucher" und können noch tiefer einsteigen, indem Sie aus den Dimensionen eine weitere Metrik heraussuchen. Die dann dargestellten Zahlen beziehen sich nur auf dieses Segment der wiederkehrenden Besucher und sind somit eine Teilmenge von ihnen.

In der Regel verändert sich das Verhältnis von neuen zu wiederkehrenden Besuchern eher langsam – es sei denn, es werden neue Kampagnen gestartet oder ähnliche Ereignisse, die das Verhältnis stark beeinflussen.

Für die Analyse der Zahlen ist es wichtig zu wissen, dass die Zahlen stark abhängig sind von der Cookie-Akzeptanz der User. Wenn User von vornherein keine Cookies akzeptieren, werden sie bei jedem neuen Besuch als neue Besucher eingestuft. Löschen User irgendwann ihre Cookies, werden sie beim nächsten Besuch als neue Besucher gemessen. Weil die Nutzung von Cookies bei Analytics die einzige Möglichkeit ist, neue von wiederkehrenden Usern zu unterscheiden, führt dies natürlich auf Dauer zu Zahlen, die nicht zu 100% korrekt sind. Insbesondere bei der Betrachtung sehr langer Zeiträume steigt die Fehlerwahrscheinlichkeit, da hier die Wahrscheinlichkeit steigt, dass User in der Zwischenzeit die Cookies gelöscht, einen neuen Browser installiert oder in einen komplett neuen Computer investiert haben. Dies führt langfristig zu einem überproportional hohen Anteil an neuen Besuchern.

10.5 Sprachen

Der Bericht „Sprachen" gibt die Spracheinstellung der Browser wieder. Diese Einstellungen müssen nicht zwangsläufig auch die gesprochene Sprache des Users wiedergeben. Bei der Installation des Browsers wurde vielleicht versäumt, die korrekte Sprache einzustellen, oder auf Firmenrechnern ist oftmals standardisiert die englische Sprache eingestellt, unabhängig davon, welche Sprache der Nutzer spricht.

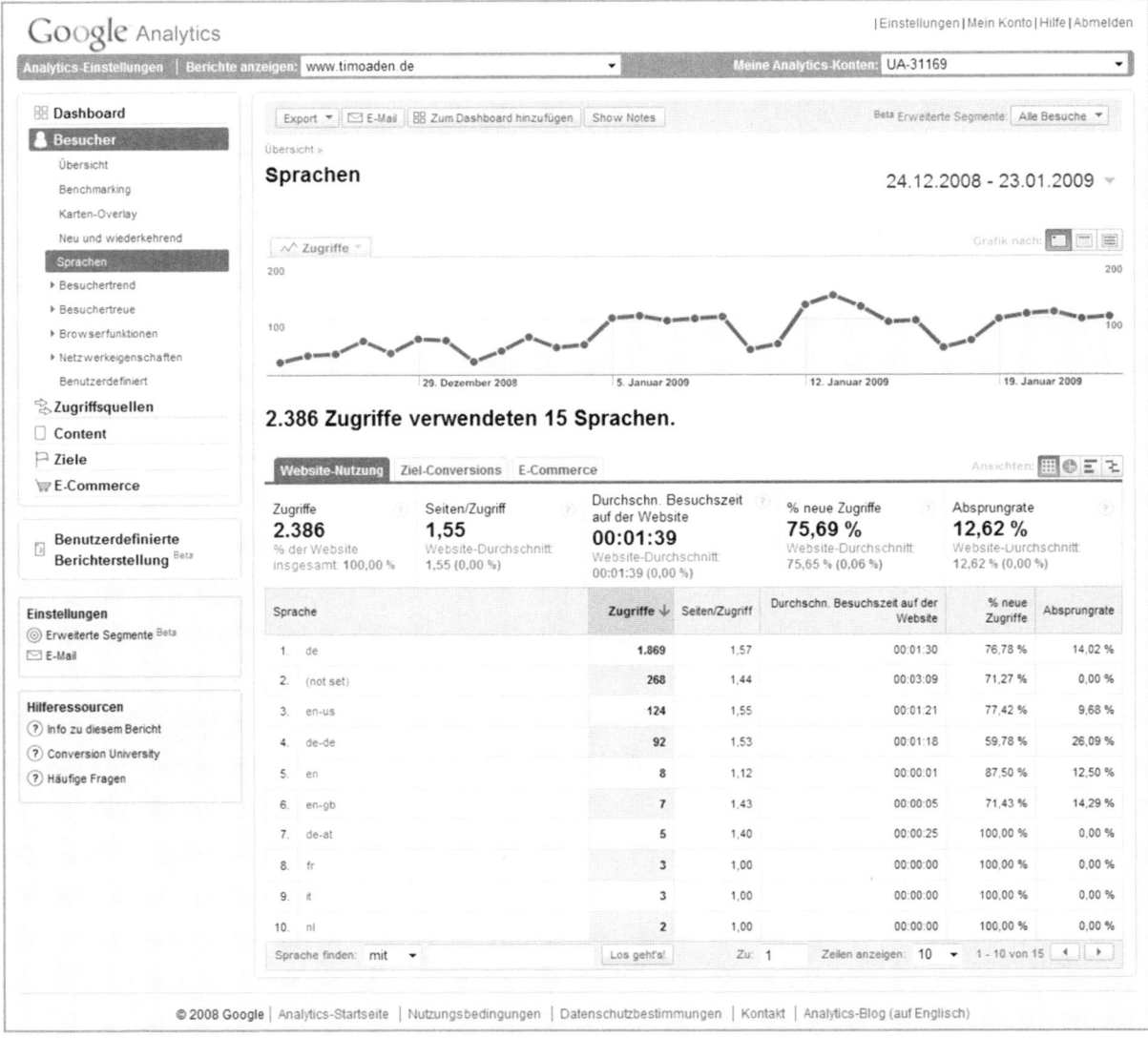

Abbildung 10.7 Sprachen

Dennoch gibt die Spracheinstellung einen ziemlich guten Trend wieder, welche Sprache die User Ihrer Website sprechen. Dies ist insbesondere interessant für international ausgerichtete Websites. Verhalten sich User mit anderen Spracheinstellungen anders? Wenn eine Sprachengruppe besonders groß ist, könnte dies ein Indiz dafür sein, die eigene Website zusätzlich in dieser Sprache anzubieten.

Außerdem gibt es auch hier wieder die Möglichkeit, aus den verschiedenen Dimensionen auszuwählen und die unterschiedlichen Reiter zu nutzen. So erfahren Sie, welche Spracheinstellung der Browser Ihrer User am erfolgreichsten ist.

 Praxistipp:

Die Spracheinstellungen werden automatisiert bei jedem Besuch übergeben und von Analytics dargestellt. Die Benennung der unterschiedlichen Sprachen erfolgt über fest definierte Kürzel, wobei die beiden ersten Buchstaben die Hauptsprache darstellen und eventuelle weitere Buchstaben eine Variante der Hauptsprache. Hier die Auflistung einiger Sprachkürzel:

Tabelle 10.1 Sprachkürzel

ar-sa – Saudi-Arabisch	hr – Kroatisch
bg – Bulgarisch	hu – Ungarisch
ca – Katalanisch	it – Italienisch-Standard
cs – Tschechisch	ja – Japanisch
da – Dänisch	ko – Koreanisch
de – Deutsch-Standard	lt – Litauisch
de-at – Deutsch-Österreich	mk – Mazedonisch
en – Englisch	ms – Malaysisch
en-ca – Englisch-Kanada	nl – Niederländisch
en-gb – Englisch-United Kingdom	no – Norwegisch
en-us – Englisch-USA	pl – Polnisch
el – Griechisch	pt – Portugiesisch Portugal
es – Spanisch	pt-br – Portugiesisch Brasilien
es-ar – Spanisch Argentinien	ru – Russisch
es – Spanisch Spanien-Traditionell	sk – Slowakisch
et – Estnisch	sl – Slowenisch
eu – Baskisch	sv – Schwedisch
fi – Finnisch	th – Thailändisch
fr – Französisch-Standard	tr – Türkisch
fr-ca – Französisch-Kanada	zh-cn – Chinesisch-China
he – Hebräisch	zh-tw – Chinesisch-Taiwan

Da sich die Spracheinstellungen der User im Allgemeinen eher selten ändern, ist dieser Bericht sicherlich keiner, den man täglich analysieren müsste.

10.6 Besuchertrend

Die Rubrik „Besuchertrend" greift einige Berichte der Besucherübersicht wieder auf und stellt diese in detaillierteren Berichten dar.

Hier werden folgende Berichte ausschließlich in Balkengraphiken angezeigt:

- Besuche
- Absolut eindeutige Besucher
- Seitenzugriffe
- Durchschnittliche Anzahl an Seitenzugriffen
- Verweildauer
- Absprungrate

In den nächsten Kapiteln stelle ich diese wichtigen Basis-Kennziffern einzeln vor.

10.6.1 Besuche

Die Metrik „Besuche" (synonym für Zugriffe, Visits oder Sessions) ist wohl die am meisten verbreitete. Ein Besuch findet statt, sobald ein User die Seite betritt, unabhängig davon, wie viele Seiten im Folgenden betrachtet werden. Ein einzelner User kann dieselbe Website mehrmals in einem Zeitraum betreten und generiert dabei mehrere Besuche. Letztendlich ist dies ähnlich zu verstehen wie ein Besuch im Supermarkt. Innerhalb eines Monats besuche ich den Supermarkt bei mir um die Ecke mehrmals – diese Besuche könnte der Filialleiter jedes Mal erfassen und hätte damit die Metrik-Besuche abgedeckt.

Wie in Kapitel 3.3 (Cookies) beschrieben, ist ein Besuch bei Analytics nach 30 Minuten Inaktivität beendet. Angenommen, ein User betritt die Site, erhält einen Anruf, telefoniert 25 Minuten lang und surft dann weiter. In diesem Fall wird der gleiche Besuch fortgesetzt, und es handelt sich um keinen neuen Besuch. Telefoniert der User allerdings 35 Minuten lang, ehe er sich die nächste Seite ansieht, beginnt eine neue Session und somit auch ein weiterer (gezählter) Besuch. Am Beispiel des Supermarktes würde ich Letzteren verlassen, merke aber auf dem Weg nach Hause, dass ich etwas vergessen habe, und kehre um. Durch wiederholtes Betreten des Supermarktes generiere ich einen neuen Besuch.

In Abbildung 11.8 werden die Besuche in der Defaultvariante nach Tagen abgebildet. Sie können hier genau sehen, wie viele Besuche an welchen Tagen auf Ihre Site kamen. Durch die Auswahl verschiedener Darstellungsarten können Sie hier wählen zwischen:

- Stundenansicht
- Tagesansicht (Default)
- Wochenansicht
- Monatsansicht

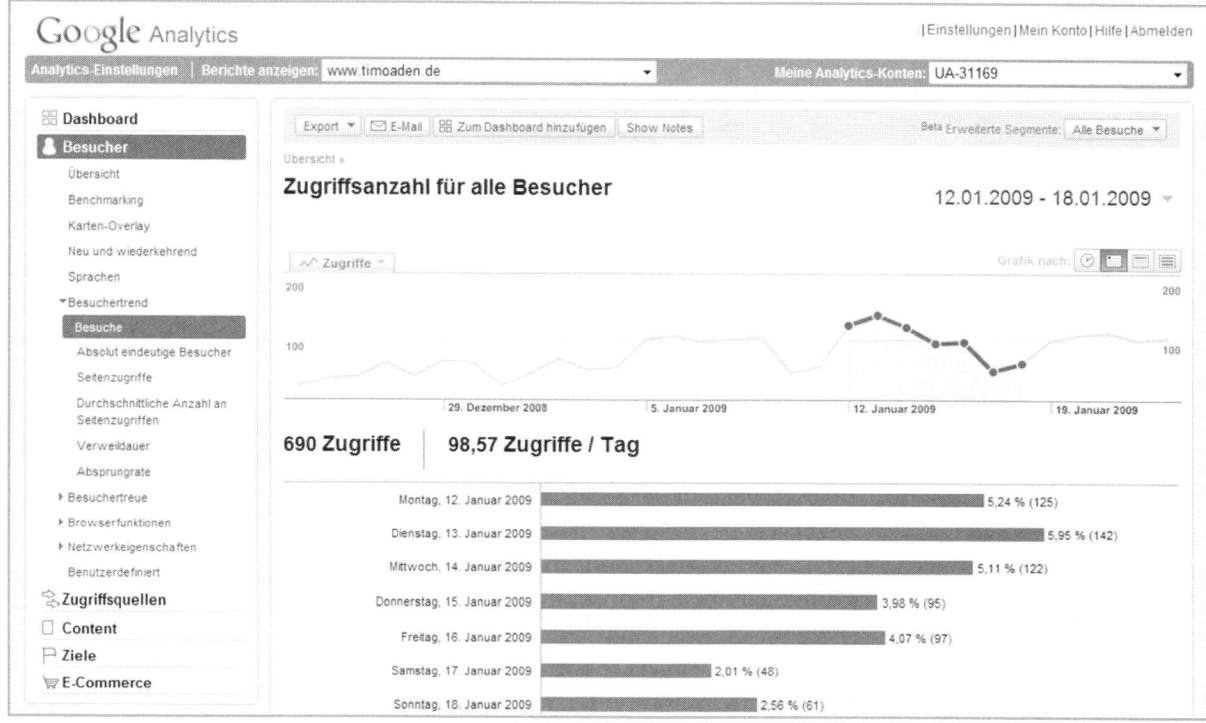

Abbildung 10.8 Besuchertrend → Besuche

Hierüber kann analysiert werden, wie die unterschiedliche Verteilung der Besuche bei-spielsweise zwischen Wochentagen und dem Wochenende ist. Oder die zeitliche Kompo-nente in Betracht ziehen – wird Ihre Site eventuell eher während der Mittagszeit und in den Abendstunden besucht? Diese Informationen können Sie nutzen, um unter Umständen die Inhalte Ihrer Site entsprechend anzupassen oder aber Werbemaßnahmen abzustimmen.

10.6.2 Absolut eindeutige Besucher

Absolut eindeutige Besucher (Unique Users) sind im Gegensatz zu den Besuchen wirklich unterscheidbare User. „Eindeutige Besucher" bedeutet in diesem Zusammenhang, dass sich anhand der Cookies erkennen lässt, ob es sich um denselben und damit identischen User handelt, der die Site besucht.

Um das Supermarkt-Beispiel fortzusetzen: Bei meiner Rückkehr zum Supermarkt würde der Filialleiter mich bei seiner Zählung wieder erkennen, freundlich begrüßen, mich aber nicht als neuen Besucher zählen, da er für diesen Bericht nur wissen will, wie viele unter-schiedliche Besucher in seinen Markt kommen.

Genauso verhält es sich bei dem Bericht „Absolut eindeutige Besucher". Eine oftmals falsch verstandene Thematik gibt es bei der Addition von Absolut eindeutigen Besuchern. Stellen Sie sich den Zeitraum einer Woche vor in der ein identifizierbarer eindeutiger Besucher jeden Tag einmal auf Ihre Site kommt – also sieben Besuche generiert. Ein Aufsummieren zu sieben eindeutigen Besuchen wäre nicht korrekt, schließlich handelt es sich ja um den gleichen Besucher.

Daher stellt Analytics in der Berichtsüberschrift auch nicht die Summe der einzelnen Tage dar, sondern berechnet diese für den jeweils ausgewählten Zeitraum. In Abbildung 11.9 wird dies ersichtlich: 139 „Absolut eindeutige Besucher" am 24. November und 121 „Absolut eindeutige Besucher" am 25. November ergäben 261 „Absolut eindeutige Besucher". Diese Zahl stimmt allerdings nicht, da mehrere User an beiden Tagen auf der Site waren. Daher ist die in der Berichtsüberschrift angegebene Zahl von 244 „Absolut eindeutigen Besuchern" korrekt.

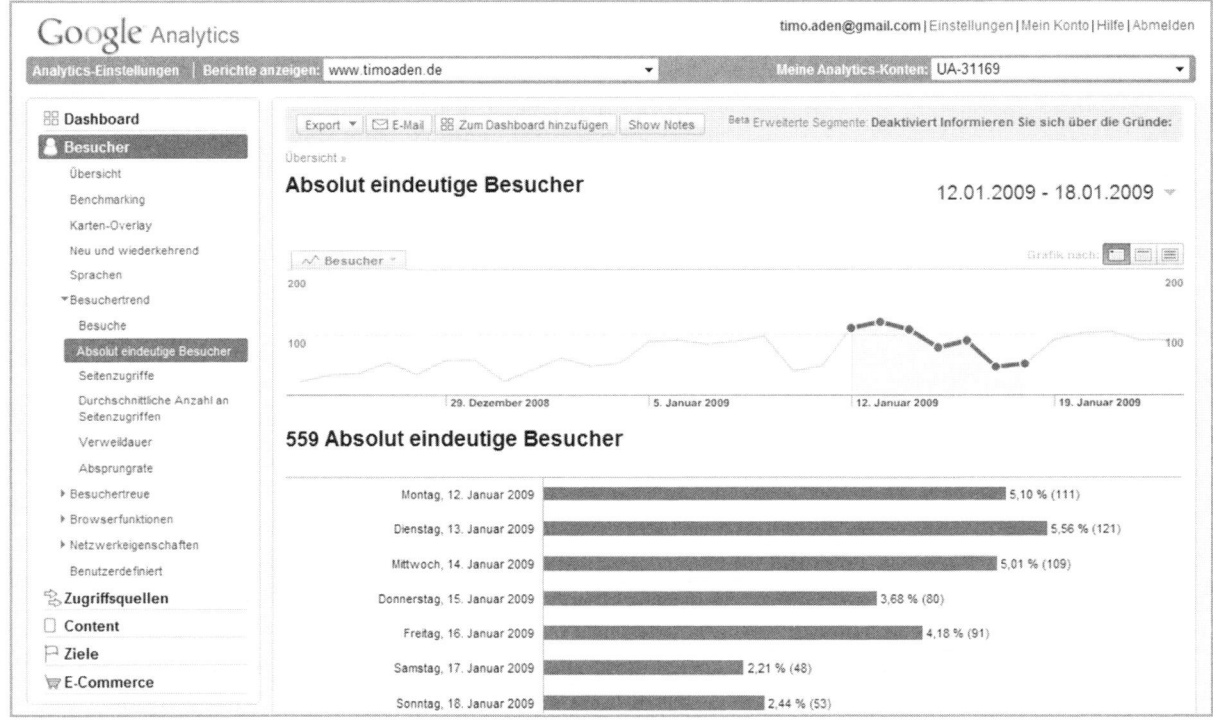

Abbildung 10.9 Besuchertrend → Absolut eindeutige Besucher

Die in den Klammern hinter den Balken angegebenen Prozentzahlen summieren sich auf hundert Prozent. Hieraus wird ersichtlich, in welchem Zeitraum besonders viele „Absolut eindeutige Besucher" die Site betreten haben.

Die Zahl der „Absolut eindeutigen Besucher" wird immer niedriger sein als die Zahl der Besuche (gehen Sie davon aus, dass es mindestens einen User gibt, der die Site ein zweites Mal betritt).

10.6.3 Seitenzugriffe

Seitenzugriffe (Page Views, Page Impressions oder Seitenaufrufe) sind ebenso wie Besuche eine der gängigsten Kennziffern in der Internetbranche. Letztendlich handelt es sich im herkömmlichen Sinne um Aktionen, die ein User auf der Seite durchführt. Wann immer der User beispielsweise auf einen Link klickt, um zur nächsten Seite zu navigieren. wird diese Seite geladen – was dann einem Seitenzugriff entspricht.

In der Regel wird eine hohe Zahl an Seitenzugriffen mit Erfolg gleichgesetzt. Diese Betrachtung ist nachvollziehbar, da man davon ausgeht, dass die User den Inhalt der Website offensichtlich so interessant finden, dass mehrere Seiten während eines Besuchs aufgerufen werden. Insbesondere für Websites, die Werbeflächen auf TKP-Basis vermarkten, ist eine hohe Anzahl von Seitenzugriffen oftmals erwünscht, um möglichst viel Inventar zu vermarkten und die Relevanz der Seite innerhalb eines Vermarktungsportfolios zu steigern.

Information:

TKP bedeutet Tausender Kontakt Preis und ist ein Begriff aus dem Anzeigenverkauf von Printmedien. Dort wird der Anzeigenpreis berechnet und vergleichbar gemacht indem ein Preis pro tausend Exemplare beispielsweise eines Magazins angegeben wird. Bei Websites ist diese Preisangabe ebenfalls noch gang und gäbe. Wird nach diesem Modell abgerechnet, werden die Werbeanzeigen unabhängig vom direkten Erfolg der Anzeigen ausgeliefert. Oft wird diese Methode für Kampagnen, bei denen es um Markenaufbau (also Branding) geht, eingesetzt.

Im Unterschied dazu stehen CPC- oder CPL- bzw. CPO-Kampagnen (hierfür gibt es noch weitere Bezeichnungen – ich nenne sie daher mal CPX). CPX-Kampagnen werden erfolgsabhängig abgerechnet. Der Werbekunde zahlt hier nur Geld, wenn ein bestimmter Erfolg eintritt – beispielsweise ein User auf die Anzeige klickt, seine E-Mail-Adresse hinterlässt oder eine Bestellung abschließt.

Im Seitenzugriff-Bericht (Abbildung 10.10) kann die Darstellung wieder nach Stunde, Tag, Woche oder Monat eingestellt werden. Dies gibt ebenso wie beim Bericht „Besuche" einen guten Einblick in die Zeiten und Tage, an denen die Website am intensivsten genutzt wird. Hieraus lassen sich Erkenntnisse über das Verhalten der User auf der Website gewinnen.

Auf vielen Websites sind hierüber klare Trends erkennbar. In der Regel steigen die Zahlen in den Mittagsstunden und nach Feierabend an. Was allerdings meist mit einem parallelen Anstieg der Besuche einhergeht.

Information:

Die Kennziffer Seitenzugriffe war lange Zeit die wichtigste Metrik zum Vergleich der Größe von Websites. In den letzten Jahren und mit weiterer Verbreitung des Web 2.0 (ich kann das Wort nicht mehr hören, kenne aber auch kein besseres) hat der Wert der Seitenzugriffe allerdings etwas nachgelassen.

Wie in Kapitel 3.2 (Logfiles vs. Page Tagging) beschrieben, begründen neuere Technologien den Rückgang der Seitenzugriffe als Kennziffer. Ajax und Co. sorgen dafür, dass User Aktionen auf einer Website durchführen können, ohne neue Seitenaufrufe zu generieren. Sind Websites beispielsweise komplett mit Ajax erstellt oder ähnliche Applikationen im Einsatz,

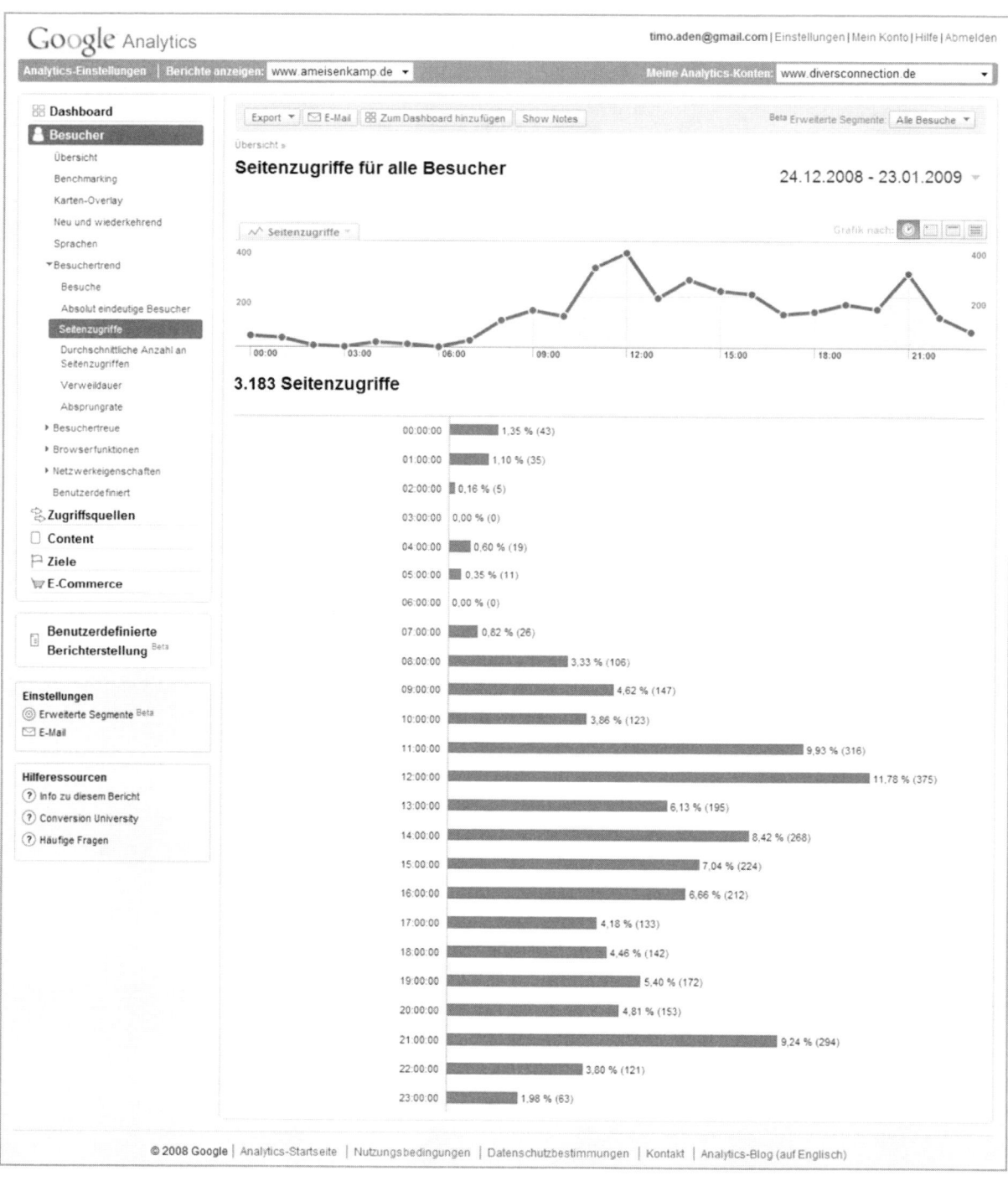

Abbildung 10.10 Besuchertrend → Seitenzugriffe

verfälscht dies die Statistik der Seitenaufrufe (die Zahl der Seitenaufrufe sinkt) und lässt eine Vergleichbarkeit mit anderen Seiten nicht mehr zu.

Hingegen kann die Zahl der Seitenaufrufe auch durch andere Maßnahmen in die andere Richtung manipuliert werden. In Kapitel 6.6 (Tracking von Downloads und Outbound Links) wurde beschrieben, wie mit onClick Events virtuelle Seitenaufrufe generiert werden können. Diese virtuellen Seitenaufrufe zählt Analytics ebenso wie normale Seitenzugriffe, sie fließen somit in die Berichte ein. Die Anzahl der Seitenzugriffe erhöht sich entsprechend – sofern die virtuellen Seitenaufrufe durch Filter in einem Profil nicht wieder ausgeschlossen werden.

10.6.4 Durchschnittliche Anzahl an Seitenzugriffen

Teilt man die Anzahl der Seitenzugriffe durch die Anzahl der Besuche, erhält man die durchschnittliche Anzahl an Seitenzugriffen pro Besuch:

$$\frac{\text{Seitenzugriffe eines definierten Zeitraums}}{\text{Besuche desselben Zeitraums}} = \text{Durchschnittliche Anzahl an Seitenzugriffen}$$

Diese Kennziffer gibt in der Regel Auskunft hinsichtlich des User-Interesses an den Inhalten einer Website. Je besser der Inhalt, desto mehr wird davon konsumiert und desto mehr Seitenaufrufe während eines Besuchs generiert.

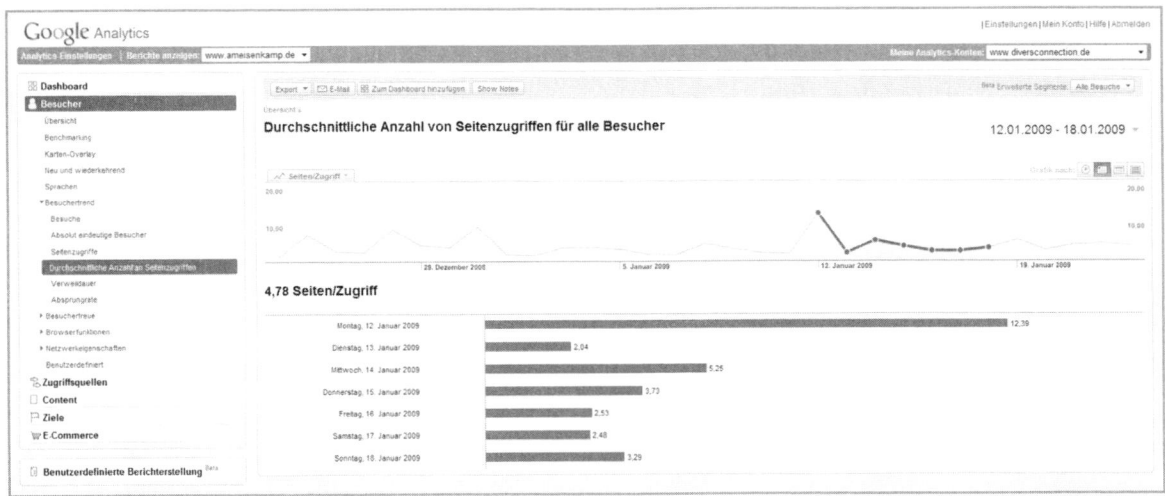

Abbildung 10.11 Besuchertrend → Durchschnittliche Seitenzugriffe

Information:

Man kann alle Websites grob in vier unterschiedliche Typen einteilen:

- Content
- E-Commerce
- Support
- Branding/Lead-Generierung

Diese vier Website-Typen haben für einige Metriken diametral entgegensetzte Ziele.

- Wie in Kapitel 10.6.3 (Seitenzugriffe) bereits dargelegt, sind für *Content-Sites* viele Seitenaufrufe in den meisten Fällen eines der wichtigsten Ziele. Eine hohe Anzahl an durchschnittlichen Seitenzugriffen pro Besuch ist oft ein erklärtes Ziel.

- *E-Commerce-Sites* haben nicht ausschließlich zum Ziel, viele Seitenaufrufe pro Besuch zu generieren. Denn einerseits sollen die vielfältigen Produkte natürlich auch betrachtet werden – was meist mit mehreren Seitenzugriffen einhergeht. Andererseits sollen die User schnell durch den Bestellprozess geführt werden, um sie zu Käufern zu machen. Hier hätten unterschiedliche Usergruppen verschiedene Ziele für die Anzahl der Seitenaufrufe pro Besuch.

- *Supportsites* hingegen haben in der Regel ganz klar zum Ziel, möglichst wenige Seitenaufrufe zu generieren. Viele Seitenaufrufe innerhalb des Support-Bereiches lassen auf ein suboptimales Auffinden der Informationen schließen. Schließlich möchte ein User die benötigten Informationen möglichst schnell sehen. Auch die Google-Suche kann letztendlich als Supportseite bewertet werden, denn User möchten hier schnell relevante Informationen finden und halten sich meist nicht sehr lange mit den Suchergebnisseiten auf. Ich vermute daher, dass die durchschnittlichen Seitenaufrufe pro Besuch bei der Google-Suche nicht sonderlich hoch sind.

- *Branding bzw. Lead-Generierungs-Sites* haben, ähnlich wie E-Commerce-Sites, unterschiedliche Ziele, und eine klare Einteilung wie beispielsweise in Support-Sites und andere ist hier nicht möglich. Für eine möglichst lange Auseinandersetzung mit der Marke sind Branding-Sites eher an vielen Seitenaufrufen interessiert. Lead-Generierungs-Sites hingegen zielen darauf ab, schnell eine Anmeldung bzw. Adressabgabe des Users zu erreichen – allzu viele Seitenaufrufe pro Besuch könnten den User unter Umständen von diesem Ziel abbringen.

10.6.5 Verweildauer

Die Verweildauer beschreibt, wie viel Zeit die User im Durchschnitt auf der Website verbringen.

Abbildung 10.12 Besuchertrend → Verweildauer

Dieser Bericht lässt – ebenso wie die vorab genannten Berichte – Rückschlüsse auf die zeitliche oder tagesaktuelle Nutzung der User einer Website zu. Liegt die Verweildauer am Wochenende höher als während der Woche, könnte dies ein Indiz für ein verstärktes Interesse der User an diesen Tagen sein. Ebenso wie in Kapitel 10.6.4 angesprochen (durchschnittliche Anzahl an Seitenzugriffen), hängt die Interpretation dieser Kennziffer wieder von der eigentlichen Zielsetzung und der Rubrik einer Website ab.

Praxistipp:

Wenn Sie die in diesem Buch genannten Kennziffern auf den Zeitraum einer Woche beziehen, um einen Trend zu erkennen, beginnen Sie Ihre Betrachtung einige Tage davor. Bei einem recht kurzen Zeitraum (beispielsweise eine Woche) kann es Faktoren geben, die den Trend z. B. dieser Woche stark beeinflussen, aber selbst nicht beeinflussbar sind. Ist in der ausgewählten Woche beispielsweise das Wetter sehr gut, werden die Werte Ihrer Statistiken eventuell niedriger sein als gewohnt. Dies muss kein Indiz einer schlechten Website oder optimierungswürdiger Prozesse sein, sondern ist allein dadurch bedingt, dass User, die sonst Ihre Site besuchen, am Strand liegen.

Die Verweildauer gibt einen Durchschnittswert an. Dieser ist sowohl von anderen Metriken (beispielsweise der Absprungrate – Kapitel 10.6.6) als auch technischen Gegebenheiten abhängig. Letztere werden im folgenden Kapitel beschrieben.

10.6.5.1 Erklärung der Messung (Problem zweite Aktion)

In Kapitel 3.3 (Cookies) wurden die Session-Cookies beschrieben. Diese sind dafür verantwortlich, den Aufenthalt der User auf den einzelnen Seiten zu messen. Bei jedem neuen Seitenaufruf beginnt der utmb-Cookie 30 Minuten rückwärts zu zählen – so lange, bis der User eine Aktion auf der Website ausführt, damit einen neuen Seitenaufruf generiert und erneut von 30 an rückwärts gezählt wird.

Was aber geschieht, wenn es keinen weiteren Seitenaufruf gibt?

Angenommen, Ihre Website besteht aus einer einzigen Seite. Auf dieser Seite gibt es keine Links, keine Aktionen, die der User durchführen kann – lediglich eine Seite beispielsweise mit einem Foto von Ihnen. Ein User kommt nun auf diese Seite, schaut sich sehr lange Ihr Foto an und schließt nach einer Viertelstunde glücklich seinen Browser. Wie lange war dieser User dann auf dieser einen Seite?

Ein weiteres Beispiel: Ihre Website verfügt über einen Bestellprozess mit einer Bestellbestätigungsseite nach erfolgter Bestellung. Ein User, der diesen Prozess bis zum Ende durchläuft, sieht die Bestätigungsseite, freut sich über seinen Kauf und gibt eine fremde URL in die Adresszeile seines Browsers ein.

Ein letztes Beispiel: Sie schreiben Tagebuch in Ihrem Blog. Ein Blog hat die Eigenschaft, die aktuellsten Artikel auf einer Seite darzustellen, d.h. in der Regel wird relativ viel Inhalt gezeigt, ohne dass der User weitere Seiten ansehen muss. Ein Besucher kann sich also intensiv mit Ihrem Tagebuch auseinandersetzen. Nach dem Lesen der aktuellsten Artikel schließt auch dieser User zufrieden seinen Browser.

Die Schwierigkeit ist nun die Messung der Verweildauer auf diesen einzelnen Seiten, denn in keinem der drei Beispiele gab es einen nächsten Schritt des Users. Der utmb-Cookie und sein Partner, der utmc-Cookie, können nicht miteinander kommunizieren – es kann also keine Differenz berechnet werden. Die Aufenthaltsdauer auf diesen genannten Seiten beträgt daher für diesen einen User null, obwohl der User glücklich und zufrieden mit allen gewünschten Informationen die Seiten verlassen hat.

Noch ein allerletztes Beispiel: Aktuelle Browser ermöglichen die Nutzung von Tabs. Während nur ein Browser geöffnet ist, kann der User parallel mehrere Tabs geöffnet haben, auf denen jeweils eine Website angezeigt wird. Ein User hat nun zwei Tabs geöffnet – der Inhalt des einen Tabs interessiert ihn mehr als der des anderen. Nach 30 Minuten auf dem einen Tab, ohne Durchführung irgendeiner Aktion auf dem anderen, ist die Zeit des utmb-Cookies und somit die der Session abgelaufen. Dieser Seite wird eine Verweildauer von null zugeschrieben, obwohl der User unter Umständen mehrere Stunden die Seite geöffnet hat, aber eben in einem anderen Tab und daher nicht aktiv.

Eine kurze Verweildauer muss also nicht zwangsläufig als negativer Indikator gesehen werden. Zum einen hängt die Interpretation dieser Kennziffer vom jeweiligen Website-Typus ab, zum anderen von der Gestaltung der Website und der Nutzung des Internetbrowsers.

10.6.6 Absprungrate

Die Absprungrate (synonym für Bounce Rate) in Analytics ist definiert als Besuch, der lediglich einen Seitenzugriff generiert, d.h., ein User kommt von einer externen Quelle (eine Kampagne, über eine Suchmaschine, per Direkteingabe der URL oder auf sonst einem Weg), sieht die erste Seite und verlässt die Website wieder, ohne einen weiteren Seitenaufruf getätigt zu haben.

Mit dieser Definition ist die Absprungrate einer der wichtigsten Indikatoren für die Qualität von Usern. Viele Unternehmen investieren viel Geld in Online-Marketing-Maßnahmen wie beispielsweise AdWords. Neben dem Geld wird oft viel Zeit investiert, um die Kampagnen zu optimieren, indem Suchbegriffe ausgetauscht oder die Anzeigentexte bis auf das letzte Wort optimiert werden. Alles mit dem Ziel, eine geringfügig hohe Klickrate auf die Anzeige zu erhalten. Was aber, wenn ein Großteil der User direkt nach Ankunft auf der Landingpage oder der entsprechenden Zielseite direkt wieder abspringt, ohne weitere Seiten zu betrachten? Dann stimmt zwar eventuell die Quantität der User, doch die Qualität ist in den meisten Fällen deutlich wichtiger. User, die direkt wieder abspringen, kosten Geld, ohne direkten Nutzen zu bringen (natürlich kann man darüber diskutieren, ob eventuell der Markenname kommuniziert und damit ein Brandingeffekt erzielt wurde, aber diese Betrachtung lasse ich mal außen vor).

Es ist also absolut empfehlenswert die Absprungrate ständig im Auge zu behalten und zu kontrollieren. Des Öfteren stellt sich die Frage, was denn eigentlich eine gute oder schlechte Absprungrate sei. Dies ist nicht leicht zu beantworten und auch vom Website-Zweck und

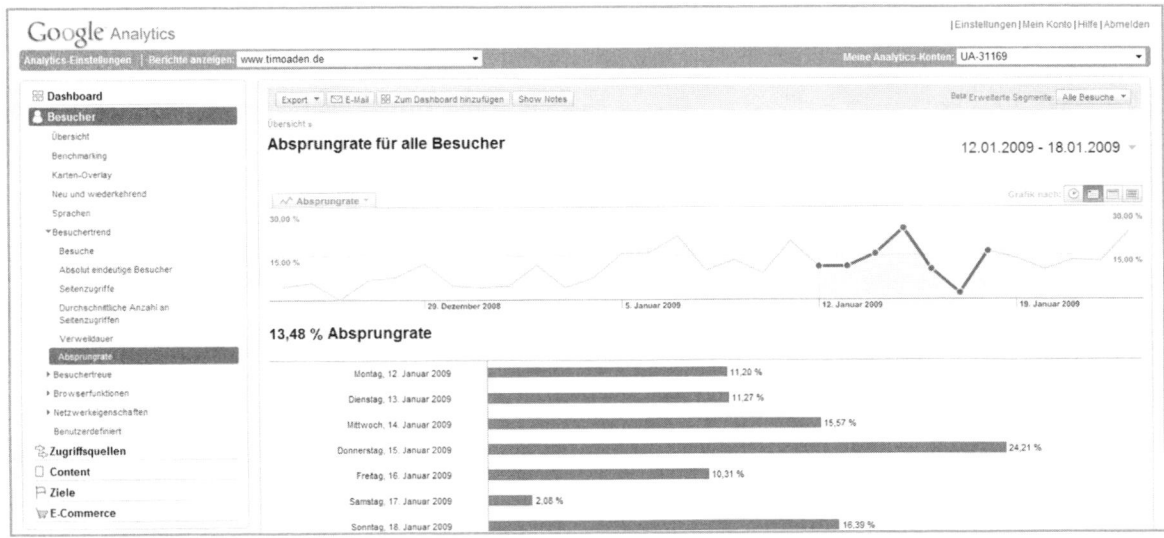

Abbildung 10.13 Besuchertrend → Absprungrate

von der jeweiligen Branche abhängig. Einen guten Vergleich bekommt man über den Benchmark-Bericht (Kapitel 10.1, Benchmarking). Dort finden Sie einen Vergleich der eigenen Absprungrate mit der anderer Branchen.

Der Bericht „Absprungrate" stellt den durchschnittlichen Wert der gesamten Website pro ausgewählter Zeiteinheit dar. Ebenso wie den vorangegangenen Berichten lassen sich auch hier wieder Erkenntnisse ableiten über die Nutzung der Website zu verschiedenen Tageszeiten, Tagen, Wochen oder Monaten. Allerdings wird hier nur die allgemeine Absprungrate dargestellt – die Kennziffer geht in vielen anderen der folgenden Berichte noch tiefer und lässt sich segmentierter analysieren. Dieser Bericht vermittelt nur einen groben Überblick über den allgemeinen Trend.

So stellen sich fast automatisch bei der Betrachtung der allgemeinen Absprungrate weitere Fragen wie:

- Wie groß ist die Absprungrate für verschiedene Suchbegriffe?
- Wie groß ist die Absprungrate für unterschiedliche Kampagnen?
- Wie groß ist die Absprungrate für Kooperationen, Newsletter oder andere Quellen?
- Gibt es Länder oder Städte mit extrem unterschiedlichen Absprungraten?

Grundsätzlich kann man sagen, dass eine Absprungrate von über 50% einer genaueren Betrachtung bedarf.

Information:

Betreiben Sie einen Blog, besteht dieser meist – im Wesentlichen – aus nur einer Seite. User können einen Großteil Ihres Inhalts konsumieren, ohne weitere Seiten betrachten zu müssen. Blogs haben daher in der Regel eine überdurchschnittlich hohe Absprungrate, weil es oft keinen zweiten Seitenaufruf gibt. Daher ist diese Kennziffer für Blogs nicht besonders geeignet bzw. man muss sich an eine recht hohe Absprungrate gewöhnen.

10.7 Besuchertreue

Der Berichte-Block „Besuchertreue" innerhalb der Besucher-Sektion gibt Auskunft über das Engagement der Besucher mit der Website. Diese Informationen geben Auskunft darüber, wie sich die User mit der Website auseinandersetzen und wie beliebt sie bei den Besuchern ist. Insbesondere für Websites, die Schwierigkeiten haben, monetäre Ziele zu definieren, ist die Analyse der hier dargestellten Berichte sehr wertvoll. So lassen sich hier unterschiedliche Besuchertypen und individuelle Ziele für beispielsweise Content-Site oder auch Blogs ableiten.

10.7.1 Treue

Treue Besucher besuchen eine Website in einem ausgewählten Zeitraum regelmäßig. Dieser Bericht stellt dar, wie oft Besucher innerhalb des Zeitraumes auf die Website zurückgekehrt sind.

Die Anordnung der Balken im Bericht ist in den meisten Fällen recht ähnlich. Die Anzahl der Einmal-Besucher ist fast immer am höchsten, weil in diese Zahl auch alle Besuche mit einfließen, die die Website direkt wieder verlassen – also abspringen. Sollten wiederkehrende User ihre Cookies gelöscht haben und somit nicht als wiederkehrende User erkannt

Abbildung 10.14 Besuchertreue – Treue

werden, beginnt die Zählung wieder von vorn, und Analytics zählt sie als neuen Besuch („1 Mal").

Höhere Zahlen gibt es meist auch bei den sehr häufigen Wiederkehrern. Dies können unter Umständen Sie selbst sein, sofern Sie Ihre eigene IP-Adresse nicht ausgeschlossen haben (siehe Kapitel 7.5 Filter). Es können aber auch Heavy-User Ihrer Website sein oder User, die Ihren Inhalt für Recherchezwecke nutzen – oder schlichtweg Wettbewerber, die sich regelmäßig über den Inhalt Ihrer Website auf dem Laufenden halten.

Ziel der meisten Websites ist es, eine möglichst große Usertreue zu erreichen. User, die mehrmals Ihre Website besuchen, sind an Ihren Inhalten grundsätzlich interessiert. Zudem ist dies ein Indikator für Ihre Markenbekanntheit, die Userzufriedenheit und allgemein für die Beliebtheit Ihrer Website.

Es heißt, dass es deutlich einfacher und günstiger ist, bestehende Kunden zu halten, als neue Kunden zu gewinnen. Der Treue-Bericht gibt darüber Auskunft, ob Sie es schaffen, User zu einem mehrmaligen Wiederkommen zu bewegen. Je besser Sie es schaffen und je mehr „Stamm-User" Sie haben, desto erfolgreicher wird Ihre Website vermutlich langfristig sein.

10.7.2 Aktualität

Die Aktualität spiegelt in ähnlicher Art und Weise wie der Bericht „Treue" die Beliebtheit einer Website wider. Es wird dargestellt, wie viele Tage es her ist, seit User auf einer Website waren (Abbildung 10.5).

Je länger die Balken in dem oberen Teil des Berichts sind, desto weniger lange ist der vorhergehende Besuch auf der Website her. Eine Ausnahme bildet hier der erste Balken „vor 0 Tagen". Dieser ist in der Regel am längsten, was damit zu tun hat, dass hier verschiedene User mit aufgeführt sind:

- Erstmalige Besucher
- Besucher, die Ihre Website mehrmals täglich aufsuchen
- User, die ihre Cookies gelöscht haben und deswegen als neue Besucher eingestuft werden

Abhängig vom jeweiligen Business, gibt es mitunter Gründe, weshalb der letzte Zugriff der User etwas länger her ist. Wird Ihre Website beispielsweise nicht regelmäßig aktualisiert, haben die Besucher vermutlich weniger Ansporn, häufig zurückzukehren, im Gegensatz zum regelmäßigen Austausch des Inhalts. Ein Nachrichtenportal hat in der Regel eine höhere Aktualität als eine reine B2B-Informationsite eines Maschinenherstellers. Dies ist im Bericht „Aktualität" ablesbar.

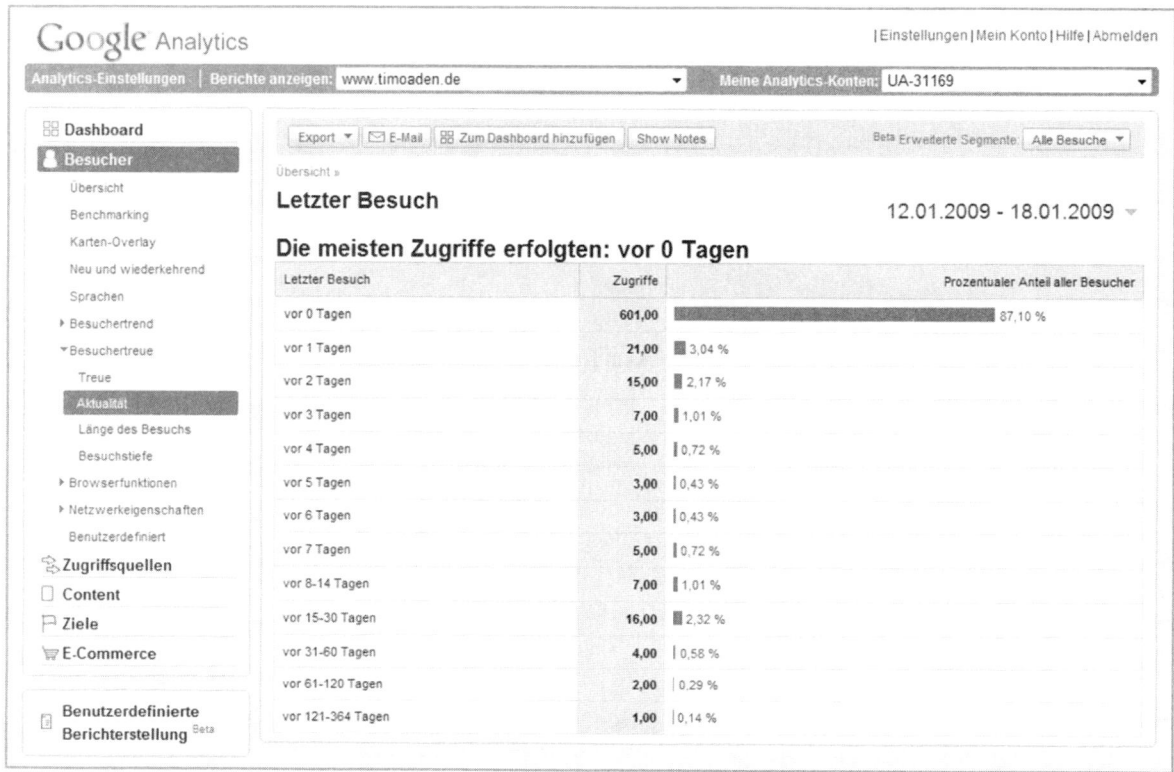

Abbildung 10.15 Besuchertreue → Aktualität

10.7.3 Länge des Besuchs

Während im Bericht „Verweildauer" (siehe Kapitel 10.6.5) der durchschnittliche zeitliche Aufenthalt auf der Website dargestellt wird, zeigt der Bericht „Länge des Besuchs" eine Unterteilung der Verweildauer in verschiedenen Blöcken.

Hieraus wird ersichtlich, wie sich die durchschnittliche Verweildauer aufteilt. In der Regel signalisieren lange Besuche eine intensive Beschäftigung mit der Site, was für qualitativ hochwertige Besucher spricht. Dies ist allerdings wieder von der Website-Typen-Klassifizierung abhängig – sehr lange Aufenthalte auf einer reinen Supportsite lassen beispielsweise eine optimierbare Informationsauffindung vermuten. Allgemein wird jedoch eine eher längere Aufenthaltsdauer angestrebt.

Mit Hilfe dieses Berichts lassen sich User wiederum gruppieren, beispielsweise in Low-, Medium- und High-Engaged User. Es ist zu beachten, dass der erste (meist längste) Balken wiederum User enthält, die direkt abspringen bzw. aus irgendeinem Grund fehlgeleitet wurden oder mit völlig falschen Erwartungen die Website betreten haben. Auf der anderen Seite werden bei den längeren Aufenthalten User mitgezählt, die das Browserfenster länger geöffnet haben, ohne auf der Seite wirklich aktiv zu sein (hier gilt wieder die Sessionlänge des utmb-Cookies).

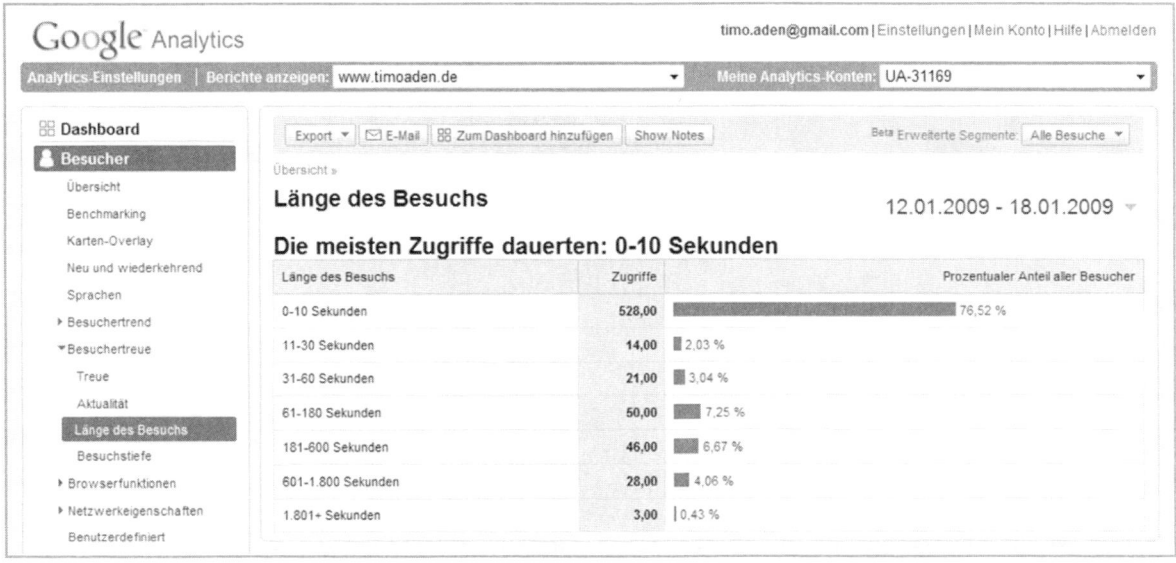

Abbildung 10.16 Besuchertreue → Länge

Praxistipp:

Hier eine Umrechnungstabelle:

61–180 Sekunden: 1–3 Minuten

181–600 Sekunden: 3–10 Minuten

601–1.800 Sekunden: 10–30 Minuten

1.801+ Sekunden: mehr als 30 Minuten

10.7.4 Besuchstiefe

Die Besuchstiefe stellt dar, wie viele Seiten innerhalb eines Besuchs aufgerufen wurden (Abbildung 10.17). Ähnlich wie in den vorigen Kapiteln gibt dieser Bericht die Nutzungsintensität der User mit der Website wieder. Auch dies ist ein Indikator für die Qualität des Traffics – je mehr Seiten pro Besuch aufgerufen werden, desto größer ist in der Regel die Qualität der Besucher. Auch hier kann es natürlich ein Indiz für schlechte Usability sein, wenn der User ziellos umherirrt, sich nicht zurechtfindet und dabei viele Seitenaufrufe generiert. Daher kann dieser Bericht auch Anlass sein, an der Usability der eigenen Website zu arbeiten.

Praxistipp:

Stellen Sie doch einen einfachen Vergleich her, indem Sie Freunde und Bekannte beobachten, wie sie bestimmte Ziele auf Ihrer Website erfüllen. Wie viele Seitenaufrufe benötigen sie im Durchschnitt? Sind es deutlich mehr oder weniger, als im Bericht „Besuchstiefe" angezeigt werden? Diese Methode ist allgemein sehr interessant, um grobe Fehler bei der Navigation zu erkennen – meist sieht man die eigene Website völlig anders als Außenstehende.

Abbildung 10.17 Besuchertreue → Besuchstiefe

10.8 Browserfunktionen

Der Berichte-Block „Browserfunktionen" stellt die technische Ausstattung der Besucher einer Website dar. Sämtliche hier aufgeführten Informationen können Erkenntnisse liefern, um die eigene Website der technischen Ausstattung des Besuchers anzupassen.

In der Regel ändern sich diese Kennziffern eher langsam. Wenn beispielsweise ein neuer Browser oder eine neue Browserversion in den Markt eingeführt wird, reagiert der Markt eher träge – bis ein relevanter Nutzeranteil erreicht ist, können gut und gerne einige Monate vergehen. Daher sind diese Reports nicht unbedingt täglich oder wöchentlich zu analysieren, monatlich oder sogar quartalsweise ist völlig ausreichend.

Dennoch ist es interessant zu wissen, wie sich die unterschiedliche Ausstattung der User auf den Erfolg der Website auswirkt. Unter Umständen kann man dabei Fehler entdecken, die daraus resultieren, dass der Webdesigner oder der Webmaster die Site in seinem Sinne optimiert, was in der Regel deutlich bessere Sites ergibt als die der durchschnittlichen Site-Besucher. Daher ist es insbesondere für die IT-Abteilung wichtig zu wissen, mit welcher technischen Ausstattung die User auf der Website unterwegs sind.

Im Gegensatz zu den Berichten aus den Berichte-Blöcken „Besuchertrend" und „Besucher-treue" bieten die im Folgenden dargestellten Berichte wieder umfangreiche Verknüpfungen und Analysemöglichkeiten.

10.8.1 Browser

Websites sollten für die Darstellung auf allen gängigen Browsern optimiert sein. Dies war lange Zeit recht einfach, da der Internet Explorer eine sehr starke Stellung hatte und der Erfolg weitestgehend gesichert war, wenn die Website in diesem Browser optimal dargestellt werden konnte. In den letzten Jahren hat Firefox allerdings deutlich aufgeholt und verfügt

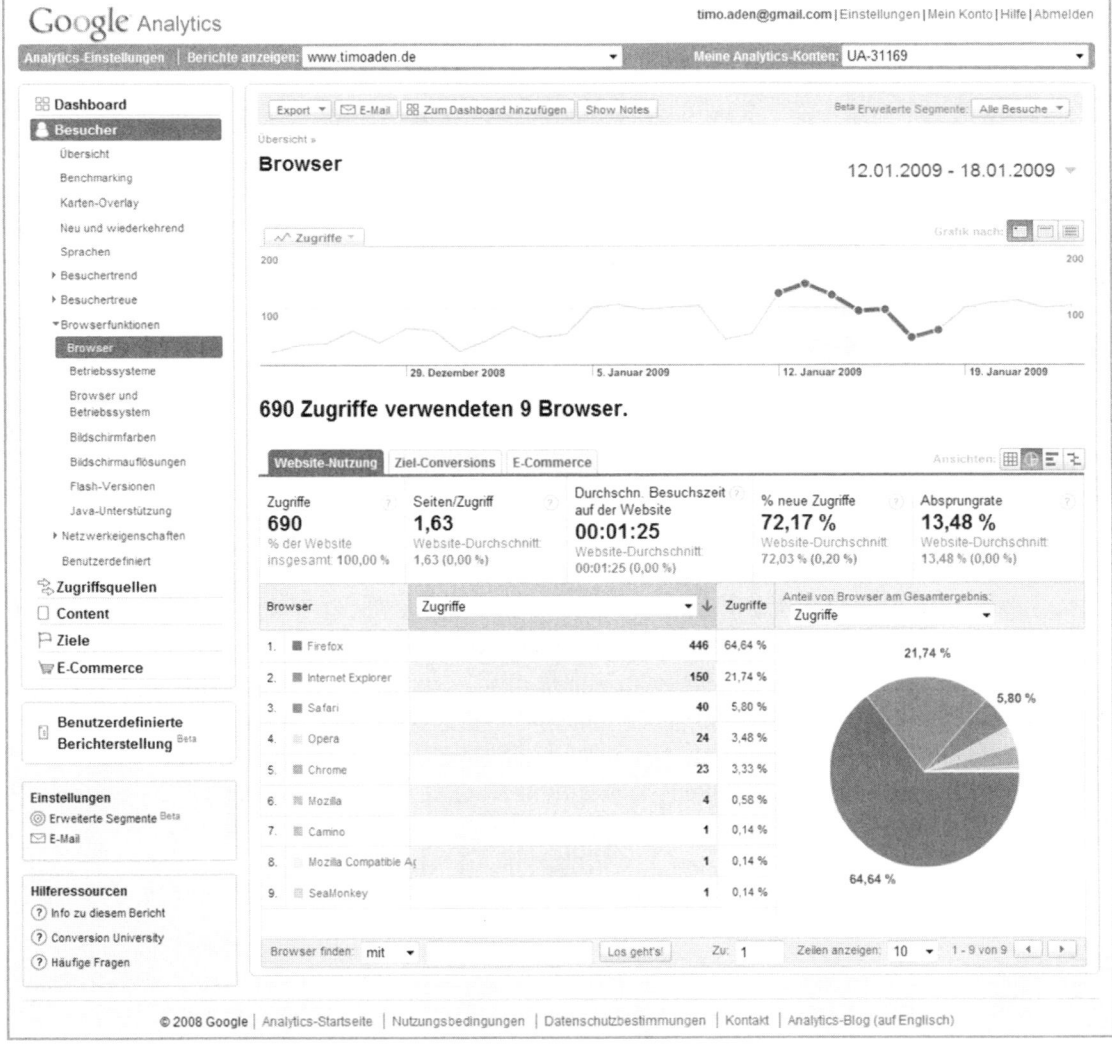

Abbildung 10.18 Browserfunktionen → Browser

in Deutschland über einen Marktanteil von über 20%. In der Regel werden Firefox oder auch andere Browser von technisch versierteren Usern benutzt. Daher ist die prozentuale Verteilung der Browser abhängig von der Thematik Ihrer Website (siehe Abbildung 10.18 – hier hat Firefox einen Anteil von fast 70%).

Der Browser-Bericht verfügt über detaillierte Analysemöglichkeiten. So kann mit Hilfe der verschiedenen Tabs (Website-Nutzung, Ziel-Conversions und E-Commerce) überprüft werden, welche Browser(-Versionen) wie zur Zielerfüllung oder zum Umsatz beitragen. Fallen hier Browser auf, über die zwar viele User auf die Website kommen, die aber zum Großteil die Ziele nicht erfüllen, sollte dort tiefer eingestiegen werden. Ein Klick auf den jeweiligen Browser ermöglicht Ihnen zu sehen, welche Browserversion unter Umständen für eine nicht optimale Darstellung der Website sorgt.

Unter dem Reiter „Website-Nutzung" können Sie die Browser nach vielen der in den vorhergehenden Kapiteln beschriebenen Kennziffern sortieren und analysieren:

- Zugriffe
- Seiten/Zugriff
- Durchschnittliche Besuchszeit auf der Website
- % neue Zugriffe
- Absprungrate

Der deutlichste Indikator für eine schlechte Darstellung einer Website in einem Browser ist sicherlich die Absprungrate. Analysieren Sie zunächst, ob es hier Unregelmäßigkeiten im Vergleich zur Absprungrate der Gesamtwebsite und im Vergleich zu anderen Browsern (bzw. deren Versionen) gibt.

Insbesondere Ihre IT-Abteilung oder Ihr Webmaster sollte an diesen Daten interessiert sein, um Optimierungen und Anpassungen vornehmen zu können.

Praxistipp:

Da Sie sicher nicht alle Browser und Browserversionen auf Ihrem Rechner oder in Ihrem Unternehmen verfügbar haben, um zu testen, wie Ihre Website auf ihnen aussieht, gibt es eine Website, auf der Sie sich die Darstellung in vielen verfügbaren und auch älteren Versionen anschauen können. Unter browsershots.org befindet sich eine lange Liste unterschiedlicher Browser und deren Versionen. Sollten Sie nun in Analytics festgestellt haben, dass beispielsweise die Absprungrate eines Browsers außergewöhnlich hoch ist, können Sie hier erkennen, was der Grund dafür ist (vielleicht wird Ihre Website einfach nicht vernünftig dargestellt), indem Sie sich Ihre Website in diesem Browser ansehen.

Information:

Google hat im Herbst 2008 einen neuen Browser gelauncht – Google Chrome. In dem Browser-Bericht von Google Analytics kann man die Entwicklung der Nutzung dieses Browsers mitverfolgen. So schnellte auf vielen Seiten der Anteil der Chrome-Nutzer in den ersten Tagen nach Veröffentlichung nach oben bis zu einem Marktanteil von manchmal über 3%. In den folgenden Wochen brach er jedoch wieder ein und hat sich mittlerweile bei ca. 1% eingependelt. Auch dies ist natürlich wieder abhängig von den Nutzern der Website – bei Websites mit internetspezifischen Inhalten wird die Chrome-Nutzung vermutlich höher sein als bei Sites mit Stars und Sternchen. Sie können den Erfolg von Google Chrome sozusagen selbst anhand Ihrer Analytics-Statistiken mitverfolgen.

10.8.2 Betriebssysteme

Das Betriebssystem Ihrer User kann ebenfalls Einfluss auf die Darstellung Ihrer Website haben. Viele Websites sehen auf einem Apple-Rechner mit Macintosh-Betriebssystem nicht „vernünftig" aus oder funktionieren einfach nicht. Dies sollte bei der Gestaltung und Programmierung einer Website beachtet werden.

Welche Betriebssysteme Ihre User nutzen, können Sie dem Bericht „Betriebssysteme" entnehmen, der u.a. angibt, welche Betriebssysteme schlechtere oder bessere Daten liefern, auch im Vergleich mit der Gesamtwebsite. Wenn Ihnen ein Betriebssystem auffällt, das deutlich unterdurchschnittlich abschneidet, sollten Sie hier ansetzen und – idealerweise zusammen mit Ihrer IT-Abteilung – analysieren, wo genau das Problem liegen könnte.

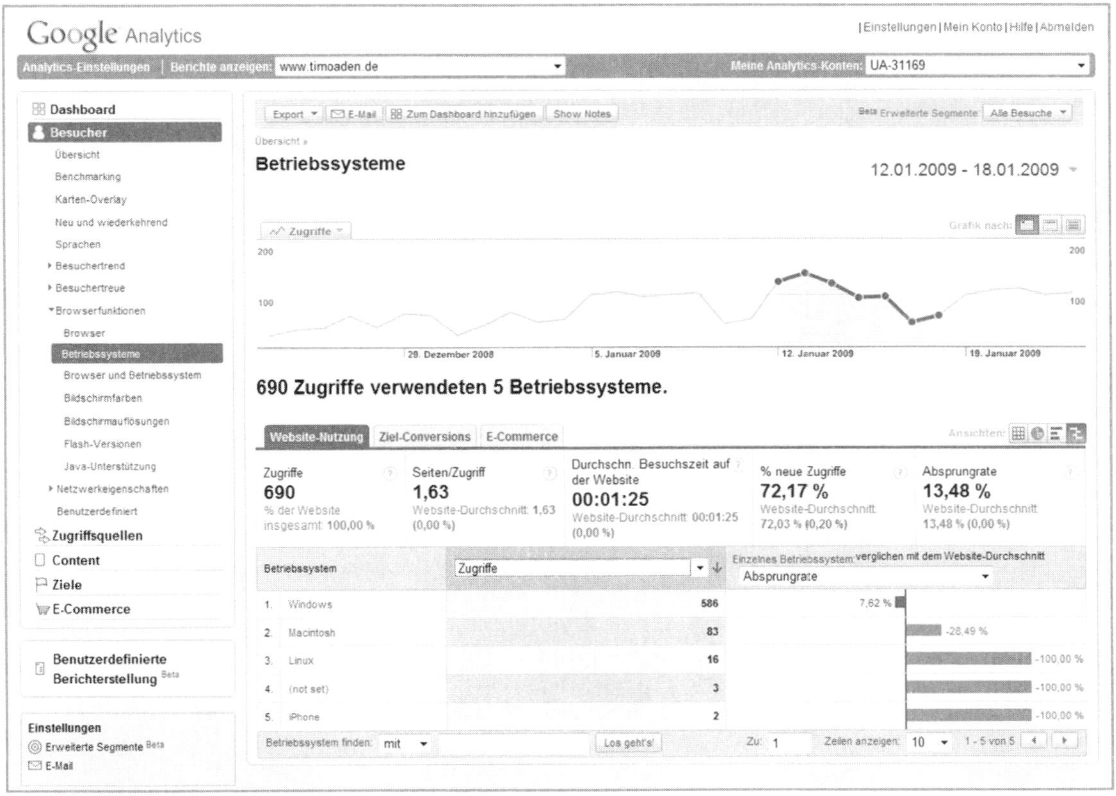

Abbildung 10.19 Browserfunktionen → Betriebssysteme

Information:

Die Nutzung des Internets über mobile Endgeräte wird in Zukunft sicher stark zunehmen. War es bis vor kurzem noch eher umständlich, mit einem Handy Websites zu betrachten, hat das iPhone dazu beigetragen, die Verbreitung des mobilen Internets zu fördern. Ob mobile Endgeräte in Analytics als Browser oder Betriebssystem dargestellt werden können und damit die Besuche in die entsprechenden Berichte einfließen, hängt davon ab, ob die Geräte Java-Script-Codes ausführen können. Dies war in der Vergangenheit nicht der Fall. Das iPhone hingegen kann beispielsweise den in den Websites enthaltenen JavaScript Code ausführen und damit auch den Analytics Tracking Code. Aus diesem Grund taucht das iPhone auch in der Liste der Betriebssysteme auf, sobald ein User Ihre Website auf diesem Weg angesteuert hat.

10.8.3 Browser und Betriebssysteme

Dieser Bericht kombiniert die beiden vorangegangenen Kapitel (Browser und Betriebssysteme). Die technische Ausstattung der Websitebesucher wird hier für die Benutzung der Browser als auch der Betriebssysteme in einem Bericht dargestellt.

In Abbildung 10.20 wird beispielsweise ersichtlich, dass der absolute Großteil der Besucher der Website die Kombination aus Firefox als Browser und Windows als Betriebssystem nutzt. Eine tiefere Analyse nach Erfüllung der Ziele oder anderer Kennziffern hat in diesem Fall allerdings keine Erkenntnisse gebracht. Offensichtlich wird die Website in jeder gängigen Kombination vernünftig angezeigt.

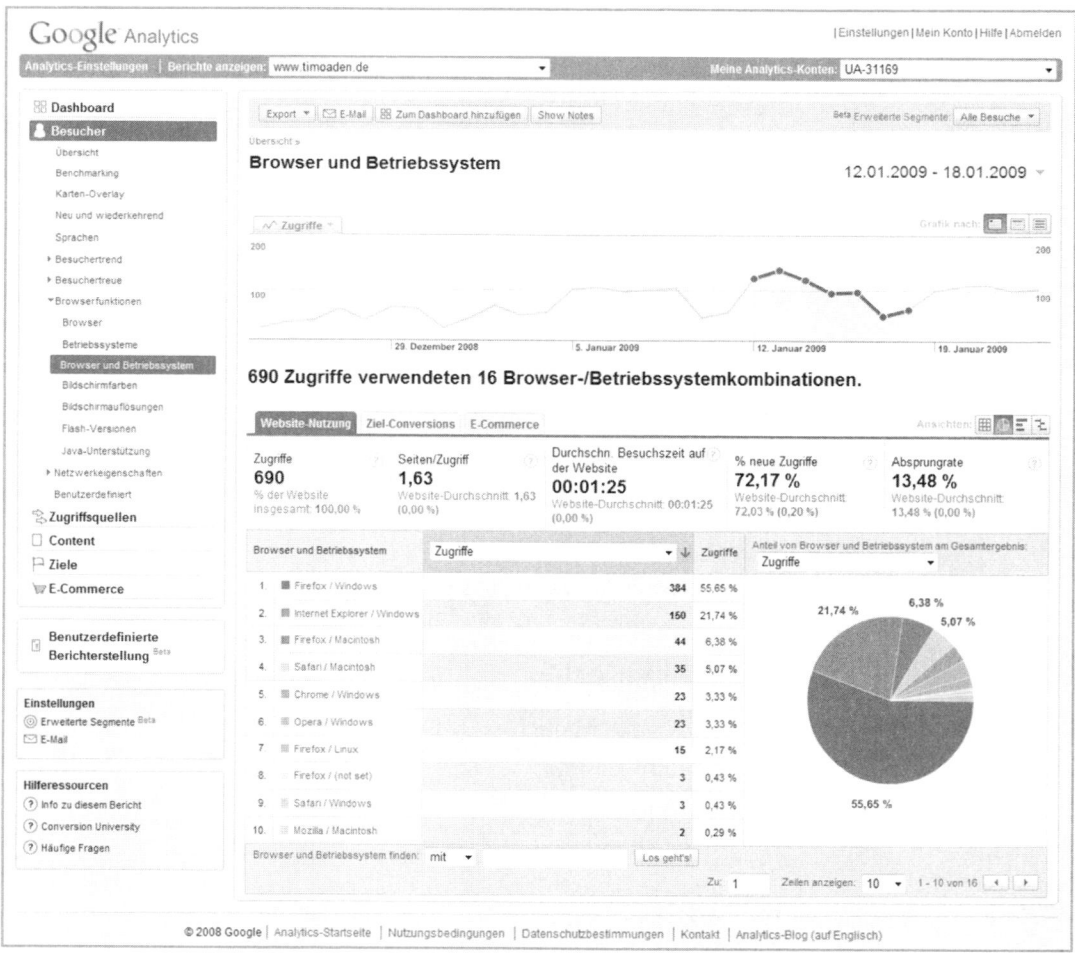

Abbildung 10.20 Browserfunktionen → Browser und Betriebssysteme

Bei der Analyse ergibt es einen Sinn, sich auf die Top-Kombinationen zu konzentrieren. Ist beispielsweise die Absprungrate für eine Kombination, die lediglich 0,8% des Gesamttraffics ausmacht, sehr hoch, kann man Letztere meist vernachlässigen.

10.8.4 Bildschirmfarben

Dieser Bericht ist sicher einer der am wenigsten genutzten Berichte, denn mittlerweile sind die meisten Besucher einer Website mit einem guten Monitor ausgestattet, der 32-Bit-Farben anzeigen kann. Außerdem gibt es nicht sehr viele unterschiedliche Farbdarstellungen, so dass die Aussagekraft dieses Reports eher vernachlässigbar ist und daher maximal zweimal jährlich überprüft werden sollte, ob sich gravierende Änderungen ergeben haben.

10.8.5 Bildschirmauflösungen

Interessanter als die Bildschirmfarben ist hingegen die Bildschirmauflösung, da es hier eine größere Anzahl unterschiedlicher Monitorgrößen und damit verbundener Bildschirmauflösungen gibt (Abbildung 10.21, nächste Seite). Die Analyse dieses Berichts zeigt, wie sich die Ziele oder Umsätze je nach Bildschirmauflösung verändern.

Angenommen, Sie betreiben eine Website, die ihren Call-to-Action im unteren Bereich der Seite hat. Auf Ihrem Monitor liegt der Button im direkt sichtbaren Bereich und sticht ohne zu scrollen direkt ins Auge. Wenn Ihr User nun aber eine andere Bildschirmauflösung hat, ist sein Button unter Umständen nur durch Scrollen erreichbar. Es ist anzunehmen, dass die Conversion Rate niedriger ist als bei der von Ihnen gewählten Bildschirmauflösung. Wenn Sie nun bedenken, dass viele User ihren Browser mit einer oder mehreren Menüleisten individualisiert haben, rutscht der dargestellte Inhalt immer weiter nach unten. So kann sich die Conversion Rate entscheidend verschlechtern.

Im Idealfall wurde die Darstellung der Website dem kleinsten gemeinsamen Nenner der beliebtesten Bildschirmauflösungen angepasst.

Praxistipp:

Wie Ihre Website mit anderen Bildschirmauflösungen aussieht, können Sie auf browsershots.org simuliert sehen.

Interessanter als die Bildschirmauflösung wäre die Analyse der Fenstergrößen, denn viele User nutzen nicht die gesamte Größe des Bildschirms für die Betrachtung von Websites, sondern haben mehrere kleinere Fenster geöffnet. Dies führt zu einer völlig anderen Darstellung der Website als in einem komplett geöffneten Browserfenster. Leider gibt es diesen Bericht in Analytics zurzeit nicht.

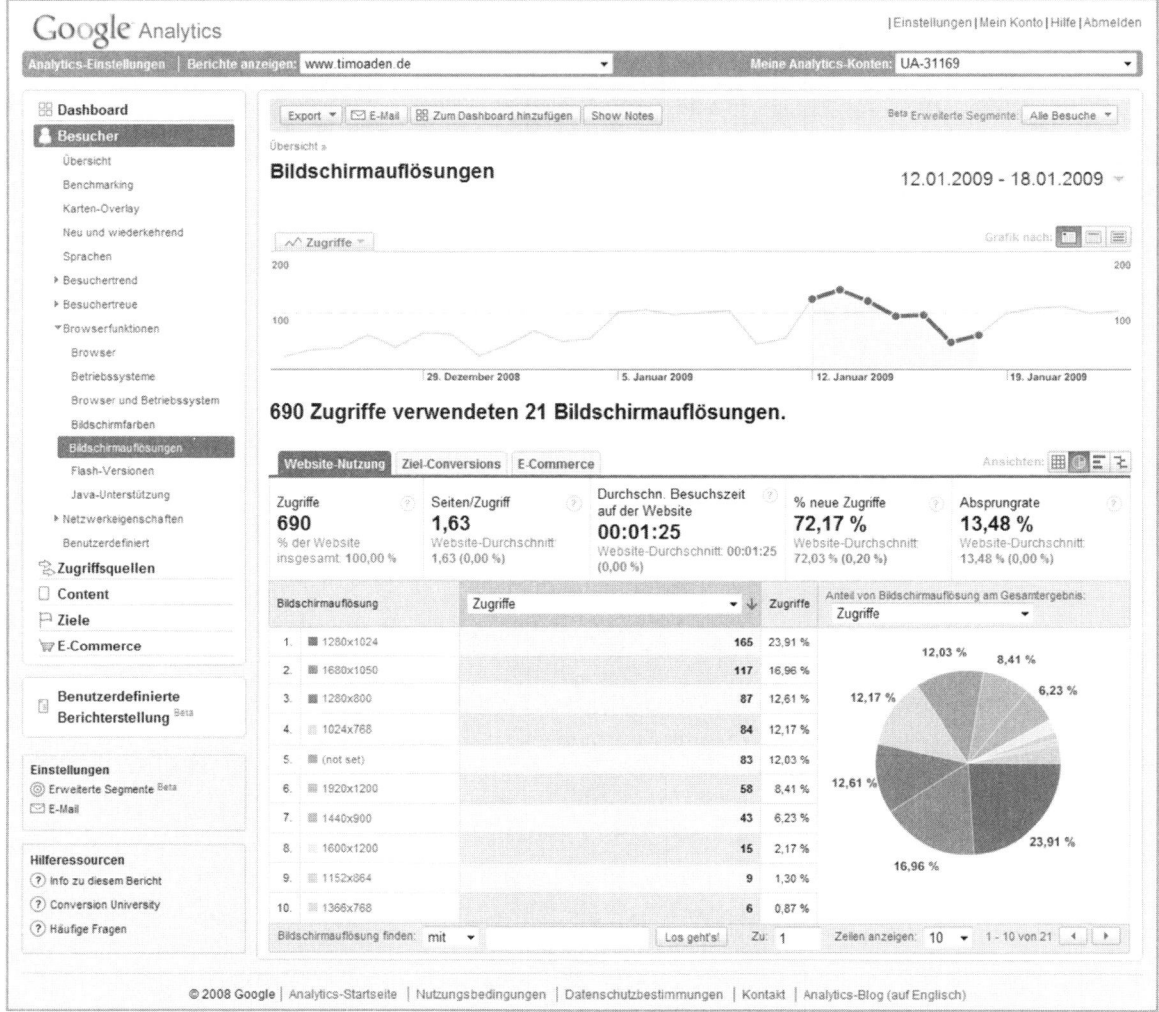

Abbildung 10.21 Browserfunktionen → Bildschirmauflösung

10.8.6 Flash-Versionen

Sofern Ihre Website aus Flash besteht oder Flash-Applikationen beinhaltet, ist es interessant zu wissen, welche Flash-Version Ihr Besucher nutzt. Auch dies hat Auswirkungen auf die Darstellung und Nutzung Ihrer Website bei den Usern.

Auch in diesem Bericht geht es wieder eher um langfristige Trends. Flash-Versionen ändern sich bei den Usern nur sehr langsam. Es reicht also vollkommen aus, wenn sie zweimal jährlich analysiert wird, ob es entscheidende Änderungen gab. Wenn jedoch Ihre Website umgestaltet wird, ist es sinnvoll, sich anzusehen, ob es Veränderungen bei der Nutzung der Website bezüglich der Flash-Versionen gibt. Insbesondere die Absprungrate,

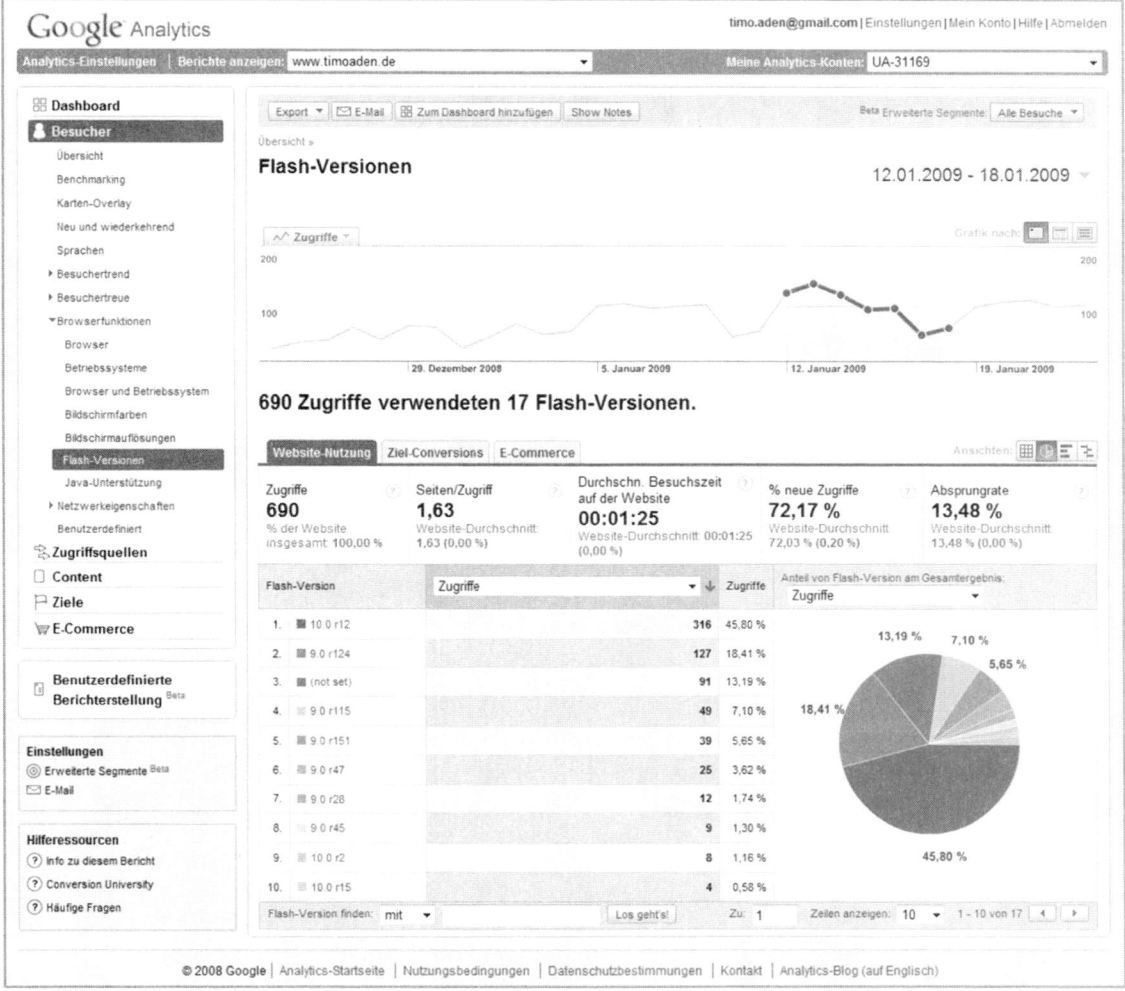

Abbildung 10.22 Browserfunktionen → Flash

aber auch die Zielerfüllungen und der Umsatz sind hier wichtige Kennziffern, die erkennen lassen, ob eine Flash-Version Einfluss auf den Erfolg Ihrer Website hat.

10.8.7 Java-Unterstützung

Der Bericht „Java-Unterstützung" ist ebenso wie der Bericht „Bildschirmfarben" vernach-lässigbar. Hier wird dargestellt, wie viele Besucher JavaScript aktiviert haben und welche Auswirkungen es hat, wenn dies nicht der Fall ist.

In der Regel haben deutlich über 90% JavaScript aktiviert. Sie sollten sich also wichtigeren Punkten widmen.

10.9 Netzwerkeigenschaften

Der Berichte-Block „Netzwerkeigenschaften" beinhaltet drei Berichte:

- Provider der Besucher
- Hostnamen
- Verbindungsgeschwindigkeiten

Diese Berichte sind im Vergleich zu vielen anderen aus meiner Sicht eher weniger wichtig. Daher werde ich sie auch nur verkürzt erläutern. Im Grunde genommen vermute ich, dass sie wegen der automatisch verfügbaren Daten mit aufgeführt sind. Große Relevanz oder Aussagekraft haben sie in der Regel nicht.

10.9.1 Provider der Besucher

Der Name des Internet-Providers der User wird beim Aufruf des GET-Requests automatisch mit übergeben. Daher können die Anbieter im Bericht dargestellt werden. Der sich aus der Analyse dieser Daten ergebende mögliche Nutzen könnte darin bestehen, dass man der Lage ist, diese Provider unter Umständen für andere Maßnahmen genau zu targeten.

Angenommen, Sie stellen fest, dass die über einen speziellen Provider auf Ihrer Seite gelandeten User besonders erfolgreich sind (oder das Gegenteil davon). Im Rahmen von Conversion-Optimierungsmaßnahmen könnten dann spezielle Zielseiten erstellt werden, die solche User exklusiv ansprechen.

10.9.2 Hostnamen

Im Bericht Hostnamen werden sämtliche Domains angezeigt, auf denen der Analytics Tracking Code eingebaut ist. In der Regel wird die Top-Position die Ihrer Hauptwebsite sein. Unter Umständen werden hier auch einzelne IP-Adressen angezeigt – dies sind oft interne, die Testumgebungen darstellende Server. Fragen Sie Ihre IT-Abteilung, wenn dort Domains oder IP-Adressen auftauchen, mit denen Sie nichts anfangen können. Meistens gibt es eine Erklärung, und die IT-Abteilung hat Tests mit dem Analytics Tracking Code außerhalb der Haupt-Domain durchgeführt.

Wird hier ein Hostname gelistet, der definitiv nichts mit Ihnen zu tun hat, aber dennoch sehr viele Besuche anzieht, könnten Sie es theoretisch auch mit Code-Diebstahl zu tun haben. Angenommen, Sie betreiben die Domain *www.beispiel.de* und haben dort den Tracking Code eingebaut. Der Code ist im Quelltext der Seite für jedermann ersichtlich, inklusive der UA-Nummer, die Ihr persönliches Analytics-Konto identifiziert. Theoretisch könnte nun ein Ihnen nicht wohlgesonnener Mensch den Code aus Ihrem Quelltext kopieren und in eine andere Seite einbauen. Natürlich hätte er keinen Zugriff auf die Daten in Analytics, weil er ja kein Login hat, dennoch würde dies Ihre Daten durcheinanderwirbeln, denn Sie hätten dann mehr Seitenzugriffe, mehr Besuche, und alle Daten wären verfälscht.

Diese falschen Daten wären auf immer und ewig in den Berichten enthalten. Sie müssten nun mit Hilfe der erweiterten Segmente (Kapitel 16) diesen Fehler korrigieren, was nicht schwer ist, aber einen zusätzlichen Aufwand bedeutet, der vermieden werden kann und sollte.

10.9.3 Verbindungsgeschwindigkeiten

Der Bericht „Verbindungsgeschwindigkeiten" stellt dar, ob die User eine Website über eine DSL-, eine Modem-, ISDN- oder eine andere Verbindungsart betreten. Diese Auskunft ist eher für die IT-Abteilung oder die Webmaster gedacht, weil Letztere dann die Website entsprechend der Verbindungsgeschwindigkeit der Besucher anpassen können. In Deutschland und in vielen anderen westlichen Ländern ist die DSL-Verbreitung recht hoch, so dass die Ladegeschwindigkeit der Websites zwar nach wie vor sehr wichtig, aber meist nicht mehr der kritischste Punkt ist. In der Vergangenheit, als DSL noch nicht sehr verbreitet und die meisten User noch mit einem Modem unterwegs waren, musste auf eine schnelle Ladezeit der Seiten sehr geachtet werden. Dies ist immer noch der Fall, doch hat sich die Verbindungsgeschwindigkeit erhöht, so dass mehr Daten transportiert werden können.

 Praxistipp:

Unabhängig von der Verbindungsgeschwindigkeit, ist es nach wie vor essenziell wichtig, Webseiten schnell laden zu können. User sind mittlerweile eine schnelle Darstellung gewohnt. Die Chance, dass sie den Ladevorgang abbrechen, wenn er zu lange dauert, ist sehr hoch. In den Analysis-Statistiken werden Sie dies nur bedingt analysieren können, denn wenn der Analytics Tracking Code im unteren Bereich des Quelltextes eingebunden ist, kann es durchaus sein, dass er gar nicht ausgeführt wird, weil der User den Ladevorgang abgebrochen hat, ehe der Code geladen werden konnte. Doch nicht nur aus Trackinggründen sollten Webseiten möglichst schlank sein, auch die Usability leidet enorm, wenn es zu viele Verzögerungen gibt. Machen Sie es Ihren Usern also möglichst einfach, und gestalten Sie Ihre Website so, dass sie sich auch mit langsameren Verbindungen schnell laden lässt.

Die Google-Suche ist – neben vielen anderen Gründen – deswegen so erfolgreich, weil sowohl die Startseite als auch die Suchergebnisse unabhängig von der Verbindungsgeschwindigkeit sehr schnell angezeigt werden.

Interessant kann dieser Bericht werden, wenn Sie eine internationale Website betreiben. In anderen Ländern betreten die User unter Umständen nicht mit einer DSL-Verbindung Ihre Website, sondern in der Mehrzahl mit einem Modem. Wenn nun Ihre Website den entsprechenden Bedürfnissen nicht angepasst ist und beispielsweise viele große Bilder enthält, kann dies ein Grund sein, weshalb die Site in diesen Ländern deutlich weniger erfolgreich ist als in Ländern mit einer schnelleren Verbindung. Dies ist ein Punkt, der beachtet werden sollte, wenn auch nicht in allzu kurzen Abständen, da sich auch die Verbindungsgeschwindigkeit der User eher langsam ändert. Eine quartalsweise Betrachtung dieses Berichts ist völlig ausreichend.

10.10 Benutzerdefiniert

Der Bericht „Benutzerdefiniert" enthält erst dann wertvolle Daten, wenn diese vorab definiert wurden. In Kapitel 6.10 (Segmentierung von Besuchern) wurde dargestellt, wie User mit Hilfe des Segmentierungs-Cookies (*utmv*) besonders gekennzeichnet werden können. Die hierüber generierten Daten fließen in diesen Bericht.

Angenommen, auf der Bestellbestätigungsseite Ihres Online-Shops haben Sie die User durch Segmentierungsfunktion als „Käufer" gekennzeichnet. Sobald ein User nun diese Seite sieht und den Cookie mit dem Inhalt „Käufer" erhalten hat, fließen die Daten zusätzlich in den Bericht „Benutzerdefiniert". Hier können Sie dann analysieren, wie sich ausschließlich diese Usergruppe im Vergleich zu den nicht gekennzeichneten Usern verhält.

Durch eine veränderte Darstellung der Zahlen und Betrachtung der Reiter „Ziel-Conversions" und „E-Commerce" haben Sie die Möglichkeit, detaillierte Auswertungen dieser Usergruppe vorzunehmen. Außerdem besteht die Möglichkeit, den benutzerdefinierten Wert in den meisten anderen Reports mit Hilfe der Funktion „Dimension" zu betrachten (siehe Kapitel 8.11, Dimension). Dort entspricht der benutzerdefinierte Wert der Benennung des Segmentierungs-Cookies (im obigen Beispiel also Käufer). So können Sie jederzeit, sofern die Dimension-Funktion vorhanden ist, eine Verknüpfung zu den von Ihnen definierten User-Gruppen herstellen.

Praxistipp:

Sollten Sie die User-Segmentierung nicht nutzen, steht es Ihnen frei zu bestimmen, welche Daten in diesen Bericht einfließen, beispielsweise können Sie verschiedene Filter erstellen oder testen und diese durch den Filter manipulierten Daten in den Bericht „Benutzerdefiniert" einfließen lassen.

Wird die User-Segmentierung nicht genutzt und fließen auch keine anderen von Ihnen definierten Daten in diesen Bericht, brauchen Sie ihn nicht. In diesem Fall kann der Bericht ignoriert werden.

Die User-Segmentierung über den Segmentierungs-Cookie ist immer sessionbasiert, d.h., wenn ein User eine Seite betritt, auf der im Analytics Tracking Code die entsprechende Segmentierungsfunktion eingebaut ist, erhält er für die laufende Session einen Segmentierungscookie, der ihn entsprechend kennzeichnet. Bei einem etwaigen nächsten Besuch wird dieser User mit der entsprechenden Segmentierung wieder erkannt.

Praxistipp:

Wird die Segmentierungsfunktion sehr oft verwendet, kann es zu Problemen kommen. Angenommen, Sie betreiben ein Nachrichtenportal mit den Rubriken Sport, Business und Lokales. Sie möchten wissen, wie sich die User der einzelnen Ressorts verhalten, und kommen auf die prinzipiell gute Idee, jeder Rubrik mit einer entsprechenden Segmentierungskennzeichnung zu versehen. So beinhalten alle Sportseiten die User-Kennzeichnung „Sport", alle Businessseiten die Kennzeichnung „Business" und die Seiten des Bereiches Lokales die Kennzeichnung „Lokales". Dieses Prinzip würde wunderbar funktionieren, solange die Besucher nicht auf die Idee kommen, während eines Besuches verschiedene Rubriken durchzulesen. Denn der Segmentierungscookie wird immer dann überschrieben, wenn der User eine Seite betritt, auf der die Segmentierungsfunktion im Analytics Tracking Code implementiert ist. Er würde also regelmäßig von jeder neuen Rubrik überschrieben – die erfassten Daten wären hiermit nicht sinnvoll und daher nicht nutz- oder auswertbar.

Daher wird eine sehr sparsame Nutzung der User-Segmentierungsfunktion empfohlen. Beispielsweise kann eine Kennzeichnung von registrierten kaufenden Usern interessant sein. Wenn diese beiden Schritte nacheinander stattfinden, ergeben sich trotzdem sinnvolle Zahlen, weil dann analysiert werden kann, wie viele registrierte User es gibt, die noch keinen Kauf getätigt haben. Mit einem Kauf hätte sich der „Registriert"- Segmentierungscookie mit einem neuen „Kauf-"Segmentierungscookie überschrieben.

11 Zugriffsquellen-Berichte

11.1 Zugriffsquellen

Der Bereich Zugriffsquellen beinhaltet Informationen zu den Quellen, von denen aus Besucher auf eine Website gelangen. Sämtliche Möglichkeiten, über die User auf eine Website kommen können, werden hier ausführlich dargestellt:

- Direkteingabe der URL
- Verweisende Websites (Referrer)
- Bezahlte Suchmaschinenwerbung
- Besuche via nicht bezahlte Suchergebnisse von Suchmaschinen
- Banner-Kampagnen
- Newsletter-Kampagnen
- Affiliate-Kampagnen
- Kooperationen

Dabei wird nicht nur aufgezeigt, über welche Quelle die User kamen, sondern auch, wie erfolgreich eine Quelle jeweils war hinsichtlich diverser Metriken und Kennziffern. Umsätze und Ziel-Conversions können hier ebenfalls auf die einzelnen Quellen bezogen betrachtet werden.

11.2 Übersicht

Wie zu Beginn einer jeden neuen Berichts-Kategorie beginnen auch die Zugriffsquellen mit einer Übersicht. Neben der Trendgraphik wird hier eine übersichtliche Zusammenfassung der wichtigsten Zugriffsquellen gegeben. Meistens handelt es sich dabei um folgende:

- Direkte Zugriffe
- Verweisende Websites
- Suchmaschinen

Dies wird graphisch in einem Tortendiagramm dargestellt, um eine schnelle Übersicht zu erlangen.

Praxistipp:

In einigen Fällen taucht neben den drei genannten Zugriffsquellen eine Quelle (not set) auf – meist in Gelb dargestellt. Dieser Fall tritt ein, wenn nicht wirklich alle Seiten mit dem Analytics Tracking Code versehen sind. Prüfen Sie dann, ob jede einzelne Zielseite mit dem Code ausgestattet und dieser auch überall korrekt eingebaut ist.

Um einen schnellen Überblick über die Entwicklung der verschiedenen Zugriffsquellen zu bekommen, bietet sich hier ein Zeitraumvergleich an. Wählen Sie im Kalender die Vergleichsfunktion (siehe Kapitel 8.2 Kalender) und den gewünschten Zeitraum, um zu sehen, welche Veränderungen stattgefunden haben (siehe Abbildung 11.1).

Abbildung 11.1 Zugriffsquellen → Übersicht

Hiermit lässt sich auf einen Blick erkennen, ob gesteckte Ziele für die jeweilige Quelle erreicht wurden oder wo akuter Handlungsbedarf besteht. Mit dieser Übersicht ist es allerdings noch nicht getan. Denn es stellen sich (unter anderem) mehrere Fragen:

- Welche verweisenden Websites haben qualitativ hochwertige User gebracht?
- Welche Suchbegriffe bringen wertvolle Besucher?
- Wie erfolgreich ist die Banner-Kampagne im Vergleich zu Newslettern oder anderen Online-Marketing-Maßnahmen?
- Wie groß ist der ROI von AdWords-Kampagnen?

11.3 Direkte Zugriffe

Direkte Zugriffe beinhalten sowohl die direkte Eingabe der URL oder Domain in die Adresszeile des Browsers als auch Zugriffe, die über im Browser gesetzte Lesezeichen (Bookmarks) generiert wurden.

Im Grunde werden hier alle Zugriffe dargestellt, denen man keine Referrer, keine Kampagnen oder keine andere Quelle zuordnen kann. Ein hoher Anteil an direkten Zugriffen kann ein Indiz für eine gute Bekanntheit der Marke bzw. der Websitedomain sein. Wie sonst

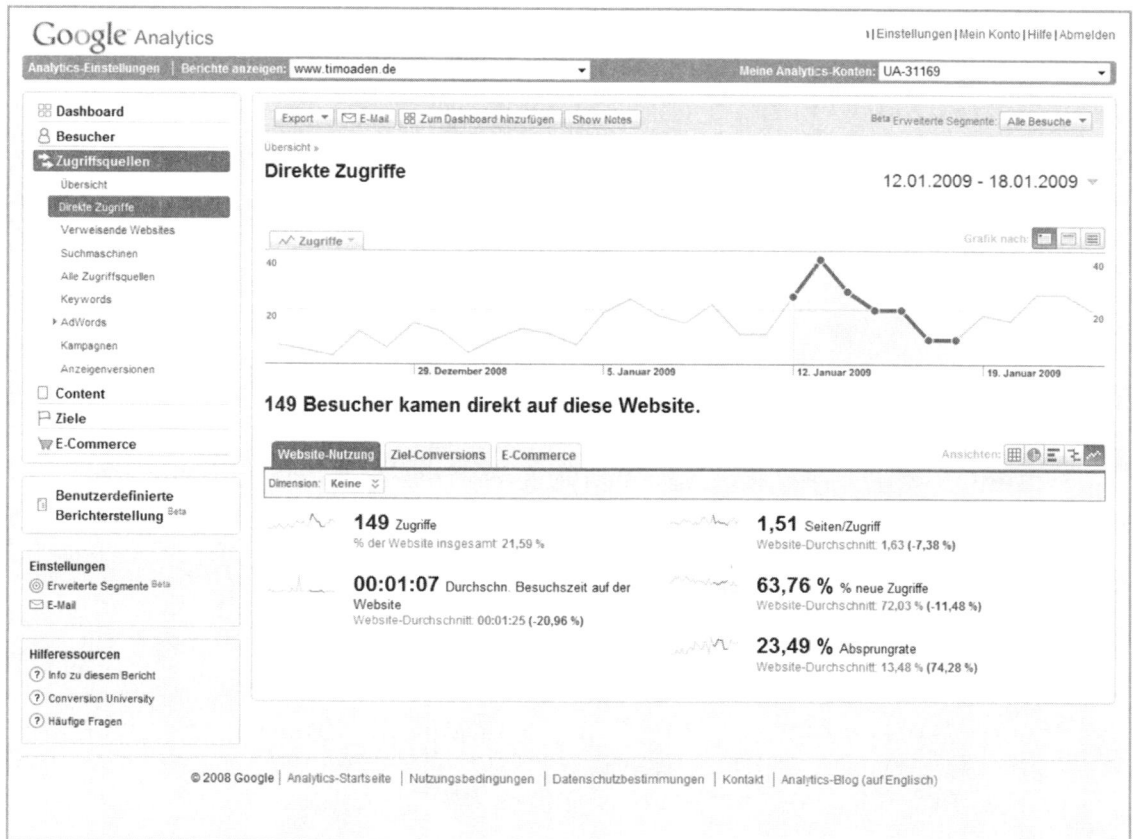

Abbildung 11.2 Zugriffsquellen → Direkte Zugriffe

sollten sich die vielen User die Domain merken können und regelmäßig direkt in die Adresszeile des Browsers eingeben?

Ob diese direkten Zugriffe nun auch erfolgreich sind, erkennen Sie an den bereits dargelegten Metriken wie Seiten/Zugriff, durchschnittliche Besuchszeit auf der Website oder auch Absprungrate. Darüber hinaus besteht die Möglichkeit, über die Reiter „Ziel-Conversions" und „E-Commerce" detaillierte Daten zu analysieren, die direkt mit den definierten Zielen und den generierten Umsätzen verknüpft sind. Wie verhalten sich die direkten Zugriffe im Vergleich zur gesamten Website, also allen Quellen?

Da die direkten Zugriffe, wenn überhaupt, dann nur indirekt zu beeinflussen sind, ist eine schnelle Optimierung dieser Kennziffer bei unbefriedigenden Zahlen nicht einfach, da sämtliche Offline-Aktivitäten sowie Marketing, PR und das Firmenimage diese Zahl beeinflussen. Angenommen, Sie schalten eine umfangreiche TV-Kampagne, in der die URL Ihrer Website deutlich herausgestellt wird. Aufgrund des Medienbruchs von TV zu Internet werden vermutlich (oder hoffentlich) viele User die URL direkt eingeben (sofern diese kurz oder prägnant genug ist, dass man sie sich auf dem Weg vom Fernseher zum Computer merken kann).

Über die Funktion „Dimension" besteht die Möglichkeit, die direkten Zugriffe in die aufgeführten Dimensionen zu unterteilen. Am interessantesten ist hier die Dimensionierung nach geografischer Herkunft, Zielseite und der Aufteilung in neue und wiederkehrende Besucher (Besuchertyp). Bei entsprechender Nutzung der User-Segmentierung kann auch der benutzerdefinierte Wert von Interesse sein.

11.4 Verweisende Websites

Im Kapitel 2.2.1 SEO wurde beschrieben, weshalb die Web-Analyse eng mit SEO-Aktivitäten verknüpft ist. Ein wichtiger Faktor einer guten Positionierung in den gängigen Suchmaschinen ist die Verlinkung möglichst vieler qualitativ hochwertiger und thematisch passender externer Websites (Linkbuilding im Vergleich zur Onpage-Optimierung).

Es ist nicht damit getan, eine vernünftige interne Linkstruktur aufzubauen, idealerweise sollten auch viele gute User über externe Links auf Ihre Seite kommen. Der Bericht „Verweisende Websites" listet sämtliche Domains auf, über die Besucher auf Ihre Website gelangt sind.

Vermutlich werden Sie sich wundern, welche Seiten alles auf Sie verlinken bzw. Ihnen Traffic liefern. Die Qualität der User ist jedoch in der Regel sehr unterschiedlich, was beispielsweise vom Kontext abhängt, aus dem auf Ihre Seite verlinkt wird.

Angenommen, Sie stellen fest, dass eine verweisende Website eine sehr schlechte Absprungrate im Vergleich zu den anderen oder zum Website-Durchschnitt hat. Klicken Sie zur weiteren Analyse innerhalb dieses Berichts auf die entsprechende Domain, und Sie erhalten den exakten Pfad der externen Website, auf der sich der Link befindet. Mit einem Klick auf das Symbol mit dem Pfeil neben dem Verweis-Pfad öffnet sich ein neues Fenster, das die Seite mit dem fraglichen Link darstellt. Ist der Link zu Ihnen auf dieser Seite falsch oder nicht im korrekten Kontext platziert, lohnt sich eventuell ein Gespräch mit dem Websitebetreiber.

Praxistipp:

Bei der Analyse älterer Daten kann es vorkommen, dass die verweisenden Websites nicht mehr existieren. In diesem Fall kann die Seite, auf der sich ursprünglich ein Link befand, nicht angezeigt werden.

Wie so oft entwickelt Analytics seine Fähigkeiten erst durch die Anwendung der verschiedenen Darstellungsmöglichkeiten. Wählen Sie beispielsweise die Vergleichsdarstellung und einen Vergleichszeitraum im Kalender. Die Graphik wird nun automatisch angepasst, und die Veränderungs-Balken beziehen sich nun nicht mehr auf den Website-Durchschnitt, sondern auf den ausgewählten Vergleichszeitraum.

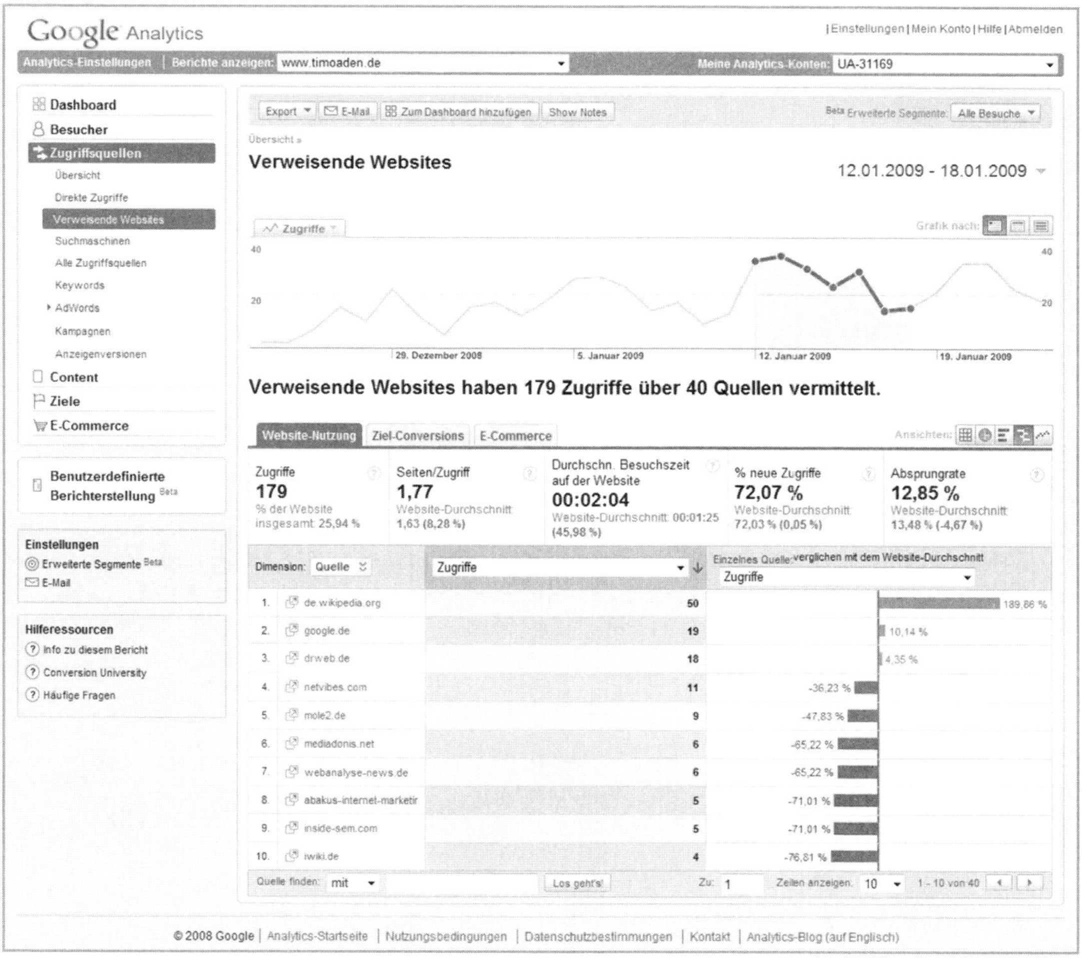

Abbildung 11.3 Zugriffsquellen → Verweisende Websites

215

Abbildung 11.3 zeigt einen deutlichen Einbruch der Zugriffe der Top-Position drweb.de. Eine weitere Analyse ergab, dass die Besucher über einen Artikel kamen, auf dem ein Link platziert war, der vor einigen Wochen bei drweb.de live gestellt wurde. Nach der Veröffentlichung des Artikels ließen die Zugriffe über diesen Link stetig nach, da der Artikel immer weniger aktuell war und daher immer weniger Leser anzog. Dies ist ein normaler Prozess, der mit großem Aufwand und Verhandlungsgeschick veränderbar ist. Grundsätzlich gilt: Im Internet kann man nicht alles beeinflussen. Es wird immer wieder überraschende Links geben – sowohl positiv als auch negativ.

Eine Analyse der verweisenden Websites, auch hinsichtlich der Ziel-Erreichungen und des Umsatzes, ist eine wichtige Aufgabe innerhalb der Web-Analyse. Ihre Top-verweisenden Websites sollten Ihnen immer bekannt sein, regelmäßig beobachtet und idealerweise optimiert werden.

11.5   Suchmaschinen

Suchmaschinen sind in vielen Fällen der wichtigste Traffic-Lieferant. Einem Großteil der Internet-Nutzer dient Google als Startseite im Web – eine nicht zu unterschätzende Zahl von Nutzern gibt sogar die komplette URL in das Suchfeld bei Google ein, um auf dem Umweg über das Suchergebnis auf die entsprechende URL zu kommen. Suchmaschinen vereinen die Bereiche SEO (siehe Kapitel 2.2.1) und SEM (siehe Kapitel 2.2.2). Eine ordentliche Platzierung innerhalb der nicht bezahlten Suchergebnisse kann einen beträchtlichen Wettbewerbs-, aber auch Umsatz- oder Erfolgsvorteil mit sich bringen. Ein Abrutschen innerhalb des Rankings kann ein Desaster für eine Website sein. Eine einfacher zu beeinflussende Maßnahme ist das Schalten von suchbegriffsbezogenen Anzeigen, die neben oder über den nicht bezahlten Suchergebnissen angezeigt werden.

Analyse und Auswertung der Suchmaschinen-Berichte in Analytics sind daher essenziell wichtig.

Auf der ersten Ebene dieses Berichts werden die unterschiedlichen Suchmaschinen aufgelistet, über die Besucher Ihre Website erreichten (wie sich diese Liste erweitern lässt, erfahren Sie in Kapitel 6.5, Hinzufügen weiterer Suchmaschinen). Schon jetzt erfahren Sie aber einiges über die Quantität und die Qualität der Besucher, die Ihnen diverse Suchmaschinen liefern.

Information:

Bei der Betrachtung der Suchmaschinen wird einem erst wirklich klar, welchen Marktanteil Google bei der Suche hat. In der Regel landen bei Ihnen über 90% der Besucher, die über nicht bezahlte Suchergebnisse kommen, per Google-Suche. Wenn Sie nicht gerade umfangreiche Kampagnen bei anderen Suchmaschinen wie Yahoo! oder Live platziert haben, wird schnell klar, dass der Analyse-Fokus für den Bericht „Suchmaschinen" eindeutig auf Google liegen muss.

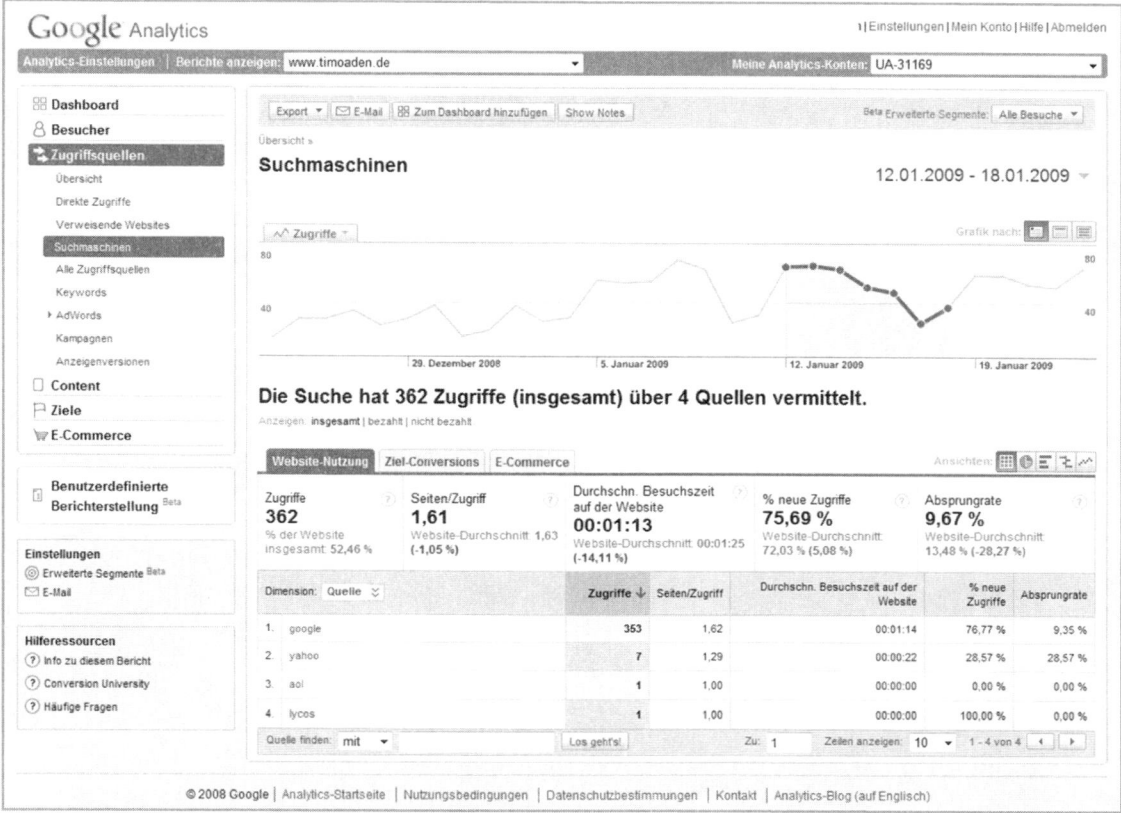

Abbildung 11.4 Zugriffsquellen → Suchmaschinen

Dieser Bericht bietet eine Besonderheit, denn aufgrund der Trennung nach bezahlten und nicht bezahlten Zugriffen kann dies auf jeder Ebene dieses Berichts unterschieden werden. Oberhalb der Reiter haben Sie die Möglichkeit, auszuwählen, welche Variante dargestellt werden soll. Um hier bezahlte Suchbegriffe anzuzeigen, muss für AdWords eine Verknüpfung mit dem Analytics-Konto bestehen (siehe Kapitel 5.1.3.1) – für sämtliche anderen Suchmaschinen ist eine Vertaggung (siehe Kapitel 6.16) der entsprechenden Suchbegriffe notwendig. Wurde beides nicht vorgenommen, werden sämtliche Suchbegriffe als nicht bezahlte dargestellt, was die Statistiken verfälscht.

Aufgrund der Wichtigkeit der Suchmaschinen ergibt es einen Sinn, hier die diversen Möglichkeiten von Analytics zu nutzen. Die unterschiedlichen graphischen Darstellungsmöglichkeiten (siehe Kapitel 8.10), die Änderung des Trendgraphs und das Hinzufügen einer weiteren Metrik (cf. Kapitel 8.4), Vergleichsmöglichkeiten im Kalender (siehe Kapitel 8.2) sowie die Reiter „Website-Nutzung", „Ziel-Conversions" und, sofern vorhanden, „E-Commerce".

Angenommen, Sie haben nun festgestellt, dass die meisten Besucher über Google kommen – in diesem Moment ignorieren Sie die anderen Suchmaschinen, weil deren Anteil für Sie vernachlässigbar ist. Die nächste Frage, die sich nun stellt, ist folgende: „Über welche

Suchbegriffe kamen die Besucher?" Nach einem Klick auf Google innerhalb des Reports erscheinen alle Suchbegriffe, die die User in „Google Suche" eingaben, ehe sie auf Ihrer Website landeten.

Diese Berichtsebene entspricht dem Bericht „Keywords" (siehe Kapitel 11.7, Keywords).

11.6 Alle Zugriffsquellen

Nachdem die vorangegangenen Kapitel bereits die wichtigsten Zugriffsquellen behandelt haben (direkte Zugriffe, verweisende Websites und Suchmaschinen), fasst der Bericht alle möglichen unterschiedlichen Zugriffsquellen in einem Bericht zusammen.

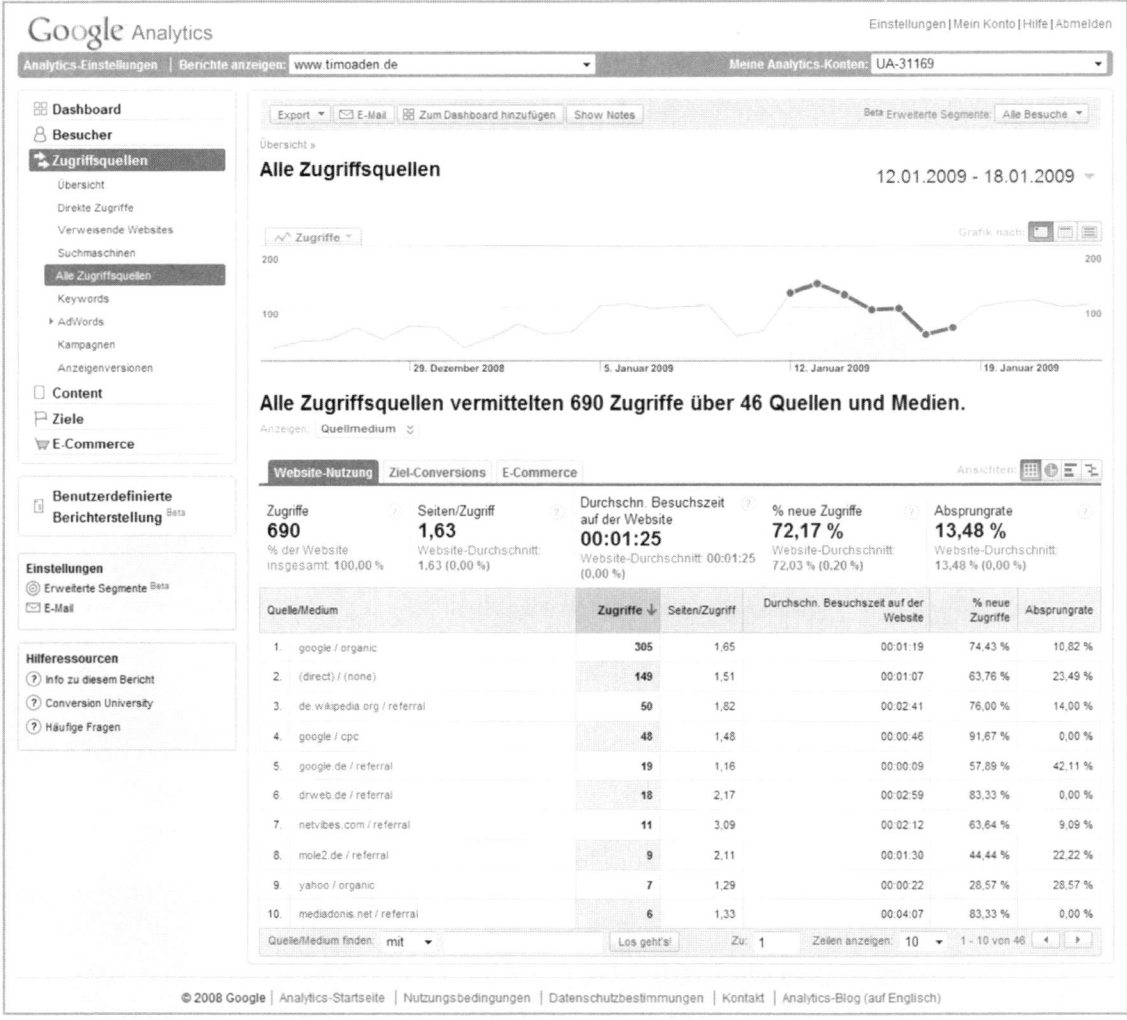

Abbildung 11.5 Zugriffsquellen → Alle Zugriffsquellen

Zum einen werden hier sowohl die diversen Quellen als auch die verschiedenen Medien (beispielsweise organic, cpc, referral, etc.) dargestellt. Mit Hilfe dieses Berichts kann sozusagen alles mit allem verglichen werden – verschiedene Quellen untereinander können genauso analysiert werden wie Medien in Verknüpfung mit Quellen. Sollten Sie nun doch nur die Quellen in einem Bericht sehen wollen, befindet sich oberhalb des Reiters Website-Nutzung ein Pull-down-Menü mit drei unterschiedlichen Anzeigenvariationen. Dort kann die aktuelle Ansicht geändert werden in:

- Ausschließlich Quelle
- Ausschließlich Medium
- Quelle und Medium = Quellmedium

Durch Ausnutzung der Sortierungsmöglichkeit und der graphischen Darstellungen lassen sich hier sehr schnell erfolgreiche Maßnahmen von weniger erfolgreichen Maßnahmen unterscheiden.

Praxistipp:

Bedenken Sie, dass bei einem Vergleich verschiedener Medien unter Umständen auch unterschiedliche Zielsetzungen beabsichtigt waren. Während eine AdWords-Kampagne in der Regel sehr Conversion-orientiert ist, wird die Banner-Kampagne oftmals eher auf Markenbildung fokussiert und weniger auf direkte Conversion. Die in diesem Bericht dargestellten Kennziffern sind eher Conversion-orientiert. In der Regel werden daher die auf Suchmaschinen platzierten CPC-Kampagnen deutlich erfolgreicher sein als Display-Ad-Kampagnen. Hinzu kommt, dass der Kampagnencookie sich überschreibt, sobald ein User über eine weitere bezahlte Quelle oder ein weiteres bezahltes Medium die Zielseite erreicht. Ein typischer User-Weg könnte folgender sein:

Banner → Aufmerksamkeit und Interesse

AdWords → Recherche und Conversion

In diesem Fall erhält der Suchbegriff aus der AdWords-Kampagne die Conversion und nicht der Banner, obwohl die Conversion ohne den Banner vielleicht nie zustande gekommen wäre. Eine Beendigung der Banner-Kampagne läge dann nahe. Wenn man sich jedoch vor Augen führt, dass es keine Conversion ohne Banner gegeben hätte, ist die Idee schon weniger gut. Weil Analytics zurzeit keine Conversion-Attribuierung anbietet, bleibt nur, den Weg des Testens zu gehen und die Zahlen in Analytics entsprechend retrospektiv zu analysieren.

11.7 Keywords

Der Bericht Keywords (Abbildung 11.6) stellt sämtliche Suchbegriffe dar, über die Besuche über eine Suchmaschine auf Ihre Website kamen. In der Anzeigenvariante „insgesamt" werden sowohl die bezahlten als auch die nicht bezahlten Suchbegriffe angezeigt.

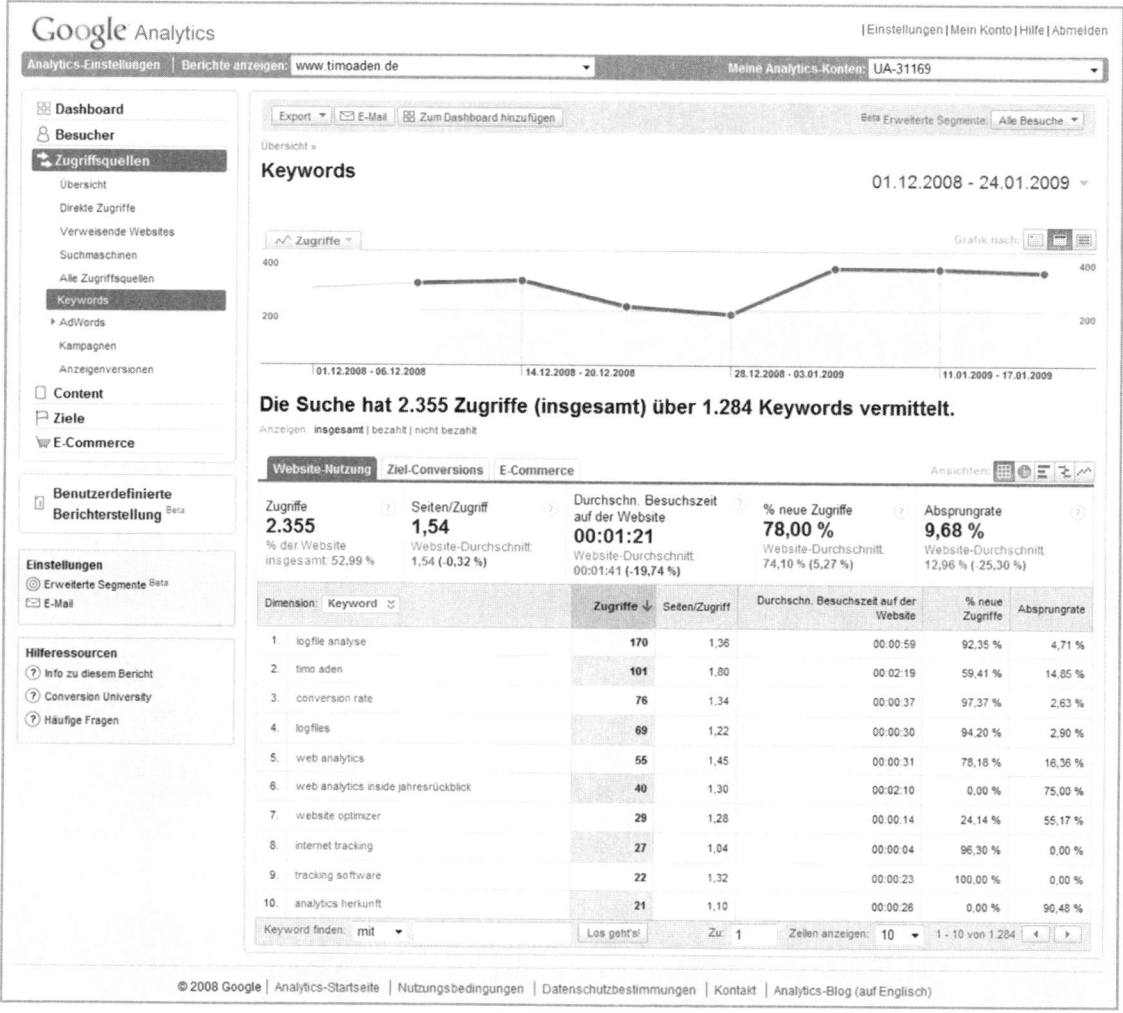

Abbildung 11.6 Zugriffsquellen → Keywords

Neben der Analyse der Kennziffern von den für das jeweilige Business wichtigen Suchbegriffen gibt die Entwicklung von Trends einen wichtigen Anhaltspunkt für die Ableitung
von Aktionen. Zwei der Top-Suchbegriffe im Verlaufe eines Jahres waren „Web Analytics" und „Google Analytics". Die reine Betrachtung der Zahlen lässt keine dramatischen
Änderungen vermuten. Bei der Analyse der Trends zeigen jedoch beide völlig unterschiedliche Entwicklungen. Die Anzahl der Besuche, die über den nicht bezahlten Begriff „Web
Analytics" auf die Website kamen, stieg im Jahresverlauf stark an (siehe Abbildung 11.7).

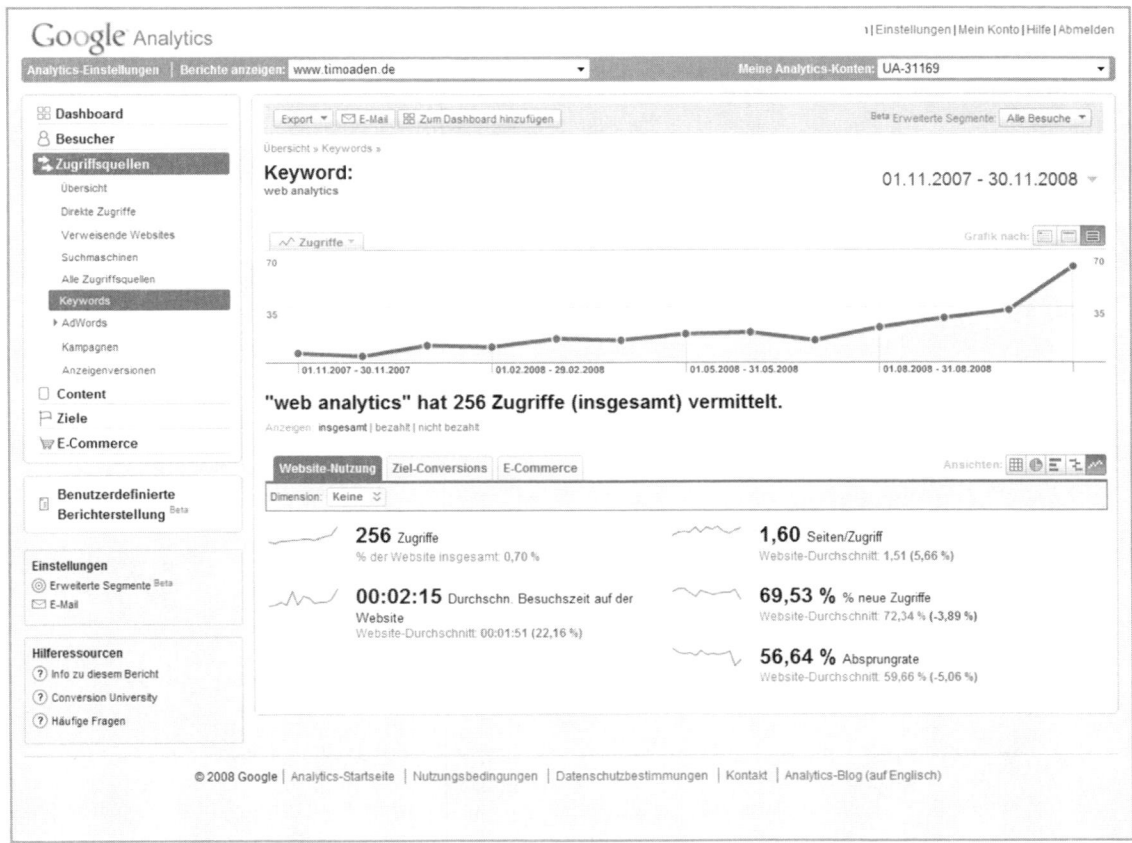

Abbildung 11.7 Zugriffsquellen → Keywords: Web Analytics

Der nicht bezahlte Suchbegriff „Google Analytics" lieferte im Zeitverlauf zwar eine ähnlich hohe Anzahl von Besuchen mit grob ähnlichen Kennziffern, doch nahmen die Besuche im Laufe der Zeit stark ab und zeigen somit eine zum Begriff „Web Analytics" (siehe
Abbildung 11.8, nächste Seite) fast konträre Trendkurve.

Nun stellt sich zum einen die Frage, welcher der beiden Suchbegriffe der wichtigere ist, und
welche Auslöser es gegeben haben kann, dass die Entwicklung so unterschiedlich verlief.

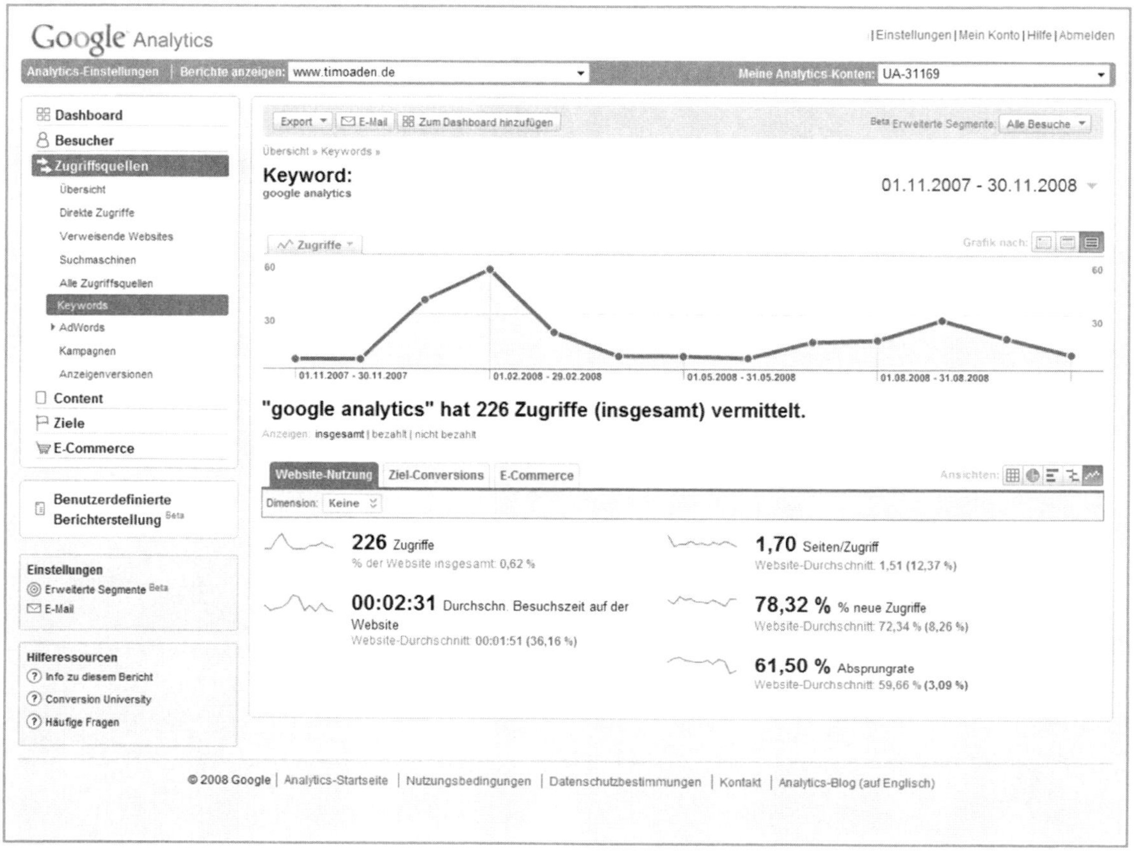

Abbildung 11.8 Zugriffsquellen → Keywords: Google Analytics

Praxistipp:

Ein interessantes Produkt von Google für die Untersuchung von Suchbegriffen ist Google Trends (trends.google.com, Abbildung 11.9). Ich lasse mir gleichzeitig die Suchhäufigkeiten der Begriffe „Web Analytics" und „Google Analytics" für die letzten 12 Monate in Deutschland anzeigen und sehe, dass der „Web Analytics" im Vergleich zu „Google Analytics" nicht wirklich relevant ist. Mein Anteil am deutlich wichtigeren Suchbegriff hat sich also verschlechtert, wohingegen eine Steigerung stattgefunden hat für einen Begriff, nach dem vergleichsweise selten gesucht wurde.

Ein Überdenken der SEO-Strategie wäre in diesem Falle eventuell sinnvoll, sofern „Google Analytics" für das Business eigentlich der relevantere Begriff wäre. Weitere Fragen schließen sich direkt an:

▪ Wie kann es sein, dass die Besuche über den Begriff „Google Analytics" so stark nachgelassen haben?

▪ Muss an der Textstruktur etwas optimiert werden?

▪ Gibt es externe Links, die unter Umständen mit der falschen Beschreibung auf die Website verlinken?

- Ist der Wettbewerb um den Suchbegriff größer geworden, hat er die Website schlichtweg verdrängt?

Die weitere Analyse ergab, dass Besucher über den Begriff „Web Analytics" fast ausschließlich auf der Homepage gelandet sind, während die über „Google Analytics" gekommenen User mehr auf die einzelnen Artikel verteilt wurden. Die Vermutung liegt also nahe, dass die Relevanz der Homepage für den Suchbegriff „Web Analytics" deutlich besser ist als für „Google Analytics". Außerdem ist im Laufe des Jahres der Wettbewerb um andere Inhalte zum Thema „Google Analytics" größer geworden, so dass die Positionierung in den Suchergebnissen nachgelassen hat.

Diese oder eine ähnliche Form der Analyse können Sie für die wichtigsten Suchbegriffe durchführen.

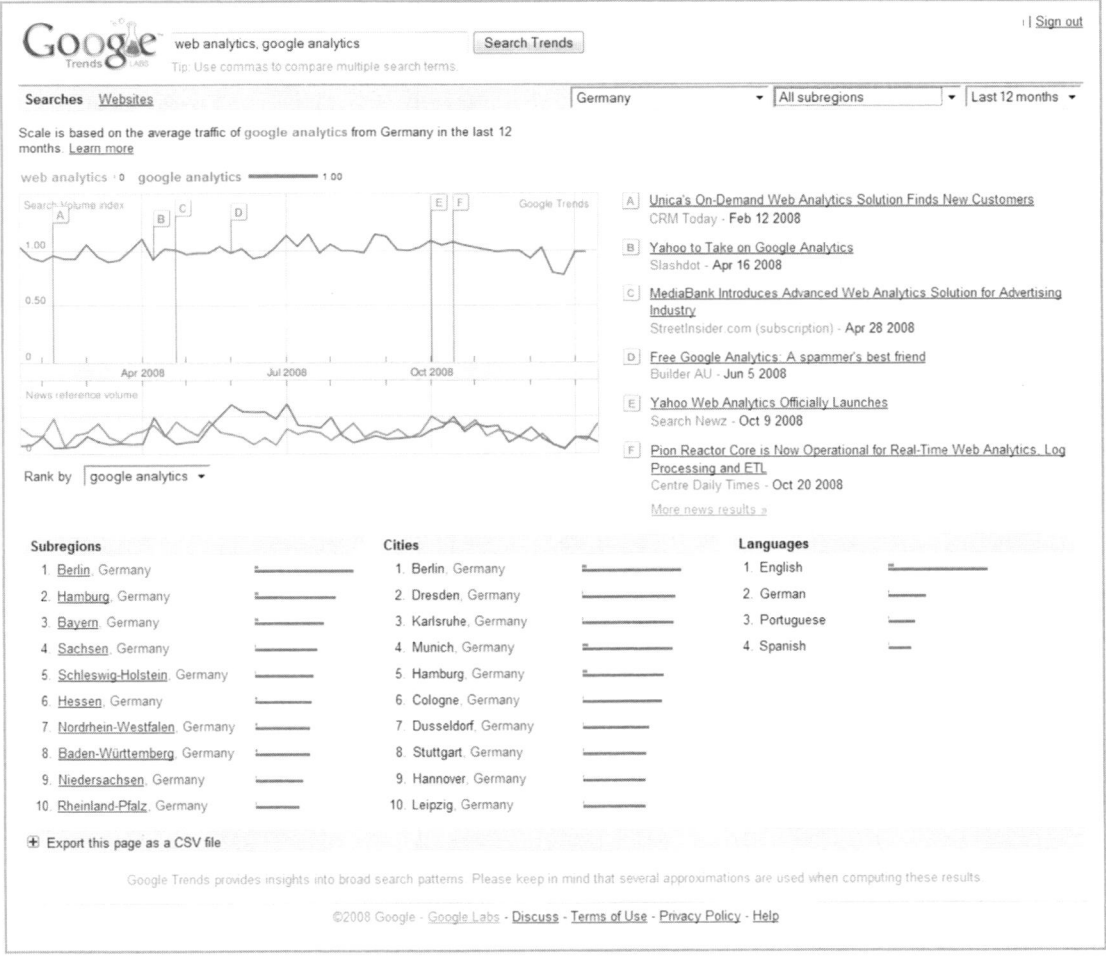

Abbildung 11.9 Google-Trends

Praxistipp:

Viele Besucher finden die Website in den Suchmaschinen oft über die eigenen Markenbegriffe (sogenannte Brand-Terms). Bei eigenen Markenbegriffen ist die Wahrscheinlichkeit einer guten Positionierung in den Suchergebnissen recht hoch und der Markenname offensichtlich schon bekannt. Theoretisch ist dieser Traffic fast gleichzusetzen mit den Besuchern, die die URL in die Browserzeile eingeben.

Untersuchen Sie die Suchbegriffe über die Besucher, die nicht bezahlt auf Ihre Seiten kamen, und schließen Sie dabei sämtliche eigenen Markenbegriffe aus. Dies funktioniert am einfachsten mit dem Filter On the Fly (siehe Kapitel 8.5). Welchen Anteil haben die eigenen Markennamen am Gesamtvolumen der Besucher, die über Suchmaschinen kamen? Ist der Prozentsatz angemessen? Kommt der Anteil Ihnen sehr hoch vor, könnte dies ein Indiz dafür sein, dass die SEO-Maßnahmen für die anderen Begriffe bisher unzureichend waren.

Praxistipp:

Ihre Besucher werden eine Vielzahl unterschiedlicher Suchbegriffe eingegeben haben, ehe sie auf Ihren Seiten gelandet sind. Diese alle einzeln zu analysieren, gleicht einer Sisyphusarbeit. Versuchen Sie daher Suchbegriffs-Gruppen (Keyword Cluster) zu bilden und diese dann insgesamt zu analysieren. Beispielsweise können sämtliche Vertipper eines Begriffs zu dem Begriff hinzugezählt werden. Außerdem Wortkombinationen und verwandte Suchbegriffe. Nutzen Sie dafür entweder die Exportfunktion (siehe Kapitel 8.8) oder den Filter On the Fly (siehe Kapitel 8.5), um diese Analysen durchzuführen.

11.8 AdWords

In Kapitel 2.2.2 SEM wurde beschrieben, wie AdWords, der Dinosaurier unter den SEM-Mitspielern, funktioniert. Für viele Unternehmen ist AdWords die wichtigste Quelle der Traffic-Generierung. Es ist nach wie vor teilweise unvorstellbar, welche Macht AdWords hat und wie viele Firmen davon abhängig sind.

Einer der großen Vorteile von Analytics ist die direkte Verknüpfung mit AdWords. Sämtliche Daten, die auch in dem AdWords-Konto dargestellt werden, lassen sich auch in Analytics darstellen. Allerdings können durch die Verknüpfung der Konten weit mehr als sämtliche Kennziffern bis zum Klick angezeigt werden – das Verhalten der User nach dem Klick liefert die deutlich interessanteren Aussagen. Da auf die Methodik der Verknüpfung schon eingegangen wurde (siehe Kapitel 5.1.3.1, Verknüpfung mit Analytics), beschreibe ich im Folgenden die mit Zahlen gefüllten Berichte.

Information:

In einigen wenigen Analytics-Konten, insbesondere dann, wenn Sie die US-Englische Spracheinstellung gewählt haben, finden Sie unter den AdWords-Berichten außer AdWords-Kampagnen und Keyword-Positionen Audio Campaigns und TV Campaigns. Die beiden Letzten sind zur Zeit nur in den USA nutzbar und beziehen sich auf dort durchgeführte Tests der AdWords-Technologien für Radio und TV-Werbung. Diese Tests wurden in Europa bisher nicht durchgeführt – daher sind die Berichte weiter nicht von Relevanz.

11.8.1 AdWords-Kampagnen

Zunächst fällt auf, dass es neben den herkömmlichen Reitern Website-Nutzung, Ziel-Conversions und E-Commerce einen weitere Tab gibt: Klicks. Dazu später mehr. Inhaltlich werden bei erfolgreicher Verknüpfung der Konten auf der ersten Ebene sämtliche Kampagnen aus dem verbundenen AdWords-Konto angezeigt – auf der Website-Nutzungs-Ebene bereits mit den bekannten Kennziffern:

- Zugriffe
- Seiten/Zugriff
- Durchschnittliche Besuchszeit auf der Website
- % neue Zugriffe
- Absprungrate

Diese geben auf den ersten Blick Auskunft über den Erfolg der Kampagnen nach dem Klick auf die Anzeige.

Angenommen, Sie sehen hier eine Kampagne, die in Ihrem AdWords-Konto eine normale Performance vermuten lässt. Nun aber wird diese Kampagne mit einer Absprungrate von

Abbildung 11.10 Zugriffsquellen → AdWords → AdWords Kampagnen

225

über 50% angezeigt. Dies bedeutet, dass 50% der User, die über eine bezahlte AdWords-Kampagne auf Ihre Seite kommen, diese direkt wieder verlassen, ohne einen weiteren Klick getätigt zu haben. 50% Ihres AdWords-Budgets für diese Kampagne haben Sie somit zum Fenster hinausgeworfen (siehe Abbildung 11.10).

Vielleicht funktioniert aber nicht die gesamte Kampagne nicht so gut, sondern nur bestimmte Adgroups. Mit einem Klick auf die Kampagnen gelangen Sie auf die nächste Ebene und sehen sämtliche Adgroups dieser Kampagne. Hier stellen Sie fest, dass eine Adgroup eine besonders schlechte Leistung zeigt und somit den Durchschnitt der gesamten Kampagnen nach unten zieht. Hier muss also recherchiert werden. Dies geschieht am besten mit einem weiteren Klick auf die entsprechende Adgroup, denn vielleicht gibt es ja bestimmte Suchbegriffe, die dafür sorgen, dass die Zahlen für die Adgroup so schlecht und optimierbar sind (siehe Abbildung 11.11).

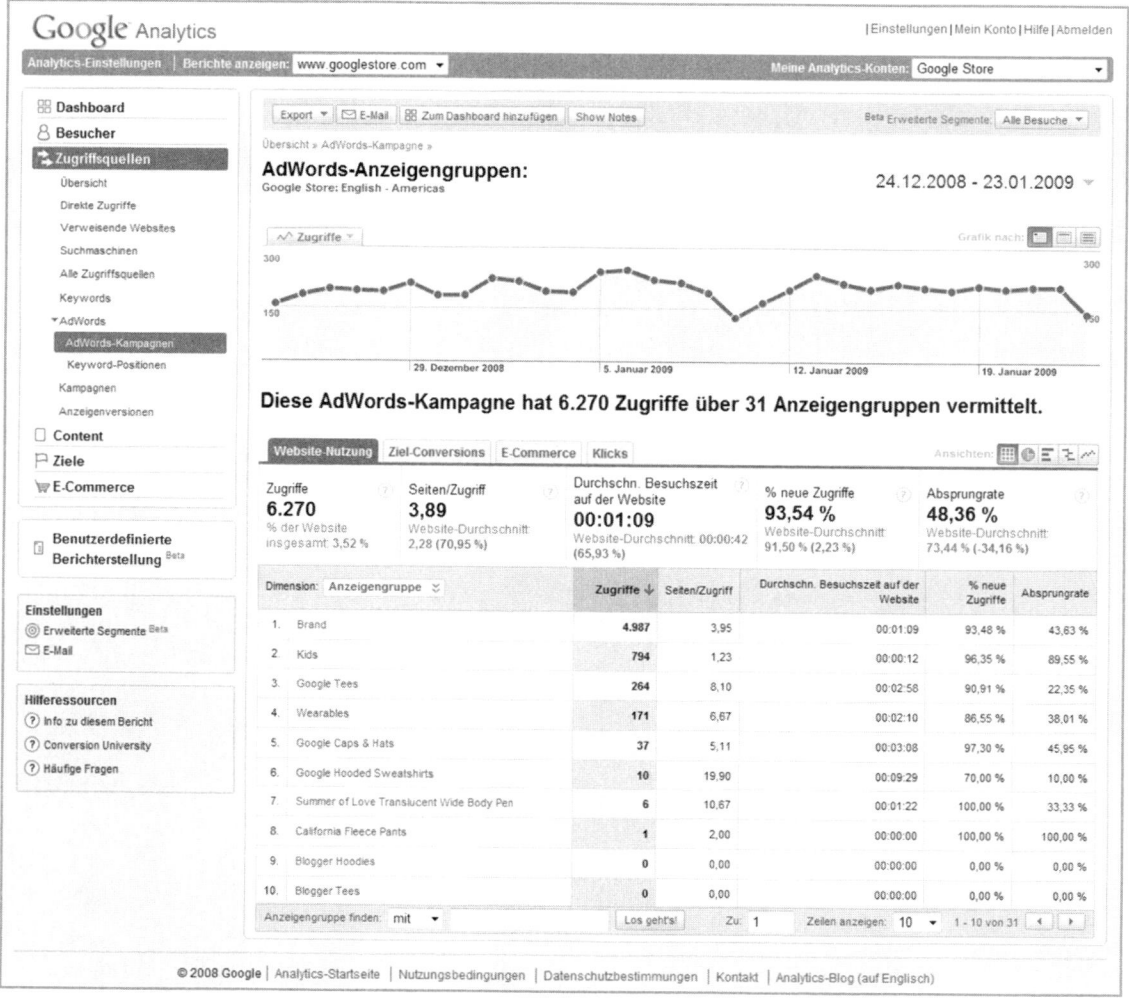

Abbildung 11.11 Zugriffsquellen → AdWords → AdGroups

Hier wird nun festgestellt, dass es bei den Suchbegriffen, die in dieser Adgroup am häufigsten vorkommen, keine eklatanten Unterschiede gibt. Dann gibt es eine weitere Analysemöglichkeit – vielleicht funktioniert der eine Anzeigentext besser als der andere. Um dies herauszufinden, wählen Sie den entsprechenden Begriff und aus der Dimension den Anzeigeninhalt. Hier werden nun die unterschiedlichen Überschriften für den Anzeigentext des Suchbegriffs angegeben, über die Besucher auf Ihre Seite kamen. In Abbildung 11.12 wird ersichtlich, dass User vornehmlich über den oberen Anzeigentext Ihre Seite erreichten.

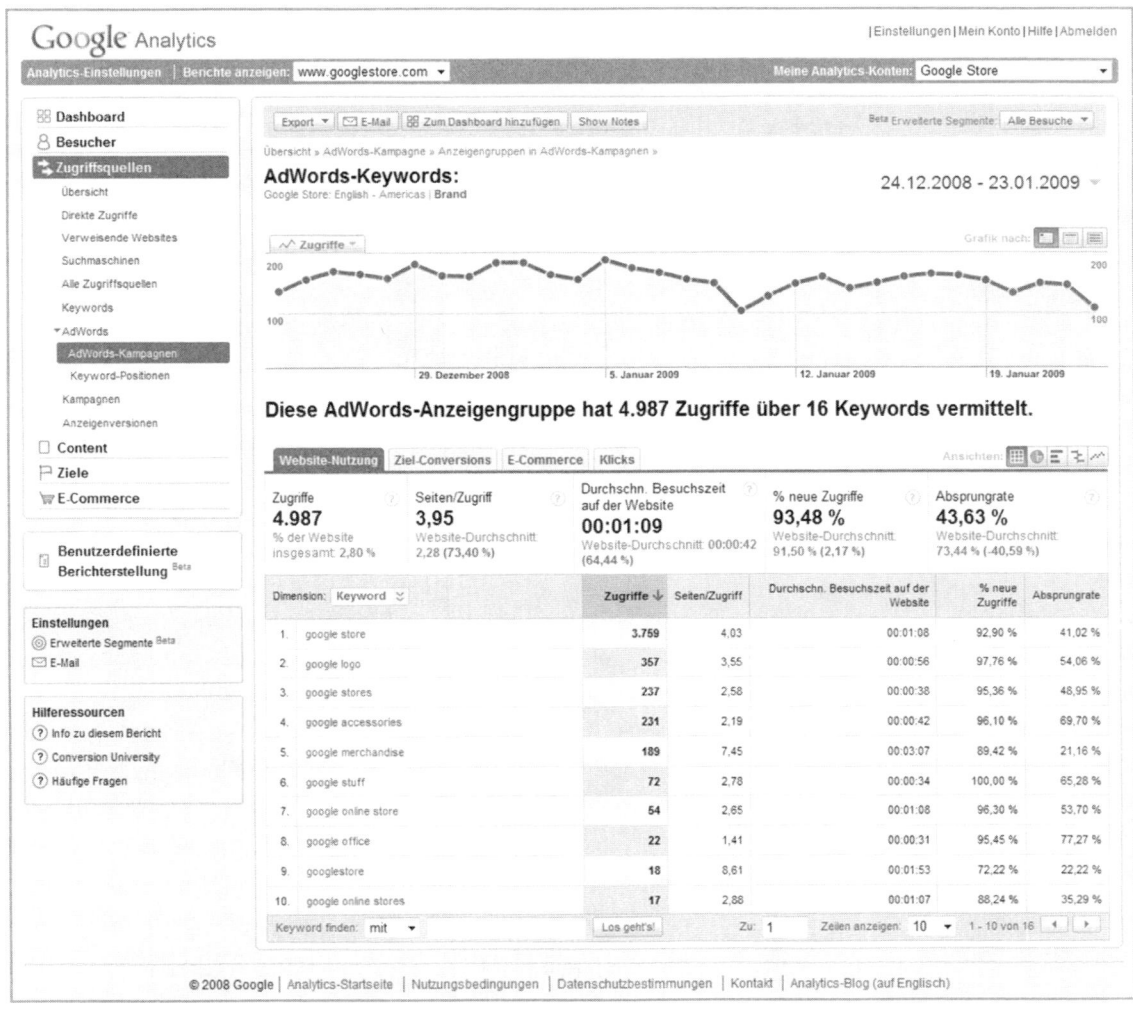

Abbildung 11.12 Zugriffsquellen → AdWords → Keywords

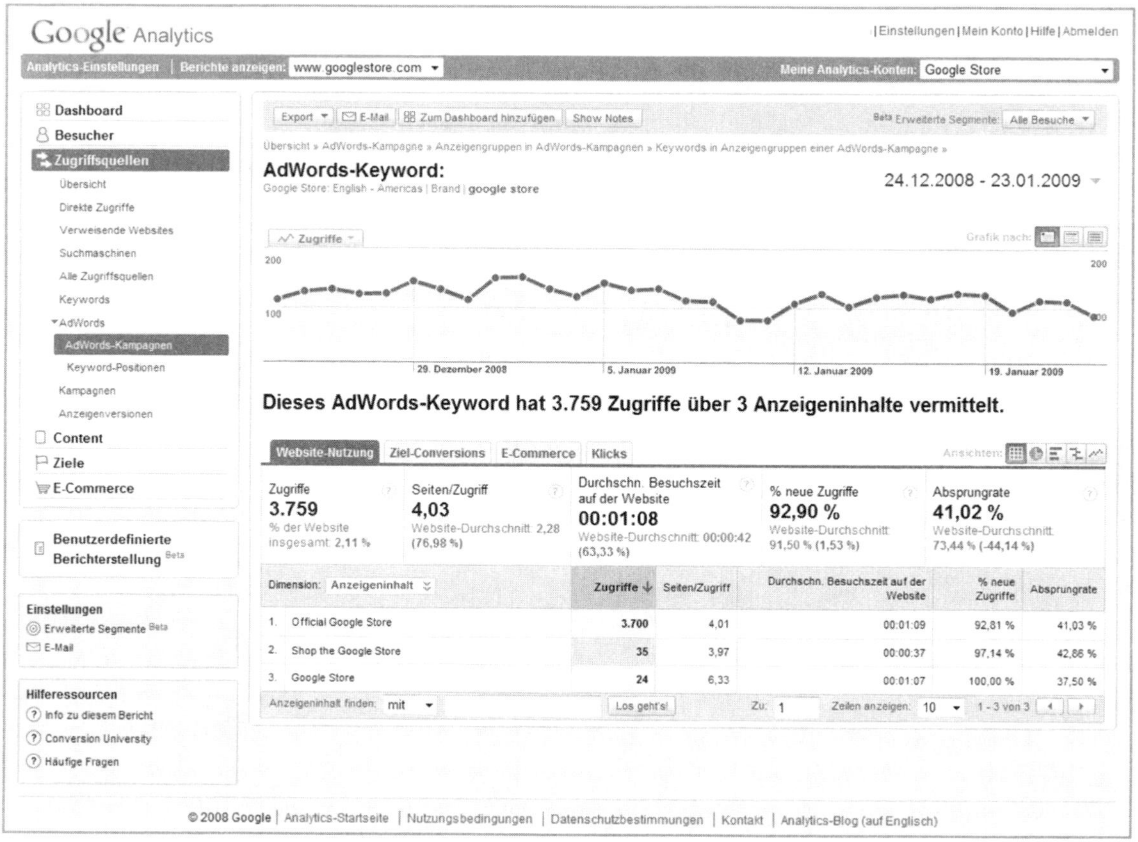

Abbildung 11.13 Zugriffsquellen → AdWords → Anzeigeninhalte

Nun könnte ein nächster Schritt darin bestehen, sich im AdWords-Konto den gesamten Anzeigentext anzusehen, um zu eruieren, ob dort eventuell etwas verbesserungswürdig ist. Alternativ könnten Sie aber auch überprüfen, ob vielleicht nur die Kennziffern der Website-Nutzung schlecht sind, die Zielerreichung Ihrer Website oder der aus den Kampagnen, Adgroups und Suchbegriffen resultierenden Umsätze aber ganz gut. Nutzen Sie hierfür die entsprechenden Reiter Ziel-Conversions und E-Commerce. Dort werden für die entsprechenden Kampagnen-Ebenen die korrespondierenden Kennziffern angezeigt.

> **Praxistipp:**
>
> Vergessen Sie bei der Analyse nicht, mögliche Trends auszumachen. Vielleicht gibt es saisonale Schwankungen, die die Performance einer Kampagne nur temporär verschlechtern. Nutzen Sie auch die verschiedenen Darstellungsmöglichkeiten der Zahlen, um die Wichtigkeit der von Ihnen getätigten Analyse zu ermitteln. Konzentrieren Sie sich auf die Top-Kampagnen, die Top-Adgroups und die Top-Suchbegriffe – diese sorgen für die schnellsten Erfolge, mit denen Sie sich auszeichnen können.

Der Reiter „Klicks" gibt in einigen Spalten die identischen Daten aus dem korrespondierenden AdWords-Konto wieder:

- Impressions
- Klicks
- Kosten
- CTR
- CPC

Praxistipp:
Die Daten werden einmal täglich aus dem AdWords-Konto in Analytics überspielt.
Eine Intra-Tag-Betrachtung ist folglich nicht aussagekräftig, weil diese Daten schlichtweg noch nicht vorhanden sind.

Zusätzlich zu den Daten die direkt aus dem AdWords-Konto kommen, finden Sie hier über den Analytics Tracking Code erhobene Daten:

- Zugriffe
- Umsatz-pro-Click (RPC-Revenue per Click)
- ROI (Return On Investment)
- Marge

Diese Kennziffern beschreiben den Erfolg der Kampagnen, der Adgroups und der Suchbegriffe, nachdem die User auf Ihrer Seite gelandet sind.

Der Umsatz-pro-Click beschreibt den durchschnittlichen Umsatz, der erzielt wurde, als User über die entsprechenden Kampagnen (Adgroup, Suchbegriff) auf die Seite kamen. Sofern Sie über keine E-Commerce-Site verfügen (siehe Kapitel 7.3.5 E-Commerce Website), wird der Zielwert (siehe Kapitel 7.4.1.2 Zielwert) als rechnerische monetäre Größe verwendet. Wussten Sie bisher, wie die Klickraten (CTR) der jeweiligen Suchbegriffe sind, können Sie nun sehen, wie viel (realer oder rechnerischer) Umsatz hierüber generiert wurde.

Die Berechnung erfolgt folgendermaßen:

$$\text{Umsatz pro Klick} = \frac{\text{Der über diese Anzeige zustande gekommene Umsatz (Zielwert)}}{\text{Anzahl der auf diese Anzeige gezählten Klicks}}$$

Der ROI ist ebenfalls ein rechnerisch ermittelter Wert, der sich aus dem Quotienten der Summe von Umsatz und Zielwert minus Kosten der entsprechenden Kampagne (Adgroup, Suchbegriff) und den Kosten dafür ergibt:

$$\text{ROI} = \frac{(\text{Umsatz} + \text{Zielwert}) - \text{Kosten}}{\text{Kosten}}$$

Der ROI ist eine der beliebtesten kaufmännischen Kennziffern, da durch ihn auf einen Blick ersichtlich wird, ob etwas kostendeckend ist oder nicht. Ein positiver ROI signalisiert, dass mehr Geld verdient als ausgegeben wird – ein negativer ROI hingegen bedeutet einen Verlust bei jedem weiteren Klick auf die Anzeige (Adgroup, Suchbegriff).

Praxistipp:

Es ist z.Zt. nicht möglich, weitere Daten in Analytics zu importieren. Daher beziehen sich die Berechnungen für den ROI ausschließlich auf die durch Analytics erhobenen Daten. Es können zwar negative Buchungen durchgeführt werden, um beispielsweise Retouren aus dem Umsatz wieder herauszurechnen, doch ist eine datumsbezogene Annullierung von Umsätzen nicht möglich. Daher empfehle ich, negative Buchungen nicht in Analytics durchzuführen.

Sollten Sie dennoch weitere Daten (weitere Kosten etc.) mit einfließen lassen, um den ROI zu berechnen, empfehle ich Ihnen den Datenexport aus Analytics und eine Weiterbearbeitung der Daten in einem anderen Tool (bspw. Excel).

Die Kennziffer „Marge" errechnet sich aus dem Quotienten aus Gewinn (hier wird sowohl der reale Umsatz als auch der Zielwert berücksichtigt) und Umsatz. Der Zähler ist im Vergleich zum ROI gleich, wohingegen der Nenner der Umsatz anstelle des Gewinns ist.

$$\text{Marge} = \frac{(\text{Umsatz} + \text{Zielwert}) - \text{Kosten}}{\text{Umsatz}}$$

Hier wird der Gewinn also nicht in Verhältnis zu den Kosten gesetzt, sondern zum Umsatz.

Angenommen, Sie geben einen Euro für einen AdWords-Klick aus. Wenn ein User nun auf diese Anzeige klickt und einen Umsatz von 5 Euro generiert, errechnet sich ein Gewinn von 4 Euro. Teilen Sie diese 4 Euro durch den Umsatz (5 Euro), erhalten Sie eine Marge von 0,8 also 80%.

Haben Sie sämtliche Kennziffern analysiert und auch Ihre Anzeigentexte erfolglos überprüft, können Sie noch tiefer einsteigen, indem Sie einzelne Kampagnen, Adgroups oder Suchbegriffe über die Dimension-Funktion segmentieren. Vielleicht ergeben sich Erkenntnisse aus der regionalen Herkunft der User, die über diese Kampagnen kamen. Noch interessanter ist die Dimensionierung nach Zielseite. Auf welchen Landing Pages sind die User nach dem Klick auf die Kampagnen eigentlich gelandet? Natürlich haben Sie im Zweifel die Zielseite selbst in Ihrem AdWords-Konto eingestellt, doch ist eine Überprüfung trotzdem sinnvoll. Jedem kann mal ein Fehler passieren, insbesondere dann, wenn viele unterschiedliche Suchbegriffe verschiedene Zielseiten erhalten und diese auch noch manuell in AdWords eingegeben wurden.

Die Betrachtung der Dimension „Zielseite" gibt sehr schnell Auskunft darüber, ob hier vielleicht eine Fehlleitung der Besucher stattgefunden hat. Unter Umständen ist eine umfangreiche Analyse oder gar Optimierung der Zielseiten angebracht.

Praxistipp:

Zielseiten sind insbesondere für Online-Marketing-Kampagnen ein sehr wichtiges und nicht zu unterschätzendes Instrument. Sie sind der erste Eindruck, den der Besucher von Ihrem Unternehmen erhält, wenn er auf Ihre Kampagnen geklickt hat. Wenn dort nicht innerhalb kürzester Zeit für den User ersichtlich wird, was er dort machen und wie er sein Ziel erfüllen kann, besteht die große Gefahr, dass er schnell wieder verschwindet. Um dies zu vermeiden, ist die Gestaltung relevanter und passender Landing Pages essenziell.

Als Nächstes steht die Frage im Raum, wie die Gestaltung der Landing Pages aussehen soll und wer dies zu entscheiden hat – Webdesigner, Agentur oder Geschäftsführer? Die aussagekräftigsten Argumente für den Erfolg einer Zielseite geben die Besucher selbst. Testen Sie unterschiedliche Formate und verschiedene Gestaltungselemente mit Hilfe klassischer A/B-Tests oder multivariater Tests. Der Google Website Optimizer ist ein kostenloses Tool. Über ihn lassen sich A/B- und multivariate Tests durchführen, die dem Ziel der perfekten Landing Page näherkommen.

Praxistipp:

In AdWords besteht die Möglichkeit, Keywords in verschiedenen Match Types zu buchen:

- Exact Match
- Phrase Match
- Broad Match

Die am weitesten gefasste Variante ist die Broad Match Option, d.h., wenn Sie beispielsweise Schuhe verkaufen und das Keyword „Schuh" auf Broad Match buchen, kann die Anzeige ausgeliefert werden, wenn ein User „Schuh", „Hausschuh" oder „Schuhle" (als Vertipper) oder auch „Schuh des Manitu" eingibt. In Analytics wird bei der Broad Match-Variante das Keyword angezeigt, das die Anzeige ausgelöst hat. In diesem Beispiel würde lediglich Schuh in den Analytics-Berichten angezeigt, wenn ein User über den Begriff „Schuhle" auf Ihre Seite gekommen ist. Per Default wird also nur das Keywords angezeigt, das die Auslieferung der Anzeige ausgelöst hat, und nicht, welches wirklich eingegeben wurde.

11.8.2 Keyword-Positionen

Der Bericht Keywords-Position ist einzigartig. Weder in AdWords noch in irgendeinem anderen Tool stehen diese Informationen zur Verfügung. Für jeden Suchbegriff, über den Besucher über eine AdWords-Anzeige auf die mit dem Analytics Tracking Code versehene Seite gekommen ist, wird hier angezeigt, auf welcher Position die Anzeige positioniert war (Abbildung 11.14, nächste Seite).

In Funktion von Faktoren wie Klickpreis und Qualitätsfaktor eines gekauften Suchbegriffs innerhalb von AdWords' wird die Position der Anzeige bestimmt. Abhängig davon erreichen mehr oder weniger Besucher die Zielseite. Die meisten Unternehmen streben eine Top-Position an, weil man davon ausgeht, dass so die meisten Besucher kommen. In der Tat ist die Quantität der User bei einer Top-Platzierung auch deutlich höher als bei niedriger platzierten Anzeigen. Es stellt sich jedoch die Frage, ob die Qualität den höheren Preis rechtfertigt.

In den Statistiken innerhalb von AdWords ist lediglich die durchschnittliche Position eines Suchbegriffes ersichtlich, nicht jedoch die exakte. Zudem wird dort nur die Klickrate angezeigt, nicht aber, wie die User nach dem Klick auf der Website navigieren. Eine Optimierung anhand der in AdWords angezeigten Daten basiert also nie auf der ganzen Wahrheit.

Mit Hilfe des Keyword-Positionen-Berichts kann man erkennen, wie erfolgreich die einzelnen Positionen für bestimmte Suchbegriffe sind. Sie werden schnell feststellen, dass über Position 1 die meisten Zugriffe registriert werden. Mit dem Pull-down-Menü lassen sich

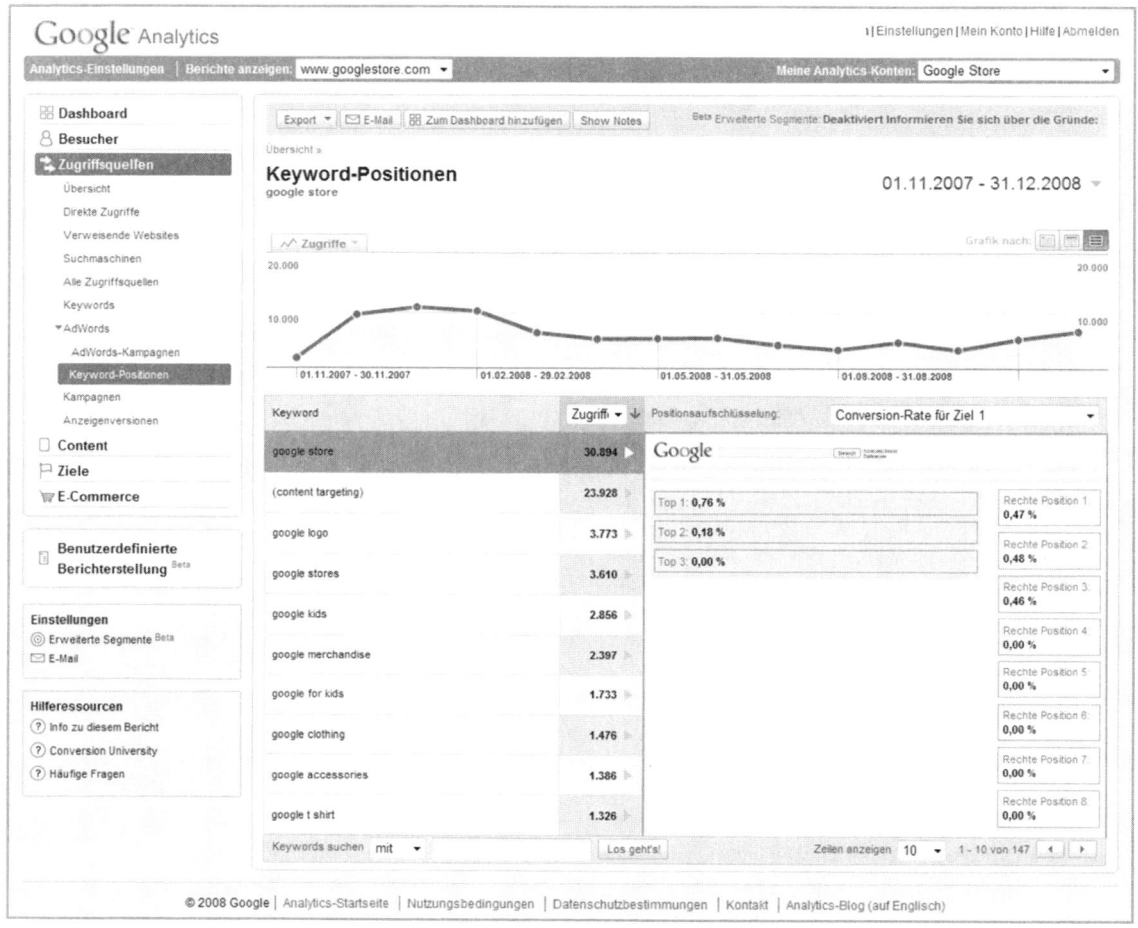

Abbildung 11.14 Zugriffsquellen → Adwords → Keyword-Positionen

jedoch auch weitere Werte anzeigen. So besteht die Möglichkeit, sich beispielsweise die Absprungrate, die Verweildauer, die Seitenaufrufe pro Besuch oder auch verschiedene Conversion-Rates oder gar den Umsatz in Abhängigkeit von den jeweiligen Positionen anzeigen zu lassen. Dies sind extrem wertvolle Daten.

Angenommen, Sie stellen fest, dass die Conversion-Rate für das von Ihnen betrachtete Keyword auf Position 3 deutlich höher ist als auf Position 1, d.h., Besucher, die über diese Position kommen, sind besser qualifiziert. Innerhalb des AdWords-Kontos kann die Einstellung vorgenommen werden, mit der Sie auf bestimmte Positionen bieten. Wenn Sie nun, statt den Bieterkampf um die erste Position mitzumachen, beispielsweise auf Position 3 bieten, werden Sie zwar weniger Besucher generieren, aber sozusagen über Nacht eine gesteigerte Conversion-Rate erzielen.

Zugegebenermaßen ist es sehr aufwändig, jeden einzelnen Suchbegriff zu analysieren. Konzentrieren Sie sich daher auf die wichtigsten – entweder auf die Begriffe, die Ihnen am meisten Besucher liefern, oder auf die teuersten Keywords. In Verbindung mit der Anpassung einiger Suchbegriffe in Ihrem AdWords-Konto besteht hier die Möglichkeit, recht schnell bares Geld zu sparen.

Dies ist in etwa so, wie wenn Sie am Eingang eines Supermarktes eine Vorqualifizierung der Besucher vornehmen. Sie lassen nur jene Kunden in den Markt, die ausreichend Geld dabeihaben und eine realistische Kaufabsicht – Besucher, die nur stöbern wollen oder den Markt ohnehin schnell wieder verlassen, ohne etwas zu kaufen, gewähren Sie keinen Zutritt.

Nun liegt die Vermutung nahe, dass man durch diese Methode potenziellen Kunden die Chance nimmt, Kunde zu werden. Dies ist durchaus möglich. Aber ohne es auszuprobieren, zu testen, werden Sie diese Informationen nie haben. Sie haben die Möglichkeit, deutlich mehr Transparenz zu erlangen, indem Sie nicht nur Ihre Website stetig optimieren, sondern auch Ihre AdWords-Kampagnen ständig anpassen, Tests durchführen und verbessern. Mit Hilfe des AdWords-Positionen-Berichts haben Sie die Möglichkeit, dies faktenbasiert zu tun.

Nutzen Sie auch die Möglichkeit, nicht nur jene Suchbegriffe zu analysieren, die Ihnen am meisten Zugriffe gebracht haben, sondern auch die Begriffe, die den höchsten Umsatz, den höchsten durchschnittlichen Warenkorbwert und die meisten Transaktionen gebracht haben. Oder schauen Sie sich das Keyword an, das pro Besuch den höchsten Wert hat (Wert pro Zugriff). Sollte die Anzeige zu diesem Begriff auf einer eher niedrigen Position gelistet sein, besteht hier ein großes Optimierungspotenzial. So erkennen und optimieren Sie sogenannte „Sleeping Giants".

Durch die Kenntnis Ihrer internen Kostenstrukturen und die Analysen der AdWords Keywords können Sie den Grenznutzen jedes einzelnen Keywords optimieren und jeweils das Optimum herausholen.

11.9 Kampagnen

Neben den AdWords-Kampagnen können Sie, wie in Kapitel 6.16 beschrieben, sämtliche anderen durchgeführten Online-Marketing-Maßnahmen in Analytics darstellen. Display-Ads, Newsletter-, Affiliate- oder andere SEM-Kampagnen lassen sich in diesem Bericht hinsichtlich ihres Erfolgs miteinander vergleichen (Abbildung 11.15, nächste Seite).

Vorausgesetzt, die entsprechenden Kampagnen wurden ordnungsgemäß gekennzeichnet, sehen Sie hier eine Auflistung sämtlicher Online-Marketing-Maßnahmen. Vergleichen Sie den Erfolg, indem Sie die verschiedenen Kennziffern analysieren. Durch Nutzung der unterschiedlichen Reiter sehen Sie, welche Kampagne die von Ihnen definierten Ziele am besten erfüllt hat, welche Kampagne Ihnen am meisten Umsatz beschert hat, und vieles mehr.

Abbildung 11.15 Zugriffsquellen → Kampagnen

Praxistipp:

Bedenken Sie, dass die Conversion entsprechend den Conversion-Cookies immer der letzten bezahlten Kampagne zugeordnet wird. Angenommen, ein User klickt auf einen Werbebanner, kehrt dann aber später über eine AdWords Kampagne auf Ihre Seite zurück und konvertiert. Die Conversion wird dann dem entsprechenden AdWords-Keyword zugeordnet, nicht dem Werbebanner, obwohl dieser unter Umständen entscheidenden Einfluss darauf hatte, dass der User initial überhaupt auf Ihre Seite gekommen ist.

Ebenso verhält es sich bei mehrmaligen Besuchen über verschiedene AdWords-Keywords. Oft suchen User über Google und fangen mit generischen Begriffen an. Angenommen, ein User sucht nach einem günstigen Auto, gibt den Suchbegriff „Auto billig" in Google ein und klickt auf eine AdWords-Anzeige beispielsweise von BMW. Nach einiger Zeit der Recherche auf BMW und auch anderen Seiten benötigt er etwas Bedenkzeit. Einige Zeit später ist er besser informiert und such erneut in Google, dieses Mal aber nach „Auto billig Cabrio". Er besucht erneut diverse Seiten, darunter auch die von bmw.de. Hätte bmw.de Analytics implementiert, wird der Cookie des Users mit dem entsprechenden Suchbegriff überschrieben. Einige Tage später weiß derselbe User definitiv, was er möchte. Also gibt er „Auto billig Cabrio bmw z3" in die Google-Suche ein, klickt auf die AdWords-Anzeige von bmw.de und kauft ein Auto. Die Conversion innerhalb der Analytics-Statistiken von bmw.de enthält nun das Wort „Auto billig Cabrio bmw z3" als Begriff, welcher die Conversion verursacht hat. All die anderen vorher eingegebenen Begriffe erhalten keine Conversion.

Spezifische Begriffe bekommen daher immer eine bessere Conversion-Rate als generische Begriffe – denn die User sind innerhalb des gedanklichen Kaufprozesses bereits weiter fortgeschritten. Dies kann dazu verleiten, sämtliche generischen Begriffe abzuschalten und ausschließlich auf spezifische Begriffe zu setzen. Sie werden allerdings recht schnell bemerken, dass dann der Gesamttraffic einbricht, da das eine nicht ohne das andere kann. Generische und spezifische Begriffe bedingen sich. Auch hier ist der optimale Weg ausschließlich durch Testen und stetiges Ausprobieren zu finden.

11.10 Anzeigenversionen

Die Anzeigenversionen (Abbildung 11.16) geben die Überschriften der unterschiedlichen AdWords-Anzeigen wieder, um diese getrennt voneinander zu analysieren. Zusätzlich finden Sie hier auch die über die Kampagnen-Tagging-Variable utm_content (Kapitel 6.16) definierten Unterschiede.

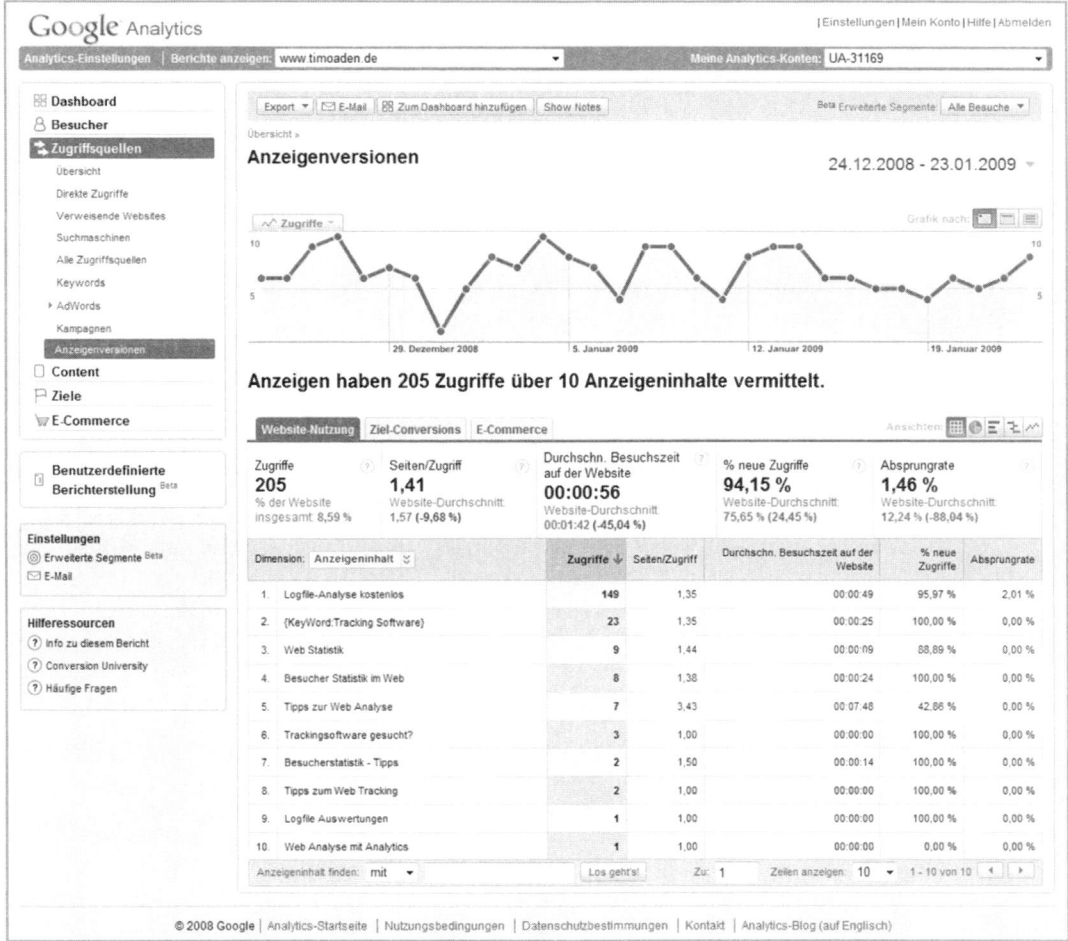

Abbildung 11.16 Zugriffsquellen → Anzeigenversionen

Mit Hilfe dieses Berichts lassen sich sehr genau verschiedene Variationen von Anzeigen-texten oder Werbemittel testen. Angenommen, Sie wissen nicht, ob das blaue Werbeban-ner erfolgreicher sein wird als das rote. Durch eine entsprechende Kennzeichnung der Ziel-URL des Banners und die Unterscheidung über die utm_content-Variable sehen Sie hier den Erfolg der jeweiligen Variante. Je nachdem, wie die utm_content-Variable gekenn-zeichnet wurde, taucht diese im Bericht „Anzeigenversionen" wieder auf. Nun haben Sie die Möglichkeit, die beste Variante anhand der diversen Kennziffern zu analysieren.

Praxistipp:

Ein Werbemitteltest über die A/B-Test-Methode ist innerhalb des Anzeigenversionen-Berichts möglich. Dies kann sehr überraschende, aber auf jeden Fall informative Erkenntnisse bringen über die Effektivität Ihrer Werbemittel. Ähnlich wie bei unterschiedlichen Landing Pages ist auch der Erfolg von Werbemitteln nur schwer vorhersehbar und letztendlich nur durch Tests herauszufinden. Für diese einfache Art von Werbemittel-A/B-Tests benötigen Sie nur zwei unterschiedliche Werbemittel, eine korrekte Vertaggung und Benennung der Ziel-URL sowie Analytics auf Ihrer Site.

12 Content-Berichte

12.1 Content

Beim Content-Berichte-Block geht es hauptsächlich um die Nutzung der einzelnen Webseiten. Hier besteht die Möglichkeit, jede einzelne URL separat zu betrachten, aber auch User-Ströme nachzuvollziehen oder Ziel- bzw. Ausstiegsseiten zu analysieren. Während die Besucher-Berichte Herkunft, technische Ausstattung sowie die Analyse der User behandelten und der Berichte-Block „Zugriffsquellen" die Kampagnen-Optimierung, geht es nun um die Analyse und Verbesserung von Websites allgemein und bestimmter Webseiten.

Sie gewinnen wertvolle Erkenntnisse, verbessern die Usability Ihrer Website und erzielen auf diese Weise größere Umsätze bzw. bewirken eine bessere Erreichung Ihrer Ziele. Ermitteln Sie Schwachstellen, und gewinnen Sie Transparenz hinsichtlich der Nutzung Ihrer Website durch Besucher.

12.2 Übersicht

Bei der Betrachtung der eigenen Website fallen einem selbst meist weniger negative Dinge auf als Besuchern, die das erste Mal die Seite betreten. Sie verhalten sich vermutlich völlig anders. Die Analyse des Nutzerverhaltens und die Performance einzelner Seiten oder Seitenbereiche ermöglichen Ihnen, Strukturen und Abläufe konsequent zu verbessern.

Die folgende Übersicht stellt neben der üblichen Trendlinie die wichtigsten zusammengefassten Kennziffern dar:

- Seitenzugriffe
- Eindeutige Seitenzugriffe
- Absprungrate

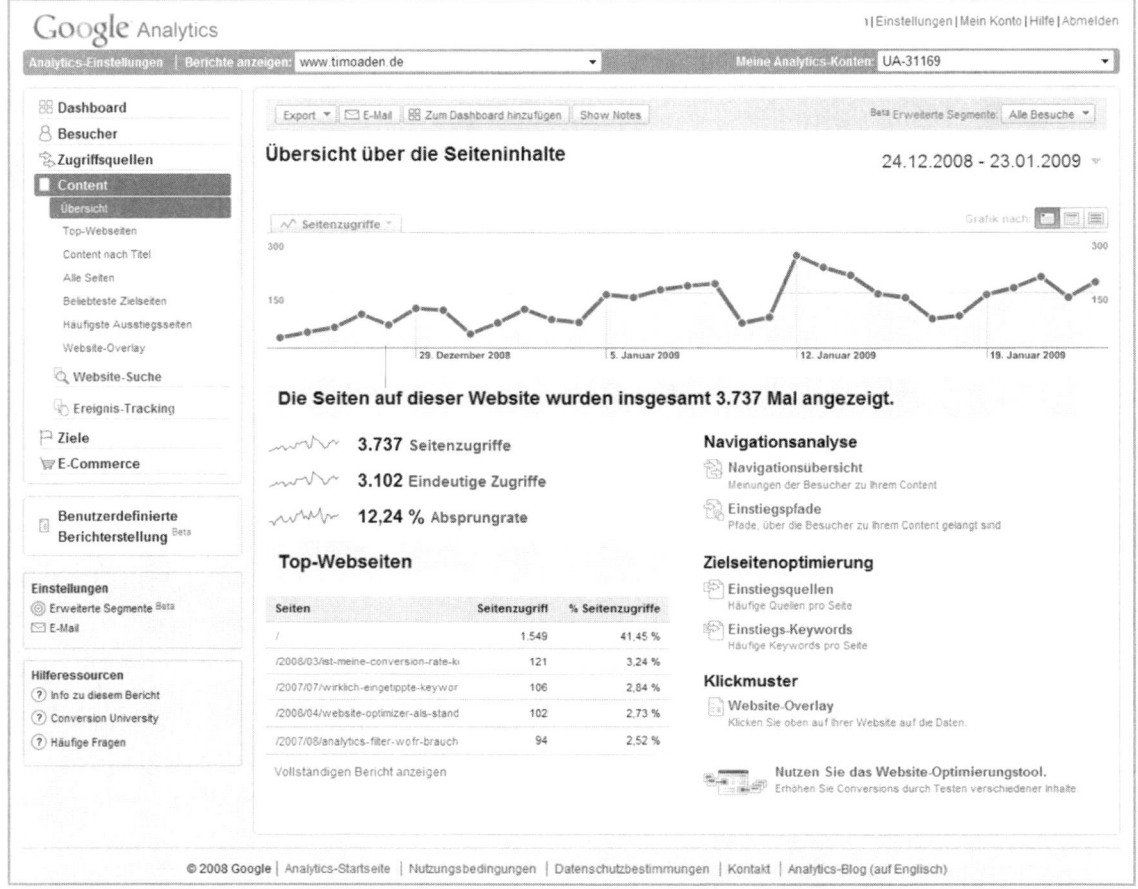

Abbildung 12.1 Content → Übersicht

Seitenzugriffe und Absprungrate stimmen in der Summe mit den Zahlen aus den korrespondierenden Berichten des Besucher-Berichte-Blocks überein. Eine neue, bisher nicht erklärte Metrik ist die der eindeutigen Seitenzugriffe.

Angenommen, Ihre Website besteht aus fünf unterschiedlichen Seiten: A, B, C, D und E. Ein User landet auf Seite A und navigiert in alphabetischer Reihenfolge bis E, wo er die Seite verlässt. Jede Seite wird einmal aufgerufen. Die Anzahl der Seitenzugriffe beträgt fünf, genauso wie die Anzahl der eindeutigen Seitenzugriffe. Nun kommt allerdings ein User und navigiert folgendermaßen:

A → B → A → C → D → C → D → E

Gemäß der bisherigen Definition von Seitenzugriffen werden acht Seitenzugriffe gezählt. Die Zahl der eindeutigen Seitenzugriffe ist jedoch niedriger – fünf –, denn es wurden während des Besuchs fünf unterschiedliche Seiten aufgerufen; ob einige davon mehrmals aufgerufen wurden, ist für diese Kennziffer irrelevant.

Ein hoher Anteil an eindeutigen Seitenzugriffen an den gesamten Seitenzugriffen kann bedeuten, dass die User keine Notwendigkeit sehen, innerhalb des Webauftritts hin und her zu springen. Dies kann ein Indiz für eine gute Seitenstruktur sein. Andererseits kann es auch ein Indiz für eine suboptimale interne Verlinkungsstruktur sein, weil User den Weg zurück vielleicht nicht finden. Diese Fragestellungen werden in den weiteren Berichten geklärt.

Unterhalb dieser Kennziffern befinden sich die Top-Webseiten, auf die wir in Kapitel 12.3 näher eingehen. Auf der rechten Seite finden Sie die wohl regelmäßig übersehenen Berichte

- Navigationsübersicht
- Einstiegspfade
- Einstiegsquellen
- Einstiegs-Keywords

Diese Berichte werden aus eigener Erfahrung oftmals nicht wahrgenommen, obwohl sie sehr interessante Aussagen und Analysemöglichkeiten bieten. Letztendlich geht es um die Frage der Navigationsanalyse – so genannter „Trampelpfade" – und der Zielseitenoptimierung. Die Wichtigkeit optimierter Zielseiten wurde bereits in Kapitel 11.8.1 (AdWords-Kampagnen) erläutert.

12.2.1 Navigationsübersicht

Mit Hilfe der Navigationsanalyse besteht die Möglichkeit, die verschiedenen Pfade der User nachzuverfolgen. Hieraus lassen sich Trends hinsichtlich der User-Bewegungen ableiten. Vielleicht wundern Sie sich, wenn Sie sehen, wie sich die Besucher auf Ihren Seiten bewegen – User bewegen sich oft völlig anders als erwartet und als Sie es bei der Planung der Website vorgesehen hatten. Des Öfteren werden Ihre User an Stellen Schwierigkeiten haben, wo Sie keine vermutet hätten, und umgekehrt.

In diesem Bericht wählen Sie über das Pull-down-Menü „Content" die Seite aus, die Sie betrachten wollen. Vielleicht die Homepage oder, wie in Abbildung 12.2, eine Artikelseite. Diese Seite wird durch die kleine Grafik in der Mitte des Berichts symbolisiert. Links von dieser Grafik wird die Herkunft der User signalisiert und die Frage beantwortet, auf welcher Seite die User vor Besuch der ausgewählten Seite waren. Rechts neben der Grafik befindet sich eine Darstellung des nächsten User-Schritts.

Unter „Einstiege" werden sämtliche Besucher dieser Seite zusammengefasst, die von einer externen Quelle die ausgewählte Seite betreten haben. Ausstiege haben die Seite als letzte Seite gesehen, ehe Sie die gesamte Website verlassen haben. Eine von Ihnen definierte Zielseite wird vermutlich eine große Anzahl an Einstiegen haben, wogegen die Zahl der Einstiege auf einer Bestellbestätigungsseite eher niedrig ist. Hier wird die Zahl der Ausstiege vermutlich leicht erhöht sein (je nach Gestaltung der Dankeschönseite). Allein diese Information bietet schon ausreichend Anhaltspunkte für die Erkennung von Optimierungspotenzial bestimmter Seiten, an denen gearbeitet werden sollte.

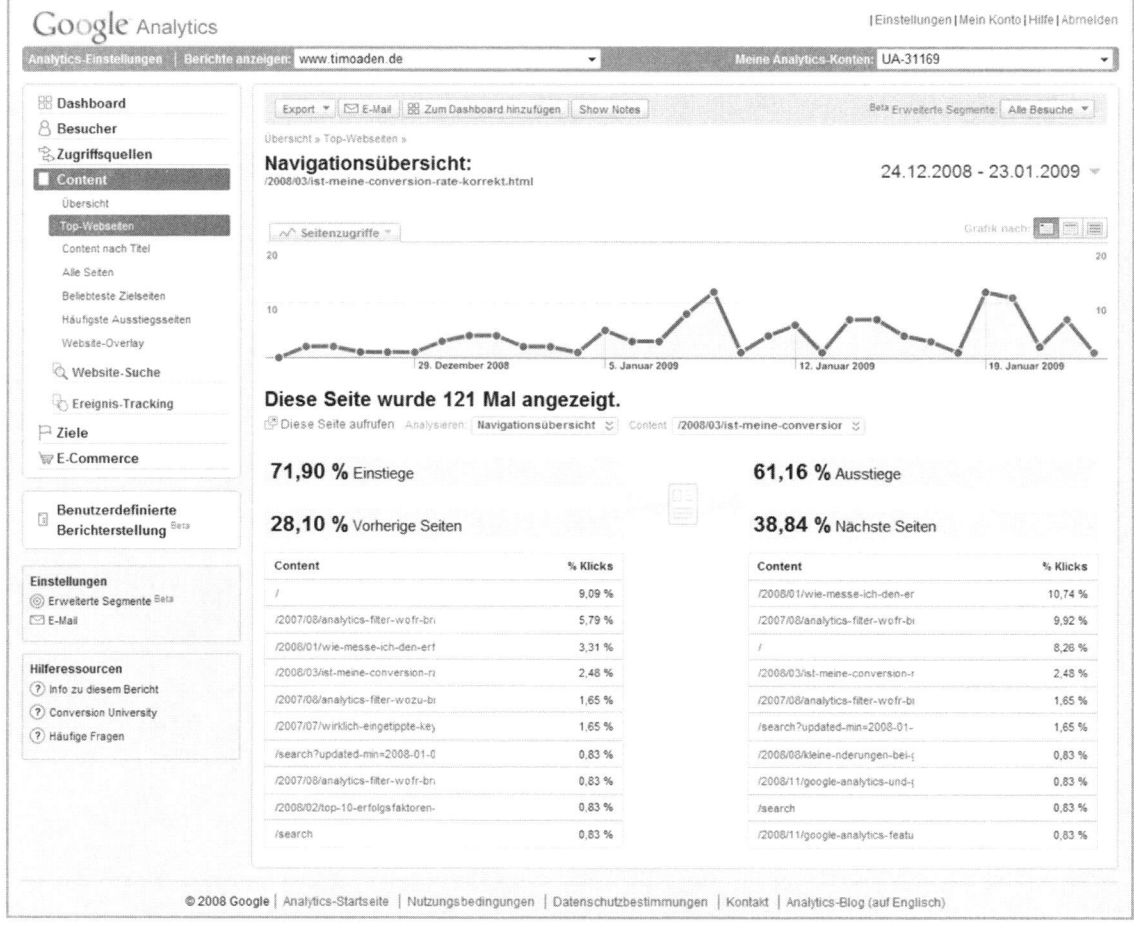

Abbildung 12.2 Content → Navigtionsanalyse

„Vorherige Seiten" und „Nächste Seiten" listen die Top-10-Seiten auf, wo sich die User vor oder nach Betrachtung der von Ihnen ausgewählten Seite befanden (in % Klicks). Hier erkennen Sie bereits auf einen Blick die Navigation über drei Seiten: die von Ihnen betrachtete und jeweils die davor und danach. Nun können Sie sich an den Top-Pfaden entlanghangeln und auf eine der nächsten Seiten klicken, die in der Mitte durch die kleine Grafik dargestellt wird. Diese Schritte können Sie beliebig oft wiederholen. Sie werden schnell erkennen, wie viele unterschiedliche Pfade die User benutzen. Beschränken Sie sich Ihrer Betrachtung also auf die Hauptpfade, sonst besteht die Gefahr, dass Sie sich in der Vielfalt verlieren oder im Kreis drehen.

Die für die Mitte ausgewählte Seite bestimmt den Verlauf des Trendgraphs. Sie haben also nicht nur im Blick, von welcher Seite aus die User kamen und wohin sie gingen, sondern auch, wie sich die Performance der Seite im Zeitverlauf verändert hat. Dies ist insbesondere dann interessant, wenn Sie Änderungen vorgenommen haben und deren Erfolg kontrollieren wollen.

Die Auflistung innerhalb des Pull-down-Menüs „Content" ist etwas klein geraten. Meist sind die URLs oder Seitennamen nicht vollständig lesbar. Mit einem Mouse-Over-Effekt wird jedoch die komplette URL ersichtlich. Alternativ können Sie eine URL oder einen Bestandteil der URL in das dort vorhandene Suchfeld eingeben. Es werden dann alle Seiten angezeigt, die den Suchbegriff in der URL oder als Seitennamen enthalten.

Sollten Sie nicht genau wissen, wie die ausgewählte Seite eigentlich aussieht, kann sie jederzeit aufgerufen werden, indem Sie den Link „Diese Seite aufrufen" anklicken. Die Seite öffnet sich dann in einem neuen Fenster.

Praxistipp:

Das Aufrufen der Seite funktioniert nur, wenn die URLs noch gültig sind. Sollten die URLs durch Filter oder individuelle Seitennamen abgeändert worden sein, funktioniert der Seitenaufruf nicht, weil sich Analytics strikt an der URL orientiert.

Wenn Sie eine Seite gefunden haben, die Sie besonders interessant finden, besteht die Möglichkeit, diese tiefergehend zu analysieren. Innerhalb des Pull-down-Menüs befinden sich weitere Auswahlmöglichkeiten.

Der Bericht „Content-Details" stellt die wichtigsten seitenbezogenen Kennziffern der ausgewählten Seite dar. Eine weitere Analyse-Option bietet Einstiegspfade.

12.2.2 Einstiegspfade

Die Darstellung „Einstiegspfade" funktioniert ähnlich wie die Navigationsanalyse. Über das Content-Pull-down-Menü wählen Sie eine Seite aus, dieses Mal links, unter „Hier gestartet", d.h., Besucher müssen von einer externen Quelle aus die Seite als Zielseite gesehen haben.

Der mittlere Kasten zeigt die als Nächstes aufgerufenen Seiten. Ausstiege werden hier nicht berücksichtigt. Aus einer dieser Seiten, sozusagen der zweite Seitenaufruf eines Besuchs, können Sie eine Seite auswählen – erst dann wird der dritte Kasten mit Daten gefüllt. Hier wird die Ausstiegsseite dargestellt, die letzte vom User betrachtete Seite also, bevor er die Website verlässt.

Hier ist Material, um zu analysieren, wie erfolgreich Ihre Landing Pages sind. Angenommen, Sie haben eine Zielseite neu gestaltet und erkennen, dass die Mehrheit der User, die auf dieser speziellen Seite gelandet sind, als letzten Seitenaufruf die Bestellbestätigungsseite gesehen hat. Vermutlich wird dies nicht immer der Fall sein – doch haben Sie mit dieser Darstellung die Möglichkeit, genau dies zu analysieren und gegebenenfalls zu optimieren.

Abbildung 12.3 zeigt die Einstiegspfade eines Blogs. Wie schon erwähnt, haben Blogs in der Web-Analyse einige Nachteile, weil die meisten Informationen bereits auf der Homepage dargestellt werden. Die Aussagekraft vieler Berichte ist demnach eingeschränkt. Dennoch vermittelt diese Berichtsform Erkenntnisse:

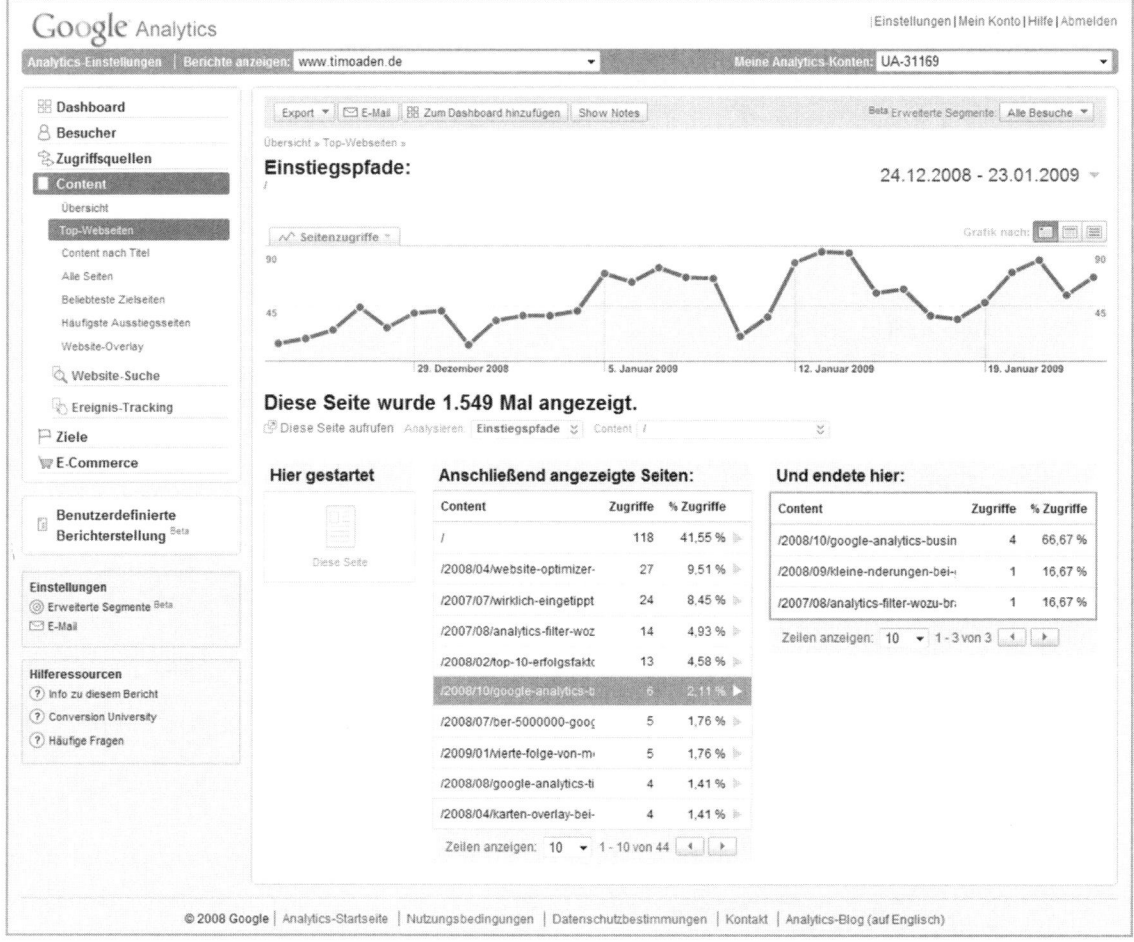

Abbildung 12.3 Content → Einstiegspfade

- Die Homepage ist ein zentraler Bestandteil des Blogs.

- 3% der Besucher benutzen die interne Suche, um weitere Informationen zu finden.

- Knapp 60% der User verlassen den Blog von der Seite mit dem Artikel, der nach der Zielseite aufgerufen wurde. (In diesem Falle ist es nicht sehr wahrscheinlich, dass zwischen dem zweiten und dem letzten Seitenaufruf des Besuchs viele weitere Seiten aufgerufen wurden. Bei anderen Websites können hingegen beliebig viele unterschiedliche Seitenzugriffe generiert werden.)

- Es werden nicht viele unterschiedliche Artikel während eines Besuchs gelesen.

Die erste Erkenntnis lässt sich bei einem Blog nur schwer ändern (bei Ihnen hat dies allerdings sehr wohl eine Aussage). Die interne Suche befindet sich unter den Top-Seiten des zweiten Seitenaufrufs – ob sie auch erfolgreich ist und funktioniert, wird in Kapitel 12.9 geklärt, also bedarf es einer weitergehenden Analyse. Aus der dritten Erkenntnis ließe sich ableiten, dass die Querverlinkungen zu anderen Artikeln eventuell optimiert werden können, oder mehr Anreiz geschaffen werden sollte, weitere Artikel zu lesen. Dies gilt ebenso für die letzte Erkenntnis. Hier gibt es einige Möglichkeiten, Tests durchzuführen, Änderungen vorzunehmen und zu analysieren, wie sich diese auswirken.

12.2.3 Einstiegsquellen

Davon ausgehend, dass aufgrund der vorigen Kapitel nach wie vor eine einzelne Seite betrachtet wird, stellt dieser Bericht für genau diese Seite die Einstiegsquellen dar. Hier werden sämtliche Herkunftsquellen angezeigt, unterschieden nach Direkteingabe der URL oder Verweisen.

Für eine ausführliche Analyse von Zugriffsquellen empfehle ich allerdings eher den Berichte-Block in Kapitel 11, weil in dieser Ansicht eine weitere Dimensionierung beispielsweise nicht möglich ist. So erhält man lediglich einen guten Überblick über die Einstiegsquellen, für weitere Analysen muss jedoch in einen anderen Bericht gewechselt werden.

12.2.4 Einstiegs-Keywords

Ebenso wie der Bericht „Einstiegsquellen" untersucht dieser Bericht die zumeist in den vorigen Berichten ausgewählte Seite. Sämtliche Suchbegriffe, die Besucher in eine beliebige Suchmaschine eingegeben haben, wonach sie auf der von Ihnen ausgewählten Seite gelandet sind, werden hier dargestellt. Es findet keine Unterscheidung nach Suchmaschinen statt – allerdings kann nach bezahlten und nicht bezahlten Zugriffen unterschieden werden.

Für eine weiterführende Analyse müssen Sie jedoch wiederum in andere Berichte wechseln, da die Möglichkeit einer weiterführenden Dimensionierung hier leider nicht besteht. Sämtliche Informationen finden Sie allerdings in anderen Berichten, entweder innerhalb des Bereichs „Zugriffsquellen" oder im nun folgenden Bericht.

12.3 Top-Webseiten

Der Bericht „Top-Webseiten" ist sicher eine der am meisten genutzten Darstellungen. Hier wird jede individuelle URL (bzw. jeder individuell vergebene Seitenname) aufgezeigt und mit den für eine Beurteilung einer Seite wichtigen Kennziffern verbunden:

- Seitenzugriffe
- Eindeutige Seitenzugriffe
- Besuchszeit auf einer Seite
- Absprungrate
- % Ausstiege
- $Index

Seitenzugriffe, eindeutige Seitenzugriffe und Absprungrate wurden bereits erläutert. Bisher sprachen wir meist nur die Besuchszeit auf der gesamten Website an. Dieser Bericht stellt die Verweildauer auf einzelnen Seiten dar. Hier ist es wichtig zu wissen, dass die Besuchszeit für eine Seite nicht berechnet werden kann, wenn es sich um die letzte des Besuchs handelt, weil dann die zweite Aktion fehlt, die nötig ist, um die Differenz und somit die Aufenthaltsdauer auf der Seite zu berechnen (siehe Kapitel 10.6.5.1). Daher ist die Kennziffer „% Ausstiege" in diesem Zusammenhang interessant. Je höher diese Metrik für eine bestimmte Seite ist, desto weniger aussagekräftig ist die Verweildauer auf dieser Seite. In Abbildung 12.4 beträgt die Absprungrate beispielsweise 86,80%, was bedeutet, dass von 86,80% der Besucher dieser Seite die Dauer der Betrachtung nicht erhoben werden konnte.

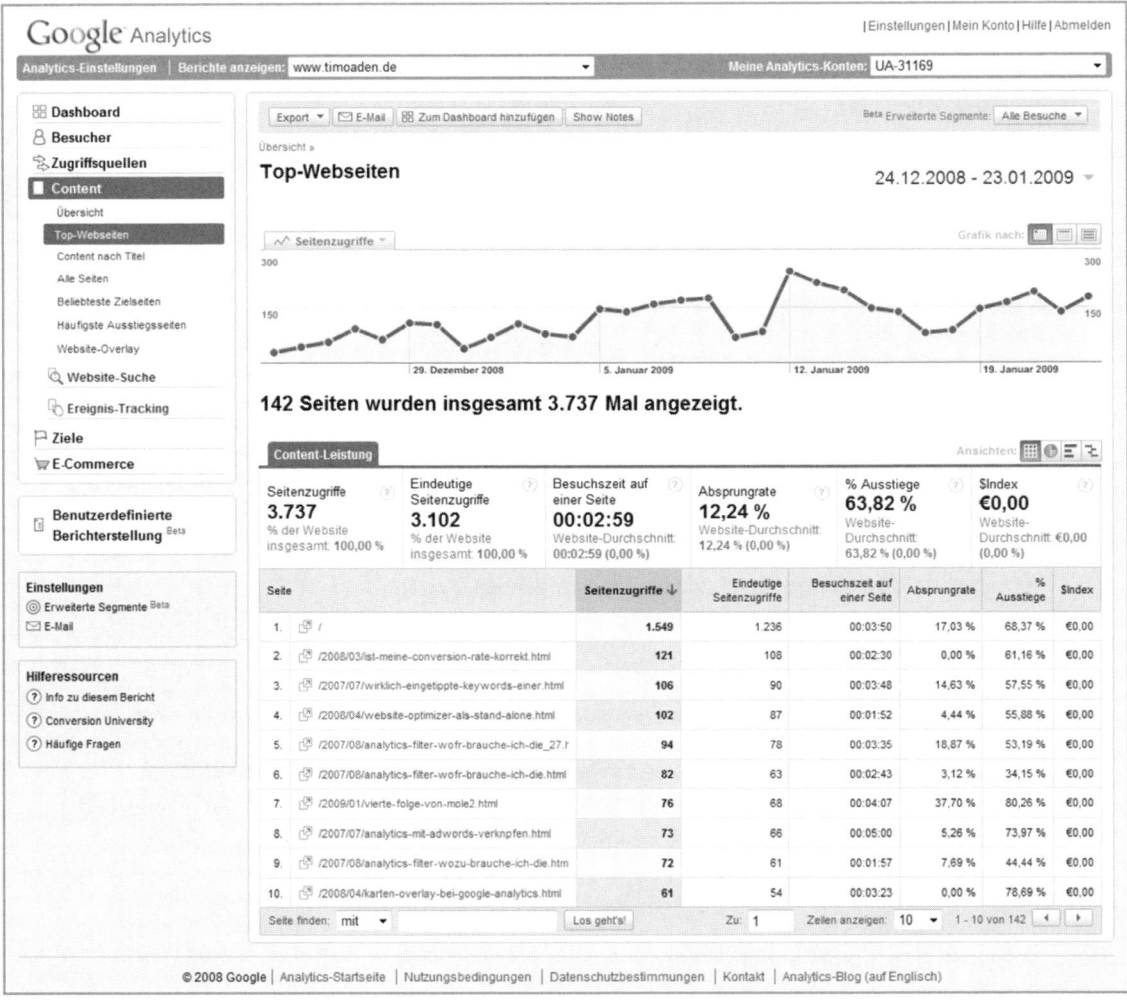

Abbildung 12.4 Content → Top-Webseiten

Der $Index ist eine Kennziffer, die nur dann mit einem Wert versehen ist, wenn entweder ein Zielwert für die Erfüllung eines Ziels definiert wurde (siehe Kapitel 7.4.1.2) oder aber E-Commerce-Daten erhoben werden und in Analytics einfließen (siehe Kapitel 7.3.5).

Der $Index befindet sich in allen Berichten des Content-Bereichs, und zwar immer in der letzten Spalte der Berichte. Unabhängig von der eingestellten Währung heißt der $Index immer $Index. Diese Kennziffer ist sozusagen nur als Label zu verstehen und erstellt keinerlei Währungsberechnungen. Genauso gut könnte diese Metrik auch monetärer Wert heißen (was eventuell sogar die bessere Alternative wäre).

Der $Index gibt jeder einzelnen URL (oder auch umbenannten URLs) einen monetären Wert. Je wichtiger eine Seite innerhalb des Webauftritts für den Umsatz ist bzw. je mehr User über diese Seite gehen und dann einen Umsatz generieren, desto „wertvoller" ist sie.

Wollen Sie also Ihre Website optimieren, sollten Sie zunächst nach jenen Seiten suchen, die

- den höchsten $Index

und

- die meisten Zugriffe haben.

Ein Beispiel:

Damit ein Wert in der $Index-Spalte steht, wird natürlich Umsatz benötigt. Dies geschieht entweder über den E-Commerce oder über einen Zielwert. In diesem Beispiel ist der Klick auf einen bestimmten Link mit einem Zielwert von fünf Euro bewertet worden.

Der $Index berechnet sich nun folgendermaßen:

$$\frac{\text{(E-Commerce-Umsatz + gesamter Zielwert)}}{\text{eindeutige Seitenaufrufe}}$$

Einige Beispiele für Pfade von Usern, bevor Sie konvertieren.

Die Zielseite ist **E**:

Pfad 1: A → B → C → D → **E**

Pfad 2: C → A → D → **E**

Pfad 3: A → B → C → D → C → B → A → **E** → F

Pfad 4: A → B

Neben dem Zielwert von 5 Euro werden keine weiteren E-Commerce-Umsätze erhoben.

Hier nun die einzelnen $Index-Werte und die entsprechenden Berechnungen für die einzelnen Seiten:

Seite A: 15/4 → $Index = 3,75

Seite B: 10/3 → $Index = 3,33

Seite C: 15/3 → $Index = 5

Seite D: 15/3 → $Index = 5

Seite E: 15/3 → $Index = 5

Seite F: 0/F → $Index = 0

Seite A war dreimal beteiligt, als am Ende eine Conversion erzielt wurde, daher wird ihr ein Umsatz von 15 Euro zugeschrieben. Es wurden aber vier eindeutige Seitenaufrufe generiert (in Pfad drei wird A zweimal aufgerufen, was zwar zwei Seitenzugriffen entspricht, aber nur einem eindeutigen Seitenzugriff – in Pfad vier wird die Seite A zwar aufgerufen, aber kein Umsatz generiert), was dann einen Quotienten von 3,75 ergibt.

Wenn Sie nun diese Seiten sortieren, sehen Sie, dass die Seiten C, D und E am wertvollsten sind. Bei der Optimierung (beispielsweise dem Testen des Designs) liegt es nahe, sich zunächst um diese Seiten zu kümmern, weil sie für die Umsatzgenerierung am wichtigsten sind.

Seite F hat offensichtlich keinen Wert – es stellt sich die Frage, ob diese Seite dann wirklich notwendig ist.

Naturgemäß haben die Bestellbestätigungsseite bzw. die Seiten innerhalb des Bestellprozesses den höchsten $Index-Wert. Dies ist auch sinnvoll, weil sie für die Umsatzgenerierung entscheidend sind.

Da die Anzahl der unterschiedlichen Seiten meist sehr groß ist, ergibt die Nutzung des Adhoc-Filters hier einen Sinn. Angenommen, Sie betreiben eine Nachrichten-Site und bieten den Usern dort mehrere Rubriken: Sport, Unterhaltung, News, Politik. Wollen Sie nur eine der Rubriken analysieren, geben Sie einfach das entsprechende Wort in den Filter ein, und es werden ausschließlich Seiten angezeigt, in denen dieses Wort vorkommt (hier zahlt sich eine vernünftige Benennung der URLs aus – je einprägsamer sie sind, desto leichter lassen sie sich hier analysieren).

 Praxistipp:
Im Adhoc-Filter ist auch die Nutzung regulärer Ausdrücke möglich. Angenommen, Sie wollen zwei Rubriken einschließen, beispielsweise Sport und Politik, so können Sie beide getrennt durch das Pipe-Symbol anzeigen:

Sport|Politik

In diesem Filter wird die Groß- und Kleinschreibung beachtet.

Haben Sie eine Seite herausgefiltert, die Sie näher untersuchen möchten, klicken Sie auf die entsprechende Seite innerhalb des Berichts. Sie gelangen dann zu einer Übersicht, die ähnlich aufgebaut ist wie der Übersichtsbericht des Content-Bereichs (siehe Kapitel 12.2). Hier haben Sie nun die Möglichkeit, tiefergehende Analysen für exakt diese Seite vorzunehmen, indem Sie beispielsweise eine Dimensionierung vornehmen. Angenommen, Sie stellen fest, dass die Ausstiegsrate für eine Seite außergewöhnlich hoch ist, können Sie nun beispielsweise prüfen, ob vielleicht technische Gründe die Ursache dafür sind (siehe hierzu Kapitel 10.8, Browserfunktionen). Zusätzlich können Sie über den Trendgraphen die jeweiligen Trends erkennen – nutzen Sie die dortigen Funktionen der Anzeige zweier Metriken insbesondere dann, wenn an dieser Seite etwas geändert wurde.

Für die Optimierung und Kontrolle einzelner Seiten oder auch Seitengruppen bietet der Top-Webseiten-Bericht den idealen Einstieg, um weitere Analysen vorzunehmen.

Praxistipp:

Sollte Ihre Website über sehr viele und sehr dynamische URLs verfügen, besteht die Möglichkeit, dass Sie in diesem Bericht als eine der Top-Webseiten (other) finden. Dieses Problem lässt sich beheben und wurde im Kapitel 7.3.4 (URL-Suchparameter ausschließen) bereits erläutert.

Versuchen Sie, URLs möglichst so zu gestalten, dass sie einfach interpretierbar und auswertbar sind. In vielen Fällen ergibt es durchaus einen Sinn, URLs zu aggregieren, da es oftmals gar nicht interessant ist, jede URL einzeln zu interpretieren, sondern ähnliche URL-Gruppen. Angenommen, Sie betreiben einen Shop mit hunderttausend unterschiedlichen Artikeln. Jeder Artikel hat individuelle URLs. Eine Analyse jeder einzelnen URL entspräche einer Lebensaufgabe. Um Nutzerströme zu analysieren, reicht es mitunter aus, wenn diese URLs mit einem Filter so umgeändert werden, dass nicht mehr jede Artikelansicht als einzelne URL dargestellt wird, sondern in den Analytics-Berichten lediglich „Artikelansicht" steht – unter Umständen noch zusammen mit der Produktkategorie.

Dies erreichen Sie idealerweise in einem dafür angelegten Profil (siehe Kapitel 7.1, Konzept der Profile) und über entsprechende Filter (cf. Kapitel 7.5, Filter).

12.4 Content nach Titeln

Der Bericht „Content nach Titel" ist ziemlich ähnlich aufgebaut wie der Top-Webseiten-Bericht. Statt der URLs oder der entsprechend vergebenen Seitennamen wird hier der Titel einer Website angezeigt (synonym für „Page Title"). Der Titel befindet sich innerhalb des Browserfensters ganz oben links und beschreibt idealerweise den Inhalt der Webseite, Oftmals sind die Titel weniger vielfältig als die URLs, da mehrere URLs identische Titel enthalten können.

Für diesen Bericht zahlt es sich aus, eine vernünftige Betitelung vorzunehmen. Die Analyse wird deutlich vereinfacht, und auch für das Ranking in den nicht bezahlten Suchergebnissen von Google und Co. (siehe Kapitel 2.1.2, SEO) sind aussagekräftige Titel nicht schädlich.

Da die Analyse- und Nutzungsmöglichkeiten weitestgehend denen des Top-Webseiten-Berichts entsprechen, verzichte ich hier auf eine ausführlichere Darstellung.

12.5 Alle Seiten

Der Bericht „Alle Seiten" korrespondiert mit dem Top-Webseiten-Bericht. Statt jedoch jede URL einzeln darzustellen, werden hier unterschiedliche URL-Gruppen bzw. URL-Ebenen dargestellt.

Ich komme wieder auf das Beispiel einer Nachrichtenseite zurück. Diese besteht aus folgenden vier URLs, die jeweils von einem Besucher aufgerufen wurden:

www.beispiel.de/sport/fussball/hsv/deutscher_meister.html
www.beispiel.de/sport/fussball/bayern/steigt_ab.html
www.beispiel.de/sport/olympia/medaillenspiegel.html
www.beispiel.de/unterhaltung/verschiedenes/katze_frisst_hund.html

In diesem Bericht würden Sie nun drei Seitenaufrufe für die Rubrik „Sport" und einen für die Rubrik „Unterhaltung" sehen. Mit einem Klick auf die Rubrik „Sport" gelangen Sie zur nächsten Ebene – „Fußball" und „Olympia", mit zwei Seitenzugriffen für „Fußball" und einem für „Olympia". Die nächste Ebene für die Rubrik „Fußball" zeigt dann als unterste Ebene die beiden dort enthaltenen Artikel an.

Der Aufbau dieses Berichts erfolgt wiederum ähnlich wie der Aufbau der Top-Webseiten. Um verschiedene Ebenen gleichzeitig anzuzeigen und miteinander zu vergleichen, ist der Einsatz des Adhoc-Filters erforderlich. Mit einfachen Regulären Ausdrücken können Sie hier die angezeigten Daten individuell zusammenstellen.

12.6 Beliebteste Zielseiten

Zielseiten (synonym für Landing Pages) sind sehr wichtig, um die Aufmerksamkeit der Besucher zu erhalten und sie zum eigentlich erwünschten Ziel (Kauf, Bestellung, Registrierung etc.) zu führen. Daher ist es zunächst interessant zu wissen, auf welchen einzelnen Seiten die Besucher eigentlich gelandet sind. Hierbei hilft der Bericht „Beliebteste Zielseiten" (Abbildung 12.5).

Für die reine Analyse der Zielseiten sind zunächst drei Kennziffern interessant:

- *Anzahl der Einstiege*
  Wie viele Besucher sind von einer externen Quelle auf dieser Seite gelandet.

- *Absprünge*
  Wie viele Besucher haben die Seite von einer externen Quelle kommend direkt wieder verlassen, ohne einen weiteren Seitenaufruf zu tätigen.

- *Absprungrate*
  Quotient aus Absprünge und Einstiege

Eine hohe Absprungrate steht für eine offensichtlich wenig erfolgreiche Zielseite. Wahrscheinlich finden Sie in diesem Bericht auch Seiten, die Sie nicht als Zielseiten identifizieren. Der Besucher hat den Weg über Suchmaschinen oder Bookmarks gewählt, um auf einer bestimmten Seite zu landen. Wenn er sich dann nicht zurechtfindet, ist die Wahrscheinlichkeit recht groß, dass er direkt wieder abspringt. Die Grundsätze der Usability (siehe Kapitel 2.2.6 Usability) sollten beachtet werden, um dies zu vermeiden.

Abbildung 12.5 Content → Beliebteste Zielseiten

Praxistipp:

Ändern Sie die Ansicht des Berichtes in Balkengrafik und wählen „Einstiege" auf der linken Seite und „Absprungrate" auf der rechten. Sie erhalten eine Zusammenfassung der Zielseiten, auf denen die meisten Besucher gelandet sind, in einem Bild mit den jeweiligen Absprungraten (siehe Abbildung 12.6, nächste Seite). Hier gibt es mitunter enorme Unterschiede, die weiter analysiert und optimiert werden sollten.

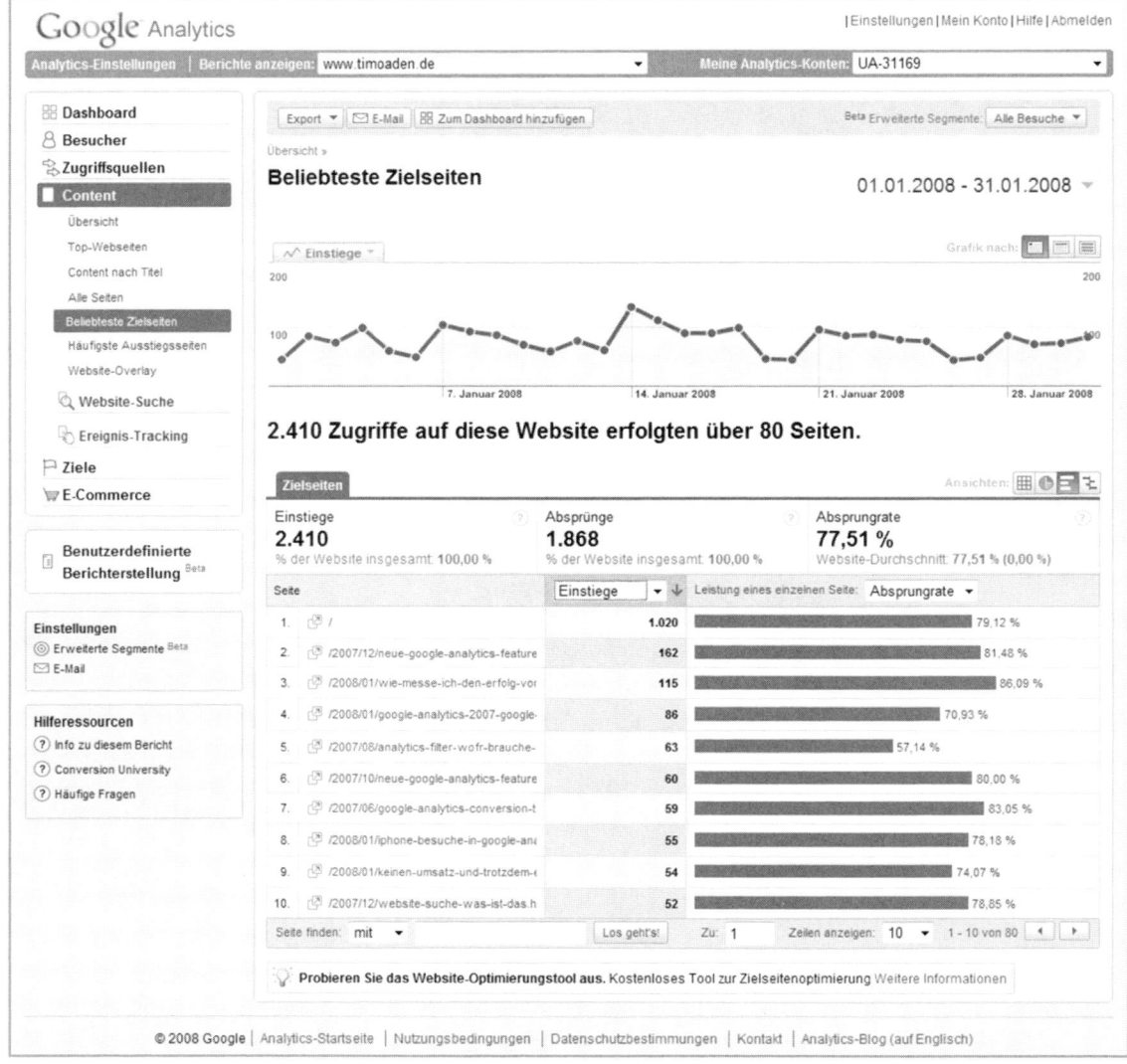

Abbildung 12.6 Content → Beliebteste Zielseiten

Bei Betrachtung der Abbildung 12.6 fällt nichts Besonderes auf, abgesehen davon, dass die Homepage die mit großem Abstand beliebteste Zielseite ist. Interessant wird es allerdings bei der weiteren Analyse der zweitbeliebtesten Zielseite, denn in der nächsten Ansicht wird nach dem Klick auf die entsprechende Seite ersichtlich, dass etwas passiert ist – siehe Abbildung 12.7

Am 18. November gab es einen kräftigen Ausreißer in der Trendlinie. Dies bedarf einer näheren Untersuchung, die durch Eingrenzung schnell zu einem Ergebnis führt. Zunächst könnte das Datum auf den 18. November eingegrenzt und daraufhin eine Dimensionierung mit Quelle durchgeführt werden. Hier erkennt man dann schnell, dass genau eine Quelle für

Abbildung 12.7 Content → Beliebteste Zielseiten: Detailansicht

diesen Anstieg verantwortlich ist. In diesem Falle war es ein Verweis, den ich mir nun unter Zugriffsquellen → Verweisende Websites direkt ansehen kann, während ich den Artikel mit dem entsprechenden Link aufrufe.

12.7 Häufigste Ausstiegsseiten

Irgendwann müssen die User Ihre Website verlassen – was zwangsläufig von irgendeiner Seite aus geschehen muss. Idealerweise ist dies eine Bestellbestätigungs- oder Dankeschönseite. Oftmals steigen sie aber schon vorher aus – auch auf Seiten, wo sie es gar nicht sollen. Eine Auswertung der Ausstiegsseiten ist also sinnvoll.

Abbildung 12.8 Content → Häufigste Ausstiegsseiten

Die drei in Abbildung 12.8 dargestellten Kennziffern

- Ausstiege
- Seitenzugriffe
- % Ausstiege

helfen bei der Optimierung von Navigationsprozessen und der Überwindung von möglichen Hürden, denen User im Verlauf eines Besuches begegnen. Ausstiege kennzeichnet die Anzahl der Besucher, die diese Seite als Letzte betrachtet haben, ehe die gesamte Website verlassen und der Browser geschlossen oder zu einer anderen Website navigiert wurde.

Es sollte also versucht werden, auf wichtigen Seiten, die beispielsweise innerhalb eines Bestellprozesses liegen, möglichst wenige Ausstiege zu zählen. Im Verhältnis zu den Seitenzugriffen ergibt sich die Ausstiegsrate bzw. „% Ausstiege".

Haben Sie Änderungen an einzelnen Seiten, die zuvor als Problemstellen identifiziert wurden, vorgenommen, hilft Ihnen dieser Bericht zu erkennen, wie sich diese bezüglich der Ausstiege ausgewirkt haben. Nutzen Sie für diese Analyse den Trendgraphen und die unterschiedlichen Darstellungsmöglichkeiten der Metriken.

 Praxistipp:

Wer sagt eigentlich, dass eine Bestellbestätigungsseite eine besonders hohe Ausstiegsrate haben muss und damit in der Regel der letzte Seitenaufruf eines Besuchs ist? Die User haben in diesem Fall bereits etwas bei Ihnen gekauft, Ihnen vertraut und sind offensichtlich an den Produkten interessiert. Nutzen Sie die Bestätigungsseite nicht nur, um sich für den Einkauf zu bedanken. Warum nicht versuchen, naheliegende Produkte, eine Registrierung für einen Newsletter mit weiteren Angeboten, die Teilnahme an einem Gewinnspiel oder Ähnliches anzubieten? Versuchen Sie es, indem Sie verschiedene Tests durchführen und regelmäßig die Ausstiegszahlen kontrollieren. Wetten, dass sich die Ausstiegsraten auch für diese Seiten senken lassen?

12.8 Website-Overlay

Der Website-Overlay (Abbildung 12.9) bietet die Möglichkeit, in einem weiteren Browserfenster durch die eigene Website zu navigieren und dabei zu analysieren, welche Links auf der jeweiligen Seite am erfolgreichsten waren.

Jeder auf der Seite enthaltene Link ist mit einem kleinen Kästchen versehen, das eine Zahl und einen blauen Balken beinhaltet. Wurde im oberen Pull-down-Menü die Metrik „Klicks" ausgewählt, sehen Sie hier, welche Links auf der Webseite die meisten Klicks abbekommen haben. Je länger der blaue Balken ist, desto mehr User haben auf diesen Link geklickt. Wenn Sie nun mit dem Mauszeiger über einen der Links fahren, öffnet sich eine Box, die weitere Informationen für exakt diesen Link liefert. Sofern Sie die E-Commerce-Funktion aktiviert haben, wird hier die Anzahl der Transaktionen angezeigt, die nach Klick auf diesen Link zustande gekommen sind. Des Weiteren werden der Umsatz, der Zielwert und die Erfüllung der unterschiedlichen definierten Ziele dargestellt. Sie können diesen Link nun selber anklicken und gelangen zur nächsten Seite, auf der erneut sämtliche Links entsprechend markiert und mit den Informationen versehen sind.

Der Website-Overlay-Bericht stellt sich recht anschaulich dar – leider funktioniert er bei komplexeren Websites nicht richtig. Solange Sie ausschließlich statische Seiten verwenden und eindeutige Links platzieren, werden sinnvolle Zahlen dargestellt. Der Bericht funktioniert nicht bzw. stellt keine vernünftigen Zahlen dar, wenn:

- Frames verwendet werden
- Durch Filter in Google Analytics die URLs umgeschrieben werden

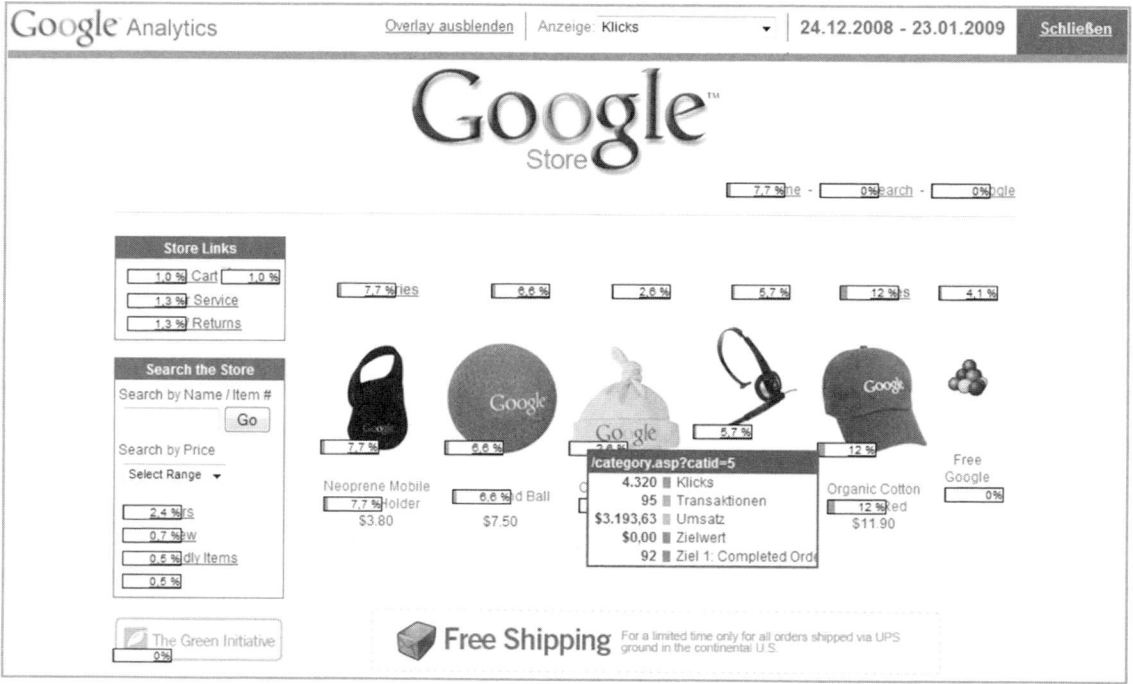

Abbildung 12.9 Content → Website-Overlay

- URLs weitergeleitet werden
- Links in JavaScript eingebettet sind
- Virtuelle Seitenaufrufe generiert werden
- Subdomains verwendet werden
- Session-IDs verwendet werden
- Leerzeichen in der URL vorkommen
- Mehrere Analytics Tracking Codes in der Seite eingebaut sind
- Ein anderer Zeichensatz als UTF-8 verwendet wird
- Bilder als Links fungieren

Diese vielfältigen Gründe sorgen bei einer Vielzahl von Seiten dafür, dass der Website-Overlay-Bericht oftmals nicht anwendbar ist.

Auf der anderen Seite finden Sie die im Website-Overlay-Bericht enthaltenen Informationen auch in den anderen Berichten, wie beispielsweise dem Top-Webseiten-Bericht (siehe Kapitel 12.3) in Verknüpfung mit der Navigationsübersicht (siehe Kapitel 12.2.1).

12.9 Website-Suche

Internetnutzer sind es gewohnt zu suchen. Durch die starke Präsenz von Google und Co. wissen alle User mittlerweile, wie Suchmaschinen funktionieren und wie sehr sie bei entsprechend relevanten Ergebnissen hilfreich sein können. Durch die leichte Nutzbarkeit und die guten Suchergebnisse sind viele User allerdings auch verwöhnt. Sie erwarten ähnliche Funktionsweisen, eine ähnliche Ergebnispräsentation und vor allem eine ähnliche Relevanz wie bei Google, Yahoo! oder Live.

Nahezu jede Website sollte über eine interne Suche verfügen und – wie mittlerweile meistens der Fall – im oberen rechten Bereich platziert sein. Den Besuchern sollte die Wahl gelassen werden, sich entweder über die herkömmliche Navigation zum Ziel zu klicken oder die interne Suche zu nutzen, um so zu Ergebnissen zu gelangen.

Viele Seiten machen es Besuchern nach wie vor schwer. Entweder wird überhaupt keine interne Suche angeboten, oder sie ist nicht auffindbar oder gut versteckt, oder die Ergebnisse sind einfach nicht relevant und daher nicht wirklich zielführend. Hierdurch wird oftmals ein großes Potenzial an zusätzlichen Conversions und Umsatz verschenkt – Sie haben es geschafft, User auf Ihre Seite zu locken (was schon schwierig genug ist), und nun springen Letztere aufgrund unzureichender Suchtechnologien wieder ab.

Wenn Sie eine interne Suche auf Ihrer Website anbieten und Ihre Besucher diese nutzen, erzählen sie Ihnen sozusagen, was genau sie eigentlich auf Ihrer Seite suchen. Dies sind sehr wertvolle Informationen. In der realen Welt wäre das so, als würden einige Kunden vor dem Betreten eines Supermarktes mitteilen, was sie kaufen. Würden Sie dann nicht alles dafür tun, die entsprechenden Produkte auch schnell zu finden, ehe es sich der Kunde anders überlegt?

Eine gute interne Suche ist daher sehr sinnvoll und absolut empfehlenswert. Die Auswertung dieser Suche liefert Erkenntnisse hinsichtlich der Nutzung der Suche, aber auch zu deren Qualität. Außerdem liefert die Analyse Erkenntnisse darüber, wo genau die Suche gestartet wird, was offensichtlich ein Indiz dafür ist, dass der Besucher an der Stelle nicht weiterkam.

Die Einrichtung der Website-Suche ist sehr einfach und wird in Kapitel 7.3.6 (Website-Suche) erklärt.

12.9.1 Übersicht

Die Übersichtsseite des Website-Suche Berichte-Blocks (Abbildung 12.10) liefert bereits grundlegende Informationen der Nutzung der internen Suche.

Auf der linken Seite befinden sich diverse suchspezifische Kennziffern, die Erkenntnisse zur Nutzung der internen Suche und deren Qualität liefern. So ist es nicht nur interessant zu sehen, wie viele Besuche, die Suche überhaupt nutzen (Zugriffe mit Suche), sondern beispielsweise auch, wie viele User im Anschluss an die Suche die Site verlassen (Suchausstiege), wie viele nach dem ersten Ergebnis erneut eine Sucheingabe getätigt haben (Such-

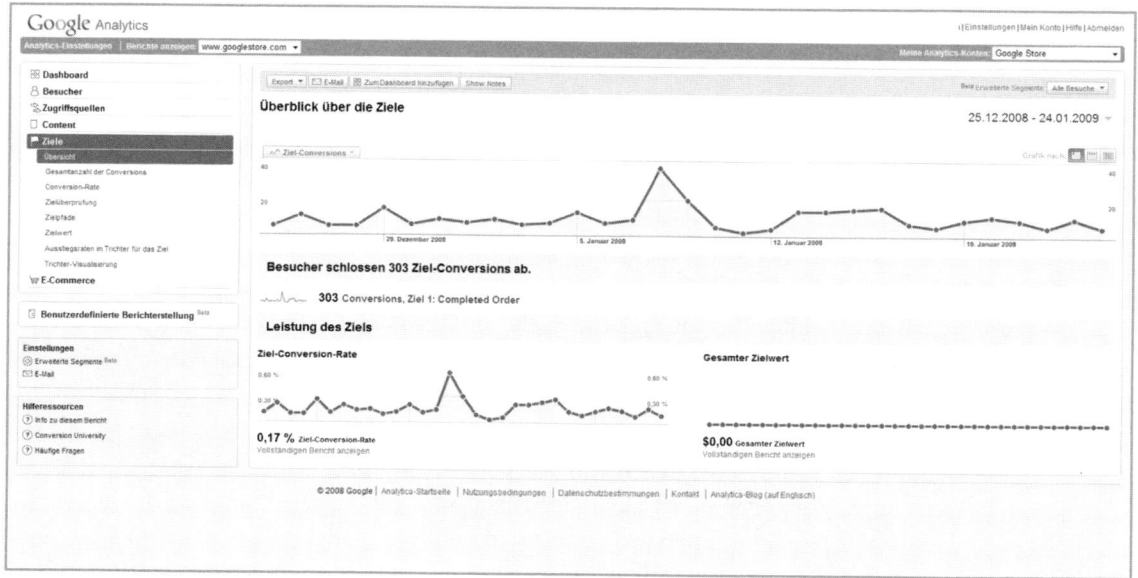

Abbildung 12.10 Content → Suche → Übersicht

verfeinerungen) und wie viel Zeit nach der Suche noch auf der Site verbracht wurde (Zeit nach Suche).

Das Ganze wird ausformuliert auf der rechten Seite des Übersicht-Berichts dargestellt. Ein Klick auf eine der Fragen führt direkt in den entsprechenden Bericht. Die beiden unteren Berichte stellen sowohl die Top-Suchbegriffe als auch den meistgesuchten Inhalt dar.

Sollten Sie die für die Auswertung der internen Suche wichtigen Kennziffern über einen längeren Zeitraum analysieren wollen, lohnt sich ein Blick in die verschiedenen Darstellungen des Trendgraphs, denn die hier auswählbaren Metriken orientieren sich an den für die Suche wichtigen Kennziffern. Sollten Sie beispielsweise die Platzierung des Suchfelds auf Ihrer Website geändert, den Suchalgorithmus verändert oder einen neuen Such-Anbieter installiert haben, werden Sie über die Trendlinie und die entsprechenden Kennziffern schnell sehen können, wie sich die Veränderungen auswirken.

12.9.2 Verwendung

Im Bericht „Verwendung" wird unterschieden nach Besuchen mit oder ohne Nutzung der internen Suche. Hier können Sie analysieren, inwiefern sich diese beiden Besuchertypen im Verhalten, aber auch hinsichtlich der Zielerfüllung und des Umsatzes unterscheiden.

Wenn beispielsweise Besuche, die die interne Suche nutzen, im Durchschnitt mehr Geld bei Ihnen ausgeben als Besuche, die sie nicht nutzen, wäre es einen Versuch wert, die Suche prominenter zu platzieren. Offensichtlich werden gute Ergebnisse angezeigt. Es könnte aber auch der Fall eintreten, dass die Besuche, die die interne Suche genutzt haben, im Vergleich zu den Nicht-Nutzern einen niedrigeren durchschnittlichen Warenkorbwert aufweisen. Was daran liegen könnte, dass diese User zielgenauer kaufen und sich nicht durch etwaige Cross-Selling-Angebote oder durch Produkt-Stöbern ablenken lassen. Diese Informationen können Sie auf jeden Fall der Analyse der hier dargestellten Daten entnehmen. Wählen Sie hierfür aus dem Pull-down-Menü die Kennziffern „Umsatz", „Transaktionen" oder „Durchschnittlicher Warenwert" bzw. nutzen Sie die Reiter „Ziel-Conversions" und „E-Commerce".

12.9.3 Suchbegriffe

In diesem Bericht (Abbildung 12.11 auf der nächsten Seite) sagen einem die Besucher der Website, welches Ziel sie mit ihrem Besuch verfolgen. Hören Sie hier aufmerksam zu, um Ihre User besser kennen zu lernen und mehr über ihre Absichten zu erfahren. Jeder einzelne eingegebene Suchbegriff wird hier angezeigt und in Bezug gesetzt zu den entsprechenden Such-Metriken. So sind Sie in der Lage, genau zu analysieren, nach welchen Begriffen besonders oft gesucht wird und wie die Performance der internen Suche für diese Begriffe jeweils verläuft.

Angenommen, Sie erkennen in diesem Bericht, dass ein Begriff, der für Ihr Business sehr wichtig ist – beispielsweise die Produktkategorie – sehr oft gesucht wird. Bereits diese Erkenntnis lässt Folgerungen zu. So ist unter Umständen nicht direkt ersichtlich, auf welchem anderen Weg die Besucher zu diesem Produkt gelangen könnten. Dies kann durch eine veränderte oder deutlichere Promotion innerhalb der Website optimiert werden. Noch interessanter ist dann die Auswertung der Ergebnisse der internen Suche für diesen Suchbegriff. Wenn es ein für Ihr Business wichtiger Begriff ist, sollten idealerweise auch viele Besucher die entsprechenden Seiten zu Gesicht bekommen, die Sie dafür vorbereitet haben. Ist das der Fall? Wenn viele Besucher die Suche verfeinern, dann ist dies ein Indiz dafür, dass die Ergebnisse nicht zufriedenstellend waren. Bei den für Sie wichtigen Suchbegriffen sollte die Suche perfekte Ergebnisse liefern und einen niedrigen Wert für die Kennziffer „Ergebnisse Seitenzugriffe/Suche" ausweisen. Diese sagt aus, wie viele Suchergebnisseiten nach Eingabe eines Suchbegriffs aufgerufen wurden. Je größer diese Zahl ist, desto weniger relevant sind offensichtlich die Top-Suchergebnisse.

Für Websites die keine E-Commerce-Funktionalität bieten, sondern Inhalte zur Verfügung stellen, ist insbesondere die Kennziffer „Zeit nach Suche" interessant. Es kann nicht ganz einfach sein, innerhalb eines Content-Angebots die jeweils interessanten Textpassagen herauszufinden. Eine interne Suche ist hier sehr hilfreich, sofern sie sinnvolle und relevante Ergebnisse liefert. Wenn dann die Zeit auf der Website nach einer durchgeführten Suche im Verhältnis lang ist, spricht dies für eine gute interne Suche, und für Sie besteht die Chance, weitere Seitenaufrufe zu generieren, die Sie erfolgreich vermarkten können.

Über die im Suchbegriffe-Bericht zur Verfügung stehende Dimensionierung besteht die Möglichkeit zu erfahren, über welche Quellen die meisten User kamen, die dann nach entsprechenden Begriffen suchten. Treten hier Häufungen oder Trends auf, lohnt sich eine Untersuchung. Unter Umständen gelangen die Besucher mit falschen Erwartungen auf Ihre Site, weil der Kontext, in dem auf Ihre Seite verlinkt wurde, nicht korrekt ist oder der Link

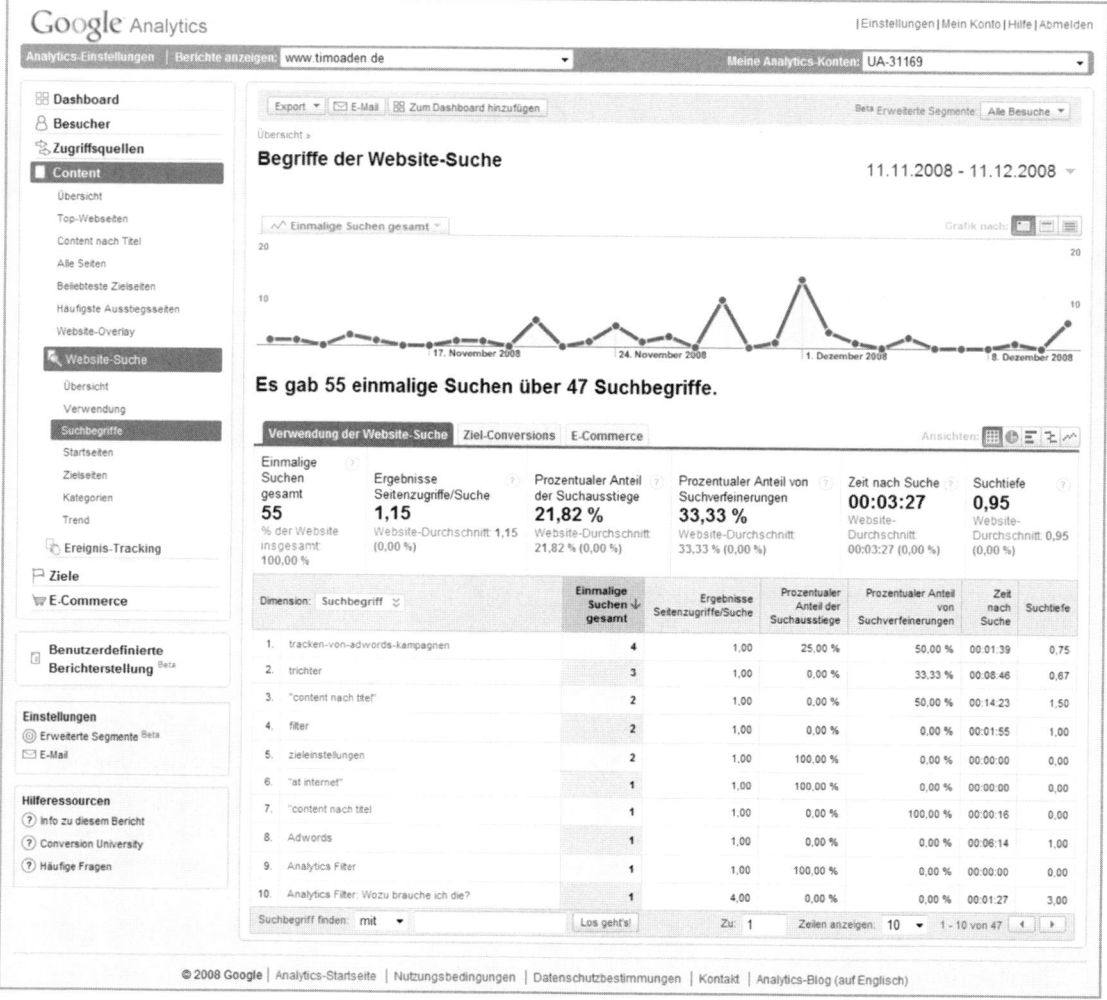

Abbildung 12.11 Content → Suche → Suchbegriffe

auf eine falsche Seite führt. Solche Dinge lassen sich recht schnell korrigieren, wenn man die entsprechenden Erkenntnisse gewonnen hat.

12.9.4 Startseiten

Natürlich ist es wichtig zu wissen, was die Besucher der Website gesucht haben. Nicht weniger wichtig ist die Analyse der Daten, auf welchen Seiten diese interne Suche begonnen wurde. Diese Frage wird im Bericht „Startseiten" beantwortet.

Hier werden nicht nur die Seiten, auf denen eine Suche stattgefunden hat, dargestellt, sondern auch die jeweils auf einer Seite verwendeten Suchbegriffe der Besucher und deren Erfolge. Insbesondere für die Verbesserung der Usability von Webseiten sind diese Auswertungen hochinteressant.

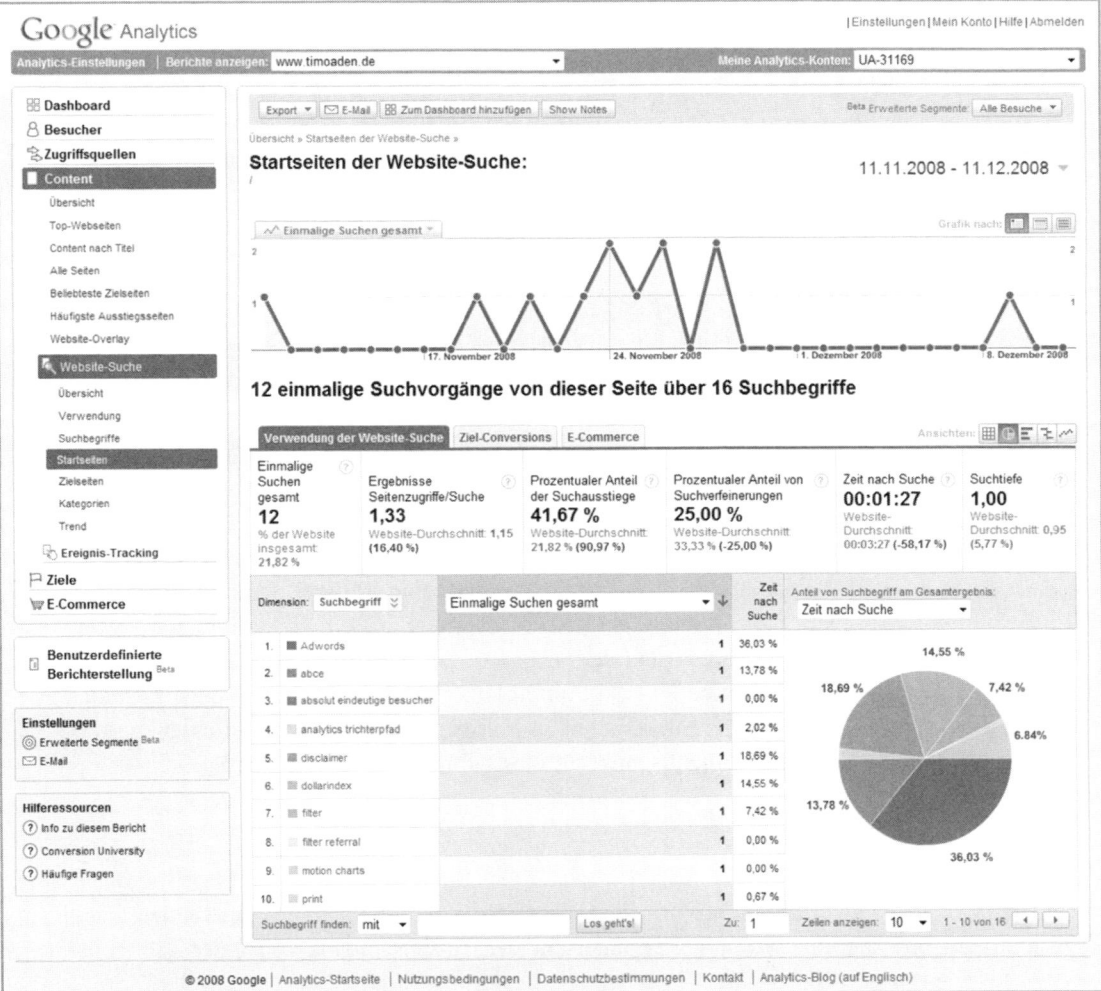

Abbildung 12.12 Content → Suche → Startseiten

Angenommen, Sie betreiben eine eigentlich recht klar strukturierte Website, von der Sie annehmen, dass die User ihre Ziele schnell erreichen können. Wenn Sie nun feststellen, dass auf einer bestimmten Seite innerhalb des Prozesses immer wieder die Suchfunktion benutzt wird, um nach immer wieder ähnlichen Begriffen zu suchen, ist dies ein deutlicher Indikator dafür, dass die User auf dieser Seite Schwierigkeiten mit der Navigation haben. Vielleicht haben sie sich in eine Sackgasse manövriert oder finden aus anderen Gründen nicht zum nächsten von Ihnen beabsichtigten Schritt.

Eine genaue Analyse der Startseiten und der jeweils verwendeten Suchbegriffe kann durch Erkenntnisse und Verstehen der User zu deutlich höheren Conversions und somit höheren Umsätzen führen.

Abbildung 12,12 zeigt, dass von den Suchen, die auf der Homepage durchgeführt wurden, der Begriff „Adwords" offenbar das beste Suchergebnis geliefert hat, denn die Zeitdauer nach der Suche war hier am längsten. Für Begriffe wie „absolut eindeutige besuche" oder „filter referral" wurden offensichtlich keine guten Ergebnisse geliefert (was natürlich in diesem Fall vornehmlich daran liegt, dass entsprechende Inhalte nicht angeboten werden).

12.9.5 Zielseiten

Der Bericht „Zielseiten" ist der zweieiige Zwillingsbruder des Berichts „Startseiten". Werden bei den Startseiten alle Seiten aufgelistet, von denen eine interne Suche gestartet wurde, so werden bei den Zielseiten alle Seiten dargestellt, auf denen die Besucher gelandet sind, nachdem eine Suche durchgeführt wurde.

Hier besteht die Möglichkeit zu analysieren, welche Seiten nach einer Suche besonders oft auf den Suchergebnisseiten angeklickt worden sind und welches die vorher eingegebenen Suchbegriffe waren. Dies ist insbesondere für die Struktur ihrer Website interessant. Angenommen, Sie stellen fest, dass eine Seite besonders viele Zugriffe im Anschluss an eine Suche nach einem für Sie wichtigen Suchbegriff erhält. Nun ist diese Seite für Sie als Seitenbetreiber aber nicht relevant, um die User schnellstmöglich zur Zielerfüllung zu lotsen. Die interne Suche mag zwar aufgrund der vorgegebenen Algorithmen gute Arbeit leisten, doch führt sie die User auf eine Seite, die Ihren Umsatz nicht unbedingt steigert. Sollten Sie die Möglichkeit haben, die Suchergebnisse in irgendeiner Weise beeinflussen zu können, wäre dieser Bericht ein Anhaltspunkt für die Optimierung der internen Suche.

12.9.6 Kategorien

Der Bericht „Kategorien" ist nur mit sinnvollen Zahlen gefüllt, wenn die verwendete interne Suche überhaupt nach Kategorien unterscheidet. Ansonsten sind 100% der Zahlen der Kategorie (not set) zugeordnet.

Eine Kategorie für die interne Suche wäre beispielsweise der Fall, wenn Sie in der Suche einstellen können, in welcher Kategorie gesucht werden soll. Amazon bietet beispielsweise eine solche Kategoriesuche an. Hier lässt sich zusätzlich zur Eingabe eines Suchbegriffs auswählen, ob in der Kategorie CD, Buch oder eine der sonstigen Kategorien gesucht werden soll. Wenn die Kennzeichnung der Kategorie mit in der URL übertragen wird und dieser Kategorieparameter entsprechend in den Einstellungen von Analytics gesetzt wird (siehe Kapitel 7.3.6. Website-Suche), werden die Kategorien im Bericht aufgeführt. Die entsprechenden Zahlen werden mit den Kategorien verknüpft, so dass Sie analysieren können, in welchen Kategorien wie oft, mit welchen Begriffen und mit welchem Erfolg gesucht wurde.

Weil die Kategoriensuche aber eher selten Anwendung findet, gehe ich hier nicht ausführlicher darauf ein.

12.9.7 Trend

Der Bericht „Trend" stellt eine zeitliche Verteilung der Nutzung der internen Suche dar. Aus folgenden Trenddarstellungen kann ausgewählt werden:

- Zugriffe mit Suche
- Einmalige Suchen gesamt
- Ergebnisse
- Seitenzugriffe/Suche
- Prozentualer Anteil der Suchaussstiege
- Prozentualer Anteil der Suchverfeinerungen
- Zeit nach Suche
- Suchtiefe

Diese Kennziffern können in den Trendberichten in Form von Balkengraphiken nach unterschiedlichen Zeiteinheiten analysiert werden. Insbesondere bei durchgeführten Änderungen in der Suche ist diese Darstellungsform interessant.

Die zeitliche Unterscheidung ist hier möglich nach

- Stunden
- Tagen
- Wochen
- Monaten

Dieser Bericht ist sicher keiner, der jeden Tag analysiert werden müsste. Dennoch lohnt eine regelmäßige Analyse der Daten, um mehr Wissen über die Nutzung der internen Suche aufzubauen.

12.10 AdSense-Tracking

Dieses Feature war zum Zeitpunkt der Entstehung dieses Buches offiziell noch nicht veröffentlicht. Daher lediglich eine kurze Übersicht über die kommenden Berichte.

Der Übersichts-Bericht des AdSense-Trackings beinhaltet bereits diverse Informationen. Innerhalb des ausgewählten Zeitraums werden folgende Kennziffern dargestellt:

- AdSense-Umsatz
- AdSense-Umsatz/1000 Besuche
- Aufgerufene AdSense-Anzeigen
- Aufgerufene AdSense-Anzeigen/Besuch
- AdSense-Klickrate
- AdSense-eCPM

- AdSense-Block-Impressionen
- AdSense-Block-Impressionen/Besuch
- AdSense-Seiten-Impressionen
- AdSense-Seiten-Impressionen/Zugriff

Oftmals werden Werbeplätze pro Tausend Werbeeinblendungen verkauft – die Einheit dafür heißt daher auch Tausender Kontakt-Preis (TKP) beziehungsweise Cost Per Mille (CPM). Der AdSense-Umsatz, dividiert durch sämtliche aufgerufenen Seiten, auf denen der AdSense-Code eingebaut ist (Seitenaufrufe = Kontakte), multipliziert mit 1000, ergibt einen effektiven TKP oder auch den AdSense-eCPM. Damit ist eine sinnvolle Vergleichbarkeit mit anderen Medien und anderen Werbemitteln, die grundsätzlich auf einer Seite platzierbar wären, möglich. Sie können nun also selbst entscheiden, ob sich die Platzierung der AdSense-Anzeigen lohnt und ob Sie die dafür benötigte Werbefläche verwenden wollen.

Der AdSense-Umsatz dividiert durch 1000 Besuche ergibt eine ähnliche Kennziffer wie der AdSense-eCPM. Der Unterschied besteht darin, dass die Anzahl der Besuche meist niedriger ist als die der generierten Seitenaufrufe. Mit dieser Kennziffer können Sie den AdSense-Umsatz allerdings gut zu den Besuchen in Beziehung setzen.

Aufgerufene AdSense-Anzeigen sind angeklickte Anzeigen. Es handelt sich hier also um Anzeigen, die dem Seitenbetreiber Umsatz gebracht haben.

Die AdSense-Klickrate beschreibt die Anzahl der Klicks auf die AdSense-Anzeigen im Verhältnis zu deren Auslieferung. Je öfter eine AdSense-Anzeige pro Hundert Einblendungen angeklickt wird, desto höher ist die AdSense-Klickrate.

Es besteht die Möglichkeit, mehrere AdSense-Anzeigen auf einer Webseite anzuzeigen. Daher wird unterschieden nach AdSense-Block-Impressionen und AdSense-Seiten-Impressionen. Sind beispielsweise drei AdSense-Blöcke auf einer Seite eingebaut, ist das Verhältnis von Blöcken zu Seite 3:1.

Der Bericht Top AdSense-Webseiten stellt jede der Webseiten dar, über die AdSense-Umsatz generiert wurde. Hiermit besteht die Möglichkeit, AdSense-Umsätze jeder einzelnen Seite zuzuordnen und nach einigen der oben genannten Kennziffern zu analysieren. Sicher gibt es einzelne Seiten, auf denen der eCPM oder die AdSense-Klickrate besonders hoch ist. So sind Sie in der Lage, exakt zu analysieren, welche Seiten in Bezug auf AdSense wie erfolgreich sind.

Der Bericht mit dem einprägsamen Namen „Beliebteste AdSense-Verweis-URLs" zählt die Verweis-URLs auf, die der Website den meisten über AdSense generierten Umsatz bescherte. Diesen Weg gingen also besonders viele Besucher, die dann auf die AdSense-Anzeigen klickten und auf diese Weise Umsatz generierten.

Der unterste Bericht innerhalb der AdSense-Kategorie stellt den Trend aller zu Beginn dieses Kapitels aufgeführten Kennziffern in Balkengraphik dar. Wie üblich kann hier wieder unterschieden werden nach Stunden-, Tages-, Wochen- oder Monatsansicht, um die Trendentwicklung detailliert analysieren zu können.

12.11 Ereignis-Tracking

In Kapitel 6.20 wurde die Implementierung von Ereignis-Tracking kurz beschrieben – „kurz" deshalb, weil sich das Ereignis-Tracking zur Zeit des Schreibens noch in einer Beta-Phase befand und es keinen offiziellen Termin gibt, wann dieses Feature der Allgemeinheit zugänglich gemacht wird. Dennoch eine – ebenso kurze – Beschreibung der Berichts-Darstellung des Ereignis-Trackings.

Übersicht

Die Übersicht stellt dar, wie viele Ereignisse insgesamt im Betrachtungszeitraum ausgeführt wurden. Beispielsweise würde dies die Anzahl der abgespielten Videos beantworten. Zudem werden die Kennziffer „Zugriffe mit Ereignis" und „Ereignisse pro Zugriff" dargestellt. Dies gibt Auskunft über die Nutzung der verschiedenen als Ereignis definierten Objekte auf Ihrer Website.

Kategorien

Der Bericht „Kategorien" stellt sämtliche von Ihnen definierten Kategorien dar, unterteilt nach:

- Ereignisse gesamt
- Eindeutige Ereignisse
- Ereigniswert
- Durchschnittlicher Wert

Angenommen, Sie stellen Ihren Besuchern ein Video zur Ansicht in einem Video-Player auf Ihrer Website zur Verfügung, das mit den Analytics Ereignis-Tracking-Parametern versehen ist. Unter „Ereignisse gesamt" würde nun die Nutzung des Videos dargestellt. Eindeutige Ereignisse entsprechen bezüglich der Ereignisse sozusagen den absolut eindeutigen Besuchern (Kapitel 10.6.2). Dies ist demnach die Anzahl der Besuche, in deren Verlauf zumindest einmal ein von Ihnen definiertes Ereignis durchgeführt wurde. Angenommen, ein User schaut sich drei unterschiedliche Videos an. Dann würde man ein eindeutiges Ereignis, aber drei Ereignisse insgesamt zählen (mindestens drei Ereignisse, was davon abhängig ist, wie viele weitere Aktionen Sie innerhalb eines Ereignisses definiert haben – wären beispielsweise auch „Pause" und „Stopp" definiert, würde dies die Anzahl der Ereignisse erhöhen, sofern der User diese Funktionalitäten nutzt).

Der Ereigniswert errechnet den durch „Ereigniswert" übergebenen Gesamtwert des Ereignisses. Angenommen, die Funktion „Start des Videos" wurde mit 3 Euro bewertet, und ein Video wird dreimal gestartet, multipliziert Analytics den Ereigniswert der jeweiligen Aktion mit der Häufigkeit und stellt diesen als Ereigniswert dar.

Der durchschnittliche Wert errechnet sich aus dem gesamten Ereigniswert, dividiert durch die Anzahl der Ereignisse insgesamt.

Praxistipp:

Die Anzahl der Ereignisse pro Besuch ist limitiert auf 500. Dies bedeutet, dass die Zahl der Verbindungen zu den Google-Servern nicht überschritten werden darf – was sich sowohl auf die Anzahl der Seitenaufrufe während eines Besuchs bezieht als auch auf die der möglichen Ereignisse. Vermeiden Sie daher, Ereignisse zu detailliert zu definieren oder zu viele Server-aufrufe zu generieren. Wie so oft in der Web-Analyse: Weniger ist mehr. Versuchen Sie, Daten möglichst in einem aggregierten Zustand zu betrachten.

Praxistipp:

Die Absprungrate (Kapitel 10.6.6) wird sich mit der Nutzung des Ereignis-Trackings vermutlich verringern. Der Grund dafür ist, dass Analytics für die Berechnung der Absprungrate eine zweite Aktion benötigt, die der Besucher durchführt. Gibt es keine zweite Aktion – und im bisherigen Sinne somit auch keinen Seitenaufruf –, führt dies zu einer hohen Absprungrate. Wenn nun der User auf der ersten Seite bleibt und sich dort ein Video anschaut, das mit dem Ereignis-Tracking Code versehen ist, findet im Moment des Aufrufs des Ereignis-Tracking-Codes eine Kommunikation mit den Google-Servern statt. Dies bedeutet, dass die für Google Analytics notwendige zweite Aktion durchgeführt wurde und dieser Besuch somit nicht mehr für die Absprungrate relevant ist bzw. gezählt wird – obwohl er vielleicht eine Seite während seines Besuchs betrachtet hat.

Zusätzlich zu den Ereignissen gibt es in diesem Bericht die Registerkarten „Website-Nutzung" und „E-Commerce". Diese bringen die Nutzung der Ereignisse mit anderen Kennziffern in Beziehung:

- Zugriffe insgesamt
- Seiten/Zugriff
- Durchschnittliche Besuchszeit auf der Website
- % neue Zugriffe
- Umsatz
- Transaktionen
- Durchschnittlicher Wert
- E-Commerce-Conversion-Rate
- Wert pro Zugriff

Durch diese Verknüpfung besteht die Möglichkeit, aussagekräftige Informationen zu erhalten über die Wirkung von Ereignissen auf die herkömmlichen Kennziffern:

- Steigern (Produkt-)Videos den Umsatz?
- Engagieren sich User, die ein Ereignis durchgeführt haben, mehr mit der Website als die Besucher ohne Ereignisaktivität?
- Fördern Flash- oder Ajax-Applikationen den Erfolg der Website?

Aktionen

Der Bericht „Aktionen" führt sämtliche innerhalb der definierten Ereignisse durchgeführten Aktionen auf. Im Falle des Videos wären dies „Start", „Pause" und „Stopp". Sie können hier also analysieren, wie oft die Besucher diese Aktionen insgesamt durchgeführt haben und eventuell Änderungen anhand dieser Daten vornehmen. Wenn Sie beispielsweise feststellen, dass eine von Ihnen als wichtig eingestufte Aktion von den Usern nicht angenommen wird, kann diese unter Umständen entfernt und somit die Usability vereinfacht werden.

Label

Der Label-Bericht stellt die aufgerufenen und vorab von Ihnen definierten Labels dar. Dies können Filmtitel oder Namen von Dokumenten sein, die heruntergeladen wurden. All diese Benennungen sind von Ihrer Namensgebung abhängig.

Praxistipp:

Eine einheitliche und eindeutige Benennung der jeweiligen Ereignisse, Aktionen und Labels ist für die Auswertung innerhalb der Berichte sehr wichtig. Überlegen Sie zunächst genau, welche Werte Sie dargestellt haben wollen, und benennen Sie diese. Achten Sie hierbei auf eine einheitliche Benennung, denn beispielsweise „Video" und „Videos" wären zwei unterschiedliche Dinge, die in den Berichten auch getrennt dargestellt werden.

Trend

Der Bericht „Trend" stellt die Nutzung der Ereignisse in Form einer Balkengraphik dar. Die angezeigten Daten sind über das Pull-down-Menü transformierbar in „Ereignisse gesamt", „Zugriffe mit Ereignis" und „Ereignisse pro Zugriff". Außerdem lässt sich die Graphik wieder nach Stunden, Tagen, Wochen oder Monaten anzeigen.

Hostname

Der Hostname-Bericht zeigt an, von welchen Seiten Ereignisse gesendet wurden. Wann immer Analytics eine Beziehung zwischen einem Element und einer URL bzw. einem Hostname herstellen kann, wird sie in diesem Bericht angezeigt.

13 Ziele

13.1 Ziele

Die Definition von Zielen ist das A und O der Web-Analyse. Ohne Ziele macht die Web-Analyse deutlich weniger Spaß. In Kapitel 7.4 (Conversion Ziele und Trichter) wurde beschrieben, was Ziele sein können und wie sie definiert werden. Die dort getätigten Einstellungen wirken sich direkt auf die im Berichte-Block „Ziele" aus. Nur wenn Ziele definiert wurden, werden hier entsprechende Daten angezeigt.

Zwar werden schon in den anderen Berichten – vornehmlich über den Reiter „Ziel-Conversions" – definierte Ziele angezeigt, die detaillierten Ziel-Berichte stellen sie aber deutlich ausführlicher dar. Sämtliche Trichter, Pfade und Conversions werden hier en détail aufgelistet.

13.2 Übersicht

Die Übersichtsseite (Abbildung 13.1) zeigt die unterschiedlich definierten Conversions als Gesamtzahl für den ausgewählten Zeitraum an und stellt die Gesamtconversions graphisch im unteren linken Chart dar. Wenn außerdem ein Zielwert für einige Ziele definiert ist, wird die Entwicklung Letzterer in der rechten unteren Graphik dargestellt.

Der Trendgraph im oberen Bereich stellt die verschiedenen Conversions und Conversionarten im zeitlichen Verlauf dar.

Ein Klick auf eines der Ziele führt zu einer Übersichtsseite für das ausgewählte Ziel, auf der Verknüpfungsmöglichkeiten zu weiteren Analysemöglichkeiten gegeben werden. Hier können die Conversiondaten beispielsweise mit ausgewählten Besucherdaten kombiniert werden (sozusagen der entgegengesetzte Weg – wenn Sie die Daten in den Besucherberichten mit den Conversiondaten kombinieren).

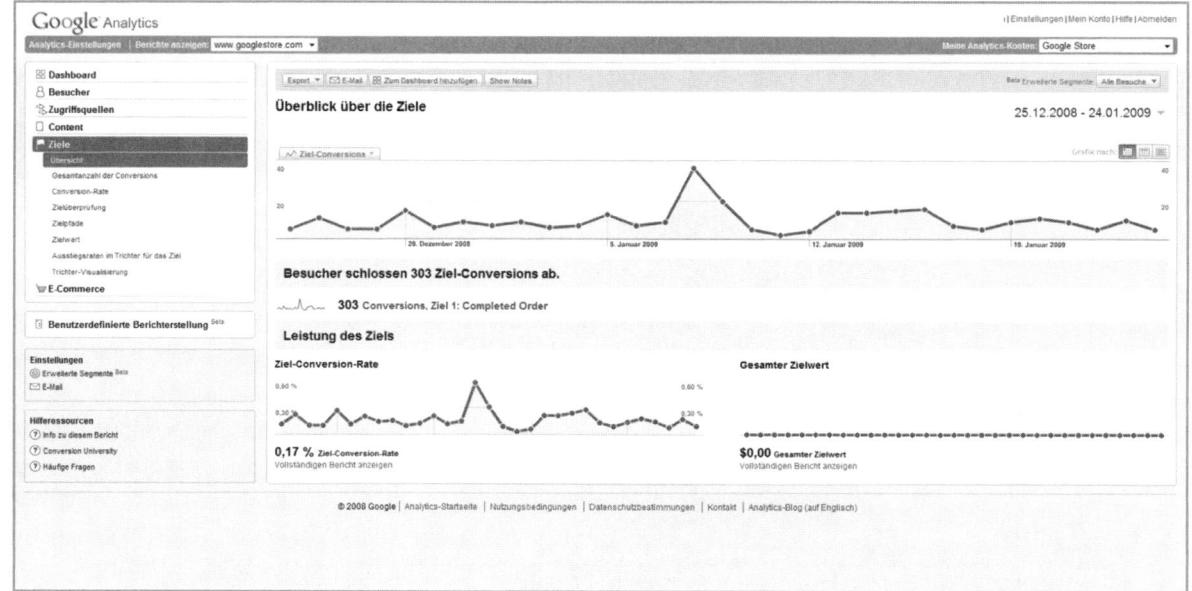

Abbildung 13.1 Ziele → Übersicht

13.3 Gesamtzahl der Conversions

Der Bericht „Gesamtzahl der Conversions" (Abbildung 13.2) zeigt die Conversions der über das Pull-down-Menü ausgewählten Ziele als Balkengraphik. Hier können Sie sich entweder einzelne definierte Ziele ansehen oder aber alle festgelegten Ziele aggregiert anzeigen lassen. Diese sind per Default nach Tagen sortiert, können aber auch nach Stunden, Wochen oder Monaten aufgeführt werden.

Die Auswertung nach Stunden korrespondiert mit den Berichten aus dem Besucher-Berichte-, aber auch mit dem Zugriffsquellen-Berichte-Block. Denn hierüber können Sie analysieren, ob Conversions auch zu Tageszeiten stattfinden, für die Sie Ihre Kampagne unter Umständen noch nicht angepasst haben. Vielleicht hat auch eine besondere Ansprache der nächtlichen Nutzer einen Sinn im Vergleich zu denen, die tagsüber Ihre Seiten besuchen.

Da auch der obere Trendgraph sich automatisch dem ausgewählten Ziel anpasst, ist hierüber eine Analyse der Entwicklung der Conversions einfach möglich.

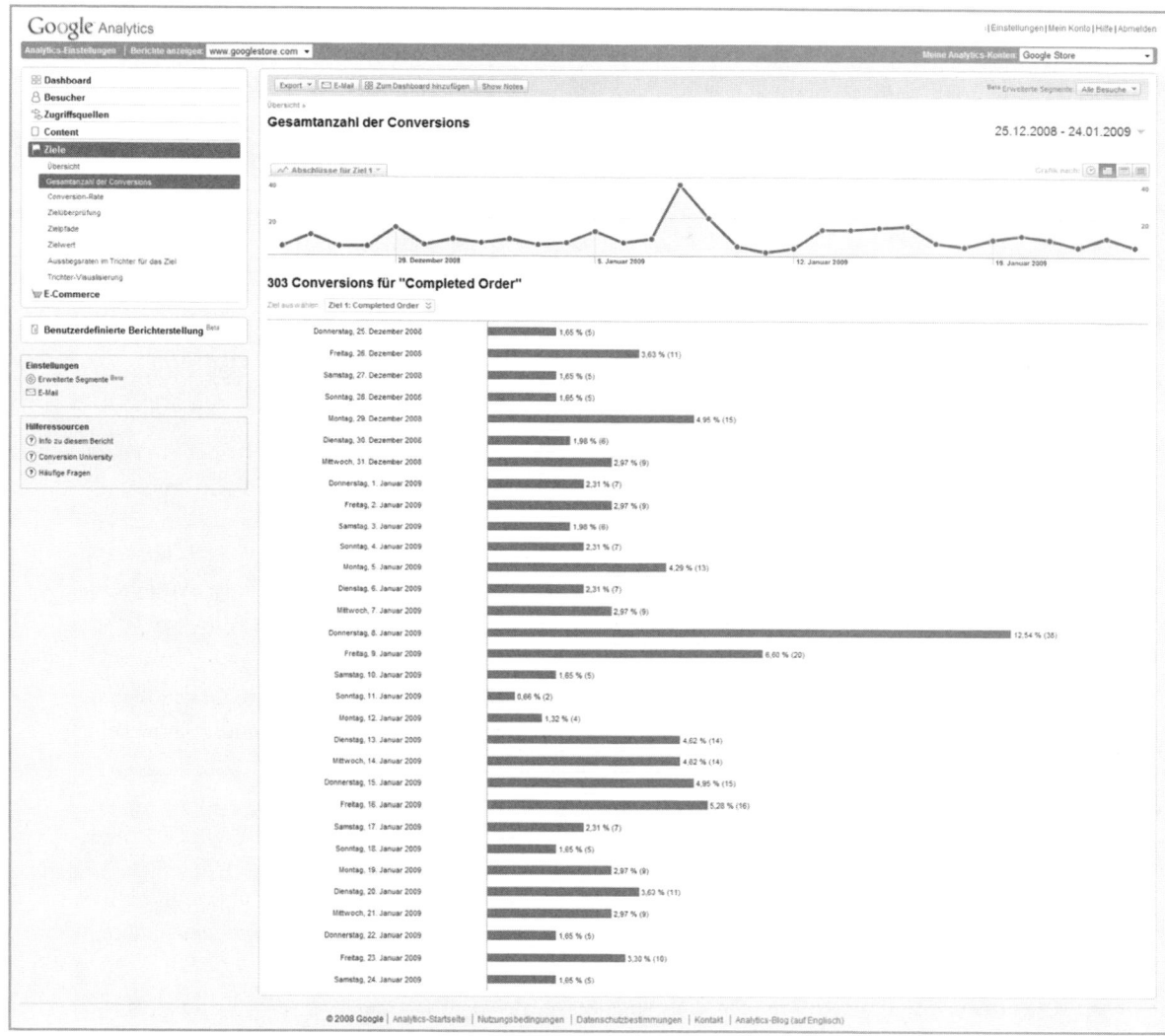

Abbildung 13.2 Ziele → Gesamtzahl

13.4 Conversion-Rate

Die Conversion-Rate stellt das Verhältnis von Besuchern zu Zielerfüllern dar. Je größer also der Anteil der Besucher, die ein definiertes Ziel erfüllen, desto höher die Conversion-Rate. Ziel eines jeden Online-Marketers ist in den meisten Fällen die Steigerung der Conversion-Rate.

In diesem Bericht sind über das Pull-down-Menü ein Ziel – oder alle Ziele – in aggregierter Form, auszuwählen. Es wird dann in Form von Balkengraphiken die zeitliche Entwicklung der Conversion-Rate aufgezeigt.

Sollten Änderungen bei der Useransprache in Kampagnen, der Gestaltung der Website, Veränderungen innerhalb der Bestellprozesse oder der Produkte oder Services durchgeführt worden sein, können Sie durch einen zeitlichen Vergleich über die Kalenderfunktion (siehe Kapitel 8.2 Kalender) darstellen, wie sich die Conversion-Rate gegenüber dem Vergleichszeitraum entwickelt hat. Hierfür wird zu jedem Balken ein weiterer andersfarbiger Balken hinzugefügt, der den Unterschied verdeutlicht.

13.5 Zielüberprüfung

In einigen Fällen ist das Ziel nicht der Klick auf einen bestimmten Link oder der Kauf eines bestimmten Produktes, sondern allgemein der Kauf irgendeines Produktes. Unter einer Ziel-Conversion können also viele unterschiedliche Produkte subsumiert werden.

Zudem lassen sich Ziele wie in Kapitel 7.4 beschrieben auch mit Regulären Ausdrücken definieren. Dann besteht die Möglichkeit, diverse Seiten oder Seitengruppen als ein Ziel festzulegen. Über den Bericht „Zielüberprüfung" kann diese Zusammenlegung verschiedener Zielseiten (also verschiedener URLs oder Seitennamen) aufgelöst werden. Es wird explizit dargestellt, welche der in der Seitengruppe enthaltenen Seiten welchen Anteil an der Conversion hatte und wie viele Conversions je Seite generiert wurden.

Diese Informationen können individuell pro Ziel oder auch für die aggregierte Gesamtheit aller Ziele betrachtet werden. Zudem besteht die Möglichkeit, die Darstellungszeiträume nach Stunden, Tagen, Wochen oder Monaten auszuwählen.

Bestehen die definierten Ziele nicht aus Seitengruppen oder unterschiedlichen URLs oder Seitennamen, werden Sie in diesem Bericht nur einen 100%-Balken sehen, der die Ziel-Conversion darstellt.

13.6 Zielpfade

Besucher einer Website können sehr erfinderisch sein, was den Weg anbelangt, den Sie gehen, um ein von Ihnen definiertes Ziel zu erreichen. Es gibt immer eine Menge User, die die kompliziertesten und undenkbarsten Wege gehen, um dann doch irgendwie ans Ziel zu gelangen. Das kann an mangelnder Nutzererfahrung liegen, aber auch an einer suboptimalen Usability oder unklaren Strukturen einer Website.

Es ist daher interessant zu analysieren, auf welchen Wegen eine Zielerreichung, ein Kauf, eine Registrierung oder eine andere von Ihnen definierte Tätigkeit erreicht wurde. Der Bericht „Zielpfade" listet sämtliche gemessenen User-Pfade nach der Häufigkeit der Nutzung auf (Abbildung 13.3).

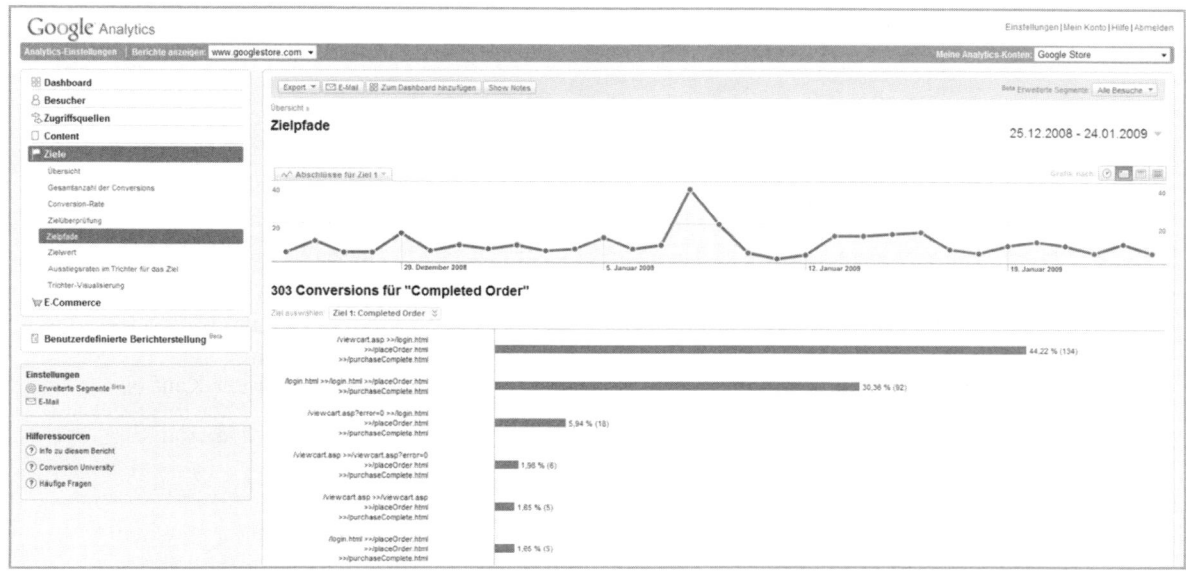

Abbildung 13.3 Ziele → Zielpfade

Hinweis:

Bei sehr großen Websites mit sehr vielen Besuchen kann das Laden dieses Berichts länger als gewöhnlich dauern, weil aufgrund der vielen unterschiedlichen Wege, die die User gehen, die Liste sehr lang werden kann. Auch wenn ein Weg von nur einem User gegangen worden ist, wird er hier angezeigt.

Angefangen mit dem ersten gemessenen Seitenaufruf innerhalb der Session wird durch den Doppelpfeil >> der Schritt zur nächsten Seite dargestellt. Idealerweise stimmt der obere Pfad mit Ihrer Vorstellung der Usernavigation überein. In der Realität sieht es jedoch meist so aus, dass sich Besucher nicht zurechtfinden, im Kreis drehen oder über große Umwege ans Ziel gelangen. Ist bei Ihrer Website die Verteilung ähnlich, besteht also kaum ein Unterschied zwischen den vielen Wegen, spricht dies für eine optimierungswürdige Navigation, weil die User offensichtlich nicht genau wissen, welche Wege sie gehen sollen. Dies erschwert das Finden des eigentlichen Zieles und bedeutet für Sie, dass Sie durch Verbesserungen in der Websitestruktur eine relevante Conversion-Rate-Steigerung erlangen können.

Wird die große Mehrzahl der Conversions über die immer gleichen Wege erreicht, spricht dies für eine gelungene Navigationsstruktur. User, die dennoch eigene Wege gehen, wird es immer geben. Versuchen Sie sich auf die Top-Wege zu konzentrieren und diese möglichst optimal zu gestalten.

In der Darstellung können Sie sich jedes einzelne von Ihnen definierte Ziel über das Pulldown-Menü anzeigen lassen oder aber auch alle Ziele aggregiert darstellen. Zudem besteht wie bei den anderen Balkengraphiken die Möglichkeit, sich andere Zeiteinheiten (Stunde, Tag, Woche, Monat) anzeigen zu lassen.

13.7 Zielwert

Der Zielwert „Bericht" enthält nur dann Daten, wenn Sie in der Zieldefinition einen Zielwert bei Erreichung des Ziels angegeben haben (siehe Kapitel 7.4.1.2, Zielwert).

Je nach ausgewählter Zeiteinheit werden hier pro Einheit die addierten Zielwerte dargestellt. Angenommen, das Herunterladen eines PDF-Dokuments wurde von Ihnen mit einem Zielwert von vier Euro festgelegt. An einem bestimmten Tag ist dieses Dokument 12 Mal von Besuchern Ihrer Website heruntergeladen worden. Der errechnete Zielwert für diesen Tag läge bei 48 Euro. Im Vergleich zu den anderen Tagen (Stunden, Wochen oder Monaten) können Sie nun analysieren, wie sich dieser fiktive Umsatz entwickelt hat.

Durch Benutzung der Vergleichsfunktion innerhalb des Kalenders können Sie sich aus dem Vergleichszeitraum einen weiteren Balken anzeigen lassen, um die Veränderung des Zielwertes zu betrachten.

13.8 Ausstiegsraten im Trichter für das Ziel

Haben Sie einen oder mehrere Trichter für Ihre Ziele definiert, sollte das Bestreben sein, möglichst viele Besucher durch die definierten Wege zu bringen (siehe Kapitel 7.4.2, Trichter definieren). Je mehr User die definierten Trichterprozesse verlassen, desto weniger Conversions erzielen Sie.

Der Bericht „Ausstiegsraten im Trichter für das Ziel" stellt dar, wie viel Prozent der User den Trichterprozess begonnen, nicht zu Ende gebracht und somit keine Zielerfüllung erreicht haben. Über die Zielauswahl können Sie die definierten Ziele auswählen und sich in den üblichen Zeiteinheiten (Stunde, Tag, Woche, Monat) anzeigen lassen. Sowohl über die Balkengraphiken als auch über den Trendgraphen haben Sie die Möglichkeit, im Zeitverlauf zu erkennen, wie sich der Trend der Trichter-Ausstiegsraten entwickelt.

Bestellprozesse und Trichter sind essenziell wichtig für den Erfolg der Zielerreichung und damit von Conversions und Umsatz. Oftmals werden gerade diese Prozesse dennoch sträflich vernachlässigt. Zwar wird viel Geld in Online-Marketing-Maßnahmen investiert, um die User auf die Site zu holen. Wenn aber die Bestellprozesse nicht vernünftig und – vor allem – nicht userfreundlich strukturiert sind, verpufft der Marketing-Effekt sehr schnell. Es ist mir unverständlich, wie es noch immer so viele wirklich schlechte Bestellprozesse geben kann. Auf der anderen Seite bietet dies immer noch ein enormes Steigerungspotenzial. Mit Hilfe der Web-Analyse sollten Sie die Chance nutzen, Schwachpunkte innerhalb einer Website zu entdecken und konsequent zu verbessern. Der Bericht „Ausstiegsraten im Trichter" bietet hier einen guten Ansatz zur Identifikation von Schwachstellen und der Kontrolle des Erfolgs von durchgeführten Änderungen.

13.9 Trichter-Visualisierung

Die Darstellung von Zielnavigationen in Form von Trichtern ist mittlerweile in jedem Web-Analyse-Tool verfügbar – so auch bei Google Analytics. Trichter sind eine im Grunde leicht verständliche Darstellung von definierten Zielpfaden (Abbildung 13.4). In Kapitel 7.4 (Conversion-Ziele und Trichter) wurde dargestellt, wie die Einrichtung und Definition von Trichtern funktioniert. Nun geht es um die Analyse und Interpretation der Daten.

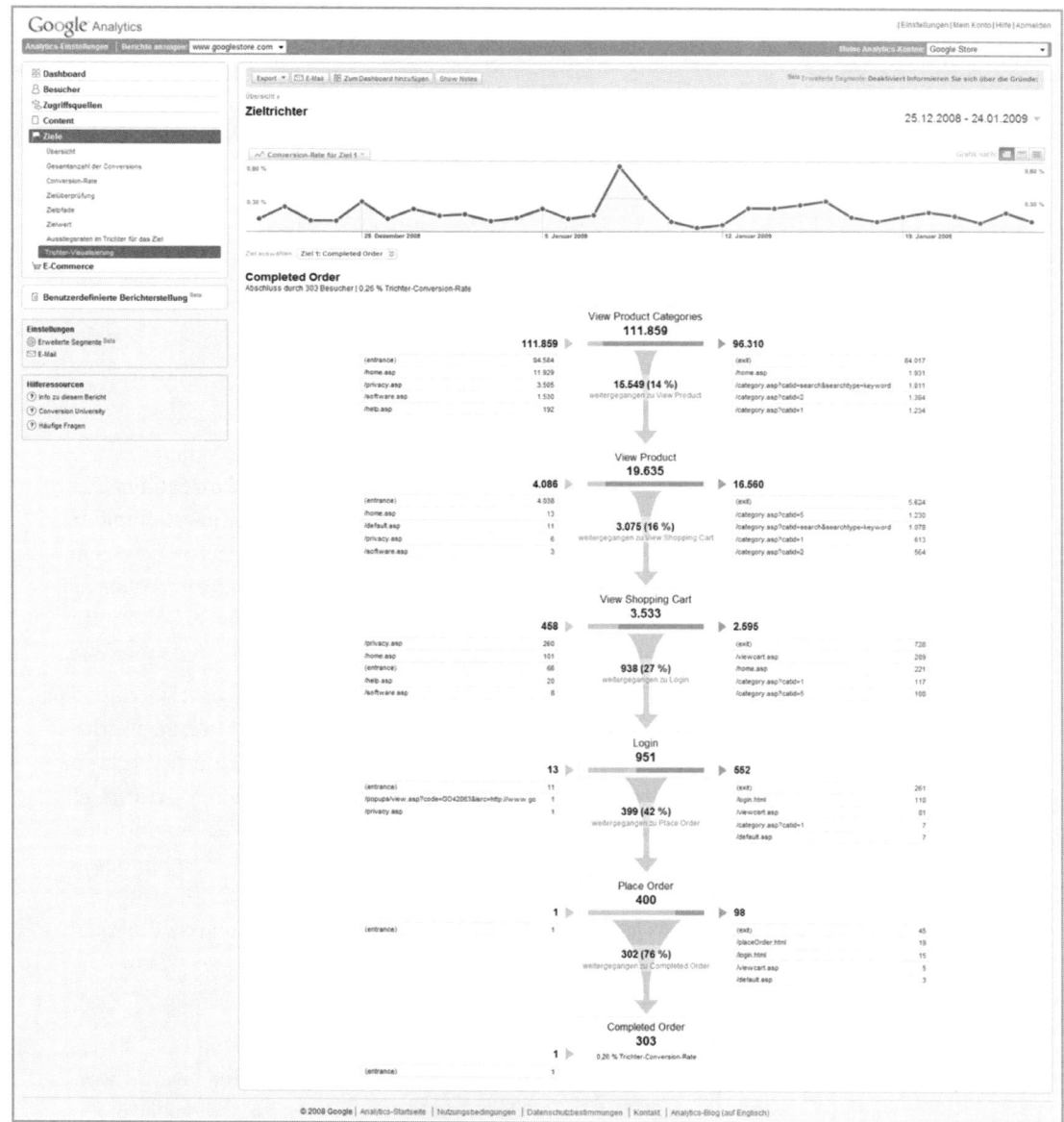

Abbildung 13.4 Ziele → Trichter-Visualisierung

Im Unterschied zum Bericht „Ausstiegsraten im Trichter für das Ziel" werden hier nicht alle möglichen Navigationspfade angezeigt, sondern der von Ihnen definierte Idealpfad. Außerdem sehen Sie nicht nur, an welchen Stellen die meisten Besucher abspringen, sondern sogar, wohin sie gehen.

Die Kästchen in der Mitte stellen die definierten einzelnen Schritte eines Bestellprozesses dar. Hier zahlt es sich aus, wenn eindeutige und selbsterklärende Namen für die jeweiligen Schritte in der Einstellung vergeben wurden. Die Zahl darunter nennt die Anzahl der Besucher, die diesen Schritt, also eine bestimmte Seite, im Laufe eines Besuchs gesehen haben. Der Kasten links davon zeigt an, woher die Besucher kamen, ehe sie den ersten Schritt des Trichters betraten. Sind User von einer externen Quelle direkt in den Trichter eingestiegen, werden diese mit (entrance) gekennzeichnet. Die jeweiligen anderen URLs oder Seitennamen werden dann entsprechend angezeigt. Auch hier zahlt sich eine übersichtliche URL-Struktur oder Seitennamen-Vergabe aus. Denn sehr lange oder kryptische URLs sind hier nur schwer interpretierbar.

Praxistipp:
Vermeiden Sie, die Homepage als ersten Schritt eines Trichters zu definieren, da von hier aus die Verzweigungsmöglichkeiten in der Regel zu groß sind und dementsprechend die Absprünge aus dem ersten Schritt sehr groß. Zudem sehen Sie in der linken Box, woher die User in den jeweiligen Schritt des Trichters eingestiegen sind. Versuchen Sie also, den Trichter so spät wie möglich, doch so früh wie nötig anfangen zu lassen.

Das rechte Kästchen zeigt an, wohin User gegangen sind, wenn sie den jeweiligen Schritt des definierten Trichterprozesses verlassen haben. In Abbildung 14.4 haben 85% der Besucher den Trichter nach Schritt 1 verlassen und davon die meisten sogar die komplette Website, was durch (exit) gekennzeichnet wird. Zwar wurde der Trichter mit der Ansicht der Produktkategorie etwas früh angesetzt, aber die hohe Rate des Verlassens der Website ist dennoch besorgniserregend. Zusätzlich wird dies auch graphisch mit einem rot-grünen Balken dargestellt. Je länger der rote Teil des Balkens ist, desto höher ist die Ausstiegsrate des jeweiligen Trichter-Schrittes.

Sollten Sie in den Settings den Haken „Erforderlicher Schritt" angeklickt haben, werden im Trichter ausschließlich Conversions gezählt und dargestellt, wenn User den Trichter-Prozess über den ersten Schritt betreten haben. Bei den nachfolgenden Schritten gibt es dann keine Einstiegs-Kästchen mehr. Angenommen, Sie haben einen Trichter mit drei Schritten definiert:

Schritt 1
Schritt 2
Schritt 3
Conversion

Wurde *Schritt 1* als erforderlicher Schritt definiert, und User steigen erst in *Schritt 2* in den Prozess ein, werden diese ignoriert. *Schritt 1* muss dann innerhalb der Session besucht worden sein. Auch wenn der User nach *Schritt 1* den Trichterprozess verlässt und später innerhalb derselben Session das Ziel erfüllt, wird die Conversion für den Trichterprozess gezählt.

Die Methode des erforderlichen Schritts ist besonders dann sinnvoll, wenn Sie unterschiedliche Trichter für verschiedene Zielseiten analysieren wollen. Denn innerhalb des Trichters werden dann nur jene Conversions angezeigt, die über die jeweilige Zielseite zustande kamen.

Praxistipp:
Der erforderliche Schritt wirkt sich ausschließlich auf den Bericht „Trichter-Visualisierung" aus. Sämtliche anderen Berichte und entsprechenden Conversion-Zählungen werden hiervon nicht beeinflusst.

Wie schon öfter erwähnt, verhalten sich Besucher nicht immer so, wie man es vorausplant, und gehen nicht immer den von Ihnen vordefinierten Trichterweg. Angenommen, Sie haben einen Trichter gemäß Abbildung 13.4 definiert und den erforderlichen Schritt nicht angeklickt. Ein User sieht als erste Seite *Schritt 2*, navigiert dann zu *Schritt 1*, daraufhin zu *Schritt 3* und erfüllt dann das Ziel. Dieser Besucher wird in Analytics in der Trichter-Visualisierung als Muster-User dargestellt, der ordnungsgemäß von *Schritt 1* über *Schritt 2* und *Schritt 3* zum Ziel gekommen ist. Wie kann das sein? Analytics zeichnet die Session der User auf und vergleicht innerhalb der Session, ob die definierten Seiten des Trichters aufgerufen wurden. Hat ein User nun alle Seiten des definierten Trichters aufgerufen – unabhängig von der Reihenfolge – und dann das Ziel erfüllt, wird der Trichter so ausgefüllt, als hätte der User jeden Schritt seriell durchlaufen.

Der Trichter wird sogar ausgefüllt, wenn ein User mit *Schritt 1* beginnt, dann allerdings *Schritt 2* überspringt und direkt zu *Schritt 3* navigiert, bevor er das Ziel erfüllt. *Schritt 2* würde dann von Analytics nachträglich ausgefüllt.

Noch ein weiteres Szenario. Angenommen, ein User springt des Öfteren zwischen den einzelnen Schritten hin und her, ehe er sich irgendwann entscheidet und eine Conversion generiert. In diesem Fall wird nicht jeder Schritt jedes Mal neu gezählt. Google Analytics würde sich den Verlauf der Seitenaufrufe innerhalb der Session ansehen und feststellen, dass jeder Schritt des definierten Trichters einmal aufgerufen wurde. Damit sieht dies in dem Trichter-Visualisierungs-Bericht so aus, als sei der User direkt von *Schritt 1* zur Conversion durchnavigiert.

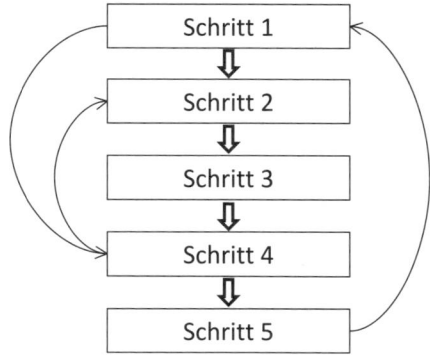

Abbildung 13.5
Navigation innerhalb des Trichters

Daraus folgt, dass die Darstellung der Daten innerhalb der Trichter-Visualisierung abhängig ist von den aufgerufenen Seiten innerhalb der Sessions der User. Sind alle Seiten des Trichters innerhalb eines Besuchs aufgerufen worden, wurde aus Sicht von Analytics der Trichter ordnungsgemäß durchlaufen. Werden nur zwei Seiten des Trichters aufgerufen und dann keine weiteren Seiten der folgenden Trichterschritte, wird dies in dem Kästchen rechts des zuletzt betrachteten Schrittes als Ausstieg dargestellt.

Basierend auf dieser Erkenntnis, lässt sich auch die Frage beantworten, was denn passiert, wenn ein User innerhalb einer Session mehr als einmal das definierte Ziel erfüllt. Da Analytics die gesamte Session betrachtet und erst dann den Trichter-Visualisierungs-Bericht mit Daten füllt, kann folglich auch nur eine Trichter-Conversion pro Session dargestellt werden. Wenn ein User innerhalb derselben Session den Trichter-Prozess 100 Mal durchläuft, wird dies nur als eine Conversion in dem Trichter dargestellt.

Nach diesen ganzen Limitationen und Besonderheiten des Trichters stellt sich naturgemäß die Frage, ob sich denn dann die Einrichtung eines Trichters überhaupt lohnt.

Die klare Antwort darauf lautet: ja. In der Web-Analyse geht es in der Regel um das Erkennen und die Analyse von Trends. Ob es ein paar User mehr oder weniger gibt, die eine besondere Navigationsfähigkeit haben und andere Wege gehen als die Mehrzahl der User, ist aus Sicht der Web-Analyse vernachlässigbar. Wenn Sie feststellen, dass nach *Schritt 3* innerhalb des Trichter-Prozesses 80 % der User abspringen, dann wird dort ein Problem auftreten – unabhängig davon, wie genau Analytics die Daten darstellt. Es ist in diesem Moment sogar egal, ob es nun in Wirklichkeit 80%, 75% oder sogar 85% sind, die hier abspringen (wer kann das schon so genau sagen – jedes Web-Analyse-Tool interpretiert Daten anders), denn nun haben Sie eine Problemstelle innerhalb Ihrer Website identifiziert und können mit Hilfe der anderen Berichte weitere Untersuchungen vornehmen (der Top-Webseiten-Bericht ist als nächster Analyseschritt hilfreich).

Angenommen, Ihr Chef sagt zu Ihnen, dass er mit den Conversion-Rates unzufrieden ist. Durch die Analyse der Trichter-Visualisierung haben Sie den Problembereich so weit eingegrenzt, dass Sie wissen, welche Seite für einen großen Teil der Probleme verantwortlich ist. Schauen Sie sich diese Seite an – sie stehen nun kurz vor der Lösung des Problems – was Ihren Chef freuen wird, da Sie mit Zahlen belegen können, wie viele User an einer wichtigen Stelle den Bestellprozess verlassen. Wenn Sie dies nun noch mit Umsatzzahlen bzw. durch die Problemseite verursachten Umsatzverlusten Ihrem Chef präsentieren, ist die exakte Berechnung der Trichterschritte in Analytics nicht mehr wirklich wichtig. Es geht um bares Geld. Sollten Sie nun noch konkrete Vorschläge zur Verbesserung der identifizierten Problemseite haben, werden Sie mit den vorgetragenen Argumenten sicher schnell Änderungen an der Seite durchsetzen können.

Basis dieser Optimierungsmöglichkeiten sind eine vernünftige Implementierung von Analytics und exakte Einstellungen innerhalb der Benutzeroberfläche. Gerade bei komplexeren Websites kann die Definition von Trichtern mitunter etwas schwieriger sein. Nehmen Sie sich die Zeit, um diese wichtigen Aufgaben zu erledigen, oder nehmen Sie professionelle Beratung in Anspruch.

Mir ist bewusst, dass es eine Vielzahl von Websites gibt, die keine klassischen Trichter-Prozesse haben. Websites, die ausschließlich Inhalte darstellen, oder B2B-Websites bieten oftmals keine Möglichkeit der Trichterdefinition. Dies ist nicht weiter schlimm, solange Sie dennoch Ziele definiert haben – die Darstellung in Form eines Trichters mit mehreren Schritten ist optional und sollte auch nur angewendet werden, sofern es einen wirklichen Prozess gibt, der entsprechend dargestellt werden kann. In vielen Fällen gibt es diesen jedoch. Wann immer eine Registrierung sich über mehr als eine Seite erstreckt und beispielsweise Formularfelder auf zwei Seiten auszufüllen sind, ehe man die Dankeschön-Seite sieht, hat man einen möglichen Trichter. Eine Seite zum Herunterladen diverser Dokumente kann, sofern sie entsprechend gegliedert ist, als Trichter dargestellt werden.

Sie werden es nie schaffen, 100% der User, die den ersten Schritt des Trichters gesehen haben, bis zur definierten Conversion-Seite zu bringen. Es wird immer einige User geben, die den Prozess verlassen (sollte dies bei Ihnen nicht der Fall sein, ist entweder Analytics nicht korrekt eingestellt, oder Sie verschenken wertvolle Ware).

 Praxistipp:

Mitunter kann es etwas verwirrend sein, die Conversion-Rates in Analytics zu betrachten. Betrachten Sie die Trichter-Visualisierung losgelöst von allen anderen Berichten. Die innerhalb des Trichters angezeigte Conversion-Rate bezieht sich ausschließlich auf die definierten Trichterschritte und wird daher anders sein als die Conversion-Rates in den anderen Berichten (meist im Reiter „Ziel-Conversions"). Der Trichter-Visualisierungs-Bericht ist recht individuell und kann daher bezüglich der dargestellten Zahlen nicht unbedingt mit den anderen Berichten verglichen werden. Nehmen Sie die Informationen und Erkenntnisse, die die Trichterdarstellung zu bieten hat, und leiten Sie entsprechende Maßnahmen ein, wenn es Problemstellen gibt. Dies bringt im Zweifelsfall Ihr Business voran. Fangen Sie idealerweise aber nicht an, jede dargestellte Zahl zu hinterfragen. Das wird Ihnen keinen Spaß machen, Ihr Business wird dadurch nicht verbessert, und das Hinterfragen wird Sie vermutlich bis ans Ende Ihres Lebens beschäftigen.

14

14 E-Commerce

14.1 E-Commerce

Die Definition von Zielen ist essenziell wichtig, um anhand von Analytics-Daten diverse Erkenntnisse zu gewinnen und darauf basierend Optimierungen an Website und Kampagnen vorzunehmen. Dies wurde bereits umfangreich in den vorangegangenen Kapiteln beschrieben. Für einen großen Teil der Websites sind die bisherigen Schritte völlig ausreichend, da keine direkten Umsätze über einen Online-Shop generiert werden. Oftmals wird der Umsatz indirekt über die Generierung von Leads oder durch nachhaltige Kontaktpflege und Informationsbereitstellung nachgelagert und außerhalb des *WWW* generiert.

Dieser Berichte-Block in Analytics ist für all jene gedacht, die über ihre Website Produkte oder Dienstleistungen verkaufen. Es besteht die Möglichkeit, vielfältige E-Commerce-Daten bei einer Bestellung mit zu übergeben und diese Daten dann mit den anderen über den Analytics Tracking Code erhobenen Daten entsprechend zu verknüpfen. Die technische Einrichtung und Aktivierung dieser Funktion sowie die Funktionsweise wurden in Kapitel 6.9 (E-Commerce-Transaktionen) und Kapitel 7.3.5 (E-Commerce-Website) ausführlich erläutert. Nun geht es um die aus diesen Daten entstehenden Berichte.

Reale E-Commerce-Daten machen das Arbeiten mit Analytics noch spannender, weil ein Bezug zur realen Welt hergestellt wird. Plötzlich spielt sich alles nicht nur virtuell ab, sondern es tauchen Geldbeträge und Produkte auf, die verkauft wurden. Hierdurch erhält die Web-Analyse nochmals eine deutliche Spaß-Steigerung.

Die E-Commerce-Funktionalität von Analytics muss nicht ausschließlich für den Verkauf von Produkten über einen Online-Shop genutzt werden. Theoretisch können die Inhalte auch für Downloads oder anderweitige Ziele verwendet werden. Letztendlich hängt es davon ab, welche Daten Sie an Analytics übermitteln. Ich beschränke mich hier jedoch auf die Darstellung am Beispiel eines herkömmlichen Online-Shops.

14.2 Übersicht

Die Übersichts-Seite stellt die wichtigsten zusammengefassten Kennziffern des E-Commerce-Berichte-Blocks dar. In einem beschreibenden Satz wird der insgesamt für den ausgewählten Zeitraum generierte Umsatz genauso dargestellt wie die Anzahl der verkauften Produkte. Die hier aufgeführte Zahl der Produkte entspricht unterschiedlichen Produkten. In Abbildung 14.1 wurden 23 verschiedene Produkte verkauft – hiervon allerdings insgesamt 45. Das heißt, einige Produkte wurden mehrmals gekauft. Das Ganze fand in 12 Transaktionen statt, die einen durchschnittlichen Bestellwert von 37,36 Euro auswiesen.

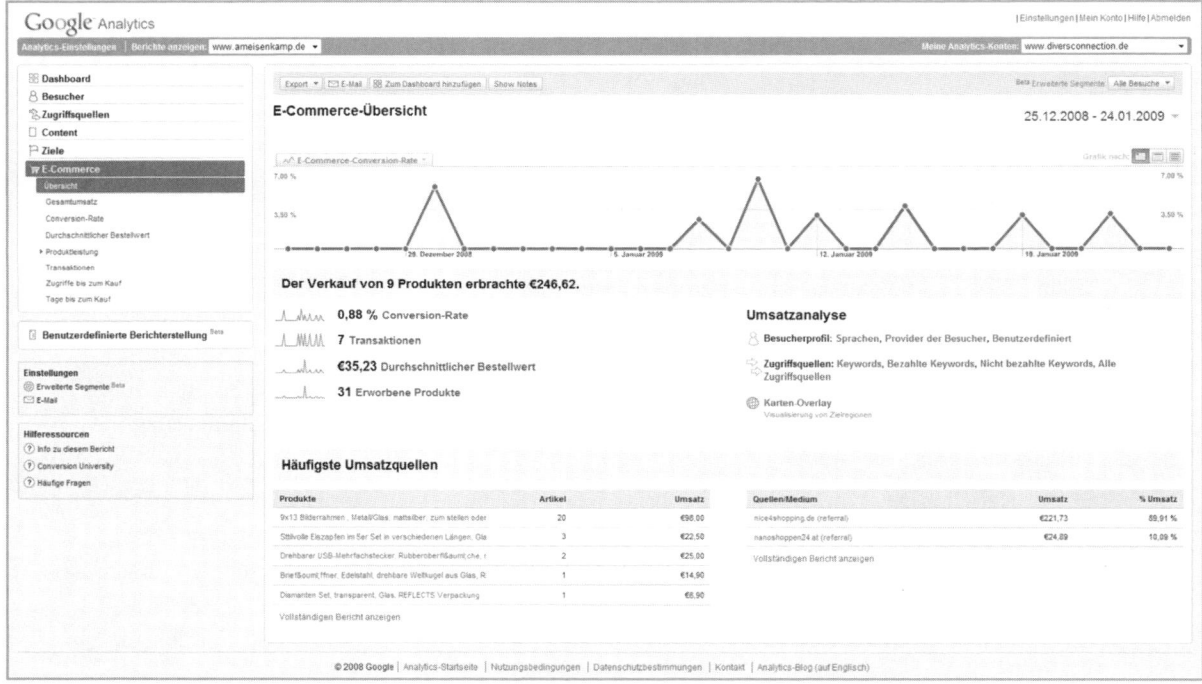

Abbildung 14.1 E-Commerce → Übersicht

Zur weiteren Analyse können Sie diese Kennziffern direkt anklicken. Man gelangt dann in die entsprechenden Berichte, die ich in den folgenden Kapiteln beschreibe. Auf der rechten Seite der Übersicht werden Verknüpfungen der E-Commerce-Daten mit den Daten aus den Besucher-Berichten und den Zugriffsquellen-Berichten vorgeschlagen. Die Möglichkeit der Kombination mit diesen Daten befindet sich aber auch innerhalb der einzelnen Berichte, sowohl in den E-Commerce-Berichten als auch in einer Vielzahl der anderen Berichts-Blöcke. Über die Dimensionierung können viele Daten untereinander mit anderen Daten verknüpft werden. Zudem steht in vielen Berichten mit der Aktivierung der E-Commerce-Funktion ein Reiter zur Verfügung, der diverse E-Commerce-Daten mit den jeweiligen Darstellungen der einzelnen Berichte verknüpft.

Die beiden unteren Tabellen zeigen die häufigsten Umsatzquellen an. Zum einen die Top-Liste der verkauften Produkte, zum anderen die Verweise, über die am meisten Umsatz generiert wurden.

Die für die E-Commerce-Berichte wichtigen Kennziffern

- E-Commerce-Conversion-Rate
- Transaktionen
- Durchschnittlicher Wert
- Menge
- Umsatz

können in der Trendgraphik ausgewählt und dargestellt werden.

14.3 Gesamtumsatz

Der Bericht „Gesamtumsatz" stellt den ermittelten Umsatz nach ausgewählter Zeiteinheit dar. Per Default wird dies in einer Balkengrafik nach Tagen sortiert angezeigt. Es besteht die Möglichkeit, diese Anzeige nach Stunden, Wochen oder Monaten zu ändern.

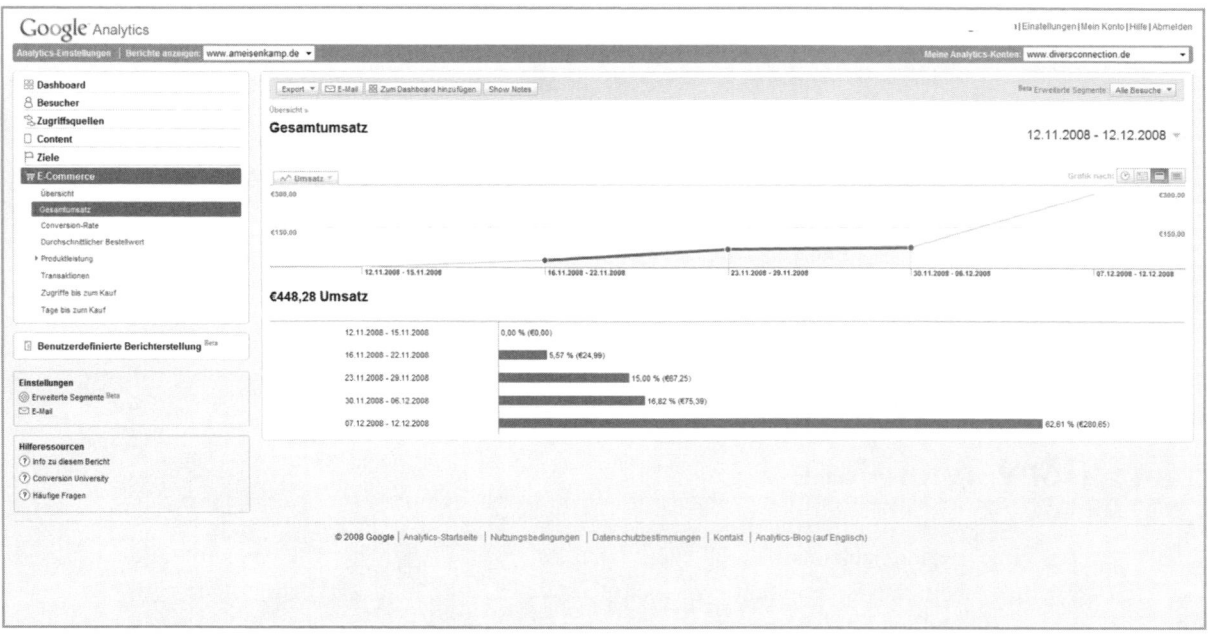

Abbildung 14.2 E-Commerce → Gesamtumsatz

Über diesen Bericht lässt sich Umsatzentwicklung verfolgen. Insbesondere ist dies interessant, um beispielsweise saisonale Schwankungen sowie Trends innerhalb eines Tages oder einer Woche zu erkennen. Darüber hinaus besteht natürlich das Ziel, den Gesamtumsatz langfristig ansteigen zu lassen. Welche Auswirkungen hier beispielsweise Änderungen und Optimierungen an der Website oder an Kampagnen haben, können Sie an diesem Bericht direkt umsatzbezogen feststellen.

Möchte man den Umsatz optimieren, ist das Erkennen von Umsatztrends ein guter Startpunkt für die Analyse. Sieht man hier auffällige Steigerungen oder Abfälle, ist dies ein Hinweis für weitere Nachforschungen, denn fast automatisch stellen sich weitere Fragen wie:

- Welche Kampagnen sind die größten Umsatztreiber?
- Welche Quellen liefern die Besucher mit dem größten durchschnittlichen Bestellwert?
- Gibt es bestimmte Regionen, in denen besonders viel Umsatz generiert wird?
- Wie entwickelt sich der ROI für verschiedene AdWords-Kampagnen?

All diese Fragen können mit Hilfe der im E-Commerce-Berichte-Block bzw. innerhalb der bereits dargestellten Berichte beantwortet werden.

Praxistipp:

Einige Besucher geben bei (Test-)Bestellungen Mickey-Mouse-Namen an – also nicht reale Namen – und bestellen mitunter unzählige Produkte zu einem hohen Preis. Diese Fake-Bestellungen werden natürlich auch von Analytics erfasst. Ich habe Beispiele gesehen, in denen diese falschen Umsätze die Statistiken dauerhaft zerstörten (siehe hierzu auch Praxistipp in Kapitel 14.6, Produktleistung). Denn Analytics lässt es nicht zu, Daten nachträglich zu bearbeiten. Sind die Daten einmal ordnungsgemäß in das System eingelaufen, sind sie nicht mehr veränderbar.

Um Fake-Buchungen zu vermeiden, empfehle ich schon vor Abschicken der Bestellung eine automatische Überprüfung. Angenommen, der durchschnittliche Bestellwert auf Ihrer Website beträgt 50 Euro. Wenn nun jemand eine Fake-Bestellung für 10.000 Euro abgibt, könnte diese zurückgewiesen werden (kontrollieren Sie unbedingt vorher, ob Sie bereits 10.000 Euro Bestellungen hatten – nicht, dass diese dann ausgeschlossen werden) bzw. der entsprechende User eine Fehlermeldung zu sehen bekommt. Ganz ähnlich, wie viele Unternehmen eine automatische Abfrage installiert haben, die die Richtigkeit der Postleitzahl überprüft. Durch Vorab-Überprüfungen vermeiden Sie, dass sinnlose Daten überhaupt durch Google Analytics erhoben werden.

14.4 Conversion-Rate

Diese Rate bezieht sich ausschließlich auf Conversions, bei denen der E-Commerce-Code aufgerufen und eine Transaktion gemessen wurde, d.h., nur wenn wirklich Umsatz generiert wurde und man die entsprechenden Daten an Google übermittelt hat, wird auch eine Conversion gezählt.

$$\text{E-Commerce-Conversion-Rate} = \frac{\text{Anzahl Transaktionen}}{\text{Zugriffe}}$$

Die Conversion-Rate kann von der Ziel-Conversion-Rate abweichen. Schließlich können mehrere Ziele definiert worden sein, die nicht alle einen Umsatz zur Folge haben. Diese Ziele werden in die Ziel-Conversion-Rate mit einbezogen, nicht jedoch in die E-Commerce-Conversion-Rate. Aber auch wenn ein Ziel exakt identisch definiert ist – bei einem E-Commerce-Ziel kann es aus technischen Gründen vorkommen, dass die Zahlen voneinander abweichen.

Angenommen, ein Besucher erfüllt ein Ziel und bekommt die Bestellbestätigungsseite zu Gesicht. Wird diese Seite aufgerufen, erfolgt zunächst das Laden des herkömmlichen Analytics Tracking Codes. Mit dessen Hilfe registriert Analytics, dass die Zielseite aufgerufen wurde, und vermerkt dies entsprechend. Als Nächstes, weiter unten innerhalb des Quelltextes der Dankeschönseite, wird der Analytics E-Commerce-Code aufgerufen. Erst wenn er vollständig geladen ist und die Daten an Google übermittelt wurden, kann auch der E-Commerce-Bericht registrieren, dass eine Conversion stattgefunden hat. Somit besteht eine zeitliche Verzögerung, die leicht zu leicht abweichenden Zahlen führen kann.

Vor allem aber unterscheidet sich die E-Commerce-Conversion-Rate von der Ziel-Conversion-Rate, da die Ziel-Conversion-Rate nur einmal pro Besuch für das gleiche Ziel erfüllt werden kann. Die E-Commerce-Conversion-Rate basiert auf Transaktionen. Hier besteht die Möglichkeit, dass ein User während eines Besuchs mehrere Transaktionen durchführt. Daher ist die E-Commerce-Conversion-Rate meist etwas größer als die Ziel-Conversion-Rate.

Die E-Commerce-Conversion-Rate wird ebenso wie der Gesamtumsatz in einer Balkengraphik dargestellt, die sich nach unterschiedlichen Zeiteinheiten darstellen lässt. Zusätzlich zur Analyse der Trendlinien kann die Vergleichsfunktion des Kalenders wieder interessante Erkenntnisse liefern, insbesondere dann, wenn Änderungen und Optimierungen an Website und Kampagnen vorgenommen wurden.

14.5 Durchschnittlicher Bestellwert

Der durchschnittliche Bestellwert (synonym für durchschnittlicher Warenkorbwert) errechnet sich aus dem Quotienten des Gesamtumsatzes und der Anzahl der Transaktionen:

$$\text{Durchschnittlicher Bestellwert} = \frac{\text{Gesamtumsatz}}{\text{Transaktionen}}$$

Dieser Bericht bietet Daten als Basis für eine Optimierung des Online-Shops. Angenommen, Sie sind mit dem durchschnittlichen Bestellwert der Besucher nicht zufrieden. Es gibt diverse Möglichkeiten, die Sie innerhalb Ihres Shops testen können, um den durchschnittlichen Bestellwert zu erhöhen. Beispielsweise können weitere ähnliche Produkte angeboten werden (à la Amazon: Wer dieses Produkt gekauft hat, hat auch jene gekauft), oder der User kann aus verschiedenen Produkt-Paketen auswählen, die zwar ebenfalls das ursprünglich gewünschte Produkt enthalten, aber auch Zubehör oder weitere Produkte. So lässt sich der durchschnittliche Bestellwert erhöhen.

Praxistipp:

Cross- oder Up-Selling kann den durchschnittlichen Bestellwert erhöhen. Behalten Sie aber gleichzeitig die Gesamtumsätze und die E-Commerce-Conversion-Rate sowie die Trichter-Visualisierung im Auge, denn es gibt keine festen Regeln, welches die bessere Variante ist:

- User möglichst schnell und ohne Umweg durch den Bestellprozess bringen?
- Usern die Möglichkeit geben, in andere Produktkategorien zu schauen, zu stöbern und permanent mit weiteren Angeboten zu locken?

Die Frage, welcher dieser beiden völlig unterschiedlichen Ansätze der bessere ist, kann vorab nicht beantwortet werden. Dies hängt von den Usern Ihrer Website ab, von den angebotenen Produkten, Kampagnen, Zielseiten usw.

Die einzige Möglichkeit herauszufinden, welche Variante für Ihre Website am besten funktioniert oder ob gar eine Mischung aus beiden die bessere Wahl sein könnte, wäre ein Test. Lassen Sie Ihre User entscheiden. Halten Sie die Ergebnisse mit Analytics fest, und beurteilen Sie anhand der dann gegebenen Fakten, welche Varianten für Ihre Website besser funktionieren.

In diesem Fall ist eine Optimierung dieser Kennziffer über eine Veränderung der Online-Marketing-Kampagnen nicht oder nur indirekt möglich. Denn natürlich werden der Gesamtumsatz und die Anzahl der Transaktionen von der Kampagnensteuerung indirekt beeinflusst, doch steht keine dieser Kennziffern in direktem Bezug zu einer Kampagne (wählen Sie zur Kampagnenoptimierung besser die Berichte aus dem Berichte-Block „Zugriffsquellen", und dimensionieren Sie diese mit den entsprechenden E-Commerce-Daten, bzw. nutzen Sie den E-Commerce-Reiter).

14.6 Produktleistung

Die Berichte innerhalb der Produktleistung beinhalten sämtliche detaillierten produktbezogenen Informationen. Je mehr Informationen im Analytics E-Commerce-Code übergeben werden, desto besser sind auch diese Berichte mit sinnvollen Daten gefüllt. Geben Sie beispielsweise keine Produkt-Artikelposition oder Kategorie des Produktes an, so bleiben diese Berichte leer.

Praxistipp:

Analytics ersetzt kein Warenwirtschaftssystem. Aufgrund diverser technischer Implikationen werden die Produktdaten in Analytics von Ihren internen Daten abweichen. Analytics misst nur das, was ihm an Zahlenmaterial bei der Bestellung übergeben wurde. Nachträgliche Verhandlungen oder Rabatte können ebenso wenig einfließen wie Stornierungen oder Retouren.

Es besteht jedoch die Möglichkeit, Bestellungen rückgängig zu machen. Hierfür muss der E-Commerce-Code mit teilweise veränderten Vorzeichen erneut ausgeführt werden. Stellen Sie hierfür zunächst sicher, dass die Transaktions-ID und die Artikeldaten mit den Daten des ursprünglichen Kaufauftrags übereinstimmen. Das Feld „Gesamtbetrag" innerhalb des _addTrans-Teils ist negativ, während im _addItem-Teil der Preis positiv, die Menge aber negativ ist. Ebenso können fälschlicherweise erhobene Steuern und Frachtkosten rückgängig gemacht werden.

Hier ein Beispiel für den E-Commerce-Code, der eine ursprüngliche Transaktion gemessen hat (es wurden hier zwei Bücher gekauft):

Listing 14.1 E-Commerce-Aktion

```
<script type="text/javascript">
var gaJsHost = (("https:" == document.location.protocol) ?
"https://ssl." : "http://www.");
document.write(unescape("%3Cscript src='" + gaJsHost + "google-
analytics.com/ga.js' type='text/javascript'%3E%3C/script%3E"));
</script>
<script type=„text/javascript">
try {
var pageTracker = _gat._getTracker(„UA-xxxxx-x");
pageTracker._trackPageview();
pageTracker._addTrans(
    „12345",              //Order-ID
    „",                   //Zweigunternehmen
    „59.80",              //Gesamtbetrag
    „4.17",               //Steuern
    „10.00",              //Frachtkosten
    „Hamburg",            //Stadt
    „Hamburg",            //Bundesland
    „Deutschland");       //Land
pageTracker._addItem(
    „12345",              //Order-ID
    „abc987",             //Artikelposition (SKU)
    „Google Analytics",   //Produktname
    „Buch",               //Kategorie
    „29.90",              //Preis
    „2");                 //Menge
pageTracker._trackTrans();
} catch(err) {}</script>
```

Nun wird ein Buch wieder zurückgesendet. Die (jetzt) falschen Daten können folgendermaßen korrigiert werden:

Listing 14.2 E-Commerce Aktion rückgängig machen

```
<script type="text/javascript">
var gaJsHost = (("https:" == document.location.protocol) ?
"https://ssl." : "http://www.");
document.write(unescape("%3Cscript src='" + gaJsHost + "google-
analytics.com/ga.js' type='text/javascript'%3E%3C/script%3E"));
</script>
<script type=„text/javascript">
try {
var pageTracker = _gat._getTracker(„UA-xxxxx-x");
pageTracker._trackPageview();
pageTracker._addTrans(
    „12345",              //Order-ID
    „",                   //Zweigunternehmen
    „-29.90",             //Gesamtbetrag
    „-2.09",              //Steuern
    „",                   //Frachtkosten
    „Hamburg",            //Stadt
    „Hamburg",            //Bundesland
    „Deutschland");       //Land
pageTracker._addItem(
    „12345",              //Order-ID
    „abc987",             //Artikelposition (SKU)
    „Google Analytics",   //Produktname
    „Buch",               //Kategorie
    „29.90",              //Preis
    „-1");                //Menge
pageTracker._trackTrans();
} catch(err) {}</script>
```

Hierbei ist wichtig zu wissen, dass beide Transaktionen in Analytics enthalten sind. Wird nur der Tag betrachtet, an dem die Bestellung stattgefunden hat, kann die Stornierung nicht berücksichtig werden, da sie an einem späteren Tag stattfand. Wird allerdings ein Zeitraum betrachtet, der beide Aktionen beinhaltet, also sowohl die Bestellung als auch die Stornierung, wird die Berichtigung berücksichtigt.

14.6.1 Produktübersicht

Die Produktübersicht stellt sämtliche Produkte dar, die über den Online-Shop verkauft wurden. Entsprechend der Übergabe der Produktnamen über den E-Commerce-Code, tauchen die Namen hier wieder auf. Neben der Anzahl der jeweils verkauften Produkte (Menge) werden weitere Kennziffern angezeigt:

- Eindeutige Käufe
- Produktumsatz
- Durchschnittlicher Preis
- Durchschnittliche Menge

Die eindeutigen Käufe geben an, in wie vielen Transaktionen ein bestimmtes Produkt gekauft wurde. Abbildung 14.3 zeigt, dass vom obersten Produkt zwar 11 Stück verkauft wurden, diese aber alle in einer Transaktion an den Mann gebracht wurden (eindeutige Käufe). Der Produktumsatz errechnet sich aus dem durchschnittlichen Preis, multipliziert mit der durchschnittlichen Menge. Steuern und Frachtkosten werden in diesem Bericht nicht berücksichtigt.

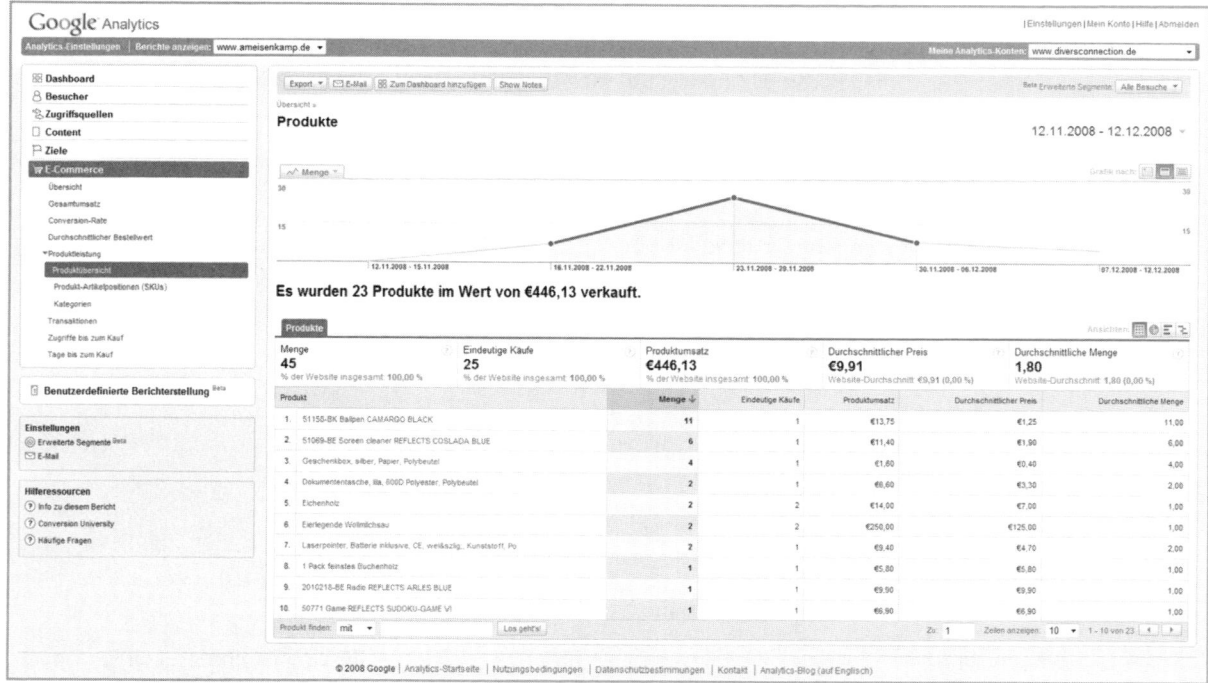

Abbildung 14.3 E-Commerce → Produktleistung → Produktübersicht

Durch Nutzung der weiteren Darstellungsvarianten (Kuchengraphik, Balkendiagramm etc.) besteht die Möglichkeit, weitere interessante Analysen durchzuführen. Beispielsweise kann in der Balkendarstellung ein Vergleich aus Menge und durchschnittlichem Preis aufschlussreich sein, denn wenn Produkte mit einem hohen durchschnittlichen Preis eher selten verkauft werden im Vergleich zu Produkten mit einem deutlich niedrigeren Preis, könnte dies durch eine eventuell bessere Platzierung innerhalb der Website oder bessere Promotion in Kampagnen oder auf Zielseiten beeinflusst werden.

Ein Klick auf eines der aufgeführten Produkte führt zur nächsten Ebene, die Produkt-Artikelposition (SKU – Stock Keeping Unit). Sie ist eine eindeutige Kennzeichnung des Produktes und kann hier explizit betrachtet werden. Über die Dimensionierung lässt sich die Artikelposition nun mit sämtlichen dort enthaltenen Daten verknüpfen. Hier wird es wieder spannend, denn folgende Fragen können nun beantwortet werden:

- Über welche Quellen wurde exakt diese Produkt-Artikelposition wie oft verkauft?
- Über welche Kampagne kamen die Käufer dieser Produkt-Artikelposition?
- Welche Zielseite war am erfolgreichsten für den Verkauf dieser Produkt-Artikelposition?
- Wie ist das Verhältnis von neuen zu wiederkehrenden Besuchern, die diese Produkt-Artikelposition kauften?
- Aus welcher Region/welchen Städten kamen die User, die diese Produkt-Artikelposition erwarben?
- Welcher Suchbegriff wurde eingegeben mit anschließendem Kauf des entsprechenden Artikels?

Über diese Funktion lassen sich auf detaillierter Produkt-Artikel-Ebene vielfältige Analysen durchführen.

Praxistipp:

Beginnen Sie nicht mit der Analyse auf diesem detaillierten Level. Versuchen Sie zunächst Trends aufzuspüren und diese immer weiter einzukreisen. Wenn Sie dann den zu untersuchenden Bereich sehr weit eingegrenzt haben, lohnt sich der Blick in die einzelnen Daten der unterschiedlichen Produkt-Artikelpositionen, verknüpft mit der Dimensionierung.

14.6.2 Produkt-Artikelpositionen (SKUs)

Die in der Produktübersicht bereits erläuterten Produkt-Artikelpositionen sind in diesem Bericht aufgelistet. Jede einzelne Position dieser Pflichtvariable kann hier individuell betrachtet und hinsichtlich Menge, eindeutiger Käufe, Produktumsatz, durchschnittlichem Preis und durchschnittlicher Menge analysiert werden.

Ein Klick auf eine Produkt-Artikelposition ermöglicht die Darstellung der genannten Kennziffern in Mini-Graphiken und die Nutzung der Dimensionierung. Diese Darstellungsebene entspricht der Produkt-Artikelpositions-Ebene der Produktübersicht.

Um den Erfolg der unterschiedlichen Produkt-Artikelpositionen zu bewerten, eignet sich die Änderung der Darstellung in die Balken- oder Verhältnisansicht. So sehen Sie auf einen Blick, welche Artikel wie oft, zu welchen Preisen und in welcher Menge gekauft wurden.

14.6.3 Kategorien

Sofern Sie die optionale Variable „Kategorie" im Analytics E-Commerce Code mit Inhalt gefüllt haben, finden Sie in diesem Bericht Daten. Die Betrachtung dieses Berichts gibt einen Überblick, welche Kategorien wie erfolgreich sind, welche Mengen jeweils hierüber verkauft wurden, wie viel Umsatz generiert wurde und welcher durchschnittliche Preis erzielt wurde.

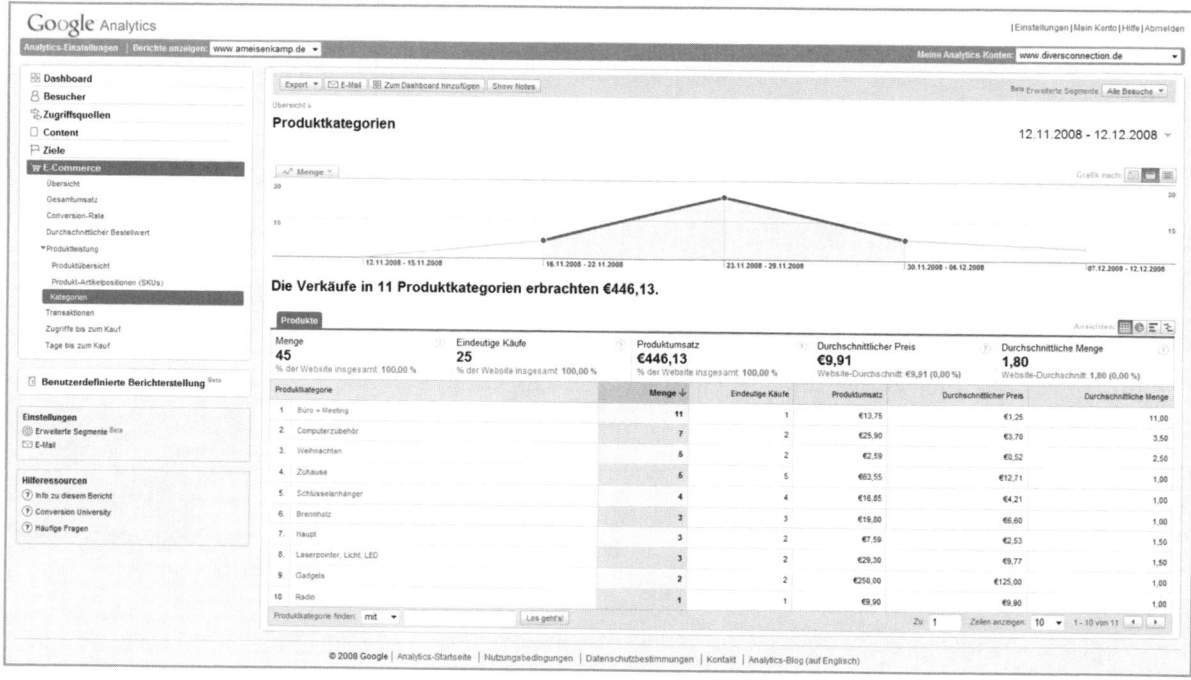

Abbildung 14.4 E-Commerce → Produktleistung → Kategorien

Die Kenntnis der wichtigsten und erfolgreichsten Produktkategorien ist wichtig, um Marketing-Maßnahmen zu steuern und die Website entsprechend auszurichten. Angenommen, Sie haben bisher eine Kategorie prominent auf der Home- oder Landing Page beworben. Mit Hilfe des Kategorien-Berichtes in Analytics stellen Sie nun aber fest, dass diese zwar ganz gut funktioniert, eine andere Kategorie jedoch deutlich mehr Potenzial besitzt, da hier beispielsweise der durchschnittliche Bestellwert deutlich höher ist. Es wäre also einen Versuch wert, diese Kategorie stärker zu bewerben. Sie können im Nachhinein analysieren, welche Maßnahme den größeren Erfolg gebracht hat.

14.7 Transaktionen

Eine Transaktions-ID (oder auch Order-ID) muss innerhalb des Analytics E-Commerce-Codes vergeben werden, um verschiedene Transaktionen voneinander unterscheidbar zu machen. Eine Transaktion ist also immer eine einzigartige Bestellung, die jedoch mehrere verschiedene Produkte umfassen kann (dies ist der Unterschied zwischen _addTrans_ und _addItem_ – siehe Kapitel 6.9, E-Commerce Transaktionen).

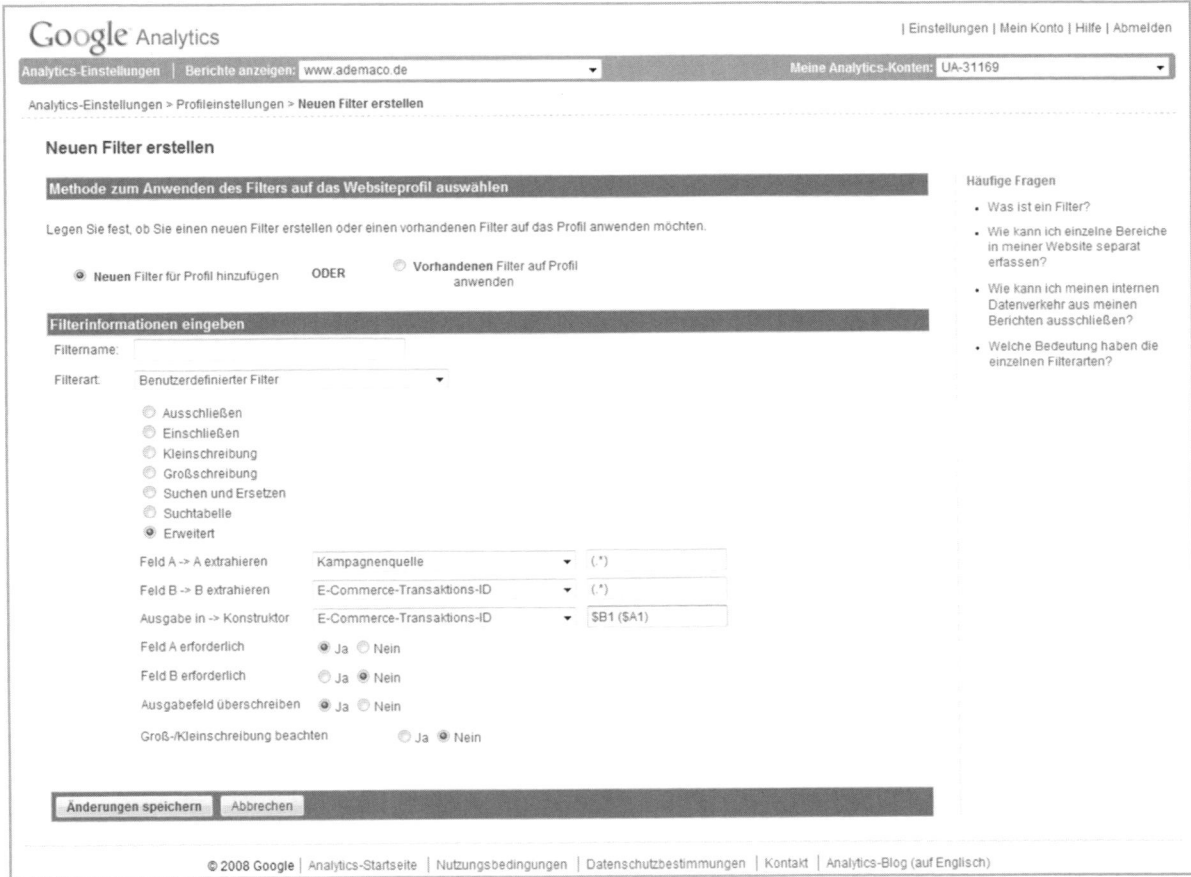

Abbildung 14.5 E-Commerce → Transaktionen

Innerhalb des Transaktionen-Berichtes werden sämtliche gemessenen Transaktionen mitsamt der dazugehörigen ID dargestellt. Diese werden angezeigt mit den anderen erhobenen Daten Umsatz, Steuern, Versandkosten und Menge. Sie können hier die erfolgreichsten Transaktionen vergleichen. Mit einem Klick auf die entsprechende Transaktions-ID gelangen Sie in die Produktansicht, die die Frage beantwortet, welche Produkte hinter der jeweiligen Produkt-ID stecken. Eine weitere Dimensionierung ist von dieser Ebene aus nicht möglich.

Praxistipp:

Wenn Sie beispielsweise im Transaktions-Bericht die Quelle mit angezeigt haben wollen, ist das in diesem Fall nicht automatisch über die Dimensionierung möglich. Eine Variante bestünde darin, die Verknüpfung mit Hilfe erweiterter Filter herzustellen. Erstellen Sie hierfür ein neues Profil und wählen die Kampagnenquelle und die Transaktions-ID als Feld A und Feld B – nun können Sie die Kampagnenquelle hinter (oder vor) der korrespondierenden Transaktions-ID eintragen:

Zu dieser Variante gibt es jedoch eine Alternative. Über die benutzerdefinierte Berichterstellung können Sie sich diesen Bericht auch individuell selbst erstellen. Wie dies funktioniert, erfahren Sie in Kapitel 15.

14.8 Zugriffe bis zum Kauf

Nach den vielen Detailinformationen bezüglich der einzelnen Produkte und Umsätze stellt sich die Frage, wie viel Zeit denn die User eigentlich benötigen, um einen Kauf zu tätigen. Konkret wird diese Frage im Bericht „Zugriffe bis zum Kauf" beantwortet. Je mehr Zugrif-

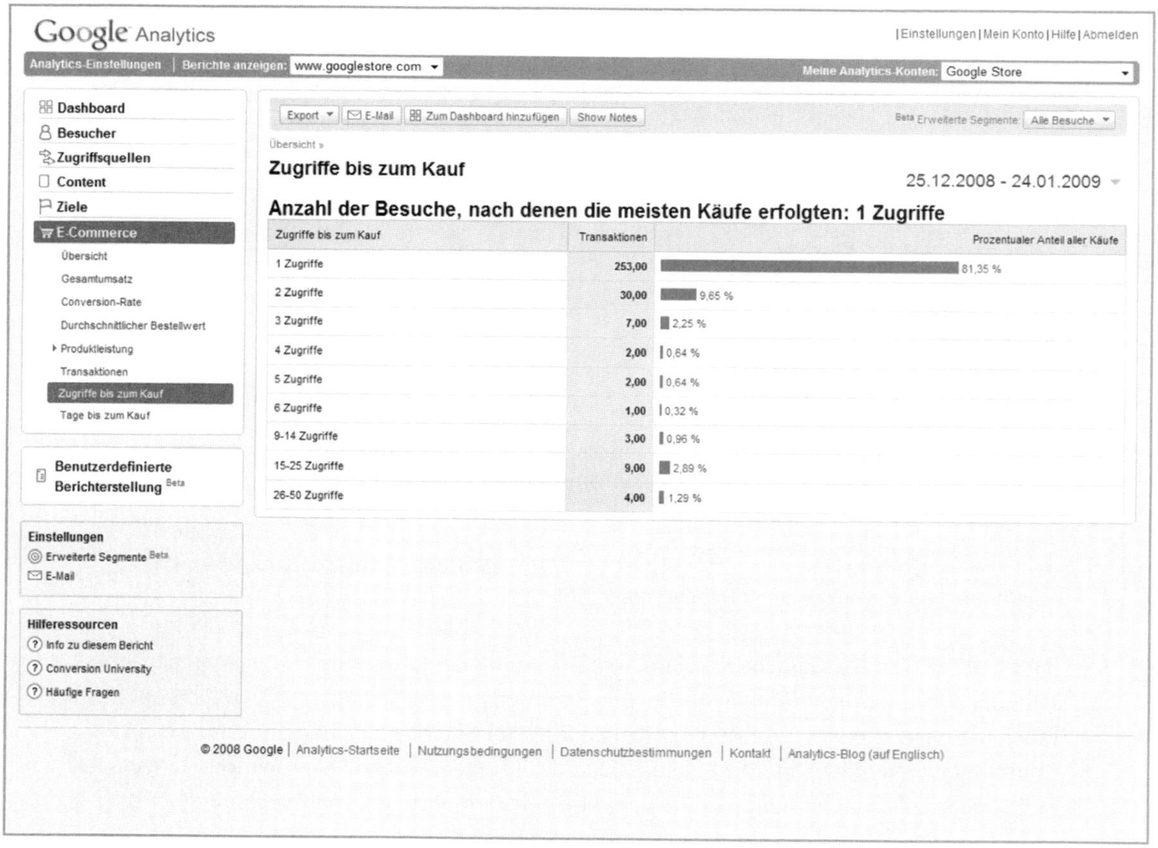

Abbildung 14.6 E-Commerce → Zugriffe bis zum Kauf

fe User brauchen, bis die Kaufentscheidung gefällt ist, desto größer ist vermutlich auch die Wahrscheinlichkeit, dass anderweitig recherchiert wird bzw. letztendlich vielleicht doch nicht oder woanders gekauft wird.

Die Verteilung der Balken in der Graphik ändert sich in Abhängigkeit des verkauften Produktes und des damit verbundenen Kaufentscheidungsprozesses. Impulskäufe werden im Vergleich zum Kauf eines sehr teuren Autos eher sehr wenige Zugriffe bis zum Kauf benötigen.

Vermutlich wird es Ihr Ziel sein, möglichst viele Besucher möglichst schnell zum Kauf zu bewegen. Dieser Bericht zeigt Ihnen, ob Sie die Anzahl der Zugriffe verringern können. Eine zeitliche Komponente gibt es in diesem Bericht nicht, weil sich die Besuche bis zu einer endgültigen Kaufentscheidung über einen langen Zeitraum erstrecken können. Die Graphik wäre daher immer verfälscht. Zu berücksichtigen ist hier die Zahl der Besucher, die in der Zwischenzeit ihre Wiedererkennungs-Cookies (*utma*) gelöscht haben oder den Kauf an einem anderen Rechner abschließen. Dies sorgt für eine künstliche Verlängerung des ersten Balkens (1 Zugriff).

14.9 Tage bis zum Kauf

Dieser Bericht zeigt, wie viel Zeit verstreicht (in Tagen), bis User einen Kauf tätigen.

Ebenso wie beim Bericht „Zugriffe bis Kauf" kann man hier unterscheiden, ob die Käufe eher spontan oder nach reiflicher Überlegung getätigt werden.

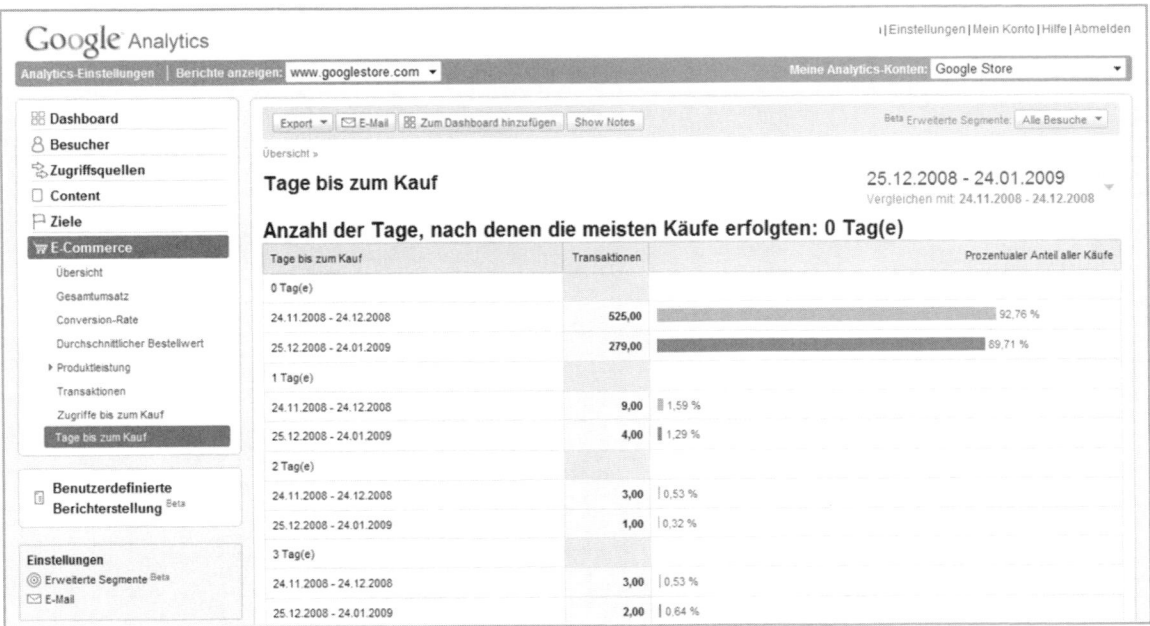

Abbildung 14.7 E-Commerce → Tage bis zum Kauf

Weitere Darstellungsvarianten gibt es in diesem Bericht nicht. Interessant ist allerdings ein Vergleich mit einem anderen Zeitraum über die entsprechende Funktion im Kalender (siehe Kapitel 8.2, Kalender). So sehen Sie, ob durch eventuelle Änderungen im Kaufprozess oder in der Kundenansprache die Tage bis zum Kauf reduziert werden konnten. Eine Möglichkeit, diese Kennziffer zu reduzieren, ist die Einführung von zeitlich befristeten Angeboten oder Sonderaktionen. Hierdurch kann der Druck auf die Kunden erhöht werden, schnell einen Kauf zu tätigen. Sollten Sie diese Methode testen wollen, können Sie den Erfolg in Form dieses Berichts ablesen, indem Sie einen zeitlichen Vergleich erstellen.

15 Benutzerdefinierte Berichterstellung

15.1 Benutzerdefinierte Berichterstellung

Lange Zeit wurde Google Analytics vorgeworfen, nicht flexibel genug bei der Berichterstellung zu sein. In der Tat waren die Berichte abgesehen von der Dimensionierung einige Zeit lang nicht individualisierbar. Zwar konnte man durch die Erstellung von Filtern vielfältige neue Berichte kreieren und diese Daten in verschiedene Profile einlaufen lassen, doch war dies nicht nur mühselig, sondern mitunter auch technisch anspruchsvoll, da tiefergehende Kenntnisse der Regulären Ausdrücke vorausgesetzt wurden.

Dieses Manko wurde im Herbst 2008 durch die Einführung der benutzerdefinierten Berichterstellung behoben, die es jedem User ermöglicht, spontan und selbstständig eigene Berichte zu erstellen. Fast jede Fragestellung lässt sich nun in einfacher Form mit Hilfe der benutzerdefinierten Berichterstellung beantworten.

Um einen benutzerdefinierten Bericht zu erstellen, klicken Sie auf den Link „Benutzerdefinierte Berichterstellung" unterhalb der Berichtsblöcke. Sie gelangen dann auf eine Übersichtsseite, auf der – sollten Sie bereits benutzerdefinierte Berichte erstellt haben – alle gespeicherten Berichte aufgelistet sind (Abbildung 15.1). Diese vorhandenen Berichte können jederzeit bearbeitet und geändert oder gelöscht werden. Einen neuen Bericht erstellen Sie, indem Sie oben rechts auf den Link „Neuen benutzerdefinierten Bericht erstellen" klicken.

Für das Verständnis der benutzerdefinierten Berichte sind zwei Begriffe besonders wichtig:

- Messdaten
- Dimensionen

Messdaten sind Daten, die Werte oder Zahlen beinhalten. Maximal 10 Messdaten können in einem benutzerdefinierten Bericht verwendet werden. Die Messdaten sind in fünf unterschiedliche Rubriken aufgeteilt:

Abbildung 15.1 Benutzerdefinierte Berichte – Übersicht

- Website-Verwendung
- Content
- Ziele
- E-Commerce
- Werbung

Zusätzlich zu den Messdaten bedarf es mindestens einer, maximal fünf Dimension(en). Die Dimensionen entsprechen den Berichte-Blöcken aus der herkömmlichen Navigation und heißen:

- Besucher
- Zugriffsquellen
- Content
- E-Commerce-Systeme (diese Berichte befinden sich in der herkömmlichen Navigation unter „Besucher")

Innerhalb dieser Rubriken befindet sich jeweils eine Vielzahl unterschiedlicher Metriken und Kennziffern, die für die eigene Berichterstellung verwendet werden können.

Abbildung 15.2 Benutzerdefinierte Berichte – Erstellung

Um einen benutzerdefinierten Bericht zu erstellen, ziehen Sie per Drag&Drop verschiedene für Sie interessante Messdaten-Kennziffern in die dafür vorgesehenen Felder in der Graphik auf der rechten Seite. Ebenso verfahren Sie mit den Dimensionen.

Vorstellbar ist das Ganze wie bei einem bisherigen Bericht. Oben werden die Messdaten-Kennziffern abgebildet, und mit der ersten Dimension legen Sie fest, welcher Inhalt zunächst angezeigt werden soll. Mit jeder weiteren Dimension definieren Sie, was passiert, wenn Sie auf die vorige Dimension klicken. Die Messdaten bleiben für jede weitere Dimension konstant.

Da Sie beliebig viele benutzerdefinierte Berichte anlegen und speichern können, empfiehlt es sich, jedem Bericht einen eindeutigen Namen zu geben. Dies geschieht über den Link „Bearbeiten" ganz oben über der Trendgraphik.

Sie erinnern sich sicher an die Reiter „Website-Nutzung", „Ziel-Conversions" und „E-Commerce", die in vielen der bereits besprochenen Berichte vorkamen. Dieselbe Möglichkeit der Nutzung mehrerer Registerkarten steht Ihnen auch hier zur Verfügung. Klicken Sie auf „Registerkarte hinzufügen", haben Sie eine leere Messdatenzeile. Die Dimensionen wurden von der vorigen Auswahl übernommen, so dass Sie über die eingefügte Registerkarte

10 neue Messdaten einfügen können. Mit dieser Funktion können Sie ähnlich wie in den bisherigen Standardberichten Themenbereiche definieren, die für Sie wichtige Messdaten enthalten.

Um zu testen, ob die von Ihnen erstellten Berichte auch funktionieren, lassen Sie sich die Vorschau des Berichts anzeigen. In dem sich öffnenden Fenster ist der von Ihnen erstellte Bericht voll funktionsfähig. Sämtliche Funktionalitäten sind auch hier verfügbar:

- Kalender inklusive Vergleichsfunktion
- Darstellung verschiedener Trendgraphiken in Abhängigkeit der von Ihnen ausgewählten Messdaten
- Glättung der Trendgraphik durch Auswahl nach Tagen, Wochen und Monaten
- Ansicht der Daten nach Tabellen-, Kuchen-, Balken- oder Verhältnisdarstellung
- Adhoc-Filter
- Exportmöglichkeiten
- Dimensionierung
- Erweiterte Segmentierung

Das Besondere und Neue daran ist, dass die angezeigten Daten vergangenheitsbezogen sind, d.h., sämtliche Daten, die über den Analytics Tracking Code auf Ihrer Seite gemessen wurden, können hier neu aufbereitet und zusammengestellt werden.

Information:

Analytics garantiert eine Speicherung der Daten für mindestens 25 Monate. Bislang wurden meines Wissens nach noch keine Daten gelöscht, auch wenn sie älter als 25 Monate waren.

Mit einem Klick auf „Bericht erstellen" haben Sie den von Ihnen erstellten Bericht gespeichert und können jederzeit wieder darauf zugreifen.

Praxistipp:

Die gespeicherten benutzerdefinierten Berichte sind kontobezogen. Wenn Sie als User A einen Bericht erstellen, kann User B diesen nicht sehen. Sie haben allerdings als User A die Möglichkeit, diesen Bericht auf sämtliche Konten und Profile, auf die Sie Zugriff haben, anzuwenden. Um anderen Nutzern ebenfalls die Möglichkeit zu geben, die von Ihnen erstellten Berichte zu verwenden, müssten diese sich mit Ihrem Login anmelden. Alternativ können Sie die gewonnenen Erkenntnisse aber besser per Exportfunktion bearbeiten und verschicken oder direkt über den gespeicherten Bericht als E-Mail versenden.

Hier eine weitere Auflistung der einzelnen Kennziffern aus den jeweiligen Rubriken von Messdaten und Dimensionen (die Kapitelnummer ist ein Verweis auf das entsprechende Kapitel innerhalb dieses Buches):

Tabelle 15.1 Messdaten

Messdatenname	Kategorie	Beschreibung	Kapitel
Absprünge	Website-Verwendung	Anzahl der Besuche, die die Website bereits auf der Einstiegsseite wieder verlassen haben	10.6.6
Absprungrate	Website-Verwendung	Der prozentuale Anteil der Besuche, die die Website bereits auf der Einstiegsseite wieder verlassen haben	10.6.6
Klicks	Website-Verwendung	Anzahl der Klicks auf eine Werbeanzeige	
Einstiege	Website-Verwendung	Anzahl der Einstiege auf die Website – Betrachtung nur bei einzelnen Seiten oder Seitengruppen sinnvoll	12.2.3
Ausstiege	Website-Verwendung	Anzahl der Ausstiege der Website – Betrachtung nur bei einzelnen Seiten oder Seitengruppen sinnvoll	12.7
% Ausstiege	Website-Verwendung	Prozentualer Anteil der Ausstiege an den Gesamtbesuchen einer Seite oder Seitengruppe	12.7
Neue Besuche	Website-Verwendung	Anzahl der Erstbesucher	10.4
Besuchszeit auf einer Seite	Website-Verwendung	Verweildauer auf einer Seite oder eine Seitengruppe	12.3/ 10.7.3
Seitenzugriffe	Website-Verwendung	Anzahl der Page Impressions, Seitenaufrufe	10.6.3
Verweildauer	Website-Verwendung	Zeit, die ein User auf der gesamten Website verbringt – Dauer des Besuchs	10.6.5
Besuche	Website-Verwendung	Anzahl der Sessions, die durch die Besucher generiert wurden	10.6.1
Besucher	Website-Verwendung	Eindeutiger Besucher, der mehrere Besuche generieren kann	10.6.2
Eindeutige Seitenzugriffe	Content	Die Anzahl eindeutiger Besucher auf einer Seite	12.3
Summe einmalige Suche	Content	Anzahl durchgeführter interner Suchen nach unterschiedlichen Suchbegriffen	12.9.1
Zugriffe mit Suche	Content	Anzahl der Besuche, die die interne Suche genutzt haben	12.9.1
Suchoptimierung	Content	Anzahl erneuter interner Suchen, im Anschluss an eine bereits durchgeführte interne Suche	12.9.2
Zeit nach Suche	Content	Verweildauer auf der Site von Beginn der Nutzung der internen Suche bis zum Ende der Session oder der Durchführung einer neuen Suche	12.9.1
Suchtiefe	Content	Anzahl der Suchergebnisseiten nach Nutzung der internen Suche	12.9.1
Suchausstiege	Content	Anzahl der internen Suchen, die vor Verlassen der Website durchgeführt wurden	12.9.1
Ziele 1–4 Start	Ziele	Anzahl der Besuche, die den ersten Schritt eines definierten Ziels gesehen haben	
Ziel-Conversions	Ziele	Anzahl der Erfüllung der definierten Ziele	13.3

Messdatenname	Kategorie	Beschreibung	Kapitel
Ziel 1–4 Abschlüsse	Ziele	Anzahl der Erfüllung der definierten Ziele, die alle Schritte des Trichters durchlaufen haben	
Gesamter Zielwert	Ziele	Gesamtwert der erreichten Ziele (Zielwert + E-Commerce-Umsatz)	13.7/ 14.3
Werte für Ziele 1–4	Ziele	Gesamtwert für ein bestimmtes definiertes Ziel	
Zielwert pro Besuch	Ziele	Gesamtwert der erreichten Ziele (Zielwert + E-Commerce-Umsatz) in Bezug auf die Anzahl der Besuche	13.7/ 14.3
Ziel-Conversion-Rate	Ziele	Prozentualer Anteil der Besuche, die innerhalb einer Session ein Ziel erfüllt haben – im Zusammenhang mit Kampagnen-Tracking	13.4
Eindeutige Käufe	E-Commerce	Anzahl, wie oft ein Produkt in einer Transaktion vorkam	14.2
Produktumsatz	E-Commerce	Anzahl verkaufter Produkte multipliziert mit dem Preis aller einzelnen Produkte	
Menge	E-Commerce	Anzahl der verkauften Menge eines Produktes oder einer Produktgruppe	14.2
Umsatz	E-Commerce	Gesamtumsatz, wie im Transaktionsteil des E-Commerce-Codes dargestellt	14.3
Wert pro Besuch	E-Commerce	Umsatz, dividiert durch die Anzahl der Besuche	14.2
Umsatz-pro-Click (RPC)	E-Commerce	Umsatz, dividiert durch Anzahl der Klicks	14.2
Durchschnittswert	E-Commerce	Der durchschnittliche Warenkorbwert einer Transaktion	14.5
Versand	E-Commerce	Die Versandkosten für eine Transkation	14.2
Steuer	E-Commerce	Die anfallenden Steuern für eine Transaktion	14.2
Transaktionen	E-Commerce	Die Anzahl der durchgeführten Transaktionen	14.7
Kosten	Werbung	Kosten einer Kampagne	11.8
Impressionen	Werbung	Anzeige des Werbemittels oder einer Anzeige auf einer Website	11.8
Klickrate (Click-through-rate – CTR)	Werbung	Prozentualer Anteil an Impressionen, die zu Klicks geführt haben	11.8
Preis-pro-Click (Cost-per-Click – CPC)	Werbung	Durchschnittlicher Preis pro Klick, der für eine Anzeige auf einer Suchergebnisseite bezahlt wurde	11.8
Preis pro 1000 Impressionen (Cost-per-1000-Impressions – CPM)	Werbung	Preis für 1000 Auslieferungen einer Anzeige	11.8

Sie werden feststellen, dass einige Kombinationen aus Messdaten und Dimensionen nicht möglich sind. Am einfachsten ist es, auszuprobieren, welche Kombinationen funktionieren, nur so lernt man mit den Möglichkeiten, die die benutzerdefinierte Berichterstellung bietet, umzugehen.

Praxistipp:

In der Dimension Zugriffsquellen ist die Metrik Anzeigenposition doppelt aufgeführt. Beide Metriken liefern nur in Verbindung mit AdWords-Kampagnen Daten. Andernfalls erscheint (not set). Die obere der beiden Anzeigenpositionen unterscheidet nach Einblendung der AdWords-Anzeigen oberhalb der Suchergebnisse, die untere der beiden Anzeigenpositionen-Metriken stellt die jeweilige Position exakt dar. Für die Analyse empfiehlt es sich daher, zunächst die obere Anzeigenposition-Dimension und dann die untere zu wählen. Hierdurch werden die Erfolgs-Unterschiede zwischen der Platzierung oberhalb oder rechts der Suchergebnisse sehr deutlich.

In dem benutzerdefinierten Bericht in Abbildung 15.3 werden verschiedene zielbezogene Messdaten mit einer individuellen Kampagnen-Hierarchie verknüpft. Wichtige Kennziffern können hierdurch auf verschiedene Fragestellungen angewendet werden. Stellt sich die ers-

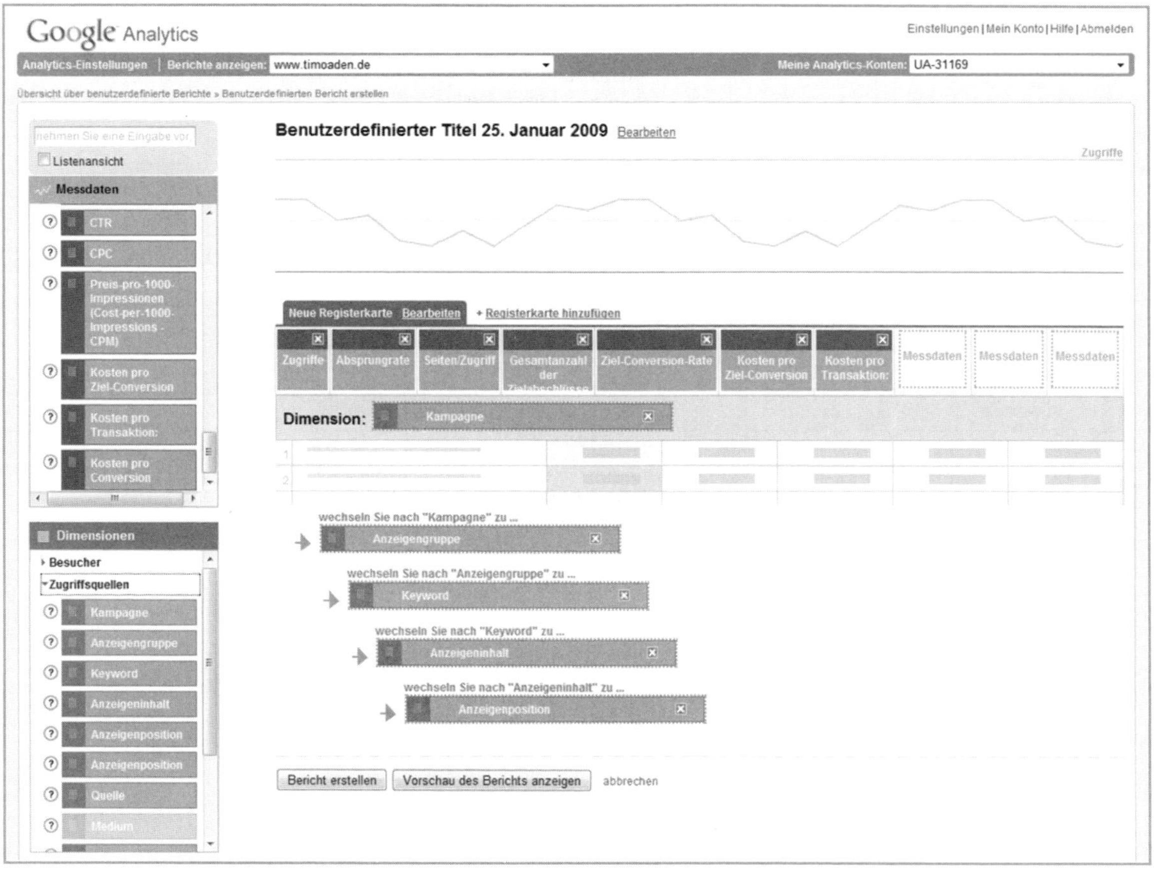

Abbildung 15.3 Benutzerdefinierte Berichte: Beispiel-Bericht 1

te Frage nach dem Erfolg bestimmter Kampagnen (beispielsweise AdWords), schließen sich fast automatisch die Fragen an, welche Anzeigengruppe, welche Keywords, welcher Anzeigeninhalt und welche Anzeigenposition zu dem Erfolg oder Misserfolg geführt haben. All diese Fragen ließen sich auch mit den bisherigen Berichten beantworten, aber nicht innerhalb eines Berichts und nicht so schnell und individuell.

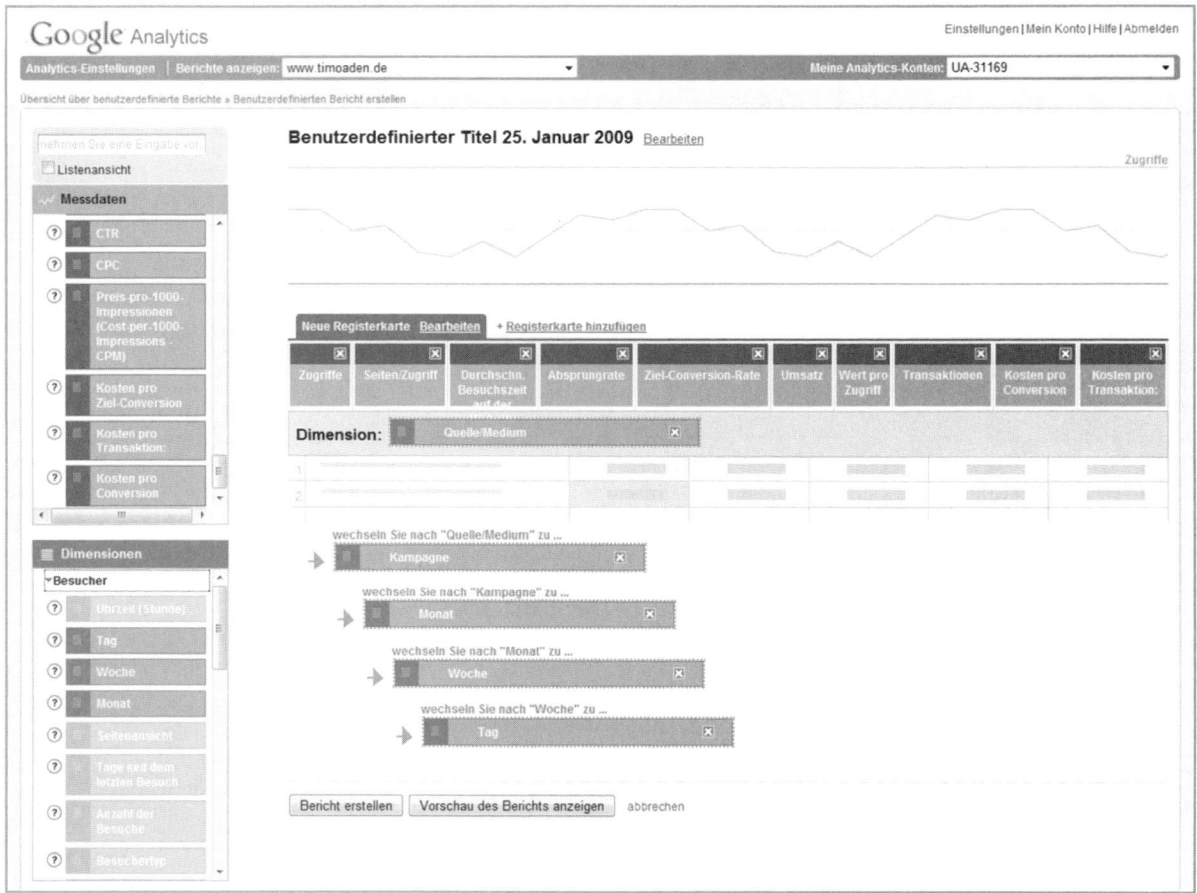

Abbildung 15.4 Benutzerdefinierte Berichte: Beispiel-Bericht 2

Der Zeitenerfolge-Bericht stellt ausgewählte Conversion- und E-Commerce-Daten zunächst in Bezug zur Quelle und zum Medium, dann zur Kampagne und schließlich zu Monat, Woche und Tag dar. Auch über die Kalenderfunktion ließen sich diese Daten generieren, aber nicht so übersichtlich und innerhalb einer Ansicht. Diese Ansicht ist besonders interessant, um zeitliche Erfolgsunterschiede zu erkennen.

16 Erweiterte Segmente

16.1 Erweiterte Segmente

Neben der Flexibilität wurde Analytics oft auch vorgeworfen, über keine ausreichende Segmentierungsfunktion zu verfügen. Die Dimensionierung bietet zwar eine hilfreiche, doch keine vollständige Segmentierung. Auch über Filter konnten diverse Segmente erstellt werden, nur war dies mitunter sehr komplex, und Daten wurden immer erst ab dem Moment der Filtererstellung erhoben; es lagen also keine historischen Daten vor.

Im Herbst 2008 wurde die erweiterte Segmentierung eingeführt, die eine Manipulation der Daten in extrem individueller Form gestattet. Nahezu sämtliche Berichte lassen sich mit bereits fertigen oder eigens erstellten Segmenten verknüpfen. Sie können vielfältige Analysen durchführen, indem Sie verschiedene User-Segmente direkt und spontan in den Bericht, den Sie gerade lesen, einblenden. Insofern besteht die Möglichkeit, dieses Segment mit der Gesamtzahl der Besuche zu vergleichen.

Praxistipp:

Diese Segmentierung funktioniert nicht bei folgenden Berichten:

- Trichter-Visualisierung
- Website-Overlay
- Keyword-Positionen
- Benchmarking
- Absolut eindeutige Besucher

Grund hierfür ist die Art und Weise, wie die Daten von Analytics erhoben bzw. aggregiert werden.

Die erweiterte Segmentierung bietet die Möglichkeit, auch historische Daten zu betrachten. Je nach ausgewähltem Betrachtungszeitraum werden bei der Auswahl eines Segments sämtliche je über den entsprechenden Analytics Tracking Code erhobenen Daten berücksichtigt und zusätzlich zu den allgemeinen Daten als Segment dargestellt.

Folgende Segmente sind bereits vordefiniert:

- *Alle Besuche*
  Dies ist die Default-Ansicht in allen Berichten.

- *Neue Besuche*
  Besucher, die Ihre Website noch nie besuchten; siehe Kapitel 10.4 (Neu und Wieder-kehrend) für weitere Informationen.

- *Wiederkehrende Besuche*
  Besuche, die Ihre Website zuvor mindestens einmal besuchten; siehe Kapitel 10.4 (Neu und Wiederkehrend) für weitere Informationen.

- *Bezahlte Besuche*
  Besuche, die über eine bezahlte CPC-Kampagne auf Ihre Website kamen.

- *Nicht bezahlte Besuche*
  Besuche, die über die nicht-bezahlten Ergebnisse einer Suchmaschine auf Ihrer Web-site landeten.

- *Suchanfragen*
  Besuche, die die interne Suche im Laufe der Session nutzten.

- *Direkte Zugriffe*
  Besuche, die per Direkteingabe der URL in die Adresszeile des Browsers bzw. über die Bookmarkfunktion des Browsers auf die Website gelangten.

- *Durch Verweis zustande gekommene Zugriffe*
  Besuche, die über einen externen Link (Referrer) auf Ihre Website kamen.

- *Besuche mit Conversions*
  Besuche, die innerhalb der Session ein definiertes Ziel erreichten.

- *Besuche mit Transaktionen*
  Besuche, die innerhalb der Session eine E-Commerce-Transaktion durchführten.

Diese Segmente können in nahezu jedem Bericht angewendet werden, was über den But-ton oberhalb des Kalenders geschieht. Es öffnet sich ein Dialogfenster, das sowohl die Standardsegmente als auch die benutzerdefinierten Segmente anzeigt (siehe Abbildung 16.1).

Abbildung 16.1 Erweiterte Segmente-Anwendung

Per Default werden alle Besuche angezeigt. Zusätzlich können drei weitere Segmente ausgewählt werden, so dass sich maximal vier Segmente gleichzeitig darstellen lassen. Die Zahlen in allen angezeigten Berichten werden dann mit den Segmenten entsprechend dargestellt (siehe Abbildung 16.2, nächste Seite).

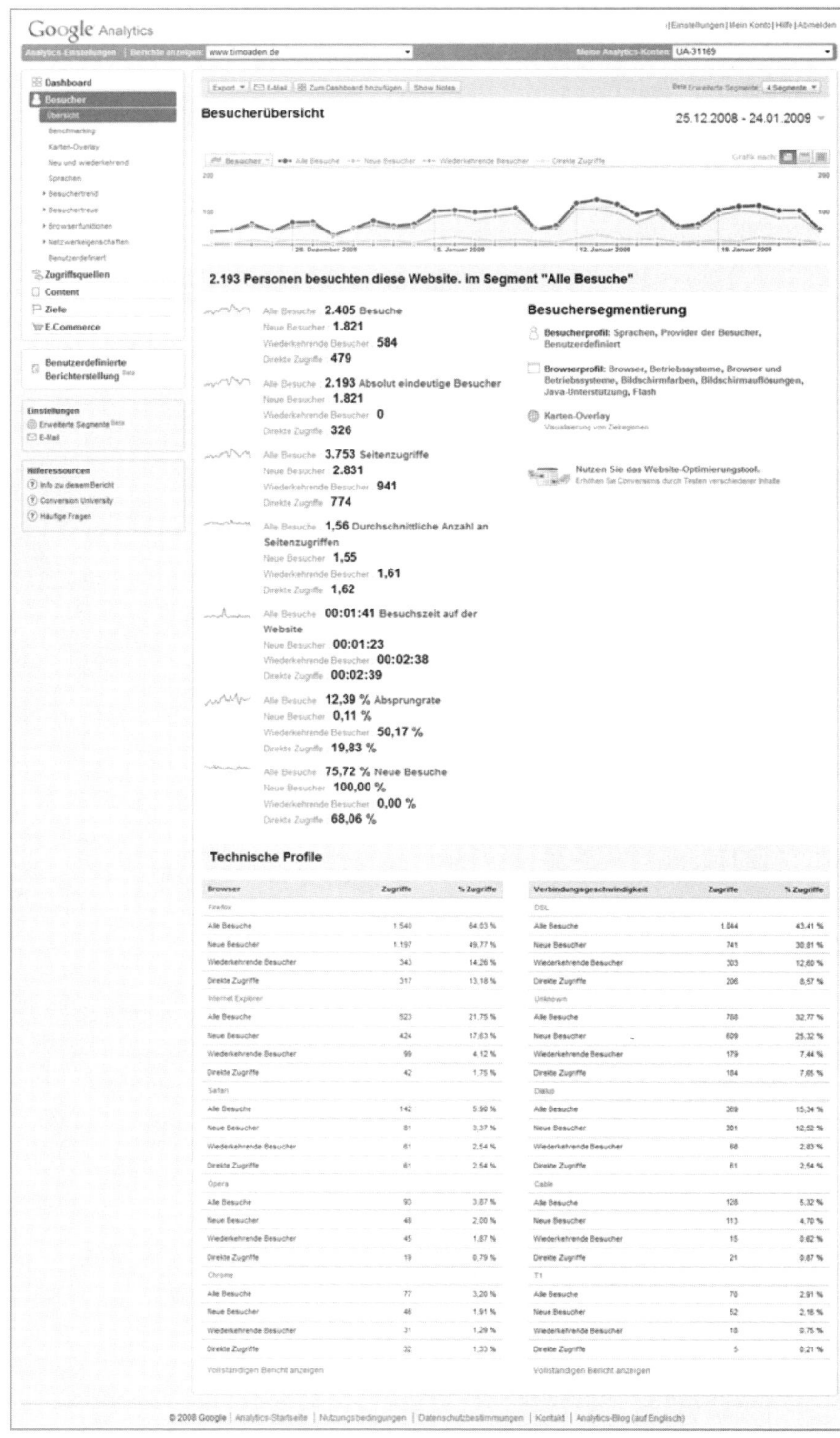

Abbildung 16.2
Erweiterte Segmente:
Anwendung 2

Hierbei werden nicht nur die Zahlen angepasst, sondern auch die Graphiken. Somit kann der Trendverlauf verschiedener Segmente in einer Darstellung angezeigt werden.

Richtig interessant und flexibel wird es durch die individuelle Gestaltung eigener Segmente. Klicken Sie hierfür auf den Link „Erweiterte Segmente" und dort oben rechts auf „+ Neues benutzerdefiniertes Segment erstellen". Hier haben Sie die Möglichkeit, ähnlich wie bei den benutzerdefinierten Berichten, aus verschiedenen Dimensionen und Messdaten Kennziffern und Metriken auszuwählen.

Angenommen, Sie sind daran interessiert zu wissen, wie viele Besuche länger als 10 Sekunden auf Ihrer Website verweilen. Diese Frage ist über die bisherigen Berichte nicht bzw. nur annäherungsweise zu beantworten. Zwar gibt es den Bericht „Verweildauer" (Kapitel 10.6.5), doch ist hier keine Segmentierung möglich, um beispielsweise zu erfahren, welche Quellen die Besuche gebracht haben, die länger als 10 Sekunden auf der Website geblieben sind. Mit den erweiterten Segmenten ist dies einfach möglich, anwendbar auf fast alle Berichte und vergangenheitsbezogen.

Wählen Sie hierfür innerhalb der Dimension die Rubrik „Besucher". Dort finden Sie diverse Kennziffern, die besucherspezifische Daten enthalten. Sollten Sie mit einer Kennziffer nichts anfangen können, findet mit Klick auf das Fragezeichen eine kurze Erklärung statt. Für den Fall des Messens der Besuche, die länger als 10 Sekunden auf der Website geblieben sind, wird also die Besuchsdauer benötigt. Diese stellt die durchschnittliche Verweildauer auf der Website dar. Ziehen Sie diese per Drag&Drop auf die rechte Seite in das freie Feld, in dem „Dimension" oder „Messdaten" steht. Nun erscheint ein Pull-down-Menü namens „Bedingung" und ein Feld mit dem Namen „Wert".

Die Bedingung bestimmt die Verknüpfungsmethode mit dem nachfolgenden Wert. Folgende Auswahl ist als Bedingung möglich:

- Genaue Übereinstimmung
- Stimmt nicht exakt überein
- Übereinstimmung mit Regulärem Ausdruck
- Keine Übereinstimmung mit Regulärem Ausdruck
- Enthält
- Enthält nicht
- Beginnt mit
- Beginnt nicht mit
- Endet mit
- Endet nicht mit
- Weniger als
- Kleiner als oder gleich
- Größer als oder gleich
- Größer als

Sie merken bereits, dass hierüber fast sämtliche denkbaren Berechnungen durchführbar sind. Für das Beispiel benötigen wir die Bedingung „Größer als oder gleich", denn wir wollen wissen, wie viele Besuche 10 Sekunden oder länger auf der Website waren. Nun fehlt nur noch der Wert – 10 Sekunden. Diesen können Sie entweder direkt in das Wert-Feld eintragen, oder aus Vorschlägen wählen (Klick auf den nach unten gerichteten Pfeil rechts neben dem Feld). Wählen Sie also die 10 aus.

Bevor Sie dem erstellten Segment einen Namen geben, über das Sie es später wieder finden können, ist es sinnvoll zu testen, ob das Segment überhaupt vernünftige Zahlen liefert. Klicken Sie hierzu auf „Segment testen", und Sie erhalten direkt in der Benutzeroberfläche die berechneten Zahlen angezeigt. Es bedarf einer erneuten Überprüfung der Bedingung oder des Wertes, wenn überall Nullen angezeigt werden. Sind Sie zufrieden, speichern Sie das Segment unter „Segment erstellen" ab.

Praxistipp:

Wie bei den benutzerdefinierten Berichten sind die erweiterten Segmente Login-bezogen, d.h., mit der E-Mail-Adresse und dem von Ihnen benutzten Passwort haben Sie die Möglichkeit, Segmente zu erstellen. Ein anderer User mit einem anderen Login hat keinen Zugriff auf die von Ihnen erstellten erweiterten Segmente. Haben Sie mit Ihrem Login jedoch Zugriff auf mehrere Analytics-Konten, können die von Ihnen erstellten erweiterten Segmente auf jedes dieser Konten angewendet werden.

Die Möglichkeit des Tauschens und Zurverfügungstellens von Segmenten wäre ein sinnvoller Verbesserungsvorschlag, der sich an die Adresse der Google Analytics-Ingenieure richtet.

Das von Ihnen erstellte Segment befindet sich nun in der Liste der benutzerdefinierten Segmente und kann von jetzt an auf fast alle Berichte angewendet werden.

In vielen Fällen gibt es unterschiedliche Usergruppen mit ähnlichen Merkmalen, die sich auf Ihrer Website herumtreiben. Mit Hilfe der erweiterten Segmentierung können Sie entsprechend den Verhaltensweisen Ihrer Besuche unterschiedliche Cluster bilden. Angenommen, Sie betreiben eine reine Content-Website und wollen die Besucher in vier unterschiedliche Gruppen aufteilen:

■ Fehlgeleitete User

■ Low Interest Users

■ Medium Interest Users

■ High Involvement Users

Für die *fehlgeleiteten User* gibt es bereits eine Kennziffer, die in nahezu jedem Bericht auftaucht – die Absprünge bzw. die Absprungrate (Kapitel 10.6.6). Dies sind Besuche, die mit dem Inhalt Ihrer Website offensichtlich nichts anzufangen wussten und direkt nach dem ersten Seitenaufruf wieder verließen. Für eine bessere Vergleichbarkeit können die fehlgeleiteten User aber beispielsweise folgendermaßen definiert werden:

■ Weniger als 10 Sekunden auf der Website

■ Neue Besucher

■ Weniger als 1 Seitenaufruf

Dieses Segment kann in den erweiterten Segmenten dann folgendermaßen aussehen:

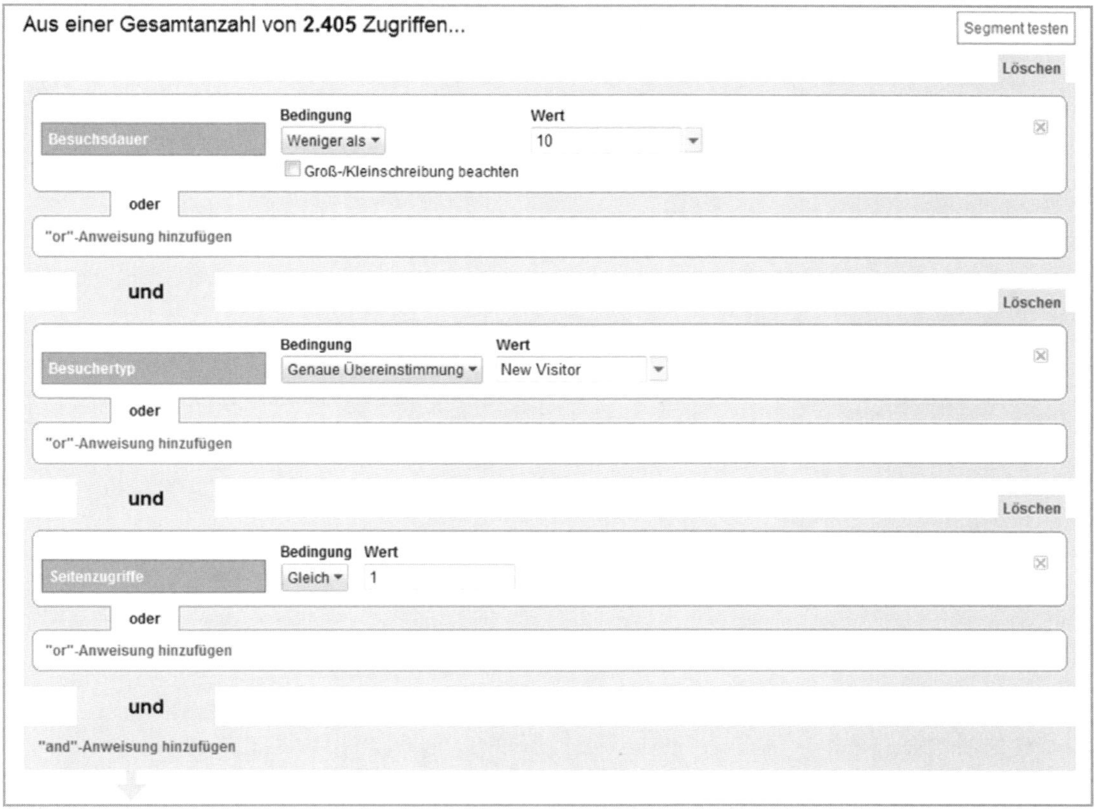

Abbildung 16.3 Erweiterte Segmente – fehlgeleitete User

Low Interest Users werden (Abbildung 16.4, nächste Seite) beispielsweise wie folgt definiert:

- Besuchsdauer 10–20 Sekunden
- 1–3 Seitenaufrufe
- In den letzten 5 Tagen nicht auf der Website gewesen

Hier kann die Spanne von 10–20 Sekunden über eine logische Und-Verknüpfung erfolgen. Wenn die Besuchsdauer größer oder gleich 10 Sekunden mit der Und-Bedingung kleiner oder gleich 20 Sekunden ist, ergibt dies eine Spanne von 10–20 Sekunden. Ebenso verhält es sich bei den Seitenzugriffen. Im Folgenden die Darstellung der Low Interest User als erweitertes Segment:

Aus einer Gesamtanzahl von **2.405** Zugriffen... | Segment testen |

Löschen

Besuchsdauer

Bedingung
Größer als oder gleich ▼

Wert
10 ▼

☐ Groß-/Kleinschreibung beachten

oder

"or"-Anweisung hinzufügen

und

Löschen

Besuchsdauer

Bedingung
Kleiner als oder gleich ▼

Wert
20 ▼

☐ Groß-/Kleinschreibung beachten

oder

"or"-Anweisung hinzufügen

und

Löschen

Seitenzugriffe

Bedingung
Größer als oder gleich ▼

Wert
1

oder

"or"-Anweisung hinzufügen

und

Löschen

Seitenzugriffe

Bedingung
Kleiner als oder gleich ▼

Wert
3

oder

"or"-Anweisung hinzufügen

und

Löschen

Tage seit dem letzten Besuch

Bedingung
Weniger als ▼

Wert
5 ▼   ➡ **2.251** Zugriffe

☐ Groß-/Kleinschreibung beachten

oder

"or"-Anweisung hinzufügen

und

"and"-Anweisung hinzufügen

Abbildung 16.4 Erweiterte Segmente – Low Interest User

Medium Interest Users können bei Bedarf so definiert werden:

- Besuchsdauer 20–30 Sekunden
- 4–8 Seitenaufrufe
- Spätestens vor 5 Tagen auf der Website gewesen, frühestens vor 2 Tagen

Als erweitertes Segment sieht diese Definition folgendermaßen aus:

Abbildung 16.5 Erweiterte Segmente – Medium Interest Users

Die *High Involvement Users* werden hier fiktiv definiert:

■ Besuchsdauer länger als 30 Sekunden

■ Mehr als 8 Seitenaufrufe

■ Maximal 1 Tag seit dem letzten Besuch vergangen

Abbildung 16.6 zeigt, wie diese Definition innerhalb der erweiterten Segmente dargestellt werden kann.

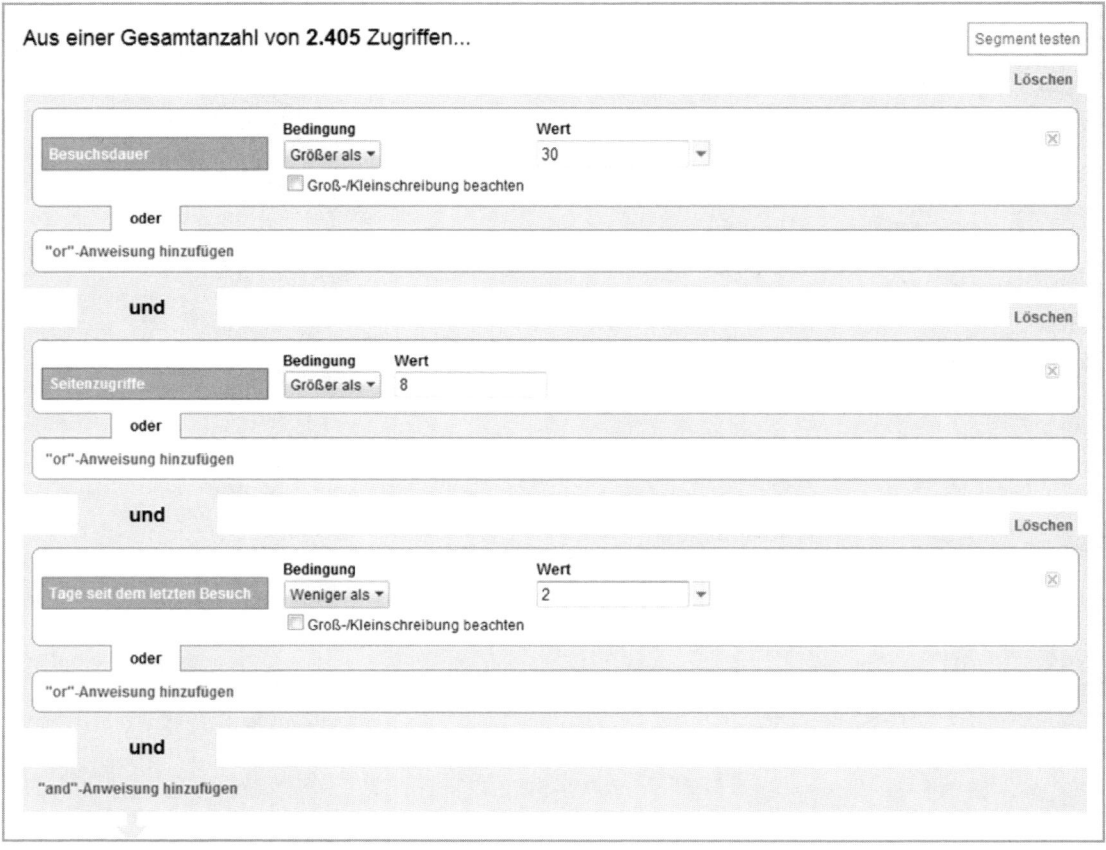

Abbildung 16.6 Erweiterte Segmente – High Involvement Users

Sie können diese User-Gruppen beliebig verfeinern oder individuelle Aspekte mit einfließen lassen. Auch Ziel- oder Umsatzwerte kann man berücksichtigen.

Ein weiteres und letztes Beispiel, um zu zeigen, wofür sich die erweiterten Segmente gut nutzen lassen, ist die Analyse des Erfolgs von Zielseiten. Setzen Sie beispielsweise eine Bedingung, die besagt, dass die Besuche über eine bestimmte Landing Page auf Ihre Website gekommen sein müssen. Diese Bedingung können Sie dann auf jeden weiteren Bericht anwenden und exakt analysieren, wie erfolgreich diese Landing Page im Vergleich zu allen anderen Besuchen ist (oder denen, die gerade nicht über diese Zielseite kamen).

Angenommen, die Zielseite heißt *www.beispiel.de/kampagne*. Wählen Sie innerhalb der erweiterten Segmente unter „Dimension" und „Content" die Kennziffer „Zielseite" aus und ziehen diese in das entsprechende Feld auf der rechten Seite. Als Bedingung wird die genaue Übereinstimmung ausgewählt und als Wert */kampagne* eingegeben. Durch dieses Segment werden nun ausschließlich jene User angezeigt, die über diese Zielseite Ihre Site betreten haben.

Es können je nach Bedarf weitere Elemente eingefügt werden, wie beispielsweise die Bedingung, dass es neue Besucher sein müssen oder dass eine bestimmte Kampagne oder Quelle Voraussetzung ist. Nutzen Sie Ihre Kreativität, und probieren Sie verschiedene Konstellationen einfach aus.

Teil V
Google Analytics im Einsatz

In den ersten drei Teilen wurden sämtliche Grundlagen betreffend den Einbau des Analytics Tracking Codes und die Individualisierung der Einstellungen auf die jeweiligen Businessanforderungen dargestellt wie auch jeder zur Verfügung stehende Bericht erläutert. Sie kennen nun die Hintergründe und Eigenarten der Web-Analyse und sind in der Lage, dieses Tool professionell zu bedienen.

Sie haben einen langen und wichtigen Weg hinter sich. Im folgenden Teil beschreibe ich in aller Kürze, wie die nächsten Schritte aussehen können bzw. sollten, um basierend auf den Grundlagen einen wirklichen Mehrwert zu erzielen und nicht nur zu wissen, wie Google Analytics angewendet wird, sondern auch, wie Sie es in Ihrer Organisation effektiv einsetzen.

Außerdem erkläre ich, was KPIs sind und wie Sie diese für Ihr Unternehmen nutzen.

17 Google Analytics im Einsatz

17.1 Arbeiten mit Analytics

Nachdem Google Analytics in Ihrem Unternehmen nun perfekt implementiert und einge-stellt ist, geht es darum, intern Aufmerksamkeit für die Wichtigkeit der Daten zu gewin-nen. Idealerweise ist der Implementierungsprozess bereits Management-getrieben und ent-sprechend unterstützt. Web-Analyse sollte einen hohen Stellenwert mit entsprechender Unterstützung innerhalb eines Unternehmens haben. Der (monetäre) Mehrwert, den Sie daraus ziehen können, kann enorm sein, auf jeden Fall bereichern Sie Ihr Wissen bezüglich Ihrer eigenen Website und deren Verwendung.

Nutzen Sie die Funktionen, die Analytics per Default bereits anbietet, um andere Abteilun-gen oder Kollegen in den Web-Analyse-Prozess mit einzubeziehen. Die Export- und E-Mail-Funktion (siehe Kapitel 8.8 und 8.9) sind hierfür die einfachsten Möglichkeiten. Da-mit allein ist es aber meist nicht getan.

17.2 Dashboards

Berichte oder Zahlen ohne Erklärungen, Ableitungen oder Handlungsanweisungen sind in der Regel zwar interessant, aber nicht unbedingt zielführend, denn meist erhalten die Kol-legen und Chefs ohnehin genügend Mails, anderweitige Berichte und Zahlen, so dass Sie im Idealfall kein weiterer „reiner" Zahlenlieferant sein wollen oder sollten.

Daher ist es durchaus sinnvoll, die erhobenen Zahlen oder Berichte aufzubereiten und in kurzen beschreibenden eindeutigen Sätzen darzustellen. Ihr Chef oder der Chef des Chefs sollte in der Lage sein, auf einen Blick zu erkennen, ob der Trend in die richtige Richtung geht oder nicht. Wenn der Trend nicht stimmt, sollten sich Handlungsempfehlungen direkt ableiten lassen. Diese Darstellung funktioniert am besten über ein individuelles Dashboard.

Individuelle Dashboards haben den großen Vorteil, dass auch andere interne Daten mit aufgenommen und mit den in Analytics generierten Daten in Zusammenhang gebracht werden können. Beispielsweise kann es sinnvoll sein, bei einer Content-Site den effektiven TKP mit in Betracht zu ziehen und beide mit den Änderungen der Seitenaufrufe in Verbindung zu setzen. Die Aussage, wonach die Seitenaufrufe im Monatsvergleich um 7,5% nach unten gegangen sind, ist für einen Vorgesetzten schwerer zu interpretieren, als wenn man sagt: „Der Rückgang der Seitenaufrufe um 7,5% hat im vorigen Monat zu einem rechnerischen Umsatzverlust von XXX Euro geführt. Ich empfehle daher folgende Maßnahmen durchzuführen …". Diese Sprache versteht ein Chef.

Folgende Kriterien gelten für ein Dashboard:

- Übersichtlichkeit
- Leichte Verständlichkeit
- Erklärende und ausformulierte Sätze
- Möglichst wenig absolute Zahlen
- Verhältnisse und Veränderungen zu Vorzeiträumen angeben
- Trenddarstellungen
- Handlungsempfehlungen abgeben
- Haupterkenntnisse markieren
- Keine Zahlenkolonnen
- Regelmäßiges Erstellen
- Verschiedene Abteilungen benötigen verschiedene Dashboards
- Gegebenenfalls mit anderen internen Daten kombinieren
- Weniger ist mehr

Das Design ist letztendlich zweitrangig, solange die enthaltenen Daten aufschlussreich sind.

17.3 Web-Analyst

Mit dem regelmäßigen Versenden von Dashboards ist es allerdings auch noch nicht getan. In der Regel erlischt das Interesse an Web Analytics irgendwann, sofern keine wirklichen Erkenntnisse gewonnen werden konnten. Eine konsequente und dauerhafte Beschäftigung mit Web-Analyse ist somit sinnvoll. Wie bereits im ersten Teil dieses Buches erwähnt, berührt ein Web-Analyst sehr schnell sämtliche Bereichs des Online-Marketings. Die Anforderungen an einen Web-Analysten sind daher recht hoch. Ein Techniker ohne Verständnis für Business und Online-Marketing-Maßnahmen ist vermutlich ebenso fehl am Platz wie ein reiner Online-Marketer, dem das technische Verständnis fehlt. Dies ist vermutlich auch der Grund, weshalb relativ wenige Unternehmen bisher einen Web-Analysten eingestellt haben. Außerdem gibt es einfach sehr wenige gute.

Falls Sie in Erwägung ziehen, einen Web-Analysten zu beschäftigen, hier eine Zusammenfassung der Eigenschaften, die ihn auszeichnen sollten:

- *Technisches Verständnis*
  Basiskenntnisse sind in der Regel ausreichend.

- *Online-Marketing-Verständnis und entsprechende Kenntnisse*
  Hier sind mehr als Basiskenntnisse erforderlich.

- *Neugierde und Interesse*
  Eine der Grundvoraussetzungen

- *Analytische Fähigkeiten*
  Zwangsläufige Voraussetzung

- *Zahlenverständnis*
  Ein Mathematik-Genie wird nicht benötigt, Mathe-Verständnis allerdings schon.

- *Kommunikative Fähigkeiten*
  Ein Web-Analyst arbeitet mit vielen unterschiedlichen Abteilungen zusammen, Kommunikation und Überzeugungsfähigkeit sind daher unabdingbar.

- *Abteilungsübergreifendes Denken*
  Das Sich-Hineinversetzen in die unterschiedlichen Bedürfnisse verschiedener Abteilungen ist wichtig.

- *Lösungsorientiertes Arbeiten*
  Ein Web-Analyst sollte bei jeder Fragestellung Lösungsszenarien „durchspielen".

- *Kreativität*
  Bei der Entwicklung von Ableitungen anhand der Daten sind Kreativität und gute Ideen hilfreich.

Eine weitere Frage ist die nach dem Ort in der Unternehmenshierarchie, wo der Web-Analyst angesiedelt ist. War es früher eher die IT-Abteilung, hat mittlerweile ein Wechsel hin zur Marketing-Abteilung stattgefunden. Dies war ein wichtiger und richtiger Schritt. Dennoch halte ich diese Positionierung nicht für endgültig, denn eigentlich sollte der Stellenwert eines Web-Analysten höher sein und seine Position eher als Stabsstelle fungieren. Ähnlich wie eine beratende Rechts- oder Controlling-Abteilung. Diese erfüllen letztendlich ähnliche Aufgaben – sie stehend beratend zur Verfügung, indem sie Kenntnisse aus verschiedenen Quellen zusammentragen, sie analysieren, bewerten und entsprechende Handlungsempfehlungen abgeben. Hierbei wird sowohl bei Juristen als auch bei Controllern ein tiefes Verständnis für die jeweiligen Thematiken der diversen Abteilungen und Bedürfnisse gefordert. Die Eigenschaften, die weiter oben für einen Web-Analysten aufgelistet stehen, gelten in ähnlicher Form für Anwälte und Controller. Zudem hat ein Web-Analyst einen viel zu großen Überblick, um einer speziellen Abteilung anzugehören. Schließlich wird weit mehr als Marketing-Tracking dargestellt. Die gesamten Unternehmensprozesse, inklusive Umsatz, ROI, Produkte usw. stellt Analytics dar. Selbst hochpolitische Entscheidungen wie beispielsweise die Preis- oder Produktgestaltung, Budgets oder Expansionsfragen können mit Hilfe des Tools beantwortet oder beeinflusst werden.

17.4 Wer nicht fragt, bleibt dumm

Die eigentliche Arbeit mit Analytics ist neben der Erstellung von Dashboards und der Lieferung von wichtigen Kennziffern und KPIs (Key-Performance-Indikatoren) vor allem das Stellen von Fragen. Sämtliche internen Prozesse, Prozesse auf der Website, Maßnahmen und Tests sollten hinterfragt werden. Das Schöne an der Web-Analyse ist die Tatsache, dass die Ergebnisse fast alle messbar sind und daher konkret mit harten Zahlen belegt werden können. Dabei sollte der Fokus nicht auf absoluten Zahlen liegen, sondern auf Verhältnissen und individuellen KPIs. Wann immer möglich, sollte immer eine weitere, noch tiefer gehende Frage gestellt werden. Angenommen, Sie haben festgestellt, dass die Zahl der Besuche im Vergleich zum Vormonat von 230.000 auf 300.000 gestiegen ist. Die Aussage „Wir haben 70.000 Besuche mehr" hilft nicht wirklich weiter. Diese Zahl steht in keinem Bezug. Ohne die Kenntnis der Zahl des Vormonats ist sie wertlos. 70.000 kann gut oder schlecht sein – losgelöst vom Kontext ist sie ohne Wert.

Die Aussage „Unsere Besuche sind um 30% gestiegen" hat schon etwas mehr Aussagekraft. Hier geht es nicht mehr um absolute Zahlen, sondern um ein Verhältnis. 30% Steigerung hören sich ganz gut an. Doch auch diese Zahl ist mit Vorsicht zu genießen. Denn wenn in den Monaten davor Steigerungen von 100% erzielt wurden, sind 30% alles andere als gut. Auch hier fehlt also der Bezug zu weiteren Daten.

Die nächste Frage, die sich fast zwangsläufig stellt, lautet: „Worauf ist dieser Besucherzuwachs zurückzuführen?" Spätestens hier beginnt die Arbeit des Web-Analysten, weil er nun beginnt, Analytics-Daten zu nutzen, um diese Frage zu beantworten. Können im Zeitverlauf Peaks bei bestimmten Quellen erkannt werden? Gibt es Quellen, Verweise oder Kampagnen, die sich besonders verändert haben? Irgendwoher müssen die User gekommen sein. Es ist durchaus möglich, dass sich die Zuwächse auf alle Kanäle gleich verteilt haben. In der Regel geben aber bestimmte Faktoren den Ausschlag für Veränderungen:

- *Die Online-Marketing Ausgaben wurden gesteigert.*
  Änderungen bei AdWords, Display Ads etc. haben direkten Einfluss auf die Zahl der Besuche.

- *Offline-Kampagnen haben den Traffic verursacht.*
  TV, Plakat, Radio etc. haben indirekten Einfluss auf die Anzahl der Besuche der Website.

- *Das Ranking der Website hat sich verändert (SEO).*
  Eine bessere (oder schlechtere) Positionierung bei Google und Co. hat einen spürbaren Effekt auf die Anzahl der Besuche.

- *Änderungen in der externen Linkstruktur*
  Die externe Linkstruktur beeinflusst nicht nur das Suchmaschinenranking, sondern liefert auch Besucher. Verweise sollten daher regelmäßig kontrolliert werden.

- *Jahreszeit und Wetter können ebenfalls eine Rolle spielen.*
  Ein schlechteres Wetter kann die Anzahl der Besucher steigern. Ferien oder Feiertage können die Nutzerzahlen sinken lassen. Allerdings können Sie diese Effekte nur schwer beeinflussen.

- *Erwähnung in den Nachrichten*
  Ob gut oder schlecht – PR steigert die Zugriffszahlen

- *Veränderungen an der Website*
  Jede Änderung der Website beeinflusst diverse Faktoren, angefangen bei der Positionierung innerhalb von Suchmaschinen bis zur Navigation der User auf der Website.

- *Anstehende oder vergangene Konferenzen, Messen oder sonstige Veranstaltungen*
  Im Zuge der Vor- und Nachbereitung von Branchentreffs steigen die Userzahlen auf einer Website meist an.

Der Web-Analyst kann Analytics nutzen, um viele dieser Fragen zu beantworten und sich tief in die entsprechenden Quellen eingraben. So kann er zunächst klären, ob sich der Anteil der neuen gegenüber den wiederkehrenden Besuchern verändert hat. In diesem Fall nehmen wir an, dass der Anteil neuer Besucher gestiegen ist. Der Web-Analyst stellt nun fest, dass über die bezahlten Anzeigen bei AdWords deutlich mehr Besuche als im Vormonat gekommen sind. Er ist also auf dem richtigen Weg. Doch schließen sich die nächsten Fragen gleich an: „Welche Kampagne, welche AdGroup, welche Suchbegriffe haben die Veränderung verursacht?" Diese Fragen sind für den Web-Analysten recht leicht zu beantworten, indem er die entsprechenden Berichte in Analytics auswertet (siehe Kapitel 11.8, AdWords).

Es wird festgestellt, dass die Kampagne A mit der Adgroup B den Hauptanstieg der Besucher verursacht hat. In dieser Adgroup sind 25 Suchbegriffe, bei denen es um Thema C geht. Damit aber nicht genug der Web-Analyse. Die Suchbegriffe lassen sich über die Dimensionierung (siehe Kapitel 8.11, Dimension) oder die erweiterten Segmente (siehe Kapitel 16, Erweiterte Segmente) weiter segmentieren. Nun stellt der Web-Analyst fest, dass ein Großteil der zusätzlichen Besucher aus Hamburg stammt. Irgendwann ist dann jede Web-Analyse zu Ende, und die weitere Recherche außerhalb des Internets beginnt. In diesem Fall wird der Web-Analyst aber schnell fündig, weil er bei einem Telefonat mit der Marketing-Abteilung erfährt, dass in Hamburg eine für das Unternehmen relevante Messe stattfand, wo mit dem Firmenlogo auf Plakaten geworben wurde. Außerdem hatte man Radiospots geschaltet. So wurden offensichtlich Besucher auf die Website aufmerksam und klickten sie im Rahmen der Messeveranstaltung an.

So oder so ähnlich kann eine Analyse für eine konkrete Fragestellung aussehen. Dies ist allerdings nur ein Beispiel für das immer tiefere Graben nach weiteren Fragen und weiteren Antworten. Es gibt unzählige Fragestellungen und dementsprechend viele Antworten. Um nicht Gefahr zu laufen, den Wald vor lauter Bäumen nicht zu sehen, hat es einen Sinn, sich zu fokussieren. Google Analytics ist so mächtig und bietet so viele Berichte und Segmentierungen, dass man schnell den Überblick verlieren kann. Ich empfehle dem googelnden Analytiker daher, sich auf einige wenige wichtige Kennziffern zu konzentrieren – die so genannten KPIs.

Praxistipp:

Sie werden vermutlich an irgendeinem Punkt der Web-Analyse dazu kommen, Zahlen aus Analytics mit anderen externen Tools zu vergleichen. Ein erster Vergleich ist oftmals der mit den eigenen Logfiles. Ein anderer ein Ad-Server-Vergleich (spätestens dann, wenn Sie der Meinung sind, zu viel für viel zu wenige Besucher bezahlt zu haben) oder auch der mit den Zahlen aus Ihrem AdWords-Konto. Was stellen Sie fest? Nichts passt zusammen! Ein ganzes Buch, und so viel Zeit investiert, um Zahlen geboten zu bekommen, die nicht miteinander übereinstimmen?

Trugschluss! Sie werden die korrekten Zahlen nicht finden. Wieso sollen die Zahlen der anderen Tools „richtiger" sein? Nur weil sie das Tool schon länger benutzen? Es gibt vielerlei Gründe für Unterschiede und Differenzen. Als Faustregel gilt: Solange die Abweichungen nicht größer oder kleiner 10% sind (einige neigen sogar, bis auf 20% zu gehen), ignorieren Sie diese und, arbeiten Sie lieber daran, mehr Umsatz zu generieren, statt Zahlen-Debatten zu führen. Wollen Sie es dennoch tun, hier einige Gründe, weshalb Zahlen zwangsläufig voneinander abweichen:

- *Die Definition und damit die Auslegung derselben Kennziffer kann in verschiedenen Tools unterschiedlich sein.*
  Beispielsweise ist die Absprungrate mal ein „Ein-Seiten-Besuch" und dann wieder ein „Besuch mit weniger als 10 Sekunden Aufenthalt".

- *Die Positionierung des Tracking Codes ist relevant.*
  Ist der Code oben auf der Seite eingebaut, sind die Zahlen akkurater, als wenn er unten eingebaut ist. Je weiter unten, desto größer die Chance, dass der Ladevorgang der Seite abgebrochen wird, ehe der Code ausgeführt wird.

- *Unterschiedliche Technologien*
  Die Nutzung von 1st oder 3rd Party Cookies sorgt bereits für unterschiedliche Zahlen.

- *Unterschiedliche Zeitzonen*
  Insbesondere bei multinationalen Websites kann dies eine Rolle spielen, weil durch verschiedene Zeitzonen Daten, je nach Einstellung des jeweiligen Tools, unterschiedlichen Tagen zugeordnet werden.

- *Filter und Einstellungen*
  Unter Umständen werden durch Filter und andere Einstellungen die Daten abgeändert, bevor sie in den Berichten sichtbar sind. Diese Einstellungen können die dargestellten Daten stark verändern und einen Vergleich erschweren.

- *Weitere technische Gründe*
  Es gibt viele weitere Gründe, die dafür sorgen, dass Daten voneinander abweichen können.

Fallen die Abweichungen jedoch dramatisch aus, liegt höchstwahrscheinlich ein Implementierungsfehler vor. Um diesem auf die Schliche zu kommen, beginnen Sie entweder die Lektüre dieses Buch von vorne oder kontaktieren mich. Der banalste, aber häufigste Implementierungsfehler von Analytics beruht auf der Tatsache, dass der Analytics Tracking Code nicht auf allen Seiten eingebaut ist.

17.5 KPIs

Es gibt bereits diverse Publikationen zum Thema Key Performance-Indikatoren, die dieses Thema näher beleuchten. KPIs sind individuelle Kennziffern, die die wichtigsten Erfolgsfaktoren einer Website zusammenfassen. Diese sind in der Regel von verschiedenen Abteilungen oder Unternehmenshierarchien abhängig. Ein Geschäftsführer ist meist an anderen Kennzahlen interessiert als ein Online-Marketing-Manager. Vor allem aber sind die KPIs von Business zu Business verschieden. Daher bedarf es der Erstellung unterschiedlicher KPIs.

KPIs sollten folgende Kriterien erfüllen:

- Verständlichkeit
- Zielgebundenheit
- Zweckorientiertheit
- Messbarkeit
- Einfachheit
- Erreichbarkeit

In erster Linie sollte mit den KPIs aktiv gearbeitet werden, was nur möglich ist, wenn sie so formuliert sind, dass sie jeder versteht. Zudem sollten sie ein Ziel beinhalten. Web-Analyse ist mehr als Reporting – es geht um Steuerung, Optimierung und Ziele. Die Aussage, wonach die Anzahl der Besuche um 30% zugenommen hat, kann insbesondere dann nicht von Vorteil sein, wenn das eigentliche, vorab definierte Ziel eine Steigerung von 70% war. Daher sollte mit jeder KPI eine zeitlich gebundene Zieldefinition einhergehen, beispielsweise die Steigerung der Besuche bis zum Ende des dritten Quartals um x%.

KPIs sollten zudem zweckorientiert sein, das heißt, dass sie neben den Zielen auch die jeweiligen Zwecke unterschiedlicher Abteilungen und Hierarchien erfüllen sollten. Je nach Einflussebene sind diese Ziele und Zwecke mehr oder weniger spezifisch. Ein Geschäftsführer wird unter Umständen nicht persönlich an einer AdWords-Kampagne Änderungen vornehmen können oder wollen und ist daher nur indirekt für die Steuerung der dortigen Kampagnen verantwortlich. Ein Online-Marketing-Manager kann hingegen sehr wohl Änderungen durchführen und ist daher zur Verantwortung zu ziehen, wenn bestimmte Ziele nicht erreicht werden. Der Geschäftsführer sollte dafür sorgen, dass die unteren Ebenen und Abteilungen die Möglichkeit haben, ihre Ziele zu erfüllen, und die entsprechenden Voraussetzungen schaffen. Dies sollten seine definierten Ziele sein. Gleichzeitig muss er in der Lage sein, Verantwortlichkeiten zu erkennen. Sieht der Geschäftsführer in seinem Dashboard, dass die Bestellungen um 20% zurückgegangen sind, muss er wissen, wer dafür verantwortlich ist, um weitere Fragen beantworten zu können. Verändert sich ein KPI um mehr als 20% innerhalb eines Zeitraums und ist dafür niemand verantwortlich zu machen, sollte man überlegen, ob dieser KPI wirklich seinen Zweck erfüllt, da er nicht zweckgebunden ist.

Natürlich muss ein KPIs messbar sein. Nur durch akkurate Zahlen, die beispielsweise mit Analytics erhoben wurden, kann eine vernünftige Website-Steuerung mit Hilfe der Web-Analyse stattfinden. Sind Ziele nicht messbar oder nur über sehr kryptische Modelle her- oder ableitbar, ergibt dies als KPI keinen Sinn.

Gemäß dem Motto „Weniger ist mehr" sollten auch KPIs weitestgehend reduziert sein. Im Allgemeinen heißt es, dass nicht mehr als acht KPIs pro Bereich definiert werden sollten. Andernfalls besteht die Gefahr, dass der Fokus und damit die Konzentration auf das Wesentliche verloren gehen.

Sind Ziele nicht erreichbar, werden sie entweder nicht konsequent verfolgt, oder die Motivation der Mitarbeiter sinkt beträchtlich. Daher sollten KPIs und deren Ziele zwar ambitioniert gesetzt werden, aber dennoch – realistisch gesehen – erreichbar sein. Zudem sollte es unterschiedliche Zeit-Ziele geben. Es können sowohl Wochen- als auch Monats-, Quartals-, Halbjahres- oder Jahresziele für entsprechende KPIs definiert werden. Dennoch sollten Sie einen Soll-Ist-Abgleich in regelmäßigen Abständen vornehmen – idealerweise in einem Dashboard.

Auch sollte in regelmäßigen Abständen eine Überprüfung der KPIs vorgenommen werden. KPIs sind nicht in Stein gemeißelt und können gelegentlich aktuellen Anforderungen angepasst werden. Unter Umständen stellt sich nach einiger Zeit heraus, dass der ein oder andere Key-Performance-Indikator nicht praktikabel ist oder ein Austausch gegen einen anderen sinnvoller erscheint. Änderungen sollten möglich sein, um einen möglichst hohen Nutzungsgrad innerhalb des Unternehmens zu erreichen.

Im Folgenden einige wenige KPIs, die sich je nach Unternehmen und Abteilung als sinnvoll erweisen. Die Auflistung erhebt keinen Anspruch auf Vollständigkeit, sondern dient der Inspiration. Für die Erstellung eigener KPIs führt man idealerweise viele Gespräche oder ermittelt sie im Rahmen eines Workshops.

Tabelle 17.1 KPI-Beispiele

Site-Typ	KPI	Analytics-Bericht	Kapitel
E-Commerce	E-Commerce Conversion-Rate	E-Commerce → Conversion-Rate	14.4
	Durchschnittlicher Bestellwert	E-Commerce → Durchschnittlicher Bestellwert	14.5
	Produkte pro Transaktion	E-Commerce → Übersicht	14.1
	Neu vs. wiederkehrend	Besucher → Neu und wiederkehrend	10.4
	$Index	Content → Top-Webseiten	12.3
Lead Generierung	Conversion-Rate	Ziele → Conversion-Rate	13.4
	Drop-out-Rate	Ziele → Trichter-Visualisierung	13.9
Support Site	Seitenaufrufe/Zugriff	Besucher → Besuchertrend → Durchschnittliche Anzahl an Seitenzugriffen	10.6.4

Site-Typ	KPI	Analytics-Bericht	Kapitel
Support Site (Forts.)	Erfolg der Website-Suche	Content → Website-Suche	12.9
	Schnelles finden von Antworten	Besucher → Besuchertrend → Verweildauer	10.6.5
Content-Site	Seitenaufrufe pro Besuch	Besucher → Besuchertrend → Durchschnittliche Anzahl an Seitenzugriffen	10.6.4
	Verbrachte Zeit auf der Site	Besucher → Besuchertrend → Verweildauer	10.6.5
	Verhältnis neuer gegenüber wiederkehrender Besucher	Besucher → Neu und wiederkehrend	10.4
	Wiederholung der Besuche	Besucher → Besuchertreue → Treue	10.7.1
	Anzahl der angesehenen Seiten	Besucher → Besuchertrend → Besuchstiefe	10.7.4
	High-, Medium-, Low-Involved Users	Erweiterte Segmente	16.1

Teil VI
Frequently Asked Questions

Nachdem Sie nun Analytics Ihren Bedürfnissen entsprechend eingebaut haben und in der Lage sind das Tool professionell zu nutzen, habe ich in diesem Teil regelmäßig wiederkehrende Fragen zusammengefasst und beantwortet. Diese 50 Fragen tauchen in Diskussionen und Gesprächen immer wieder auf und werden hier in kurzen Sätzen beantwortet.

- *Der GATC ist auf allen Seiten eingebunden, nun sollen AdWords-Daten auf stündlicher Basis angezeigt werden – wie funktioniert das?*
  Erstellen Sie ein neues Profil und zwei Einschließen-Filter, einen für Google und einen für CPC. In den Besucher-Trend-Berichten sehen Sie dann die stündliche Entwicklung.

- *Wie archiviert man Analytics-Daten?*
  Es gibt lediglich die Möglichkeit, Daten zu exportieren (XML, CSV, TSV oder PDF). Allerdings ist es zurzeit nicht möglich, diese zu einem späteren Zeitpunkt wieder in Analytics einzuspielen.

- *Was geschieht, wenn ein User ein definiertes Ziel mehr als einmal pro Besuch erfüllt?*
  In Analytics kann pro Session jedes definierte Ziel nur einmal erfüllt werden. Mehrmalige Zielerfüllungen desselben Ziels werden nur als eine Ziel-Conversion gezählt.

- *Wie löscht man ein Analytics-Konto?*
  Klicken Sie auf „Analytics-Konten bearbeiten". Dort finden Sie den Link „Dieses Konto löschen". Ist das Konto gelöscht, sind die Daten unwiederbringlich verloren.

- *Was passiert, wenn Nutzer innerhalb des Trichters den Back-Button verwenden?*
  Innerhalb des definierten Trichters wird jeder Schritt nur einmal gezählt, auch wenn der Nutzer den Back-Button verwendet und verschiedene Schritte mehrmals betrachtet.

- *Wie schließt man internen Traffic aus einem Profil aus?*
  Eine statische IP-Adresse kann man durch einen einfachen Ausschließen-Filter ausschließen. Bei dynamischen IP-Adressen ist dies mit einem Workaround möglich, indem man einen Segmentierungscookie für alle internen Mitarbeiter setzt.

■ *Wie misst man ein PDF-Download?*
Mit Analytics kann lediglich die Aktion des Downloads gemessen werden –allerdings nicht, ob dieser auch wirklich abgeschlossen wurde. Nutzen Sie die Funktion der virtuellen Page Views zum Messen von Downloads (trackPageview).

■ *Lässt sich Google Analytics auch für die Messung des Intranets verwenden?*
Google Analytics kann nur bei vollständigen Domainnamen verwendet werden. Hierfür bedarf es immer einer Top-Level-Domain-Endung wie beispielsweise .de, .net, .com, etc.

■ *Statt der Analytics-Kampagnenvariablen sind bereits andere Variablen in Gebrauch. Können Erstere trotzdem verwendet werden?*
Analytics verwendet per Default maximal fünf eigene Variablen. Sind bereits andere Variablen definiert, können diese mit den Analytics-Variablen gleichgesetzt werden. Dies geschieht durch eine Änderung des GATC auf der Landing Page.

■ *Muss der Tracking Code regelmäßig aktualisiert werden?*
Nein, sofern der ga.js-Code genutzt wird, werden alle Änderungen und zukünftigen Features im Backend von Analytics angepasst, ohne dass der Code geändert werden muss.

■ *Kann RSS-Traffic erhoben werden?*
Wenn Sie in der Lage sind, die URL des RSS-Feeds zu beeinflussen, können Sie ein Kampagnenparameter anhängen, beispielsweise durch Anfügen von ?utm_medium=rss an die URL. In Analytics untersuchen Sie dann das Medium und sehen den Erfolg des RSS-Traffics.

■ *Der Site-Overlay-Report funktioniert nicht – warum?*
Der Site-Overlay-Bericht funktioniert korrekt nur bei statischen HTML-Seiten. Sobald JavaScript-Links, Flash, Frames, automatische Redirects, Downloads oder sonstige dynamische Inhalte oder Links vorkommen, funktioniert der Site-Overlay-Bericht nicht mehr optimal oder überhaupt nicht.

■ *Soll der Analytics Tracking Code im Head-Bereich der Website eingebaut werden?*
Nein, idealerweise fügen Sie den GATC kurz vor dem schließenden Body-Tag auf jeder Webseite ein. Sofern jedoch weitere Individualisierungen vorgenommen werden (beispielsweise das Tracking von Downloads), kann eine Platzierung weiter oberhalb erforderlich sein. Bei normaler Implementierung wird ein Einbau möglichst weit unten empfohlen.

■ *Können die Daten einer Website in zwei unterschiedliche Analytics-Konten fließen?*
Ja, hierfür muss der Analytics Tracking Code entsprechend angepasst werden (firstTracker und secondTracker). Der doppelte Einbau des kompletten Codes wird nicht empfohlen.

■ *Das AdWords-Konto ist mit dem Analytics-Konto verknüpft – trotzdem sind in Analytics keine Besuche in den AdWords-Berichten sichtbar. Warum?*
Testen Sie, ob der GCLID-Parameter ordnungsgemäß übergeben wird. In einigen Fäl-

len wird dieser nicht mit auf die Landing Page „durchgeschliffen". Sprechen Sie in diesem Fall mit Ihrem Webmaster, und ändern Sie ggfs. die Einstellungen des Redirect-Servers.

■ *Ein User kommt über verschiedene Kampagnen auf die Site, bevor er konvertiert. Welcher Quelle wird die Conversion zugeordnet?*
Per Default wird eine Conversion immer der letzten Quelle zugeordnet über die der User kam. Jede bezahlte Kampagne überschreibt die vorige im utmz-Cookie. Kommt ein User allerdings über eine Kampagne und beim nächsten Besuch über die Direkteingabe der URL und konvertiert, wird die Conversion der bezahlten Kampagne zugeordnet – nicht der Direkteingabe. Alle weiteren Besuchs-Daten werden dennoch den jeweiligen Kampagnen zugeordnet.

■ *Werden Suchbegriffe als bezahlt oder nicht-bezahlt dargestellt?*
Sind die entsprechenden Suchbegriffe nicht durch das Kampagnentagging oder die automatische Verknüpfung mit Google AdWords als CPC-Keywords gekennzeichnet, werden sie als organischer Traffic dargestellt. Durch entsprechendes Tagging werden sie den bezahlten Suchbegriffen zugeordnet.

■ *Können Outbound-Klicks auf Banner getrackt werden?*
Ja, indem man die URLs, die den Banner hinterlegen, mit einem onClick-Event versieht (onClick="pageTracker._trackPageview ('/banner/beispiel.de')").

■ *Lassen sich mehrere – verschiedene – Seiten als ein Schritt innerhalb des Ziel-Trichters messen?*
Ja, mit regulären Ausdrücken können Sie in einem Schritt innerhalb des Trichters mehrere Seiten zusammenfassen.

■ *Es sollen mehr als vier Ziele gemessen werden? Wie funktioniert das?*
Ein Profil beinhaltet maximal vier Ziele. Um weitere vier Ziele zu erhalten, muss lediglich ein neues Profil für dieselbe Domain erstellt werden. Nutzen Sie auch dieselben Filter für dieses weitere Profil, um exakt die gleichen Daten zu erhalten. Dort haben Sie nun erneut vier Ziele zur Verfügung.

■ *Werden die erhobenen Analytics-Daten für den Google-Such-Index verwendet?*
Nein, Analytics-Daten werden nicht für andere Google-Produkte genutzt (solange dies nicht über die Datenfreigabe geändert wurde). Auf keinen Fall haben die Daten irgendeinen Einfluss auf das organische Ranking, die CPC-Preise von AdWords-Kampagnen oder den Quality Score.

■ *Ist die Nutzung von Google Analytics legal?*
Ja. Solange der Websitebetreiber den Besucher seiner Site darauf hinweist, dass Google Analytics zum Einsatz kommt, ist er auf der sicheren Seite. Ein rechtlich geprüfter Satz wird in den Google-AGBs vorgegeben. Dieser sollte auf der Website eingebaut und leicht auffindbar sein.

■ *Warum taucht die eigene Site als Referrer auf?*
Vermutlich handelt es sich um Subdomains. Gehören Subdomains oder andere Domains zum eigenen Webangebot, muss dies Analytics durch eine Änderung im Code mitgeteilt werden.

■ *Was bedeutet der Eintrag (other) in einigen Berichten?*
Analytics stellt diverse Datenbanken zur Verfügung, die über ein Limit verfügen. Wird dieses Limit für einen Bericht erreicht, fließen alle weiteren Daten in einen Ordner namens (other). Dieses Problem lässt sich meist einfach beheben, indem die Anzahl der unterschiedlichen URLs verringert wird, beispielsweise durch Abtrennen dynamischer URL-Parameter.

■ *Wie importiert man die Kosten-Daten von anderen Quellen neben Google AdWords in Google Analytics?*
Zurzeit besteht keine Möglichkeit, andere externe Kostendaten neben AdWords zu importieren.

■ *Was geschieht, wenn ein User keine Cookies akzeptiert?*
Wenn ein User keine Cookies akzeptiert, wird er von Analytics nicht getrackt.

■ *Wie oft werden die Analytics-Daten aktualisiert?*
In der Regel mindestens einmal stündlich. Bei größeren Datenmengen kann dieser Vorgang unter Umständen etwas länger dauern. Auf der ganz sicheren Seite sind Sie, wenn Sie sich die Daten des Vortags ansehen.

■ *Wie oft werden die AdWords-Daten in Analytics importiert?*
AdWords-Daten werden einmal täglich in Analytics importiert.

■ *Wie viele Profile lassen sich in einem Analytics-Konto anlegen?*
Per Default können maximal 50 Profile erstellt werden.

■ *Muss ein Trichterprozess für die Definition eines Ziels erstellt werden?*
Nein, ein Ziel kann auch ohne zugehörigen Trichter erstellt werden. Der Trichter wirkt sich ausschließlich auf den Bericht „Trichter-Visualisierung" aus.

■ *Können Analytics-Daten von einem Analytics-Konto in ein anderes verschoben werden?*
Nein, Daten können nicht verschoben werden, sondern bleiben dem Ursprungskonto zugehörig.

■ *Die Daten von Analytics weichen von den Daten anderer eingesetzter Tools ab. Warum?*
Mitunter findet man bei Toolanbietern unterschiedliche Definitionen einzelner Kennziffern. Außerdem kann es vielfältige technische Gründe geben, die Abweichungen entstehen lassen. Neben der Platzierung des Codes können unterschiedliche interne Prozesse des Tools und verschiedene Filter die Daten beeinflussen. Eine Abweichung von +/– 10 Prozent ist normal.

- *Wie nutzt man die Informationen des Google Analytics Help Center am besten?*
  Wenn Sie die Spracheinstellung des Help Centers auf „US-English" ändern, erhalten Sie gelegentlich umfassendere Informationen.

- *Wie testet man, ob Filter funktionieren?*
  Idealerweise erstellen Sie ein neues Profil, um Filter zu testen. Nach einigen Stunden sollten die gefilterten Daten dort einlaufen, und Sie können sie auf Validität prüfen.

- *Ein Trichter besteht aus zwei Schritten und der Dankeschönseite. Ein User betritt Schritt 1 und verlässt dann den Trichter. Innerhalb der gleichen Session steigt er in Schritt 2 des Trichters und löst eine Conversion aus. Wie wird dies in Analytics dargestellt?*
  Der Bericht „Trichter-Visualisierung" stellt den Besucher so dar, als wäre er direkt von Schritt 1 über Schritt 2 zur Dankeschönseite navigiert. Die Daten sind also Session-bezogen und stellen nicht jeden Seitenaufruf dar. In den anderen Berichten werden die einzelnen Seitenaufrufe jedoch so dargestellt, wie sie erhoben wurden. Nur der Bericht „Trichter-Visualisierung" wird anders dargestellt.

- *Warum sollte man SessionIDs in den URLs nicht als einzigartige Seitenaufrufe zählen?*
  SessionIDs sind nutzerbezogen und haben für die Web-Analyse keinen wirklichen Mehrwert, da aggregierte Daten für die Interpretation der Daten sinnvoller sind. Zudem besteht die Gefahr, dass das Analytics Datenbanklimit mit zu vielen unterschiedlichen SessionIDs sehr schnell erreicht wird. Weitere Seitenaufrufe fließen dann in einen Ordner namens (other), der nicht analysierbar ist. Daher sollten SessionIDs innerhalb der Analytics-Einstellungen immer von der URL getrennt werden.

- *Ist es möglich, mehrere Seiten zu einer Seitengruppe zusammenzufassen?*
  Ja, über einen Filter und reguläre Ausdrücke besteht die Möglichkeit, verschiedene Seiten zu gruppieren. Erstellen Sie dafür ein neues Profil, um die bisherigen Daten nicht zu verändern.

- *Dritte sollen Zugang zu Analytics bekommen, aber nicht alle Daten sehen. Lässt sich dies individuell einstellen?*
  Jein, die E-Commerce und Site-Search-Berichte können für ein neues Profil nicht angezeigt werden. Ansonsten sind aber alle Daten sichtbar. Wollen Sie Externen einzelne Berichte zukommen lassen, verwenden Sie besser die E-Mail-Funktion.

- *Innerhalb des Trichters navigieren immer 100% der Besucher von einem Schritt zum nächsten – wie kommt es dazu?*
  Wahrscheinlich ist in der Definition der einzelnen Schritte eine Einstellung nicht korrekt. Untersuchen Sie, ob die einzelnen Schritte wirklich einzigartig sind.

- *Wenn ein neuer Filter erstellt wird, werden die im Profil bereits enthaltenen Daten ebenfalls angepasst?*
  Nein, die Daten werden erst von dem Moment an angepasst, in dem der Filter wirkt. Bereits erhobene Daten werden nicht angepasst.

- *Innerhalb der Kampagnen-Berichte tauchen viele Besuche als (not set) gekennzeichnet auf. Was hat dies zu bedeuten?*
Wenn man Kampagnenparameter nicht korrekt übergibt, werden die User als (not set) erfasst. Überprüfen Sie, ob die Kampagnentagging-Parameter ordnungsgemäß übergeben wurden.

- *Auf einer Seite sind Ajax- oder Flash-Applikationen implementiert. Wie können diese mit Analytics erhoben werden?*
Am einfachsten ist die Methode der virtuellen Seitenaufrufe (trackPageview).

- *Wie trackt man Videos am besten?*
Für Videos ist die Event-Tracking-Methode am besten geeignet. Hier kann man das Video als Objekt definieren. Mehrere Aktionen werden innerhalb des Objekts definiert und, sofern diese von Besuchern genutzt werden, an Analytics übergeben.

- *Wieso stimmen die E-Commerce-Daten in Analytics nicht mit den internen Verkaufszahlen überein?*
Technische Gründe können hier für Unterschiede sorgen. Wenn beispielsweise einige User kein JavaScript akzeptieren, kann der Analytics Code nicht ausgeführt werden. Dies führt bereits zu einer Diskrepanz von bis zu 5%.

- *Die Anzahl der Klicks auf eine AdWords-Anzeige ist größer als die Anzahl der Besuche über dieselbe Anzeige in Analytics. Wie ist das möglich?*
Klicks und Besuche sind unterschiedliche Metriken. Wenn ein User auf eine Anzeige klickt, heißt das nicht zwangsläufig, dass der GATC auch ausgeführt wurde. Zudem kann es zu Übertragungsfehlern kommen, oder der GCLID wird nicht ordnungsgemäß übergeben.

- *Kann Analytics auf Seiten verwendet werden, die bereits andere Web-Analyse-Tools nutzen?*
Ja, in der Regel gibt es bei der gleichzeitigen Nutzung unterschiedlicher Web-Analyse-Tools keine Probleme.

- *Wie komme ich an meinen Analytics Tracking Code?*
Beim erstmaligen Anmeldeprozess erhalten Sie den Analytics Tracking Code mit der entsprechenden individuellen UA-Nummer. Wollen Sie zu einem späteren Zeitpunkt auf den Code zugreifen, finden Sie ihn in den Einstellungen unter dem Link „Check Status".

- *Lässt sich die Einstellung der Zeitzone nach der Ersteinstellung wieder ändern?*
Nein, sobald die Zeitzone einmal definiert wurde, kann sie nicht mehr geändert werden. Wenn Sie allerdings eine Verknüpfung mit einem AdWords-Konto erstellt haben und dort die Zeitzone ändern, hat dies Einfluss auf die Zeitzone in Analytics.

- *Wie viele Analytics-Nutzer gibt es?*
Google veröffentlicht keine konkreten Zahlen zur Anzahl der Kunden. Die UA-Nummer wird bei jeder Analytics-Kontoeröffnung hochgezählt. Mittlerweile liegt diese

Zahl bei deutlich über sieben Millionen. Auch wenn man davon ausgeht, dass viele User mehrere Konten eröffnet haben und viele Konten nicht genutzt werden, bleibt eine ausreichend große Zahl an aktiven Analytics-Nutzern übrig.

■ *Wie oft werden die Analytics-Daten aktualisiert?*
In der Regel werden die über den GATC generierten Daten in weniger als einer Stunde aktualisiert. Bei sehr großen Datenmengen kann dieser Vorgang unter Umständen ein wenig länger dauern. Die Daten die aus dem AdWords-Konto überspielt werden sind tagesaktuell. Daraus folgend sind die Daten des Vortages vollständig.

Register

HANSER

Gewinnen mit Social Technologies.

Li/Bernoff
Facebook, YouTube, Xing & Co.
320 Seiten.
ISBN 978-3-446-41782-3

Immer mehr Menschen nutzen »Social Technologies«: Internet-Plattformen über die sie sich online informieren, über Produkte und Geschäftspartner austauschen oder einfach chatten. Trotz wachsender Bedeutung tun sich viele Unternehmen schwer damit: Sie sind es nicht gewohnt, dass sich Kunden unverblümt zu ihren Produkten äußern, statt die »offizielle« Produktwerbung zu schlucken.

Die Autoren zeigen, wie Social Technologies funktionieren – und wie Unternehmen sie strategisch für sich nutzen können. Mehr als zwanzig konkrete Fallbeispiele zeigen, wie führende Unternehmen aus aller Welt und in ganz verschiedenen Branchen mit Social Technologies ihren Umsatz und ihren Gewinn steigern – und was Führungskräfte in allen Unternehmen davon lernen können.